U0156243

仪式空间与文明的宇宙观：
桑耶寺人类学考察

何贝莉 著

西藏藏文古籍出版社

序　言

若某人被桑耶寺吸引，前往探访，无非两个理由：其一，它是西藏第一座三宝俱全的佛寺；其二，它的空间结构呈现为典型的佛教宇宙图式。尤其是后一个特质，吸引何贝莉和我，先后把这座寺院作为田野调查的对象。

任何一个自然的或人造的世界，在不同理念的观照下，都会显形为不同的样貌。直到离开桑耶寺 25 年后，我读到何贝莉就同一对象所做的研究，才意识到新一辈学人，是如何拓展了前人关于文化空间和宇宙观的认识。

1994 年初，我到达桑耶寺的时候，就像一个信奉古典进化论的学生，试图把所见所闻的一切，都纳入逻辑自洽和结构完美的框架中。因此，象征铁围山的寺院围墙，成为我视野的边界；四大洲、八小洲和须弥山的图形，从天而降地预设了解释的可能性。而何贝莉却以想象和现实的相悖为出发点，目光越过了圆形的寺院围墙，敏锐地感知到了与须弥山并行的另一个观念世界的存在。

那个被叫做“拉、鲁、念”的三元宇宙观，在藏文化中的影响，远远早于佛教。有意味的是，当“师君三尊”创建桑耶寺，佛教在吐蕃取代苯教，大批苯教徒逃亡边地的时期，土著的鬼神及他们所依附的三元宇宙观并未被扫荡干净，反而以被“调伏”的方式，纳入佛教的框架里，与须弥山宇宙观并存乃至融为一体。表面上看，藏族历史上经历过几次激烈的佛苯斗争，可结果却是，佛教和前佛教时代的宇宙观并未形成水火之势，久而久之，竟变得你中有我，我中有你，由此造就了一个圆融丰富、多元一体的藏文明。

学者陈波近年论证道，我们对某一文化或文明的理解和尊重，需要以多种语言的情景作为前提，并提醒人们关注藏文明对中华文明的意义（参见陈波，

2016,2020）。长久以来，中国学者对中华文明的认识，多受限于汉语，至多汉语+欧洲语或日语等的语境，立足于本土“少数民族”的语言和文化来反观汉文化和中国文化体系的探讨，实不多见。何贝莉、陈波都自诩为李安宅的追随者，李先生20世纪40年代所著《藏族宗教史之实地研究》，虽以甘肃夏河拉卜楞寺为田野点，却是站在汉语、藏语、英语三种语境和儒学、藏学、西学三种文化比较的基础上，身体力行地实践着“多文明学脉”的开创性探索，“这位兼受中西方教育的汉族人类学家，在自己的人生史中，已然驻足于西方学理、中华文明与西藏田野的融汇之处”。

看到这些后辈学者的讨论，我才领悟到他们所眺望的愿景，也才明白本书作者挑选桑耶寺做个案研究的初衷：这座不可思议的寺院，其实是青藏高原最早的多元文化试验场，藏语、汉语、梵语的多语言交流，本土信仰与来自中亚和南亚的宗教之间的冲突与融合，发生在雅鲁藏布江畔的这片山谷中，塑造了此后一千多年“西藏复合文明”的样貌。

因这个愿景的启迪，何贝莉提出过一个从未有人想过的问题：倘若屈原来过西藏，他还会怀石投江吗？作为楚人和汉文明的后代，屈原投江是作者心头的结。置身于“此山中”的汉楚文人，为解开这个结穷尽了各种阐释，但未解除年轻学者的心中块垒。

这个问题或许是面对作者自己的：倘若没有来过西藏，我还能否获得比较文明的视野以及更多的生存选择？本书对这一疑问的解说言简意赅而留下广阔的探索空间。沿着作者的思路，我开始去想象荆楚帛画中三界图像、上古昆仑信仰与喜马拉雅文化的相互联系，也着手去探索蕃域（བོད་ཡུལ）、甲域（རྒྱ་ཡུལ）、姜域（འཇང་ཡུལ）、霍尔域（ཧོར་ཡུལ）这些古代文化区域的交错共存，是否拼贴出了一幅更为宏大的文明图像。

这个问题或许也是面对时代的。这辈学人出生于世界日益联通的时代，继而面临二战后建立的全球政治体系趋于崩溃，国家和族群被病毒和战争撕裂的当下，所以应该是渴望一种与混乱时代逆向而行的思维和实践吧。“文明冲突论”指出了现实的残酷，但有没有超越现实苦难，而让屈原式的思想家可以在其中栖居的场域呢？这种场域或宇宙不会像馅饼一样从天而降，但可以像桑耶寺那样，在现实的荒野中创造出来。对这些手无寸铁，但心性高远的青年学子而言，公元8世纪莲花生和寂护的吐蕃之行，不仅是过往的史迹，也是未来的预言。排除短期的现实焦虑，投入长远和宽阔的时空之河，文明和生命就可摆脱任一独占信条的操控；在成住坏空的循环里，生与死也不过是两幅互为镜相的图画罢了。

郭净

2020年10月2日

前　言

本书是一项研究藏传佛教寺院的田野民族志。田野地点是西藏山南市扎囊县境内的桑耶寺——这是西藏历史上第一座“佛、法、僧”三宝齐备的佛教寺院，始建于公元8世纪中叶，至今已有一千两百多年的历史。它是第一个成立藏族佛教僧团的地方，也是第一处将梵文佛教经论译成藏文的场所。桑耶寺建成后，来自各地的智者与大成就者多会驻锡于此；后弘期[1]以降，萨迦、噶举、格鲁等派的高僧大德将这座寺院视为不分教派的祖师道场，在此讲经说法，对其维护修缮。简言之，桑耶寺在藏族人的心目中，就是藏传佛教兴起之象征，亦是此生必去朝拜的圣地。

通过为期八个月的实地考察，及对相关历史文献、伏藏典籍和口述故事的分析，我试图探讨桑耶寺仪式空间的各个层次及其蕴含的观念体系。

所谓“仪式空间”，可笼统地理解为仪式发生或所涉的场所、地点或环境。即如特纳（Victor Turner，1920—1983）在《仪式过程》（2006）中的生动描绘。在介绍伊瑟玛仪式时，他写道，“举行仪式的地点定在大老鼠（*chituba*）的鼠洞边，或大食蚁兽（*mfuji*）的窝边”，随即又问，“为什么会选择这些怪异的地点呢？”特纳的疑问蕴含着一个不言自明的前提：仪式地点的选择，势必出自某种观念。事实上，“这个洞穴一定是在溪水的源头”，这意味着，仪式地点的意义与周边环境或地景密切关联，“因为诅咒就是在这里发出的”（维克多·特纳，2006:20—21）。换言之，仪式参与者对“空间”的理解，来自于某种更复杂的观

1. 后弘期，“指北宋太平兴国三年（978）以后，在吐蕃边地复燃的佛教星火，分别从多康和阿里先后传到卫藏，使绝传100多年的卫藏地方的持律佛教重新得到发展，并且形成独具特色的藏传佛教这一发展时期”（王尧、陈庆英，1998:113）。

念体系——它可能生发自仪式内部，也可能外在于仪式并作用于仪式。尽管特纳在书中未对“仪式空间”多作阐释，但他的描述足以启发我在界定自己的研究对象“空间”时，小心翼翼地避免使用“佛教”、“藏传佛教”或“法会”等具有明确意涵的宗教概念，而代之以“仪式”这一相对中性的人类学概念。这是因为，“仪式空间”能最大限度地呈现空间所蕴含的各种观念体系及其之间的关系，而不拘泥于宗教活动本身所宣称的名目或归属。

所谓“观念体系”，我愿将之形容为“宇宙观”，即思考“世界是什么，我们如何生活于其中”（王斯福，2008:99，79）。通常，我们多会从时、空二维思考“世界是什么”。时间维度的“世界”，是成、住、坏、空等一系列的演进历程；空间维度的“世界”，是上下、前后、左右、内外等一系列的关系格局。相较而言，此次寺院考察，我更注重空间维度的“世界”——这是由桑耶寺的建筑形制、布局及其地理位置的特殊性所决定的。这座寺院依照佛教宇宙观之“须弥山”图式而建，寺院内的核心建筑均有其特定的象征意义。况且，寺院的选址，寺院与周边山水、风物、人文乃至其他建筑之间的关系，并非出于偶然或随机生成，而是依托于当地人的观念体系。换言之，通过深入了解桑耶寺的“仪式空间”，便有可能从中推演出桑耶僧俗的宇宙观，即当地人的“世界是什么，他们如何生活于其中”，及这个地方性的“世界”如何与西藏文明发生关联、进行互动。

以桑耶寺的“仪式空间”为线索，除“上篇”的五个篇章和“下篇”的三个篇章之外；正文亦即“中篇”部分，以内、中、外三个空间层次为序，分为七个篇章。

“中篇”的前三章主要围绕桑耶寺内的三处建筑：中心主殿“乌孜大殿”、东大殿“江白林”和护法神殿“桑耶角”而展开。诚然，构成桑耶寺这一宗教建筑群的佛堂、经殿、神殿、宝塔、僧舍等建筑，大大小小林林总总，约有几十座；但它们在仪式中的意义和作用，却非均质或等同的。其中，最重要的佛殿是象征“世界中心”的乌孜大殿。它是举行各类仪式的核心场所，无论寺院的年度法会，还是信众的朝圣之旅，均以此殿为初始。其次，是象征四大部洲之一“东胜身洲”的江白林。田野考察期间，这座佛殿正在修缮，殿内空空如也，无法举行仪式；尽管如此，在寺院僧俗的心目中，江白林依旧意义非凡。最后，是象征八小部洲之一“矩拉婆洲”的桑耶角。这座位于寺院东北角的护法神殿，在佛教宇宙观中的象征意义，虽难以企及“世界中心”须弥山，但它却是在多德大典（参见郭净，1997）期间，唯一可与乌孜大殿相提并论的仪式场所。

如是，桑耶寺内的“仪式空间”便与佛教宇宙观形成了一种微妙的背反关系。“须弥山”图式中，各类地理要素在整体图式中的意义，主次有别、先后有序。如佛教典籍所记，必先介绍世界中心，次为四大部洲，再次为八小部洲。倘若严格遵从这一秩序，那么，桑耶寺内“仪式空间”的差序格局，也应是乌孜大殿为首，再是四大洲殿，后是八小洲殿。但在仪式实践中，江白林和桑耶角的重要性，并不逊于乌孜大殿。这或也意味着：由乌孜大殿、江白林和桑耶角所构成的关系图式，并不完全等同于“须弥山”图式，也不能仅用佛教宇宙观予以说明。具体而言，支撑桑耶寺“仪式空间”的观念体系，除了佛教宇宙观之外，还有另一种观念，即宇宙三界观“拉、鲁、念”。

在此，我试图以由内及外的视角考察并阐释“须弥山”与“拉、鲁、念”是如何在寺院内部建构自身且又形塑彼此的。

“中篇”的第四章聚焦于桑耶寺的外围墙。这圈围墙，介于内外之间，难以判断它是在“内”还是在“外”。或因如此，寺院围墙虽是桑耶寺的一个组成部分，但却不像其他象征性建筑那样“恒定不变”——围墙的有无、形制、位置和颜色几乎都曾发生过改变，并以壁画的形式记录在案。此章中，我试图从“仪式”和“历史”切入，呈现桑耶寺外围墙的象征意义，以期管窥桑耶僧俗对“内”与“外”及其关系的理解和想象。

“中篇”后三章描述的六处“仪式空间”，均在寺院之外。哈布日地处桑耶寺的东南侧，措姆湖位于桑耶寺的西南方，除非经人特意介绍，否则很难觉察出这两处“自然景观”与桑耶寺的紧密关联。在当地人看来，一山一湖，绝非“自然”——因为山曾是“念”的领地，湖则是“鲁”的居所——换言之，哈布日与措姆湖都是神灵精怪的界域，绝非人类的日常用地。由此或可推论，早在佛教宇宙观以桑耶寺的建筑形制进驻此地以前，这里已然以山、湖为“仪式空间”，呈现着古老的宇宙三界观“拉、鲁、念”。时至今日，桑耶寺依然延续着一年一度在措姆湖边举行祈雨仪式的传统。

在桑耶，除桑耶寺以外，还有两处备受敬仰的古老建筑。一是唐朝金城公主的居所、吐蕃赞普赤松德赞的出生地：札玛止桑宫；二是赤松德赞的王妃蔡邦氏仿造乌孜大殿捐资兴建的殿堂：康松桑康林。田野考察期间，札玛止桑宫仍是一片废墟，康松桑康林则在维修。透过这两座与女性息息相关的建筑不难发现：吐蕃赞普的择偶联姻观时刻影响着王妃的身事与命运。无论她来自“拉”或“鲁”，生于异域或本土，入世为妃或出家为尼；赞普的王妃们，无一例外均是吐蕃先民“上下”“内外”“圣俗”观念的承载者——这些观念，诚是“须弥山”与“拉、鲁、念”交融互动时所折射的微妙光泽。

其后，在桑耶寺的外围，“神圣空间”的开辟得益于莲花生大师的行踪与事迹——这位参与兴建桑耶寺的大师在桑耶留下了众多圣迹，其中尤为特别的两处是：青朴修行地和松嘎尔五石塔。前者之殊胜，源自莲花生及其弟子在青朴山上洞居隐修的传统；后者的意义，在于此处是莲花生与赤松德赞的初遇之地，是非凡的“除罪之所”。总之，寺院周边的“圣迹”与象征佛教宇宙观的桑耶寺遥相呼应，但它们却居于宇宙三界“鲁”“念”“赞”的界域之中。

如上所述，古老的宇宙三界观与外来的佛教宇宙观，便在桑耶形成了一种“我中有你、你中有我”的空间格局——这一格局的“缔造者”，似乎正是人称“古鲁仁波切”的莲花生大师。那么，莲花生为何建构，如何建构了这一格局？这会对后世带来怎样的影响……

“中篇”部分，我对桑耶寺“仪式空间”的探究，将以莲花生在桑耶度过的“人生史”片段作结。

诚然，在桑耶人的神话、历史与现实中，上述“仪式空间”，既是真实地理，也是观念体系——无论山水或建筑，桑耶寺的真实地理的确有内外、上下之别；桑耶人的经验与心态中，的确存在两种不同的宇宙观：宇宙三界观“拉、鲁、念”和佛教宇宙观“须弥山”。而令人深味的是：这两种观念体系，虽可以各溯其源、各居其名，各具其“整体性”——如今，研究者仍能清晰地梳理出“须弥山”和“拉、鲁、念”各自的内涵、外延和演进史；但两者又因对相关主题的不同理解而相互补充或融合——例如对生命历程的不同体悟：佛教宇宙观关注前世今生的轮回，宇宙三界观则强调现世的意义，两者弥合的结果是使藏族人的生命体验既不会只为追求解脱而消极避世，也不会因为强调现实而流于世俗。又如对地方神灵的不同诠释："拉、鲁、念"强调神灵对人间世界的介入，"须弥山"则重视神灵作为护法之于神圣空间的作用。总之，这两种宇宙观，共存于藏族人的生活中，从未能彻底取代或颠覆对方，进而共同构成了一种整体性的观念事实。

我的田野考察表明：尽管桑耶寺素以佛教在西藏的代表性寺院著称，但这里呈现的"仪式空间"却非佛教的观念体系所能涵盖。换言之，桑耶人生活中的"佛教"，并不是学术建构或宗教教义所呈现的纯粹形态——其兼容并蓄的特质，使此地的信仰体验早已超越"佛教"定义的基本范式。出于此因，我试图暂时悬置对田野点进行宗教学或佛学意义上的考察，而代之以人类学的"文明"理路，以期描绘桑耶寺"仪式空间"所表达的"须弥山"与"拉、鲁、念"之关系图式。

这幅关系图式，或许可以被视为西藏文明的一个缩影。德国学者雅斯贝斯(Karl Jaspers，1883—1969）在其代表作《历史的起源与目标》（1949）一书中，将人类的发展历程划分为四个阶段：史前、古代文明、轴心时代和科学技术时代。关于"轴心时代"，他是这样描述的：

假若存在这种世界历史轴心的话，它就必须在经验上得到发现，……看来要在公元前500年左右的时期内和在公元前800年至200年的精神过程中，找到这个历史轴心。……

最不平常的事件集中在这一时期。在中国，孔子和老子非常活跃，中国所有的哲学流派，包括墨子、庄子、列子和诸子百家，都出现了。像中国一样，印度出现了《奥义书》（Upanishads）和佛陀（Buddha），探究了一直到怀疑主义、唯物主义、诡辩派和虚无主义的全部范围的哲学可能性。伊朗的琐罗亚斯德传授一种挑战性的观点，认为人世生活就是一场善与恶的斗争。在巴勒斯坦，从以利亚（Elijah）经由以赛亚（Isaiah）和耶利米（Jeremiah）到以赛亚第二（Deutero-Isaiah），先知们纷纷涌现。希腊贤哲如云，其中有荷马，哲学家巴门尼德、赫拉克利特和柏拉图，许多悲剧作者，以及修昔底德和阿基米德。在这数世纪内，这些名字所包含的一切，几乎同时在中国、印度和西方这三个互不知晓的地区发展起来。

这个时代的新特点是，世界上所有三个地区的人类全都开始意识到整体的存在、自身和自身的限度……（卡尔·雅斯贝斯，1989:7—8）

在雅斯贝斯勾勒的轴心时代版图中，并没有雪域高原。就时段而言，西藏的早期文明象雄文明（象雄约在公元前4世纪—公元前1世纪建立，于公元7世纪松赞干布时代灭亡）兴起之时，正是轴心时代渐入尾声之际。雅斯贝斯认为，“生活在轴心期三个地区以外的人们，要么和这三个精神辐射中心保持隔绝，要么与其中的一个开始接触；在后一种情况下，他们被拖进历史。例如，……在东方有日本人、马来亚人和暹罗人”。而生活在轴心期三个地区以内的人们，“肯定没有真正的交流和互相刺激。只是在轴心期末期佛教渗入中国后，印度和中国之间才开始出现意义深远的精神联系。……而印度和西方之间的联系根本没有影响这些发展的根源，对它们以后发展的影响也不明显”（卡尔·雅斯贝斯，1989:14,23）。

我想，雅斯贝斯若能对古老的西藏文明有所了解，或许就不会做如上断言。青藏高原虽然处于轴心时代的三个地区以外，但同时，它又恰恰处在三个地区的交汇点上：东方有中国，西向为西方，南部是印度，且与三地自古就有频密的交通往来（参见平措次仁，2001）。这意味着西藏文明早在兴起之初，便与轴心时代的三个精神辐射中心开始并保持着接触，绝非雅斯贝斯所设想的“保持隔绝”或“与其中的一个开始接触”。

若把“轴心期行为看作是对无限交流的要求”（卡尔·雅斯贝斯，1989:28）；那么，青藏高原无形中成为了西方、中国和印度三个精神辐射中心相互交流的实践场。或许，正是“对无限交流的要求”最终促成西藏文明的兴起，并塑造出它的基本特征。

由此，我们所感受到的西藏文明，是一个复合式的“超社会体系”（王铭铭，2011a），一个难以用任何一种信条加以界定的文明，就像这个文明的宇宙观需由“须弥山”和“拉、鲁、念”共同构成一样——这或许意味着，文明“是对任何一种信条独占真理的不正当权利的最好纠正”（卡尔·雅斯贝斯，1989:28）。

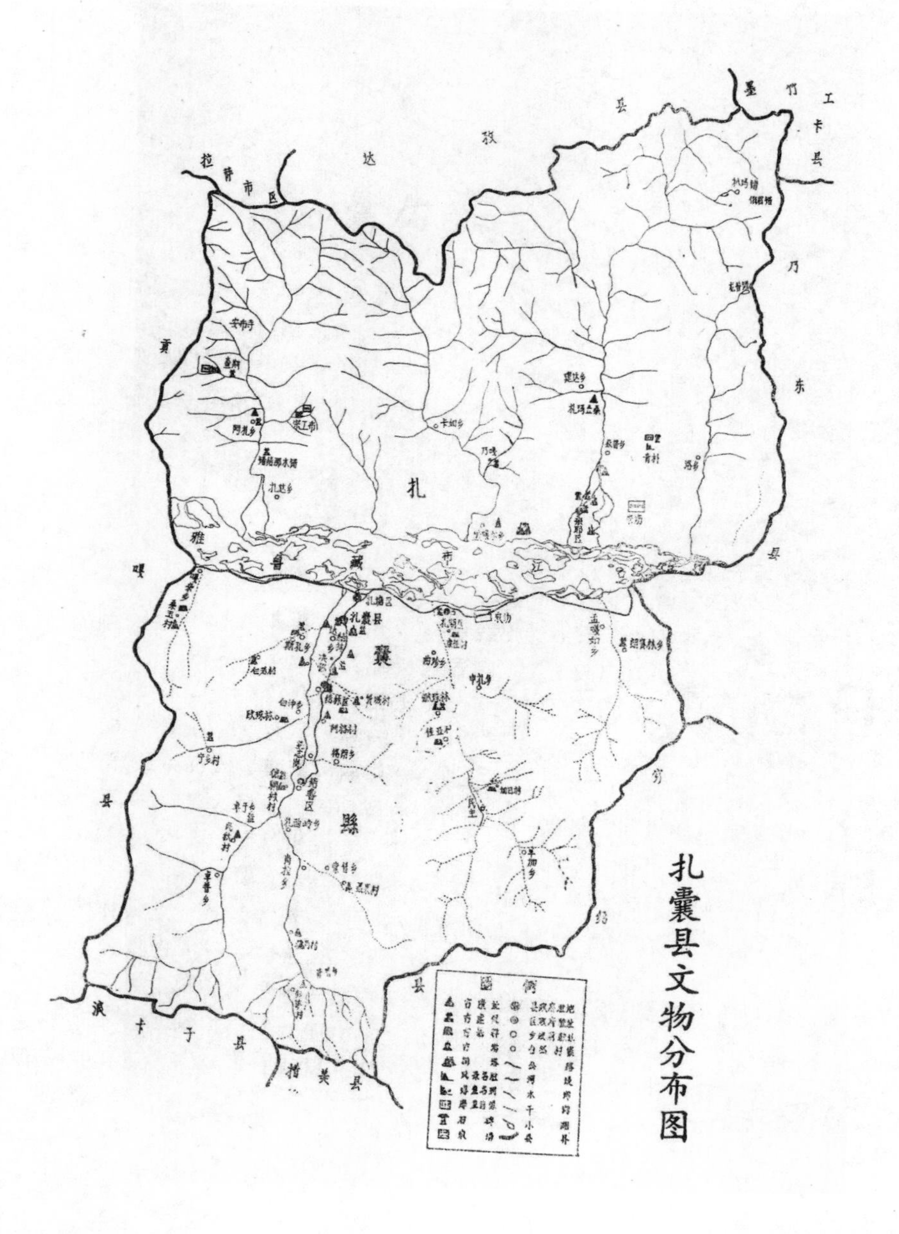

图 1 西藏自治区山南市扎囊县文物分布图[1]

1. 转引自索朗旺堆、何周德主编：《扎囊县文物志》，地图，拉萨：西藏自治区文物管理委员会，1986。

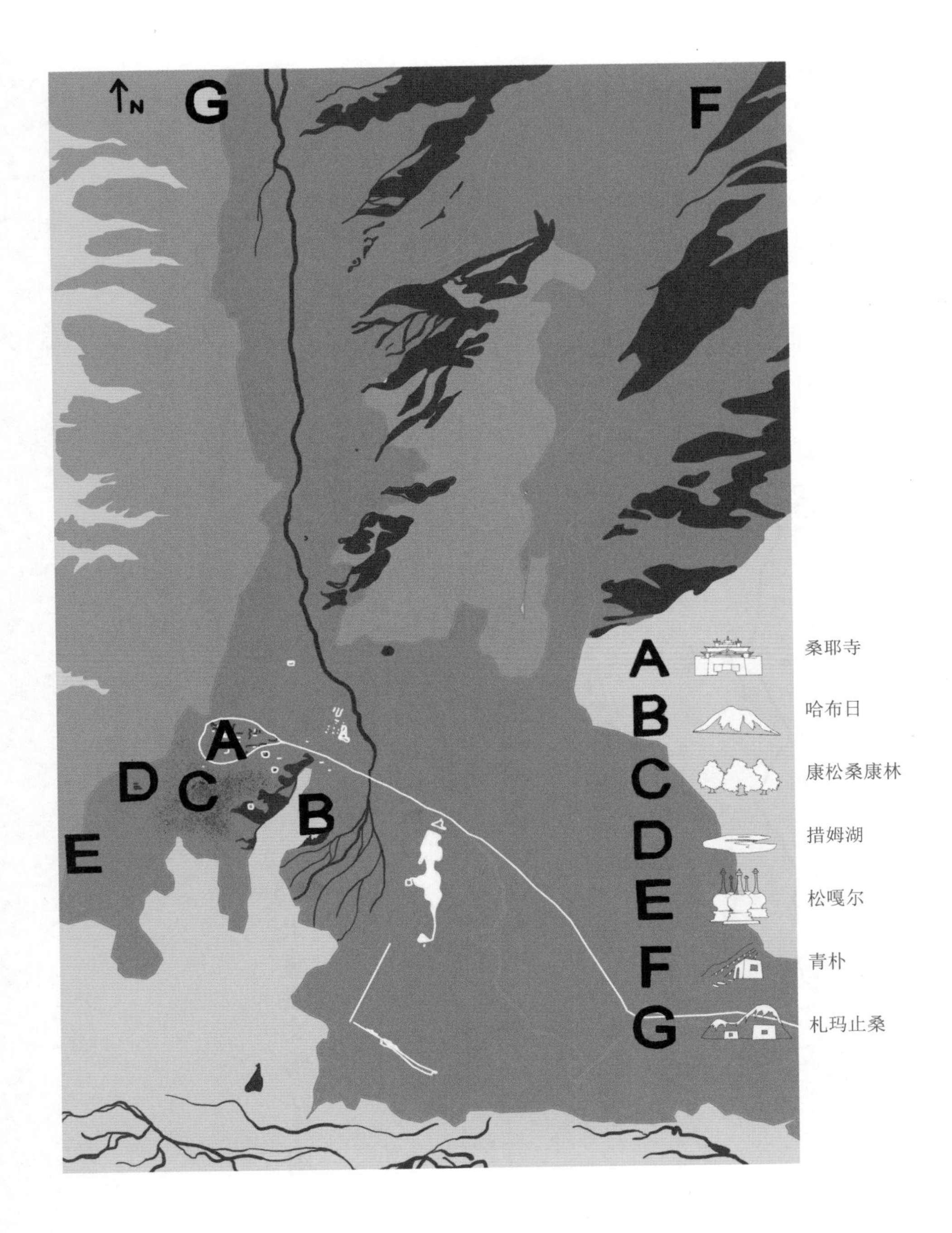

图 2 桑耶寺及其周边地景（张松林手绘）

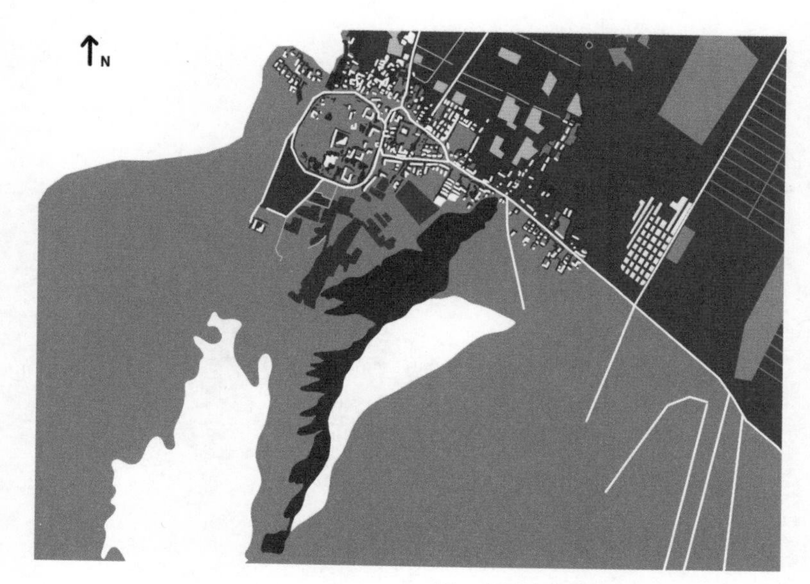

图 3 桑耶寺与哈布日（张松林手绘）

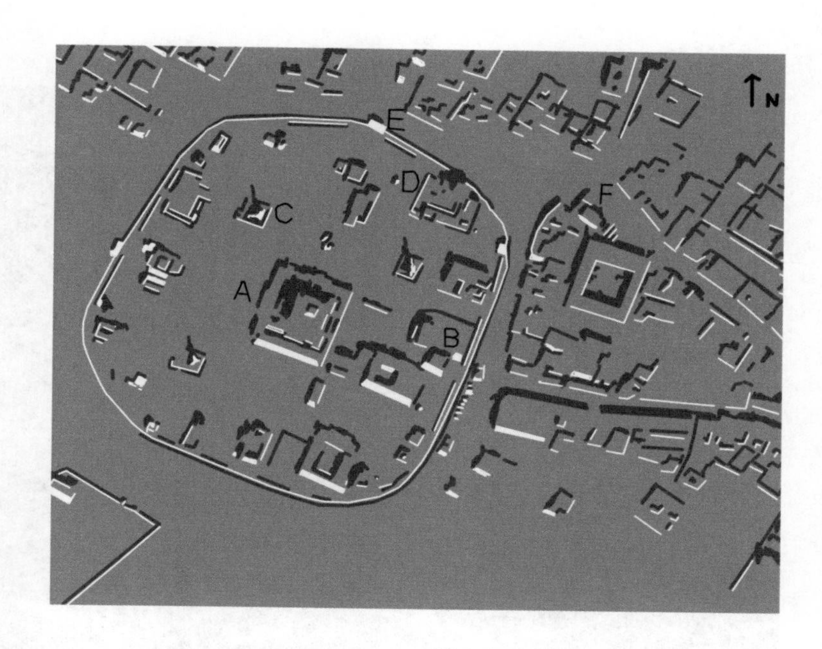

A 乌孜大殿
B 江白林
C 黑塔
D 桑耶角
E 外围墙
F 我的宿舍

图 4 桑耶寺与桑耶镇核心区，左侧由一圈围墙围起来的建筑群就是桑耶寺（张松林手绘）

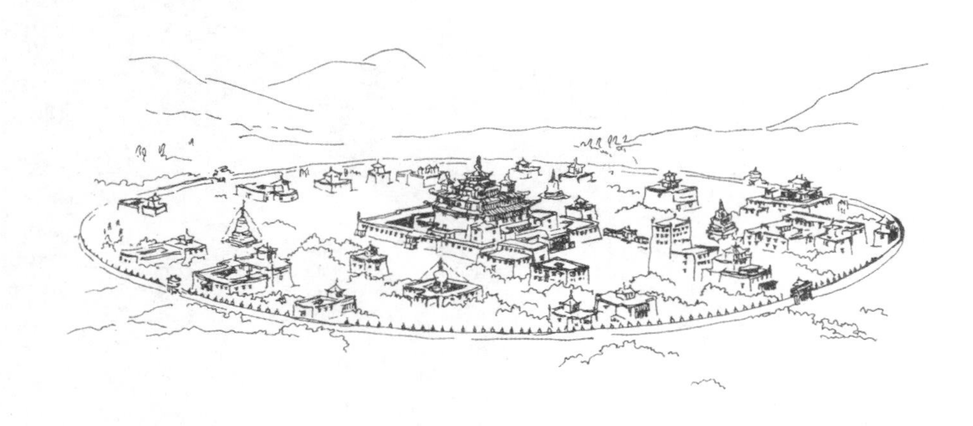

图 5 手绘桑耶寺的侧面全景图[1]

图 6 在哈布日山上拍摄的桑耶寺全景图（何贝莉摄 /2005 年夏）

1. 转引自何周德、索朗旺堆编著：《桑耶寺简志》，插图。此图绘制于 20 世纪 80 年代。

目　录

上

中

下

图片目录

文前插图

正文插图

上

一、进入田野

抵达

2011年4月，我从北京出发，一路西行，来到西藏山南市扎囊县境内的桑耶镇。

扎囊县位于雅鲁藏布江中游，冈底斯山脉南侧。东与乃东毗邻，西与贡嘎接壤，南有浪卡子、琼结、措美环绕，北与达孜、墨竹工卡等县及拉萨市的城关区相连。雅鲁藏布江自西向东，横穿扎囊县中部，把全县分为南北两大部分。全县地势中间低两边高，大江沿岸的谷地平坦开阔，南北两面的坡地则愈来愈高。地貌以高山和谷地为主。扎囊县曾名扎朗、扎朗谿（宗），藏语意为“刺树沟内，山桃林中”。早在吐蕃政权以前，扎巴氏或扎氏家族已定居在现今的扎囊一地。吐蕃时期，此地属约茹管辖。公元13世纪，元朝时，扎囊为帕竹万户府所辖。1912年，西藏地方政府设立洛喀基巧，辖扎当宗（或称扎塘宗、扎唐宗）、桑耶宗和扎奚宗（或称扎西宗）。西藏和平解放后，1959年5月，上述三宗合并为扎囊县，县人民政府设在扎塘镇。1987年，撤区并乡，辖桑耶、扎塘、朗赛林等11个乡。2006年，扎囊县境内的桑耶乡升级为镇。

这座簇新的桑耶小镇，因本地一座藏传佛教寺院而得名；这座古老的寺院，就是我此行考察的对象——西藏第一座“佛、法、僧”三宝具备的寺院：桑耶寺。

寺院编印的简介《吉祥桑耶寺略志》这样写道：

公元8世纪中叶(750年),由第三十八代赞普文殊菩萨之化身法王赤松德赞为施主,迎请萨霍尔（孟加拉四部）国王古玛特其之子持律者大堪布寂护和乌仗那（今阿富汗）大师莲花生入藏，凭藉此师君三人之功德建成了西藏第一座寺院——桑耶寺。

该寺仿照印度古寺乌旦达波日（飞行寺），建有律藏传规之经堂，经藏传规之大坛城，论藏传规之须弥山及四大部洲、日月等象征建筑物，颇具与众不同的古代建筑风格，可与印度金刚座相媲美。

桑耶寺距今已有1250多年的历史，该寺为广寒之乡雪域佛教长河之源头，是第一批西藏僧团成立之处，是经论梵译藏之地，是众多智者和成就者驻锡之所，是佛教后宏期西藏地区的萨迦、噶举、格鲁等的高僧大德们维修、扩建、著书立说的藏传佛教不分教派的道场。

桑耶寺也是殊胜显密佛教之内明、声明、因明、工巧明、医方明、天文历算学、词藻修辞学、声韵诗学和戏剧学等大小五明乃至西藏全部文化的发源圣地。[1]

言简意赅的介绍中，桑耶寺总与“第一”“源头”“发源”等词联系在一起，以说明这座寺院在西藏佛教史上的殊胜地位。

藏族朋友格桑将我引荐给寺院民主管理委员会的次仁主任，在主任的帮助下，我安住在小镇上。次仁拉[2]管理寺院的客运站，他借给我一间办公室作宿舍，房间在客运站的二楼，楼下是桑耶寺餐厅。客运站的旁边，是镇上唯一的“星级”宾馆：桑耶寺宾馆。

沿着宾馆门前的水泥路向东走，很快便会见到一个三岔路口，那里有一块“功德碑”，上书桑耶建镇一事。绕过功德碑，顺着另一条水泥路往西走，可达桑耶寺东门。这两条水泥马路与寺院的东北转经道合围出一片三角地。这片三角地就是桑耶镇的中心区：公安局、电信营业厅、餐厅、茶馆、朗玛厅、淋浴房、水果店、服装店、百货店、摩托车行，还有众多的家庭旅馆悉数汇聚于此。三角地以外，是当地居民的家宅院落。民宅以外，是青稞田、油菜地、柳树林、草甸、溪流、湖池、哈布日，及更远些的雅鲁藏布江与延绵不绝的群山。

---

1. 此段引自桑耶寺寺院自己编辑制作的《吉祥桑耶寺略志》，总编：列谢托美，编辑：列谢托美、堪布多杰、达瓦坚增。列谢托美曾任桑耶寺民主管理委员会的大主任。

2. 出于尊敬，藏族人习惯在称呼对方的名字之后，再加上一个“拉”。

收拾妥当后，我去镇派出所报到，办了一张为期三个月（这是允许“暂住”的最长期限）的暂住证。此前，朋友特意提醒我：在这样一个小地方，任何一张新面孔都足以引起当地人的注意，与其被人家问上门，倒不如自己先去报个到。

但其实，并没有多少人关心我的到来。月末临近，当地人的大部分注意力都被庆祝西藏和平解放60周年而举行的各种宣传活动所吸引。镇民的日常消遣就是坐在餐厅里喝酒、打牌、聊天、收看西藏卫视播放的各类文娱节目。电视屏幕上，滚动播出的纪实片和新闻报道重复着同一个主题：“1951年5月23日，中央人民政府和西藏地方政府在北京签订《关于和平解放西藏办法的协议》（以下简称《十七条协议》），西藏实现和平解放”（中华人民共和国国务院新闻办公室，2011：“前言”1）。

后来，西藏和平解放60周年的庆祝大会并未在5月23日举行，而是后延至7月下旬。

·

观看桑耶寺的最佳地点，在寺院东南侧的哈布日山上。登高远眺，可见整座寺院的形貌：一片被白色围墙环绕的建筑群，伫立在山脚的开阔地上，若圆似方的围墙内，分布着各式各样大小不一的殿堂。

寺院最大的土石建筑是一座方形大殿：乌孜大殿（又名祖拉康）。它在寺院的正中央，坐西朝东，建筑面积约有六千余平方米，共由三部分构成：外围墙、内围墙和主体大殿。外围墙为回字形结构，有四面回廊，大而壮观。围墙的东、南、北三面中部各设一座大门。东门为正门，与大殿正门相对。内围墙的规模相对较小，有西、南、北三面回廊。内围墙的东面与大殿的主体结构相连。内围墙上，有小型白塔108座。在这两重围墙之内，才是惯常所言的乌孜大殿[1]。这座坚固古朴的建筑，尽处于方形金顶的笼罩下。巨大的金顶层层叠叠，共有五层，由外往内，由下往上，渐次收缩。在第三层金顶的四角上，各立一座小殿。四座小殿与居于正中的主顶，按照五点梅花式排列，合成五顶相峙的格局。这一格局被认为是源自印度的建造法式——象征“须弥山”上的五座山峰，并与印度金刚宝座式塔的布局相似。

1. 宿白考古认为：“乌策大殿的外围墙、四门和门内的外匝礼拜廊道皆为以后增建”（宿白，1996:63）。

以大殿为中心，在东、西、南、北四个方向，各有一座形制不同、颜色各异的佛殿，分别是：

白色的江白林，地处乌孜大殿的正东，为东大殿。它与大殿正门、寺院东门在一条中轴线上，相距院门只有15米。此殿坐西朝东，占地约300余平方米。殿堂建筑原有三层，现存两层。考察期间，江白林仍是一座弃殿危楼，正在维修。

黄色的阿雅巴律林，位于乌孜大殿的南面，为南大殿。距寺院南门16米，坐北朝南，占地有600多平方米。此殿共有两层，保存较为完整。在一层佛殿的前面，有一方庭院，院内碧桃成荫。二层佛殿的顶上置有一座小型的方形金顶，这是十二洲殿中唯一一座建有金顶的佛殿。

红色的强巴林，建在乌孜大殿的西面，为西大殿。距寺院西门29米，坐东朝西，占地约560平方米。这座殿堂原有两层，如今所见，上层已毁，尚未恢复。这座殿堂的建制很特别，佛殿呈半圆形，其后有一条半圆形的转经廊道。

青色的桑结林，居于乌孜大殿正北，为北大殿。距寺院北门约36米，坐南朝北，呈长方形，占地面积约360余平方米。此殿原高二层，现存底层。此处佛殿的屋顶，由青蓝色琉璃瓦铺就而成。

以上四座殿堂的左右两侧，各建有两座配殿，合为八座小殿，配殿的颜色与其主殿的颜色相同。八小殿从东往西依次为：

朗达参康林，在江白林的北侧，原高三层，现存两层，平面呈“凸”字形结构，坐西朝东，占地约170平方米。相传，此殿中层为寂护大师的卧室。在朗达参康林的北侧，有一间面积较大的粮食仓库。

达觉参玛林，在江白林的南侧，楼高两层，坐西朝东，平面呈“中”字形结构，占地约190平方米。考察期间，殿内除壁画梁柱以外，空空如也，主体建筑正在进行修复。

顿单阿巴林，在阿雅巴律林的东侧，原殿已毁，如今所见，是在原址上另起的新殿，分上下两层，新殿的建筑形制与原殿的迥然不同。此殿西侧，有一处“回”字形建筑，楼高两层，通体明黄，为桑耶赤松五明佛学院。

扎觉加嘎林，在阿雅巴律林的西侧，楼高二层，坐北朝南，平面呈南北长方形，占地约500平方米。此殿有一方小巧的庭院，院内有一口古井，绿树成荫，鸟语花香。

隆丹白扎林，在强巴林的南侧，原高三层，现存两层，坐东朝西，平面呈“凸”

字形结构。此殿的占地面积较大，约有650平方米，院内也有一座宽敞的庭院。考察时，此殿正在维修中。

米哟桑丹林，在强巴林的北侧，坐东朝西，原殿已毁。如今所见，是在原址上新建的佛殿、闭关房和宽绰的庭院。现为闭关院，殿门长年不开。

仁钦那措林，在桑结林的西侧，坐南朝北，建筑面积约100平方米。考察所见，此殿处于半封闭状态，正在维修。

白哈尔贡则林（又名桑耶角），在桑结林的东侧，坐南朝北，建筑面积140余平方米，原殿已毁。后在原址上修建了佛殿、僧舍与仓库等建筑，但并未完全恢复其原有建制。如今，这一殿堂的恢复工程仍在继续。

在乌孜大殿与南北两殿之间，各有一座小型殿堂，分别是日殿和月殿。日殿已毁，月殿侥幸得存。后来，在日殿旧址上，建有一间卫生所，如今，又恢复为一座簇新的小型殿堂。此间，月殿的破损渐趋严重，考察时已关闭，处于修复中。

在乌孜大殿东南、西南、西北、东北的四角延长线上，分别立有白、红、黑、绿四座宝塔。四塔均为重建，水泥制成，式样各有千秋：

东南角的宝塔，通体洁白，俗称白塔。形制与北京北海公园或白居寺的白塔相似。方形基座上砌有六层叠涩，其上建有覆钵形塔瓶，瓶身扁平宽大，上置一方座，座上树细长相轮，轮数十三，愈上愈小。相轮顶立滴水（悲顶、伞与伞盖），其上再立新月、日轮与宝珠。

西南角的宝塔，通体赤红，俗称红塔。八角基座上垒有六层覆莲，顶层覆莲上砌有覆钵形塔瓶，瓶顶的方座上，所立之十三相轮、滴水、新月、日轮和宝珠，与白塔的相同。

西北角的宝塔，通体青黑，俗称黑塔。方形基座上砌有六层叠涩，基座形制与白塔相同。基座上建有覆钟形塔瓶，其他三塔则为覆钵形塔瓶。相较于扁圆而丰盈的覆钵形，黑塔的覆钟形塔瓶显得清瘦而细削。塔瓶之上的十三相轮、滴水、新月、日轮和宝珠，与其他三塔相同。

东北角的宝塔，通体碧绿，俗称绿塔。绿塔的塔瓶、方座、十三相轮及其上的滴水、新月、日轮、宝珠等部分，与白塔、红塔的相同。绿塔的特别之处，在于它有三层十字折角基座和十六间龛室。

寺院的石砌外围墙，屡遭损毁变更，如今已修复，且维护安好。围墙周长1200余米，墙高3.5米，墙厚1.2米。墙上有塔刹1008座，也有说是1028座[1]。墙外有一条转经道，晨昏之际，沿此道转经的男女老幼络绎不绝。

乌孜大殿、四大殿、八小殿、日殿、月殿、四座宝塔与石砌围墙共同构成的桑耶寺主体建筑群，大抵如是（参见何周德、索朗旺堆编著，1987:14—20；宿白，1996:60；图齐，2009:6—7）。

不过，身临其境见到的景象，并不像文字描绘的这般规整。事实上，寺院内建筑物的分布并不均衡，以中央大殿为界，西侧的略少一些，东面的则多一些。乌孜大殿的东面，建有展佛台、观经廊、僧舍、厨房、商店、餐厅，及早先的寺院旅馆（现已迁至寺外）。寺院的东南角，有一片较大的院落，那里是桑耶赤松五明佛学院。此外，还有数座白塔，若干古树，几间民宅僧舍散落在寺院各处。石砌围墙的内侧，还有一条时断时续的转经廊。现实中的桑耶寺是一组占地25000平方米的寺院建筑群。乍眼望去，各类建筑零零种种，看似繁杂，但大致可分为三类：

一类是寺院的象征性建筑，据桑耶寺编辑制作的《吉祥桑耶寺略志》所记，此类建筑是“律藏传规之经堂，经藏传规之大坛城，论藏传规之须弥山及四大部洲、日月等象征建筑物”。这些建筑，是历代藏文史籍在介绍桑耶寺时仔细言说的重点，是桑耶僧俗进行寺院宣传时详加解释的内容，也是信众、游客了解桑耶寺时最常接触到的信息。

一类是象征性建筑以外的其他宗教性建筑，如乌孜大殿正前方的观经廊、展佛台，及体量庞大的佛学院等。这些建筑在寺院宗教生活中的重要性毫不亚于那些象征性建筑。

还有一类是服务性的建筑设施，如僧舍、厨房、商店、餐厅、旅馆、厕所等。这类服务于世俗生活的建筑，几乎从未被郑重其事地介绍过，只有见到或使用时，才会知道它们的存在。

---

1. 前者载于何周德、索朗旺堆编著的《桑耶寺简志》，后者是列谢托美主编《吉祥桑耶寺略志》上的介绍。

午夜转山惊魂记

早在出发之前，我已拟定此行的研究计划是从人类学惯常的切入点“仪式”着手，考察桑耶寺一年内举行的各种法会。法会名录，在《西藏第一座桑耶寺及佛教的重点思想》中也有介绍：

桑耶寺每日早上三小时集体念修佛经，每月的八、十、十五、二十五、三十日共同念修《度母经》《悟境精义经》《纳若空行经》《金刚萨埵经》《药师佛经》。每年正月与五月期，摆设三根密集坛场，念修经教，并供养跳神。三月份举行《喜金刚经》大法会。四月份开举持明法会，七月份开举《金刚橛经》大法会。九月份开《秘密心要经》法会，在剩余时期主要讲闻思修学佛法，洁身净志，自他修善，平等共安，度过时光！[1]

桑耶寺的法会主要集中在藏历一、三、四、五、七和九月举行。其中，正月的“次旧”大典，全称直译为“十日及与之相关的经藏会供羌姆舞蹈”[2]，仅在猴年召开。九月的法会，因通达相关经书的僧人太少而未恢复。在为期八个月的田野考察期间，我实际见到的各类法会共有九次，主要集中在藏历三月至七月间；方便起见，我将这段法会频密的时节称为“法会季”。

抵达桑耶寺的第二天，恰逢桑耶赤松五明佛学院举行第二届毕业典礼。典礼在大殿广场上举行，为期两天：第一天举行集体辩经，第二天召开毕业典礼。次仁拉告诉我，“这样的毕业典礼，六七年才举行一次！”言下之意：我能赶上，实属运气。

藏历三月，举行萨迦派的喜金刚法会。法会开始前，先要绘制沙坛城，布置大经堂。法会期间，诵经七天；最后一日，举行火供；火供结束，坛城被毁。僧人将彩沙集于一处，洒入大经堂外的一口水井里，喜金刚法会宣告完成。

法会结束当天，僧众开始为一年一度的开光仪式做准备。其中一项重要工作是用五彩线绳将乌孜大殿内的佛像串连在一起。仪式开始，先诵经三日。之后，受过比丘戒的上师大德身着黄色袈裟，手持甘露宝瓶与五色青稞，口中诵经，在仪仗队的簇拥下，逐一绕转寺院的每一座建筑、每一尊佛像、每一处圣迹，为其洗尘开光并做加持。仪式过后，僧众清扫整顿，恢复大经堂的日常陈设。

---

1. 索朗编写，《西藏第一座桑耶寺及佛教的重点思想》，第67页。

2. 在此援引郭净的译法（郭净，1997a:65—67）。

藏历四月，举行宁玛派隆钦心髓法会，这是近几年才恢复的传承。准备期间，需要制作朵玛[1]和措，并重新布置大经堂。法会开始，先有一段仪式：众僧诵经、献供朵玛、绕行乌孜大殿。法会七日，日日诵经，最后举行火供和灌顶仪式。

这一个月，是藏族人传统的萨嘎达瓦节，即放生节。此间，人们食素、放生、转寺、转山，去各地朝圣礼佛。四月十五是一个殊胜日，当地人凌晨三点起床，摸黑赶往乌孜大殿，等待灌顶仪式。按照惯例，仪式要在天亮前完成。接受灌顶后，信众成群结队去转山、转寺，也有许多朝圣者前往桑耶寺附近的松嘎尔村，绕转松嘎尔五石塔：那是莲花生大师与赞普赤松德赞初次见面的地方。

藏历五月，是桑耶寺最热闹也最忙碌的一个月。桑耶僧众将寺院的各个建筑打扫干净、装点一新，宛若过新年时一般热闹。法会最隆重的部分是为期三天的多德大典，全称直译为“经藏会供及与之相关的十日羌姆舞蹈”[2]。每一年，这场盛大庄严的金刚法舞都会吸引无以计数的信众与游客从四面八方赶来观看。在短短的三四天里，桑耶寺内外能聚集成千上万人，而小镇的常住人口才一千五百人左右。信众相信：此生一定要来桑耶寺朝圣，并观看一场金刚法舞；唯有如此，自己在往生路上才会走得顺利。

寺内的法舞表演，令人目不暇接；寺外的帐篷市集，更是热闹非凡。在金刚法舞正式开演的前两天，纷至沓来的汉、藏、回游商沿着寺院东北面的转经道一字排开，支起帐篷，点亮灯火，招揽生意，喝茶聊天。你能想到或想不到的东西，都会出现在集市上。朝圣过后，信众穿梭往来于铺面之间，购物、用餐、娱乐，直至深夜——如同汉族人在春节时赶庙会。等到多德大典结束，这些摊点商铺便立刻消失得无影无踪，唯有一地垃圾杂物能证明：在这条静默的转经道上，人声鼎沸喧嚣繁华的景象的确曾出现过。

五月过后，是一段休整期。僧人在寺院外的柳林中过林卡或去其他寺院朝圣。宗教庆典刚刚落幕，民间节日接踵而来。村镇组织举行喜迎丰收的望果节，民众从寺院请来经书，背着绕转乡郊田野。

1. 又译为“多玛”，“藏语音译，由糌粑捏成用以供神施鬼的食品”（谢启晃等，1993:322—323）。

2. 在此援引郭净的译法：藏历“五月十五至十八日的活动，总称为‘经藏会供及与之相关的十日羌姆舞蹈’（即‘多德及与之相关的十日嘎尔羌姆’，mdo sde dang vbrel bavi tshes bcuvi gar vcham），简称为多德。其中包括十六日的次旧羌姆，和十七日的多德羌姆（十八日的大王巡街原为多德羌姆的一部分）”（郭净，1997a:67）。

藏历七月，是萨迦派的金刚橛法会。与喜金刚法会相仿，法会之前要制作沙坛城，法会之后要举行火供。寺院僧人告诉我，如今所见的金刚橛法会，实际是一场“未完成”的法会。按照经书仪轨的描述，法会最后一天还应举行金刚法舞，但这部分仪式至今尚未恢复。

在这一年的金刚橛法会之前，有一场坐床仪式：桑耶赤松五明佛学院的新任堪布坐床。在法会期间，也有一场坐床仪式：一年一届的新任格贵（俗称铁棒喇嘛）坐床。等这一系列的法会结束，距离“十一”国庆节，便只有一周的时间。热闹而隆重的“法会季”终于渐入尾声。

—— 这些大大小小、主题繁杂的仪式庆典，着实令人应接不暇，它们共同构成桑耶寺仪式生活的主要内容。

·

在信众的心目中，一年一度的多德大典是桑耶寺举行的最隆重也最殊胜的法会庆典。这一仪式，源自于纪念莲花生大师的“初十”吉日。相传，被誉为“佛陀第二”的莲花生在离开西藏之前，告诉自己的弟子和信众，每月初十，他将亲临雪域高原，加持具信者，并让修行者如愿成就。由此，青藏高原的藏族百姓和寺院僧众便都相信并传诵着这样一种说法：每月初十是莲花生大师来雪域加持信众的日子。渐渐地，“初十”成为人们对莲花生大师祈请供养的吉日。

一个藏历年中有十二个“初十”吉日，在桑耶寺，尤以一月和五月的“初十”最重要。西藏和平解放前，桑耶寺在这两个吉日期间都要举行大型法会。如今，由于寺院人手不够，一月的“次旧”大典改为十二年一次，仅在藏历猴年的新年举行；五月的多德大典在每年五月中旬举办。法会期间，各地信众纷纷汇聚到桑耶寺，转山、转寺、观看盛大的金刚法舞、朝圣莲花生大师的圣迹，游乐于因庆典而临时形成的繁华市集之中。

五月“初十”的那天，我一直在兴奋中静静地等待，桑耶寺餐厅的服务员白玛一早就跟我约定：“今天好日子撒，阿姨，我们转山的一起去！”

此前，我从未在地方资料或研究报告中见到关于桑耶寺转山路线的介绍。白玛的建议，无疑让我像哥伦布发现了新大陆一般激动！只是，多德大典期间，朝圣者多得无以计数，镇上的餐厅、旅馆无不开足马力加紧干活。桑耶寺餐厅因毗邻客运站而更加忙碌。就这样，我从清晨一直等到了深夜。

临近子时，白玛终于结束一天的工作。她兴致勃勃地叫上自己的姐姐和两个在寺院厨房干活的小伙子，带我走向桑耶寺旁的哈布日圣山。坦率地说，我当时真有些无语：因为眼前漆黑一片几乎什么也看不见——这显然不是我想象中略带浪漫色彩的转山。待眼睛逐渐适应月亮的弱光后，我才依稀辨认出哈布日的山形，脚下高低不平的土石路，山坡旁的玛尼堆、白塔和经幡，及寥寥无几的转山者。一路上，大家兴高采烈，有说有笑，毫无倦意。沿顺时针方向，我们从哈布日的东侧绕至西侧，从视野开阔的河滩走进浓密幽暗的柳林。

也许是环境的变化影响到同伴的心情，我发现：自从进入柳林，这四个藏族青年就不再说笑，他们用简短急促的细语交谈，仿佛唯恐惊扰到身边的什么东西；他们的步履也变得越来越轻越来越快，几乎以小跑的速度争前恐后地穿过树林。谁也不想成为走在最后的那一个人。

我被出乎意料的急速奔走弄得疲惫不堪，终于忍不住问白玛："可不可以走慢一点？"

"阿姨——"白玛小声说，"慢的不可以……林子里有鬼，会把你抓走撒。"

"是抓你的魂！魂没了，你就死了撒——"一个男生补充道。

"哦……"我还没明白是怎么回事，就听见白玛的姐姐忽然一声尖叫，大家顿如受了惊吓的兔子拔腿狂奔，头也不回地窜过挂满经幡的羊肠小径。起初，我以为这故弄玄虚的气氛不过是男女间的打情骂俏；但时间一长，便感到这种充满"真实感"的恐怖氛围实在不适合谈情说爱。

我们上气不接下气地跑到一棵大柳树下，这里想必是一个"安全地带"；大家总算停下脚步，容我靠在树旁喘口气了。

"我们人多，不用怕。"我试图安慰这四个神色慌张的藏族朋友。

"不是的，阿姨！鬼厉害的，它看见你，你看不见它。它要把你抓住——走在后面的第一个被抓！"白玛向我解释道。原来，他们之所以不愿意走在末尾，是害怕自己的背后无人照看，致使捉魂的"鬼"有机可乘。

"好吧……既然你们害怕，就让我走在最后！阿姨不怕鬼。"其实，我并非不怕，只是觉得在殊胜的"初十"吉日，不应该是我们怕鬼而应是鬼怕我们才对——相传，莲花生大师进藏时，一路逢妖捉妖遇魔降魔，早已把雪域蕃地的各类妖魔鬼怪收伏殆尽。照此逻辑，怎么可能还有漏网之鬼出来摄人魂魄？即便有漏网之鬼，它又怎敢在莲花生归来的“初十”吉日兴风作浪？这不明摆着是往大师的“枪口”上撞吗？况且，即便真有胆大鬼出现，又何须惧怕？我们身处佛教圣地，手中的开光念珠、口诵的莲师心咒、路边的五色经幡不都是强有力的法器或护身符吗？即便放下无神论的腔调，代之以佛教徒的信念，我也实在不明白：躲在暗处的“鬼”有何可怕？

——不管怎样，我的建议令小伙伴们如释重负。自从进入柳林，他们就一直在紧张不安中交替行使着“保护人”的角色，敦促我走在前面，以免我的魂被鬼“抓住”。

半小时后，我们终于走出柳树林，来到一条宽阔的土路上。此时，皎洁的月光倾泻而下，乌孜大殿的金顶遥遥在望，朗玛厅的歌声飘飘入耳，大家又开始说笑，先前紧绷的神经也慢慢放松了。沿着这条大路一直往北，来到桑耶寺西面的转经道，自此，转山路与转经道合二为一。在桑耶，所谓“转山”，并不只是绕转哈布日，而是将桑耶寺与康松桑康林一并包含在内。

这场有惊无险的“午夜转山惊魂记”，让我对桑耶寺有了一些新的感受。此前，我一直认为这座寺院的最大特点是它在西藏历史上的佛教意义——正如《吉祥桑耶寺略志》的介绍，无论是寺院的法会，还是信众的观念，均无一例外围绕佛教教义而来。但自从有了转山的经历后，我越来越觉得当地人的世界似乎并不像我最初设想的那般纯粹：除了以桑耶寺为象征的佛教信仰以外，这里似乎还存在另外一种观念。恰恰是这种观念，使那些令桑耶镇民敬畏的非佛“存在”——它们常被笼统地理解为“妖魔鬼怪”——得以在雪域佛土中拥有一席之地，并以不可小觑的姿态作用于当地人的经验与心态。

而吊诡的是，这两种观念同时体现在桑耶寺的多德大典中，其直观的区别在于：佛教仪式限定在寺院之内，“妖魔鬼怪”出现在寺院之外。法会期间，信众的宗教体验之所以如此迥异——既有对“佛”的顶礼膜拜，也有对“鬼”的畏怖恐惧——似乎是因为人们所处“空间”的不同。换言之，当地人对仪式的理解，除佛教经论阐述的观念体系以外，似乎还有某种外在于佛教教义的地方经验——两者的微妙关系，通过桑耶寺的内外“空间”得以呈现。

或由此因，我的关注点渐渐转移为桑耶的“仪式空间”，试图以各个空间、地点及其之间的关系作为理解桑耶寺仪式的切入点。与之相应，此次田野考察的对象，也从“仪式”逐步细化为举行仪式或曾有仪式的场所：桑耶寺内的象征性建筑和寺院外的山、湖、遗址、圣迹……

二、桑耶寺

桑耶寺的历史与原型

公元 755 年，雪域高原上，吐蕃政权的宫廷内发生了一场突如其来的变故：唐朝金城公主的夫婿、喜好佛法的吐蕃赞普赤德祖赞（704—755）意外去世。有人说，赞普是骑马时不慎摔落致死的（参见拔塞囊，1990:8）；也有人说，他是被大论末•东则布和朗•迈色二人合谋害死的（参见王尧、陈践，1980:119；王尧，1982:84）。无论实情如何，吐蕃赞普的意外身亡，确是“引发了一场由反佛大臣们发起的政变”（石硕，2000a:229）。那些扬苯抑佛的贵族大臣，趁赞普之位虚空，控制吐蕃朝政，“发布了禁佛的命令”，试图“把佛教势力全部铲除”（王辅仁，2005:21）。他们驱逐僧侣、填埋佛像、拆毁寺庙，甚至将大昭寺改为屠宰场（参见巴卧•祖拉陈瓦，2010:121—123）。由此引发了西藏历史上第一次“禁佛运动”。

公元 756 年，年仅 14 岁的赤松德赞（742—797）正式即位，但他手中并无实权（参见石硕，2000a:245）。几年后，日渐成熟的赞普逐渐壮大势力。在密友吐蕃人拔塞囊和汉族使臣之子桑希的帮助下，赤松德赞意图再次弘扬佛法。他派人从尼泊尔请来佛教大乘显宗的寂护大师；还遣人去印度、唐邀请佛教的各派人物。

当时，信苯大臣与苯教徒的势力依然强大，寂护在青朴住了四个月后被迫离藏。临行前，他向赞普表示：对吐蕃境内的“魔障”，自己已无能为力，需要将他的妹夫、印度佛教密宗大师莲花生请来，才能“调伏群魔”，弘扬佛法（参见王森，2002:8—9）。

莲花生，生于乌仗那国（今巴基斯坦的斯瓦特河谷一带），“这地方的人自古以擅长咒术著名”（王森，2002:9）。据《莲花生大师本生传》记载，莲花生已预先知道吐蕃赞普会邀他入藏，便主动起身，与迎请他的吐蕃使者在芒域相会。进藏的路上，莲花生逢妖捉妖，遇怪降怪，行迹神乎其神（参见依西措杰伏藏，1990：393—396）。另据印度史籍记载，公元8世纪下半叶，佛教在印度已然衰微，莲花生之所以主动进藏，也许是为了给印度佛教谋求出路（参见王辅仁，2005:25）。不过，无论莲花生入藏的动机究竟为何，如今，藏族人普遍相信：是莲花生的到来，使佛教在西藏的传播有了一番新局面[1]。

为在雪域蕃境扎下传播佛教的“立锥之地”，寂护和莲花生想在吐蕃做的第一件事，是兴建西藏历史上第一座能够剃度僧人出家的寺院。这个想法，与赞普赤松德赞的兴佛主张不谋而合。如是，师君三人合力建寺[2]，“建寺地点是由莲花生勘查决定的，而寺的奠基仪式是由赤松德赞主持的，寺的规模是由寂护设计的”（王森，2002:9）。

传说当年，赤松德赞想知道自己建造的寺院是何式样，于是恳请莲花生满足自己的愿望。大师应允，将寺院建筑幻化成型，浮现在自己的掌心上。赞普见后，喜从心生，不禁脱口而出：“桑耶（出乎意料之意——作者注）——！”由此，寺院定名为“桑耶寺”。

那座显现在莲花生的掌中，引得赞普连连惊叹的寺院，究竟是一副什么模样——民间故事并未详细说明。而在又名《桑耶寺志》的早期藏文史籍《拔协》中，另有一段文字介绍桑耶寺形制的来历（参见拔塞囊，1990:32—33）。

话说赤松德赞请寂护大师来到西藏，准备打地基建寺院。大师说：“我要把这座白扎玛尔桑耶米久伦吉竹巴寺（即桑耶寺）修成符合所有经藏、律藏、论藏和密宗规格，在世界上威德最高，无与伦比的寺庙！”赞普问：“大师，您能建成那样的寺院吗？”大师回答：“我能！在印度的噢登布山上，就有这样一座寺庙。”赞普又问：“那座寺庙是怎样的呢？”

---

1. 意大利藏学家图齐认为：“莲花生上师所起的作用远没有晚期传说所赋予他的那样大。……仅仅是在藏传佛教的后弘期之后，莲花生的巫士形象才得到了大幅度的发展。大家在谈到他时就如谈论佛陀第二一般，而且也绝没有杜绝夸大其词的现象”（图齐，2005:10—11）。

2. 关于莲花生大师是否参与兴建桑耶寺的问题，藏族史籍上的记载各有不同。比如据《拔协》记载，莲花生大师在寺院修建之前就已离开吐蕃（拔塞囊，1990:25—27）。在此，我仅采信桑耶人的地方说法，当地人认为桑耶寺是由师君三人合力主持兴建的。

于是，寂护大师给赞普讲了一个故事：从前，有个外道的修习持明者，想找一个有特殊能力的助手。最终，他发现有一个比丘的侍者符合自己的要求。于是，持明者献了一把碎金给比丘，带走了他的侍者。持明者与侍者二人来到修炼死尸的房中，只见一具像草捆般的尸体在坛城上放着。持明者对侍者说："沙弥，你有威慑尸体的特征，不要害怕，去将他的舌头割下来。舌头会变成金剑，请把它给我。因为用金剑指向哪儿，便可到哪儿去。我要到色究竟天去修习持明。这具尸体会变成黄金，就给你作为报酬！"两经周折，沙弥终于完成任务，得到金剑，他把剑指向天空，便腾空而起飞身上天。持明者见状，大叫道："剑是我的——快下来，给我！"沙弥回答："剑是你的，但我要先上天看看风光！"说罢，沙弥飞至须弥山顶，居高临下，饱览四大部洲、八小部洲、山川日月和三十三界——整个宇宙的景色。然后，沙弥将剑指向南瞻部洲——人类居住的地方，回到持明者的身边，把剑还给他。持明者如愿以偿到色究竟天去了。沙弥得到变成黄金的尸体，并将之献给比丘。比丘希望用这些黄金建造一座寺院。于是，以沙弥所见之须弥山、四大洲、八小洲、日月、铁围山等风物为蓝图，修筑了一座名叫噢登布的寺庙。

故事讲完，寂护对赤松德赞说："赞普的寺庙就照它的样式修吧！""它"，就是这座噢登布寺（又译为乌旦达波日，即飞行寺）；"它的样式"，就是沙弥飞天后看见的世界——换言之，那是印度大乘佛教徒眼中一个世界的整体图式。

当年的赤松德赞是否意识到自己建造的寺院是以佛教的宇宙图式为原型，如今已不得而知；但他同意按此样式修建寺院的态度和决心，想必是以寂护与莲花生为主导的佛教徒所喜闻乐见的。

总之，意图兴佛的吐蕃赞普与异族僧众终于如愿以偿。随着第一座佛教寺院的诞生，外来的佛教宇宙观，首次以建筑物的姿态在雪域高原上具体而完整地呈现出来。

建造桑耶寺的工程，恢弘而庞杂。据说，"一共用了 12 年时间，动用了吐蕃全境的财力"（王尧，1989:108）。一般认为，桑耶寺最后竣工于公元 779 年[1]。

---

1. "关于桑耶寺自动工至竣工的年代，历来众说纷纭，莫衷一是。《巴协》《西藏王臣记》认为'赞普（赤松德赞）卯年生，年届十三，时逢卯年（767 年）修建寺庙。'至 771 年完工，仅五年时间。《青史》认为'从卯年（767 年）至未年很好地完成了大寺的诸小寺院和殿堂及围墙等。'《贤者喜宴》说桑耶寺'兔年（763 年）奠基兔年（774 年）竣工，十二年圆满完成。'《布顿佛教史》说阴火兔年（787 年）奠基，阴土兔年（799 年）竣工。法尊法师在《中国佛教》中认为是在 762—766 年完成桑耶寺。王森先生在《关于西藏佛教史的十篇资料》中认为'约于 799 年，建成了西藏佛教史上著名的桑耶寺。'东嘎·洛桑赤列先生认为在 763 年开始建桑耶寺，至 766 年建成，历时四年竣工。意大利学者伯戴克认为是 780 年始建，787 年建成。以上诸种观点，虽不尽相同，但其建造年代都相差无几，皆大致在公元八世纪中叶左右。目前，一般认为桑耶寺建成于 799 年。"（何周德、索朗旺堆，1987:9）

建寺伊始，留存至今，这座“不可思议”的寺院已有一千两百多年的历史。

寺院建成，莲花生大师与寂护堪布亲自主持了一场盛况空前的开光仪式（参见达仓宗巴·班觉桑布，1986:98）。在吐蕃牟尼赞普（?—798）和赤祖德赞（803—841）两任赞普大力兴佛后，桑耶寺很快遭受到吐蕃末代赞普朗达玛（?—846）发起的第二次“禁佛运动”[1]。藏传佛教“前弘期”[2]至此结束。

禁佛期间，作为赞普寺院的桑耶寺因地位特殊而逃过一劫，仅被封闭大门，未遭拆毁。但寺内僧众则未能幸免，他们或被镇压或被驱逐，不得不逃亡。842年，一个名叫拉隆·贝吉多吉的僧人刺杀了朗达玛。末代赞普死后，“吐蕃政权陷于混乱并迅速分裂。吐蕃作为一个统一的政权从此灭亡。吐蕃几代赞普所培植的佛教，从此中断了百余年”（王森，2002:19）。吐蕃王室的后裔云丹（生卒年不详），离开动荡的拉萨，留驻于桑耶一带。

十世纪后期，云丹的六世孙意希坚赞以地方领袖的身份兼任桑耶寺寺主，试图再兴佛教，遣人去安多求法学佛。这些学成归来者，在卫藏和康区大力弘扬佛法，形成西藏佛教“后弘期”下路弘法之始（参见何周德、索朗旺堆，1987:4）。

大约在978年前后，鲁梅[3]等人返回卫藏，决定去桑耶投奔阿达赤巴赞普。赞普接待了他们，并把一捧生锈的钥匙交给鲁梅。鲁梅打开桑耶寺的殿门，“只见殿里长满荆棘、枸杞子和对耳草。这些草木枝叶上的水，把殿墙上的画纹都浸没了。从鼓殿到中央的十二根柱子有四根朽烂了，其他尚干燥无损。中层殿堂里小乌鸦筑了窝。正殿中，佛像的手上和佛冠上也都筑了鸟巢。佛冠都被鸟粪腐蚀烂了”（拔塞囊，1990:73）。当时，桑耶寺破败之境可想而知。

11世纪中叶，桑耶寺终于迎来建寺以来的第一次大规模修缮。当时，热译师多吉查巴带着他的几千名随从信徒来到桑耶，严惩那些管理不善的人员，并对桑耶寺进行维修。“据记载，当时参加修缮的整墙工、木匠、画工等技术人员即达五百之多，可见原破坏程度之严重和当时修复工程之规模。虽不如原先，但从此以后使桑耶寺的佛事活动得到了恢复”（何周德、索朗旺堆，1987:“引言”4）。

---

1. 九世纪中叶，朗达玛逐渐停止对僧人的一切供应，尽可能地恢复苯教势力。他命令将桑耶寺的寺门封砌，上绘僧人饮酒图。朗达玛的毁法之举，“先从拉萨和桑耶做起，向四面推行。这次消灭佛教，做得相当彻底”（王森，2002:19）。

2. 前弘期“指佛教传入吐蕃到吐蕃末代赞普朗达玛（841—846在位）禁佛为止的200年间，佛教在吐蕃的初期传播阶段”（王尧、陈庆英，1998：200—201）。

3. 鲁梅·楚臣喜饶，“意为‘戒慧’，北宋时西藏佛学家，后宏期的一位弘法大师”（杨贵明、马吉祥，1992:17−19）。

此后，藏传佛教宁玛派将桑耶寺作为自己的根本道场。早在桑耶寺兴建之初，尚无后世所谓的教派之别，直到后弘期，藏传佛教才逐渐区分出几大教派。“宁玛”为“古、旧”两义，“这一派认为他们的教法是从8世纪来到西藏的莲花生那里传下来的，这比西藏佛教其他各派的起源要早300年左右，所以可以称为古老的一派”（王森，2002:42）。

12世纪以降，萨迦派在元朝中央政权的扶植下，结束西藏地方的分裂割据，建立起相对统一的萨迦王朝。桑耶寺，这座由吐蕃赞普兴建的寺院，在惨淡维持了数百年后，再度与西藏地方政权的命运连为一系。

最早与桑耶寺发生联系的萨迦法王，是那位与蒙古人阔端会晤并将西藏置于元朝统治之下的萨班·贡噶坚赞（1182—1251）。听桑耶寺的僧人讲，萨班曾亲自在桑耶寺江白林的二层墙壁上，手绘文殊菩萨像。这些曼妙的画像，至今仍然清晰可见。他还设计出一幅“圣僧图”，绘在江白林西门走廊的墙壁上。后来，桑耶僧众将圣僧图翻绘在乌孜大殿的门廊与外墙上。如今，圣僧图作为桑耶寺的标志，贴在桑耶客运站的每一辆大巴车上。

其后，与桑耶寺有紧密关联的另一位萨迦法王，是萨迦四大拉章之一仁钦拉章的继承人萨迦·索南坚赞（1312—1375）。他三次谢绝元朝皇帝的入京邀请，为结法缘，遍游西藏。他多次在桑耶寺举行法会，主持修葺寺院，并于晚年驻锡桑耶，写出传世名作《西藏王统记》[1]。最终，这位萨迦派大德圆寂于桑耶寺。

第三位与桑耶寺结缘的萨迦法王，是因遭遇劲敌不得不出走至桑耶且一呆十年的阿旺贡噶仁钦（1517—1584）。当时，他年仅八岁。后来，在江孜和仁布法王的帮助下，贡噶仁钦打回萨迦，重振教派及其政权。此间，桑耶寺一度变得破败不堪。在寺院僧众和护法神的请求下，贡噶仁钦亲自主持了桑耶寺的修复工程（参见郭净，1997a:33）。

如今，桑耶寺的年度法会中，约有一半法会仍在使用萨迦派的经文与仪轨，这与三位萨迦法王在桑耶寺的活动不无关系。自从桑耶寺被划入萨迦法王的管辖后，“原为藏传佛教宁玛派的中心寺院，改属为萨迦派管理，只有护法神殿仍由宁玛派僧人主持”（何周德、索朗旺堆，1987:“引言”4）。

---

1. 该书“藏文原名为《吐蕃政权世系明鉴正法源流史》……一般习惯也有称此书为《西藏王统记》的。”据刘立千考证，成书年代为1388年（索南坚赞，2000:“前言”6，2）。此外，该书另有两个汉译本。萨迦·索南坚赞:《王统世系明鉴》，陈庆英、仁庆扎西译注，沈阳：辽宁人民出版社，1985。《西藏王统记》，王沂暖译，上海：商务印书馆，1949。本书参考的译本主要是《王统世系明鉴》。

17 世纪中叶，格鲁派兴起并逐渐掌握西藏地方的政教大权。此后两百年间，桑耶寺的维修工程多达五次，其中，尤以第模·德列加措主持的修缮规模最大。“巨大修复和供施之功德，均比法王赤松德赞为高。”这一时期，“桑耶寺的行政事务虽归属西藏地方政府直接负责管理，但是在一切宗教活动方面改属为萨迦派的既成事实，始终未能改变。桑耶寺的历任座主仍由萨迦委派，这种情况一直延续到 1959 年西藏民主改革前”（何周德、索朗旺堆，1987:“引言”4—5；郭净，1997a:31—34）。

自从吐蕃政权瓦解以后，桑耶寺再也没有成为西藏的宗教政治中心，但西藏历朝历代的地方政权却从未忘记它。无论是吐蕃政权的云丹后裔，还是新兴教派的喇嘛活佛，他们总是通过朝圣、修缮、法事等种种活动与桑耶寺建立联系，并在寺院留下自己的功德。通过这些高僧大德的事迹，桑耶寺始终置身于藏传佛教的变迁史中；它甚至通过汉文木匾“大千普佑”[1]与遥远的清朝中央政权发生着直接关联。

桑耶寺作为赞普寺院而彰显于世的殊胜礼遇，直至最近才被改变。西藏和平解放后，桑耶寺由扎囊县管辖，成为一个地方单位。1996 年，它被批准为国家重点文物保护单位；2005 年，被列为国家 4A 级旅游景点。如今，在熙熙攘攘的游客眼中，桑耶寺作为赞普寺院的荣光似乎早已成为过去，眼前所见不过是一处日渐世俗化的西藏旅游景点。

在一千多年的漫长历史中，桑耶寺屡经磨难，数易其主，不断损毁旋又重建，如钟摆般徘徊于兴衰之间。

·

“如今在桑耶寺原址见到的寺庙建筑已经远远不是本来的面目”；但藏族信众笃定地认为，寺院建筑的形制布局并未发生根本改变。在历代的藏族史籍中，多有桑耶寺建筑形制的详细介绍，这也为后世修葺寺院提供了些许参照。以至于“每次重修时，都说是按照原来图式，保持了原来的风貌和原设计的特点”（王尧，1989:108）。那么，“原风貌和原设计”究竟是何风貌、是何设计？

1. 乌孜大殿的正门上有一块匾额，四周金龙框边，匾中蓝底金字，上书“大千普佑”。由于图章和落款均被毁掉，已不知是出于哪位皇帝之手。桑耶寺原本珍藏有许多匾额，尤以清代的居多。1959 年，曾有人亲见，在大殿正门的门楣上，挂有清代皇帝所题的汉文匾额“格鲁伽蓝”，宿白先生疑为乾隆皇帝手书；在寺院外围墙的东大门门楼上，也有一块清代汉文匾额，为咸丰皇帝所书“宗乘不二”。可惜均已毁。如今仅存匾额“大千普佑”，有断代学者认为这是清代的汉文木匾。（宿白，1996:67）

其实早在建寺之初，寂护便已向赤松德赞做过说明。“那是把理想中的佛教世界观加以形象化、立体化，使之再现于人间。这种理想化了的图式和格局，在后期佛教仪式中一再用‘坛城’（曼陀罗和曼扎）的形式出现，而桑耶寺则是这种传统思想的范例”（王尧，1989:108—109）。即如萨迦·索南坚赞在《西藏王统记》中描绘的那幅图景：

最初，外部的宇宙是一片无边无尽的虚空。后来，从十方刮起了风，互相鼓荡，形成十字形，其中心是一个青灰色的坚硬的风轮。……。风轮上由于水之积聚，成为大海。……。大海之上，有黄金构成之大地，平坦如手掌，大地广度为三十万由旬。中央有天然生成的具有诸宝物的山王须弥山，构成它的物质，东面为白银，南面为琉璃，西面为朱石，北面为黄金。此须弥山有八万由旬没入海中，露出海面的高度为八万由旬。它的四周有七座金山围绕，……。诸山之间，有七个戏游海。……

须弥山之东有东胜身洲和两个小洲，其形状如半月，须弥山之南有南赡部洲和两个小洲，其形状如肩胛骨，须弥山之西有西牛贺洲和两个小洲，其形状为圆形，须弥山之北，有北俱卢洲，其形状是方形，从象鼻山往上四万由旬处的空中，有透明的极为坚固的风轮，太阳、月亮、星辰都附着在它上面。日月星辰的大小、各个大小洲之大小及它们上面的人的受用、寿命、身量等也都记载在《俱舍论》中（萨迦·索南坚赞，1985:3—4）。

对应桑耶寺的建筑格局，象征世界中心“须弥山”的是寺院中央的乌孜大殿。乌孜大殿的四方，各有一座殿堂，象征四大部洲。四方大殿的两侧，各有一座小殿，象征八小部洲。乌孜大殿的南北侧，建有两座小殿，象征太阳和月亮。此外，还有一道将这些建筑合围在内的院墙，象征宇宙边缘“铁围山”（参见何周德、索朗旺堆，1987:10）。

如是，不论时间长河如何流转，这座寺院如何兴衰起落，佛教宇宙观中的“世界”[1]始终呈现在这座二万五千平方米的古老寺院之中。

1.“三千大千世界，亦称‘大千世界’。佛教关于世间宇宙结构的理论。据《长阿含经》卷一、八等，以须弥山为中心，以铁围山为外廓，同一日月所照的四天下，包括下至地狱、上到非想非非想天的全部三界，为一个小千世界。一千个这样的小世界为一个中千世界。一千个这样的中千世界为一个大千世界。因大千世界有大、中、小三种‘千世界’，故称‘三千大千世界’”（任继愈，2002:80）。

佛教史观中的桑耶寺

14世纪下半叶，萨迦派高僧萨迦·索南坚赞来到桑耶寺。这位萨迦法王曾任萨迦寺的座主，政教地位极高。他师承于布顿大师（1290—1364），且是宗喀巴大师（1357—1419）的上师，学问高深，智慧超群，尊称为“喇嘛丹巴”（参见索南坚赞，2000：“前言”3）。元至正十四年（1354年），萨迦派失势后，喇嘛丹巴来到桑耶，安住寺中。他每日在寂护大师的头骨前顶礼供养祈愿，直至去世前夕。1375年，喇嘛丹巴于桑耶寺圆寂。遗体火化时，空中彩虹交错，连日普降花雨，引得众人驻足惊叹，四处传说（阿旺贡噶索南，2002:193—194；王尧、陈庆英，1998:144）。

反观喇嘛丹巴的在世年代：他生于1312年，前距桑耶寺的建成有五百三十多年，后距吐蕃政权的覆灭有四百七十余年[1]，距西藏后弘期伊始的“下路弘法”有三百三十多年，距昆氏家族创设藏传佛教萨迦派有两百多年，距萨迦法王八思巴以“国师”之职成为元朝统治的一个组成部分约有半个世纪[2]。如此，喇嘛丹巴所面对的西藏宗教政治环境与桑耶寺初建时吐蕃僧俗所处的情形已迥然不同。

公元10世纪末至13世纪初的两百多年间，佛教在卫藏地区得到恢复和发展。译释经论、著书立说、兴建寺院、传法授徒、创立教派等方面都进入到一个新的阶段。有学者认为，所谓“藏传佛教”的诞生，大约应从此时算起。[3]这一时期，藏传佛教的特点是：“不仅自成体系的僧团寺庙相继标然林立，而且各具特点的诸多宗派亦先后纷然蔚起”（班班多杰，1992:132）。喇嘛丹巴所属的萨迦派，便是其中一支。

此后，西藏的社会文化已然改变，西藏历史不再由吐蕃政权主导，而成为“由寺主（这是萨迦巴的情况）或大地主们‘创造’的历史了”（图齐，2005:34）。这种“创造”，一方面是客观的历史进程，另一方面则体现在观念层面，即佛教史观的兴起。

---

1. “公元八四二年吐蕃赞普达磨遇弑，吐蕃奴隶制政权崩溃……”（藏族简史编写组，1985:107）

2. “忽必烈于一二六〇年在漠南即大汗位，建元中统，就尊八思巴为国师，赐玉印。”（藏族简史编写组，1985:137）

3. “（北宋庆历）五年（1045），阿底峡于返印途中，又被迎至卫藏传道讲学，传播佛教，标志着佛法余烬又得阿里传来火种而复燃，史称‘上路弘法’。从此诞生了藏传佛教”（王尧、陈庆英，1998:113）。另见王辅仁：“到公元10世纪初，藏族进入了封建社会。佛、苯二教也在10世纪后半期，在长期的斗争和融合的基础上形成为新的西藏佛教”（王辅仁，2005:66）。

学者张云认为：“佛教史观，就是从佛教的立场出发，用佛教的观点和方法来解释人类历史发展规律的一种社会史观。……佛教史观在西藏的形成，发生在佛教后弘期，即 11 ～ 12 世纪。……在这一时期，西藏佛教从前弘期的拿来主义中逐渐走了出来，开始融合众说，推陈出新，渐渐形成自己的理论体系，佛教史观即是其重要内容之一”（张云，2004:109—110）。

在佛教史观的影响下，藏族高僧大德写作的史籍开始大量涌现。刘立千认为，“在公元十四世纪时才出现了西藏学者自己撰写的前代的历史。最有名的是布顿大师的《善逝教法史》，成书于 1321 年；其下是蔡巴·贡噶多吉的《红史》，成书于 1346 年；再下就是这本《西藏王统记》，成书于 1388 年。在后弘期关于记述古代和吐蕃时期的历史最早出现者知道的就是这三本书”（索南坚赞，2000：“前言”2）。在孙林看来，除此以外，元明时期，西藏的综合体史书还应包括《雅隆尊者教法史》和《新红史》，“这些史书在结构上具有共同的特征，就是内容不拘于常式，王统、教法、世系、传记统统加以包容，是为一类大型综合体史书”（孙林，2006:226）。王璞将公元 13 世纪至 14 世纪视为“藏族史学思想的复兴期”，并认为这一时期的代表作还应有《奈巴教法史——古谭花鬘》和《朗氏家族史》。在这些史书中，“政教史逐渐成为一种固定模式，《红史》和《雅隆尊者教法史》是其中的典型。通史的写作和续修则说明史家已充分意识到历史源流的连续性。这一时期无论政教史还是王统史，佛教史观在历史理论的各种表述中均占有主导地位”（王璞，2008:121—122）。

浏览三位学者所列书目的内容便会发现，专述吐蕃政权世系史的著作屈指可数。确切地说，仅有两本：《雅隆尊者教法史》与《西藏王统记》。其他史籍，多是在教法史中为前弘期的吐蕃政权留下几页简略篇章。随着佛教史观的兴起，当时的学者恐怕普遍存在着轻视吐蕃政权世系史的观念。以至于在后世学者看来，喇嘛丹巴著述的吐蕃王统世系史诚是一份研究吐蕃史的不可或缺的补漏之作。早在《敦煌古藏文历史文书》发现以前，藏汉学者均以《西藏王统记》作为了解吐蕃政权的主要依据（参见索南坚赞，2000：“前言”2）。

由此不难想见，喇嘛丹巴选择以吐蕃王统世系史作为写作主题——这在当时的主流观念看来，是多么标新立异了。

那么，为何会出现《雅隆尊者教法史》与《西藏王统记》这两本独特的史书？成书于1376年的《雅隆尊者教法史》，为雅隆尊者释迦仁钦德所著。这位尊者出身于吐蕃王族，是吐蕃政权分裂后在山南兴起的雅隆王室的子嗣，因此，“他对雅隆世系的记述就构成了这部史书的一个重要特点”（释迦仁钦德，2002：“译后记”254）。后来，喇嘛丹巴阅读、借鉴这本史书，并在《西藏王统记》的末篇中谦逊地写道：自己写的内容“都是简略言之，要想详知雅隆觉卧依次出世的诸王所建立的功业，可参阅拉尊楚臣桑布所著的王统记”（萨迦·索南坚赞，1985:203）。

雅隆尊者身为吐蕃王室的后裔，又在帕木竹巴出家为僧，写一本专著记录并颂扬先辈的历史，似乎自然而然。但同样的事情，换作萨迦派大德喇嘛丹巴来做，就显得有些奇怪了。这位大德为何要从事这项看似与己无关的“重复性写作”？《西藏王统记》中，喇嘛丹巴如此礼赞在西藏佛教史中发挥过重要作用的赞普与信众：

在藏地这黑暗的边区，点燃起圣教正法明灯，使藏民得享安乐的神变王臣，向你们虔诚地膜拜顶礼！（萨迦·索南坚赞，1985:1）

在幽居桑耶的岁月中，喇嘛丹巴写下吐蕃王统世系的故事，将其置于大乘佛教的宇宙观——即当时盛行的佛教史观——中加以解读，赋予意义，形成著作。由此，赞普寺院桑耶寺在佛教史观中的象征意义，在喇嘛丹巴的专著中得以强化。桑耶寺的建筑布局，精准地展现出佛教宇宙图式：

……寺院中央部分取山王须弥山的形状……然后，又依照东胜身三洲的半月形状，在东面修建三座神殿……又依照南瞻部三洲肩胛骨形状，在南面建造三神殿……依照西牛贺三洲的圆形，在西面修建三座神殿……又依照北俱卢三洲的四方形状，在北面建立三座神殿……又建太阳神殿，即上亚夏妙满殿，……月亮殿，即下亚夏妙宝殿……（萨迦·索南坚赞，1985:167—170）

虽然，将桑耶寺视为佛教宇宙观的象征与展现——这一观念，并非喇嘛丹巴的创见。但这一观念，至后弘期以降，才得以广泛流传。喇嘛丹巴著述吐蕃王统世系，或许就是想通过自己的“重复性写作”，使“古昔先王崇佛教”的“雪邦弘法史”（萨迦·索南坚赞，1985:204）得以定格、强化，乃至流芳百世。

不过，《西藏王统记》将这段客观的西藏政治史置于佛教史观中加以记述与诠释的做法，也遭到了后世学者的垢病。说它“往往以赞普与佛教的关系为重心，以是否信奉佛教及崇抑佛教作为评价赞普业绩的标准，并刻意给西藏历史上的著名赞普贴上弘法护教者的标签，将其誉为‘法王’”（张云，2004:107）。此类评议不无道理，而我想强调的是：当时，在佛教史观大行其道的境遇下，或也唯有将王统世系置于佛教教法史的背景中，信众才想了解存在于五百年前的吐蕃政权（即便只是宗教意义上的），才会将吐蕃王统世系作为西藏文明的有机组成加以传诵，才愿意顶礼膜拜这座旷古恒久的赞普寺院——桑耶寺。

吐蕃时期，赞普主持修筑的寺庙与拉康何其之多，但留存至今且香火旺盛的却寥寥无几。桑耶寺之所以能留存，正是因为它在信众的心目中已成为佛教宇宙图式的缩影与再现——这种观念，经佛教史观的宣扬，一再强化，渐入人心。其中，喇嘛丹巴的功德不可小觑，他用自己的著作在当时以佛教史观为主导的西藏史学中，为吐蕃政权世系史留下温婉的一席之地。换言之，喇嘛丹巴依照佛教史观的逻辑，重新建构即“再造”出一部吐蕃政权的历史——其中也包括耳熟能详的桑耶寺及其起源故事。

如今，人们在谈论桑耶寺时，会自然而然地赋予这座寺院一种观念的想象：“桑耶寺是佛教宇宙观的形象再现”——这一观念，在雪域蕃地落地生根，乃至成为西藏人尽皆知的“常识”，曾经历过一段漫长的历程；这种观念一旦确立，从此往后，人们对桑耶寺的理解，便多是在佛教史观的解释体系中展开的。

桑耶寺，得以成为如今所见的桑耶寺，既是客观历史使然，也是观念演进的结果。

桑耶寺的历史，是一个“主观历史”与“客观历史”交织并行的过程。在人类学看来，“主观历史”是神话、仪式和传说，“客观历史”是由世界政治经济过程所带来的思想观念和社会形态的变动（参见王铭铭，2011b:273）。就桑耶寺而言，建寺时吐蕃政权的政治宗教格局和建寺后尤其是后弘期以降的西藏历史或桑耶寺志，是一段“客观历史”；桑耶寺的起源故事及其建筑形制的传说，乃至佛教史观对桑耶寺的诠释，则是其“主观历史”。在藏族人的日常生活中，主观历史与客观历史往往“混为一谈”，共同形塑着人们的观念；反之，这些观念也影响到人们对这两种历史的理解与书写——此处所言之“观念”，即人们通过对世界与自我的认知和理解而形成的一套解释体系。

吐蕃政权建立伊始至喇嘛丹巴时期（公元14世纪），藏族人对世界——尤其是世界的空间格局——的认知大致可分为两类：一类是西藏的本土世界观，即以“拉、鲁、念”为代表的宇宙三界观；一类是源自印度的佛教宇宙观，以“须弥山”图式为象征。

据喇嘛丹巴所记，佛教在吐蕃赞普拉托托日年赞时期传入西藏（参见萨迦·索南坚赞，1985:44）。从此，本土的宇宙三界观与外来的佛教宇宙观便有了“交集”。这种“交集”状态，至少延续到吐蕃政权瓦解后的公元11世纪初期。这意味着，由莲花生、赤松德赞和寂护三人共同兴建的桑耶寺，一经出现便处于宇宙三界观与佛教宇宙观的“交集”之中。这座寺院，及生活在此间此处的各类生灵，会如何应对这两种宇宙观的冲击或交融？这座寺院，作为藏传佛教的祖寺，又将如何承载或调和这两种宇宙观？

时至今日，立足于佛教史观的解读方式似已消解了上述疑问。桑耶寺由一座赞普寺院，最终定格为“佛教宇宙观的形象再现”——这虽是佛教史观对桑耶寺进行回溯性解读而形成的定论，现已成为人们对这座寺院的基本理解。

然而，通过近一年的田野考察，我逐渐意识到：问题的答案并没有如此简单——除佛教宇宙观之外，宇宙三界中的“念”“赞”“鲁”仍在若隐若现地作用于这座寺院及其僧俗两众的“经验”与“心态”。如是情形，令人不禁好奇：在藏传佛教的扎根之处，在佛法弘传了千年以后，两种看似迥异的宇宙观，如何能容忍对方的存在，且如何在共存共生中相互影响，延绵至今？

倘若每项研究，都生发自一个试图求解的问题意识，那么，我期于求解的，便是如上一问。

三、“须弥山”与“拉、鲁、念”

佛教宇宙图式“须弥山”

“‘世界’一词，源于佛教。据《楞严经》卷四载，世，乃迁流之义，即于时间上有过去、现在、未来三世之迁流；界，指方位，即于空间上有上下十方等之场所。中国原有‘宇宙’之说，《淮南子》云：‘上下四方谓之宇，古往今来谓之宙。’‘世界’与‘宇宙’，原意相仿”（吴信如，2008：“编辑说明”）。又云，“在巴利语三藏中，‘世界’（loka，或译‘世’‘世间’）一词泛指神和人的世界。有一句常用的习语是：‘这个世界连同诸天、摩罗、梵天、沙门、婆罗门以及神和人。’它既可以理解为这个世界，也可以理解为更广大的世界即宇宙。宇宙中有无数世界（lokadhātu）”（郭良鋆，2011:184—185）。源此二因，此处不再对“世界”与“宇宙”的异同细做辨析，仅将两者视为近义，以“宇宙”统称。

那么，佛教关于“宇宙”的观念具体为何？大抵而言，佛教宇宙观所涉及的内容有三方面：一、世界形状，二、宇宙生灭，三、万物存在（参见吴信如，2008:4）。与桑耶寺息息相关的，主要是佛教宇宙观对“世界形状”的描述，即佛教的宇宙图式。

佛陀在世时，众弟子将佛陀宣讲且传承于弟子之间的教言、教诫称为“阿含”，即“圣教”“佛陀言论”之意。在佛灭第一年夏，大迦叶发起召开王舍城的结集大会，从阿难受得四阿含（中阿含、长阿含、增一阿含、杂阿含）。此时，“阿含”意为佛教“圣教集”“佛陀言论汇编”。这就是佛教界公认的第一次结集：“王舍结集”或曰“五百结集”（参见释印顺，2011:22—25）。

待大乘经典大量出现后，“进步”之大众部为排斥“保守”之上座部，而将上座部信受并代代相传的圣典称为“阿含经”，并把自己信奉的新结集的经典称为“大乘经”。此后，不明就里者多将“阿含”轻看为“小乘经典”。事实上，“阿含”是佛陀驻世时讲授的教法，是原始佛教及部派佛教[1]公认的“根本佛法”（参

1. “原始佛教是印度佛教史的第一阶段，是指释迦牟尼开始弘法，一直到他去世后百年左右的佛教而言”；“‘部派佛教’是指释迦牟尼逝世之后，印度佛教教团分裂成上座、大众等部派的佛教。现代学术界所称的‘部派佛教时代’大约是指阿育王时代（268 B.C. 即位）到西元后一或二世纪大乘佛教出现之时的这段时间”（蓝吉富，2011:95—99，109—110）。

见佛陀耶舍、竺佛念译，2008:1—2；郭良鋆，2011:8）。

在这原初的“根本佛法”中，佛陀讲述的世界形状主要载于“佛说长阿含经卷第十八·第四分世记经第十一·阎浮提洲品第一”。节选如下：

佛告诸比丘:“如一日月周行四天下,光明所照,如是千世界,千世界中有千日月、千须弥山王、四千天下、四千大天下、四千海水、四千大海、四千龙、四千大龙、四千金翅鸟、四千大金翅鸟、四千恶道、四千大恶道、四千王、四千大王、七千大树、八千大泥犁、十千大山、千阎罗王、千四天王、千忉利天、千焰摩天、千兜率天、千化自在天、千他化自在天、千梵天,是为小千世界。如一小千世界,尔所小千千世界,是为中千世界；如一中千世界，尔所中千千世界，是为三千大千世界。如是世界周匝成败，众生所居名一佛刹。”

佛告比丘:“今此大地深十六万八千由旬,其边无际,地止于水。水深三千三十由旬,其边无际，水止于风。风深六千四十由旬，其边无际。比丘！其大海水深八万四千由旬，其边无际。须弥山王入海水中八万四千由旬，出海水上高八万四千由旬，下根连地，多固地分。其山直上，无有阿曲，生种种树，树出众香，香遍山林，多诸贤圣，大神妙天之所居止。其山下基纯有金沙，其山四面有四埵出，高七百由旬，杂色间厕，七宝所成，四埵斜低，曲临海上。”

……

佛告比丘：“须弥山北有天下，名郁单曰，其土正方，纵广一万由旬，人面亦方，像彼地形。须弥山东有天下,名弗于逮,其土正圆,纵广九千由旬,人面亦圆,像彼地形。须弥山西有天下，名俱耶尼，其土形如半月，纵广八千由旬，人面亦尔，像彼地形。须弥山南有天下，名阎浮提，其土南狭北广，纵广七千由旬，人面亦尔，像此地形。须弥山北面天金所成，光照北方；须弥山东面天银所成，光照东方；须弥山西面天水精所成，光照西方；须弥山南面天琉璃所成，光照南方。”（佛陀耶舍、竺佛念译，2008:545—559)

由此，在佛教宇宙观中，以“须弥山”为代表的世界形状初现端倪；此后，又有《阿毗达摩俱舍论》《瑜伽师地论》等论对佛教宇宙图式详加描绘。然而，这幅宇宙图式，并没有一个恒定的面目。经论所著，多有差别，如“大乘说金轮在下，小乘说金轮在上，乃至于此部与彼部说异，此论与彼论说异等等”（吴信如，2008:11）。但随岁月流转，佛教徒或研究者逐渐对“须弥山”的基本概貌达成共识：

这座伟大的“世界之山”从宇宙中心隆起，其四面颜色分别为：东方的白色（水晶或银）；南方的蓝色（蓝宝石或青金石）；西方的红色（红宝石）和北方的金色（黄金）。须弥山四周环围着七条金色山脉，每座山脉都被淡水湖隔开，其高度随着向外延伸而依次递减。在山和湖的外侧有一个浩瀚的咸水湖，咸水湖在铁山周边的“宇宙之边”形成周缘。

在巨湖的四大方位上，有环绕须弥山的四大瞻部洲。东方东胜身洲是白色的，呈半圆形；南方南瞻部洲是蓝色的，呈斧头状；西方西牛货洲是红色的，呈圆形；北方北俱卢洲是金色的，呈方形。四大瞻部洲的两侧都有一对小瞻部洲，每个小瞻部洲的形状和色彩与四大瞻部洲相同，但其大小或表面面积只达其一半。我们的世界就坐落在南瞻部洲上。（罗伯特·比尔，2007:88—89）

如今，倘若身为佛教徒，当如何理解这幅与世俗经验或科学常识相去甚远的宇宙图式？就此一问，顾净缘等居士列举了八条解释，以求破疑。在他们看来，这个“须弥中心”的宇宙图式，“是由我佛偶尔谈论而借用的一种神话点缀”，“是由听众易于信解而权设的一种当机说法”，“是由后人多所搀乱而窜入的一种流俗思想”。以上三解，只为“不把它（须弥中心说）太看呆了”（吴信如，2008:13）。

“这个世界，本来没有固定的形态，但随着众生心量所及，依着业力而发现。我佛出世之时，人的心识，都以为日月绕须弥，那么，当时世界的形态，应当也和当时人的心量相同，便真的是日月绕须弥。现今我们的心识，都以为地球旋转于太阳系中，那么，现今世界的形态，应当也和现今人的心量相同，便真的是地球旋转于太阳系中。总而言之，一切唯心，万法唯识，这个世界，本出于我们心识的变现，所有形态，自然都依着我们的心量而成立，因而所谓假定，也就正是现实的根基。所谓被推翻而改进的一切知识，也只不过因人们的心量变化而换过了一个场面，并不一定是‘今是昨非’”（吴信如，2008:22）。

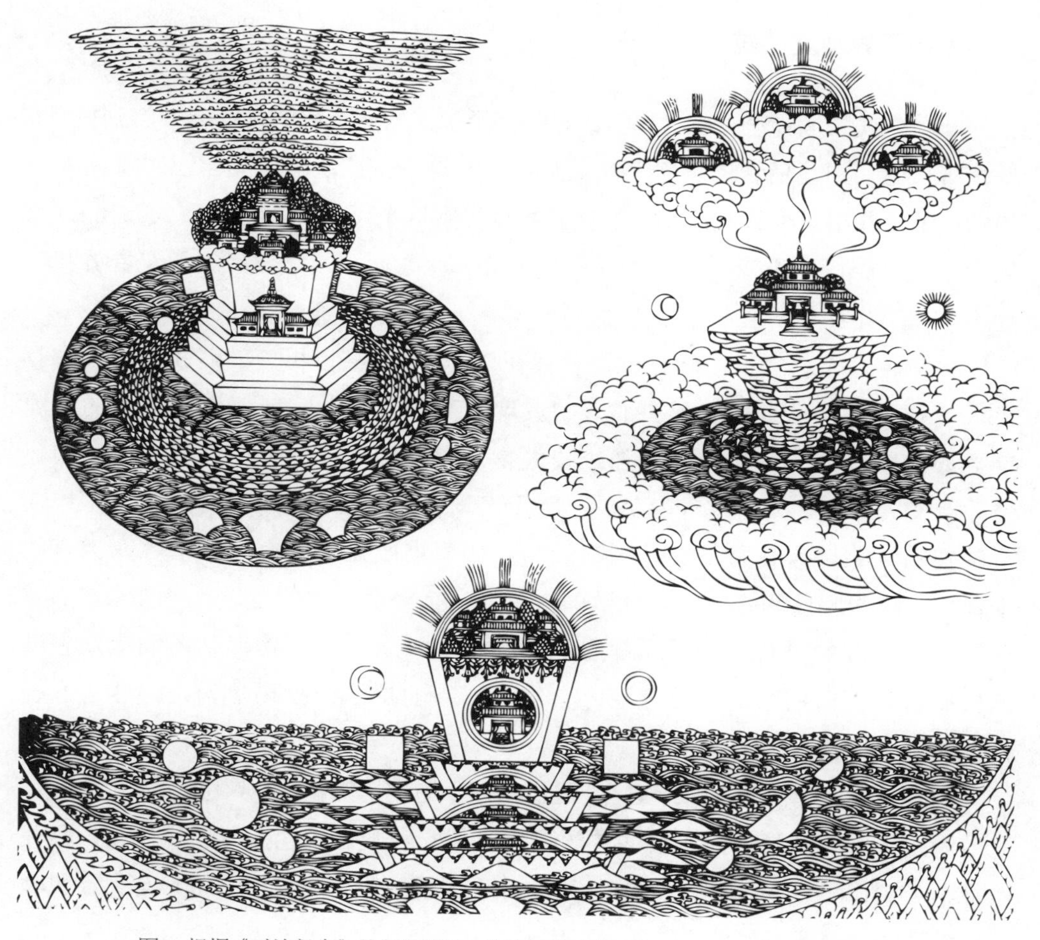

图 7 根据《对法俱舍》绘制的须弥山宇宙结构（左上和下）和时轮体系（右上）
（罗伯特·比尔，2007:89）

也许，当年的寂护堪布与莲花生大师试图反其道而行之，用桑耶寺的建筑群呈现出佛教的宇宙图式，以期用“换过了一个场面”来唤起“人们的心量变化”。那么，或应追问的是：在佛教传入吐蕃之前，雪域先民的“心量”为何？由这一“心量”所营造的世界又为何？

宇宙三界观之“拉、鲁、念”

吐蕃先民的世界里，有“鬼”。它延存至今，依然令我的小伙伴们感到畏惧；午夜转山时，白玛所说的“鬼”究竟是什么？这个藏族女孩根据自己对汉族人世界的理解，找出一个让我能听懂的字眼，以形容这个可怕的“存在”（being）。她的描述至少可以说明，这种“存在”事关灵魂。后来，有位藏族朋友告诉我，这个“鬼”其实有一个本土称呼：“赞”。

在藏族人的观念中，确有一类“存在”[1]与灵魂密切相关。藏族民间自古有“人死赞生”一说：那些死去的人的灵魂会变成“赞”。但并非所有人的灵魂都能如此转化；只有那些生前强雄的人物在意外致死或含冤而亡后，他们的灵魂才会变为喜怒无常、脾气暴戾的“赞”。据说，这些“赞”身着红衣红铠甲，头戴宽沿红头盔，身背弓箭，脚踏红马，如烈焰般盘旋于空中，不容人类有丝毫冒犯。这些脾性乖张、无以计数的“赞”，有一个共同的首领：“孜玛热”。这位扬名西藏的赞首，正是桑耶寺的两大护法神之一。在桑耶朝圣的信众普遍相信：自己死前的最后一丝气息，会被桑耶寺的护法神孜玛热勾走，装进悬挂在护法神殿的两只大皮囊里。

如是，便有了这幅看似怪诞的画面：在佛教宇宙观中找不到位置的“赞”[2]，只能游走于天际荒野；而它们的首领孜玛热却安坐于庙堂之上，领受信众的顶礼膜拜、美酒佳酿——反差之强烈，着实令人困惑：事关灵魂的“赞”与无涉灵魂的佛教之间，究竟有何关系？

其实，“赞”并不是某种孤立的“存在”，它属于一个完整而系统的宇宙观。[3]从事相关研究的学者对这种宇宙观的基本图式几已达成共识，大家认为，在藏族民间始终存在这样一种古老的信仰：它将人类所知的宇宙空间依照垂直结构

---

1. 此处所说的“存在”，并非意指该词在哲学层面的复杂意涵，而是指一种由信念而生的状态，即观念世界中的“有”或“在”；必要时，也可指一种实体化的形象，如端坐在护法神殿中的赞首孜玛热。还应说明，本文用“存在”指代宇宙三界中的各种非人生灵，诚为权宜之计。

2. “在佛教中（至少是有关教理的问题上），没有灵魂的位置”；因此，由灵魂而来的“赞”实际很难在佛教宇宙观中找到合理的解释。在藏族民间，人们认为赞的栖息地多在天空、山林等荒野之地，并不会轻易涉足佛教圣地（图齐，2005:213）。

3. 或需说明：我对这种宇宙观的了解与把握，并没有全部仰赖桑耶当地人的“地方性知识”。因为，当地人已将这种宇宙观内化为各类生活常识予以接受和运用，在口述访谈中，很难得到系统的解释与分析性说明。倘若问及“为什么觉得有‘鬼’”，大家往往会不以为然地回答：“本来就有”，或“一直都有”，又或“我们都知道有”；倘若问及“‘鬼’在哪里”，那么得到的答案更是五花八门。因此，在访谈的基础上，我还重点参考了几位前辈学者对这一宇宙观的研究，如丹珠昂奔的《藏族神灵论》（1990）、才让的《藏传佛教信仰与民俗》（1999）、谢继胜的论文《藏族萨满教的三界宇宙结构与灵魂观念的发展》（2011）、孙林的《西藏中部农区民间宗教的信仰类型与祭祀仪式》（2010）等。这些学者的思考与分析在很大程度上弥补了我的田野经验的不足。

分为“上、下、中”三个部分，称为“宇宙三界”或“三界结构”；每一界中，都生活着纷繁芜杂、无以计数的各类生灵——有人类，也有不同于人类的“存在”——“赞”便是其中之一。在民间，藏族人将“宇宙三界”形象的称为“拉（ལྷ）、鲁（ཀླུ）、念（གཉན）”，拉界为上界，鲁界为下界，念界为中界。

诚然，“拉、鲁、念”并不能涵盖宇宙三界中的全部生灵，但却适时提供了三类能将宇宙三界加以区分的典型“存在”。只是，人们对这三类典型“存在”的具体名目仍有不同的说法。譬如中界，由于“赞”与“念”的“界限不好区分”（丹珠昂奔，1990:23），在藏族民间，也流传着“拉、鲁、赞”（参见谢继胜，2011:317—329）一说。我曾就此分歧请教藏族朋友，大家告诉我，这两种说法都有都可以，似乎不存在非此即彼的矛盾。所以在本书中，我虽择其一而用之，但这并不是排他性判断的结果。

学界对宇宙三界的基本结构虽无争议；但具体到对这些“存在”做进一步的解释或探究时，大家给出的答案却不尽一致。[1] 如今，对宇宙三界作以考证的藏学家基本认定：早在佛教文明传入吐蕃之前，宇宙三界观就已作用于藏族人的精神世界与日常生活。

---

1. 例如，意大利藏学家图齐认为，“按照通常的宇宙三分法，守护神的领域分散在天域中、大地深处的领域和中界世界领域（梵种、天神、虚实族类、妖精、下界族类、龙），但在他们之间没有严格的分界线，在神学文献里有关天神的名表中，把特定的守护神分配在这三界的任何一个之中常常都是未定的和含糊不清的（如在有关年神的问题上）……”（图齐，2005:188）

又如，法国藏学家石泰安认为，“……世界的三层：天及其白色之神、地面及其树和岩石之神（红色的赞神或黄色的年神）、地下及其蓝色和黑色的水神（龙）。”（石泰安，2005:227）

或如，德国藏学家霍夫曼认为，“按照古代西藏的信仰，世界分为三部分：即天、气和地。有时称为天、地和地下。在下层住的是龙（klu），它们的样子像我们所说的海怪。……在树林和岩石中有‘年’神（gnyan）。……天空是赞（btsan）神的国度，这是一群仍然活在西藏人头脑中的妖怪。”（霍夫曼，2003:460—462）

以上三位海外藏学家均有在藏区或其周边区域旅行考察的经历，他们对西藏宇宙三界观的解释多是建立在实地调研与文献参考的综合分析之上。尽管如此，三人的结论却仍有不同——如此情形，诚然难以用“误解”二字一笔带过。对此，更合理的解释或许是：藏族人心目中的宇宙三界观，确实具有模糊性或混融性的微妙特征，致使学者们难以对宇宙观的具体实践进行逻辑分类或定义。

有趣的是，这种难以言表的模糊性或混融性却与宇宙三界观共同留存于藏族人的精神世界中。在漫长的西藏文明史上，人们似乎并没有厘清或试图厘清这种“含糊不清”的状态。所以在我看来，任何一种试图对宇宙三界观的具体意涵进行逻辑性阐释的努力，都伴随着磨灭其模糊性或混融性的风险。对此，我的藏族朋友认为这大概是一种误解。在藏文词汇中，“ལྷ”是“神”；而“གཉན”“བཙན”“ཀླུ”这类没有与“ལྷ”相连的称谓，则不能附会上“神”的意涵。在藏族人的观念中，“གཉན”“བཙན”“ཀླུ”不是神，也不能接受人类的顶礼和信仰，更不能称其为年神（གཉན་ལྷ）、赞神（བཙན་ལྷ）或龙神（ཀླུ་ལྷ）（谢启晃等，1993:318，805，204）。

另一种错解是由翻译导致的，例如将ཀླུ误译为“龙”。对此，才让太已有说明：“ཀླུ是栖息于岩石、树林、山川、河流甚至大海里的各类异常繁多的众多生灵的总称，在汉文化中没有一个可以相对应的词汇，只能音译成‘鲁’。……‘鲁’和‘龙’是两个完全不同的概念，‘龙’有时可以被认为是‘鲁’的一种，而决不能等同于‘鲁’”（才让太，2011a:“前言”6）。无独有偶，还有将གཉན误译为“年”。据说，གཉན是“一种在山岭沟谷中游荡，在石缝、森林中安家”的非人生灵（丹珠昂奔，1990:14）。而汉族人的“年”是传说中的一种神兽，每逢除夕夜，年就来祸害人间；因其害怕火光轰响，人们遂以爆竹烟花驱逐之。可见，གཉན与年的区别十分明显。所以，在尚未找到准确意译“ལྷ། ཀླུ། གཉན།”的汉语之前，本文仅用近音字“拉、鲁、念”——三个基本不具有汉族文化意涵的词——作为译名。

这种方法并不是我的创见。此前，已有许多学者注意到这一问题，且在自己的著作中采取音译名的方式。例如此前提到的才让太，又如孙林在《西藏中部农区民间宗教的信仰类型与祭祀仪式》中将གཉན译为“念”，ཀླུ译为“鲁”（参见孙林，2010:139—140）。本文所用的译名，实际参考了各位学者的选择。或因说明，前辈学者如丹珠昂奔将གཉན译为“年”，ཀླུ译为“龙”的尝试，也许是基于在汉藏文明之间寻求某些共通性词汇的考虑，这种“共通性”的建构在一定程度上会有助于汉族人对西藏文明的理解与想象。

丹珠昂奔将“拉、鲁、念”定义为“原始神灵”。他认为，在苯教产生之前，藏族先民对它们的原始崇拜即已开始，“在苯教产生之后，又都归入苯教之神灵家族”（丹珠昂奔，1990:2）。谢继胜则将宇宙三界观归为藏族的萨满教信仰，在他看来，“藏族的萨满教指藏族的原始宗教，或称原始苯教，它是萨满教在藏族地区的一种变异形态”（谢继胜，2011:317）。此外，孙林认为，“苯教也保留了早期西藏宗教的宇宙观念”（孙林，2010:139），这种观念就是宇宙三界观。总之，无论将宇宙三界观归为先于苯教的原始信仰，还是将其视为原始苯教的宇宙结构，均说明宇宙三界观对雪域先民的影响远早于佛教传入西藏。

值得一提的是，宇宙三界观并非藏族人闭门造车的创见。据霍夫曼（Hoffman，Helmut H.R.，1912—1992）的考察，东西土耳其、蒙古地区、青藏高原，甚至中国内地都曾流行过这种宗教即“古老的灵气萨满教（Animism Shamanist）”；只是在西藏，它有一个地方性称呼：原始的“苯教”（霍夫曼，2003:458）。若如霍氏所言，随着这种宗教在西伯利亚部落和亚洲腹地的广泛传播，藏族先民极有可能与自己的周边邻居共同分享着关于宇宙的同一个解释体系：宇宙三界观——诚然，正如当下所见，这种宇宙观在藏族人的观念体系中已有本土化的概括：“拉、鲁、念”。

就宇宙三界的源起而言，认为藏族人的宇宙三界观是“他者的”或“外来的”，或许并不为过；若与后来传入西藏的佛教相较，将“拉、鲁、念”视为“土著的”或“本地的”，似乎也不算错。

正如前文所述，在“拉、鲁、念”为主导的观念世界中，吐蕃赞普赤松德赞与佛教弘法者莲花生大师、寂护堪布试图引入并确立另一套宇宙观，即佛教对这个世界的想象：“须弥山”图式；并将之以桑耶寺这一真实可感的建筑群展现在吐蕃人的视野与生活中。我所亲历的“午夜转山惊魂记”，不过是“拉、鲁、念”遭遇“须弥山”后，历经千年流转，露出的冰山一角。

“须弥山”与“拉、鲁、念”

“须弥山”和“拉、鲁、念”的关系，学界早有讨论。几位颇具权威的海外藏学家认为，发生在西藏的宇宙观之争，最终是晚进的佛教宇宙观取得胜利，赢得藏族民众的信仰；同时，以“拉、鲁、念”为代表的远古的、本土化的宇宙观仍深深扎根于藏族民间，以昏暗、静止且与佛教对立的姿态存在着。[1] 由此建构出两种宇宙观的二元对立体系。

只是，这一体系是否真实反映出“拉、鲁、念”与“须弥山”的关系？丹珠昂奔似乎并不这样认为。他在《藏族神灵论》[2] 中梳理出西藏“原始神灵”的演进过程，侧重于历时性分析，并得出结论：“有些神祇由原始神灵归入苯教神灵，在新的形势下又归入佛教神灵，族属一再更易”（丹珠昂奔，1990:3）。他的观点表明：“原始神灵”与后起宗教如“苯”“佛”的关系，不是分立而是融合——象征宇宙三界观的“原始神灵”融入苯教，得以进驻苯教的万神殿；之后，已成为苯教神灵的“原始神灵”又融入佛教，得以进驻佛教的万神殿。如是，这些“原始神灵”既未被佛教驱至边陲，亦未与佛教分庭对抗，而是以佛教应许的各类角色或职责在佛土中占有一席之地。

由此，便引申出下一个问题：“演进”后的“原始神灵”还能否象征或代表宇宙三界观的基本意涵？才让的结论似乎是肯定的，“藏传佛教对于高原的土著神灵皆加以吸收和改造，前面所述的莲花生大师就是这一事业的发起者”。“莲花生的故事，在藏族文化史上颇有重大意义，它标志着佛教以一种博大的精神开始兼容高原固有文化，将要给传统的信仰注入新的解释，将要形成具有统一系统

---

1. 霍夫曼在发表于 1956 年的专著《西藏的宗教》里，以时间为序，将西藏宗教分为三类：“苯教”“莲花教”与“喇嘛教”。他将宇宙三界观这一“古代西藏的信仰”归为苯教所有。图齐在写于 1958 年的著作《西藏宗教之旅》中，将西藏宗教分为三个组成部分：“喇嘛教”“苯教”和“民间宗教”；并认为“宇宙三分法”属于“民间宗教”的范畴。石泰安在首版于 1962 年的专著《西藏的文明》中，将西藏宗教分为三类：“喇嘛教”“无名宗教”和“苯教”。关于“世界的三层”的介绍出现在“无名宗教”一章（霍夫曼，2003:460；图齐，2005:188；石泰安，2005:227）。
   以上三位海外藏学家无论将藏族宇宙三界观“拉、鲁、念”归为“苯教”“民间宗教”，还是“无名宗教”，其核心观点几近相同：均将承载宇宙三界观的某种“宗教”视为与佛教相对而立的另一体系。他们似乎很强调佛教与“非佛”宗教之间的差别与分立。所以，在排除区域间可能存在的体系差异后，三位学者为西藏宗教勾勒出一个简明的二元体系或三元体系。前者指晚近的佛教与古代的宗教，后者指佛教、苯教与民间宗教（或冠以其他名称）。
2. 本文对“拉、鲁、念”的介绍与说明多引自这本专著。该书初稿成于 1983 年，修改于 1987 年，出版于 1990 年。对于此书的学术价值，才让太认为：“丹珠昂奔的《藏族神灵论》对藏族古代宗教中的神灵系统进行了第一次梳理，尝试着对原始宗教史中众多神灵的产生、演变、地位及其功能进行科学的描述，成为我国藏学界对原始宗教神灵系统研究的探路之作”（才让太，2011a:“前言”5）。

的宗教学说。直至公元十三、十四世纪，改造和吸收取得了巨大的成就，佛教也以兼容并蓄的风格站稳了脚跟”（才让，1999:85—86）。才让认为，西藏的宗教之所以呈现出如今所见的面貌，原因在于藏传佛教通过对“原始神灵”的“吸收和改造”，使外来佛教与本土文化相“兼容”——这意味着外来佛教与本土信仰的差异性得以保留与尊重。或因如此，才让会把“山神”（念）与“龙神”（鲁）归为“藏传佛教的民俗与信仰”，并认为它们与佛教是“统一系统”。

继丹珠昂奔和才让的论著之后，陆续又有些研究面世。如周锡银、望潮合著的《藏族原始宗教》[1]，刘志群所著之《西藏祭祀艺术》（2001），孙林的专著《西藏中部农区民间宗教的信仰类型与祭祀仪式》（2010），以及才贝的专著《阿尼玛卿山神研究》（2012）和万代吉的专著《藏族民间祭祀文化研究》（2019）。此外，还有大量研究论文刊载于各类期刊。在这些研究中，作者多将“拉、鲁、念”作为“原始宗教”，或者视为“民间宗教”或“苯教”的“神灵群体”，鲜有学者如才让一般将其归为藏传佛教这个“统一系统的宗教学说”。

总之，无论是霍夫曼强调的“二元对立”，还是丹珠昂奔的“融合”或才让的“统一系统”，学者对“须弥山”和“拉、鲁、念”之关系的不同言说，实际反映出人们对“藏传佛教”的不同理解。

如今，“佛教”已有清晰的宗教学定义（参见渥德尔，1987:“第二版序”4）。在研究者的眼中，“佛教”乃是一套以佛陀教义为核心的哲学体系，它具有自成一体的宗教教义、学说理论和修行方法，这三个方面有其明晰的内涵和外延，以便与其他宗教类型相区别。

以“佛教”概念为基础的“藏传佛教”，则有两层含义：“（1）指在藏族地区形成和经藏族地区传播并影响到其他地区的佛教。（2）指用藏文藏语传播的佛教……又称为‘藏语系佛教’”（任继愈，2002:1342—1345）。换言之，“藏传”不过是一种客观限定，如地域或语言，它对“佛教”的概念未作丝毫增减与修改。如此定义的“藏传佛教”，自然无法体现佛教对高原本土文化“兼容并蓄”的特征；而一旦承认“藏传佛教”的兼容性，便意味着改写“佛教”概念的外延或内涵。

---

1. 周锡银主编：《藏族原始宗教》，成都：四川藏学研究所，1991；其后似又修订再版为周锡银、望潮：《藏族原始宗教》，成都：四川人民出版社，1999。

也许正是基于这一考虑，学者在判断“拉、鲁、念”的归属时，多是将其稳妥地排除在“藏传佛教”（或“喇嘛教”[1]）之外。

然而，看似稳妥的分类方法，实难契合西藏宗教的“总体的社会事实”（马塞尔·莫斯，2005:176）。丹珠昂奔总结的“融合”之态、才让强调的“兼容”之势，及我在田野中经历的“午夜转山惊魂记”无不表明：存在于藏族人的“经验与心态”（参见王铭铭，2007:“自序”1）中的“藏传佛教”，似乎远非学术建构所呈现的纯粹形态——融合、兼容的特质，已让“藏传佛教”的“总体的社会事实”突破了“佛教”定义的基本范式（参见托马斯·库恩，2003）。若仅遵循或运用宗教学、佛学范畴里的“佛教”概念来理解桑耶寺的田野经验，也许会难以避免地产生偏差与误解。

意识到这一研究范式的局限性后，我试图在人类学的视野里寻找可资借鉴的理论与方法。

四、如何理解一座寺院？

西藏文明、地方性与“关系”研究

法国藏学家石泰安（Rolf Alfred Stein，1911—1999）长期从事西藏文化史的研究，他将自己的一部代表作命名为《西藏的文明》。所谓“文明”，石泰安解释道：“一种文明应该是包罗万象的一个统一整体，这种文明的特征是由组成它的全部因素所决定的，无论它们属于哪个领域”（石泰安，2005:“1962 年第一版序言”1）。石泰安将“西藏的文明”分为五个方面：地域与居民、西藏的历史、西藏社会、西藏的宗教与民俗，及文学与艺术。西藏的宗教——藏传佛教与其他——

1. 在西方世界，的确有一种说法是将“藏传佛教”称为“喇嘛教”，并沿用过很长一段时间。对“喇嘛教”这一定义或名称的研究与分析，请见美国藏学家唐纳德·小罗佩兹的论著《香格里拉的囚徒——藏传佛教与西方》（Prisoners of Shangri-la，Tibetan Buddhism and the West）第一章（唐纳德·小罗佩兹，2002:1—53）。

在西藏文明中占有很大的比例；并且，它还涉及西藏的历史、社会、文学与艺术。换言之，石泰安是将西藏的宗教及随之形成的宇宙观，置于“文明”的范畴之中而非“宗教”的定义之下，加以考察的。

既有范例在先，若要以“文明”替换“宗教”，作为桑耶寺研究的理论范式，那么，还需对“西藏文明”的特性有所把握，方可寻求与之相应的“文明”理论与研究方法。

作为“统一整体”的西藏文明，其轮廓（正如石泰安的篇章安排那样）首先以地理区域来设定。这片区域，被东方学家拉铁摩尔（Owen Lattimore，1900—1989）描述为：“每一片草地几乎都可以由一条或数条切开西藏边缘山地的河谷进入，所以除了游牧民族间的接触外，中国及印度社会、西藏外围的河谷居民及其内地，都与这里有社会接触。这种文化、经济及社会往还的汇合，使西藏中部成为来自远方各个地理区域及不同社会势力的集合点”（拉铁摩尔，2008:143）。

这种“往还汇合”的特点，始终显现在《西藏的文明》的字里行间，但却没能引起石泰安的足够重视。至少，在文本中，“对外关系”并未构成西藏文明的一个面向。石泰安的笔下，西藏文明似乎具有某种天然的“地方性”[1]。

此外，若将时间维度纳入区域考察的范畴，则会发现，“早期中世纪时代，吐蕃帝国和法兰克西欧是一个完整的文明世界的一部分。这个世界包括伊斯兰哈里发和唐朝中国，并且（用皮朗的说法）‘聚焦’于中央欧亚大陆”（白桂思，2012:140—141）。若以西藏的历史沿革为线索，还会看到，“西藏的文明自吐蕃时代以来在地域空间上大体采取了一种东向发展的轨迹。……并与中原文明发生了大规模的碰撞与交汇”（石硕，1994:2）。

如是，西藏文明的特征不仅表现为石泰安所强调的地方性的“统一整体”，还体现为西藏与周边文明的互动及在互动中形成的“往还汇合”的关系。

然而，结合“地方”与“关系”的研究理路似乎不易寻得。至少在人类学的领域里，地方性与关系研究几乎总是作为互不相通的学术旨趣而兀自存在。

英国社会人类学的奠基人之一——拉德克里夫-布朗（Alfred Radcliffe-

1. 在此借用美国人类学家格尔兹的“地方性”的概念，格尔兹为了建构其研究对象的理想型，预先割断了被研究者的“世界”与其他“世界”之间的关系，而使之成为内在一致的“文化”。正是在此意义上，“地方性”与“关系”构成了一组可供参照的相对概念（参见王铭铭，2011c；吉尔兹，2004；格尔兹，1999）。

Brown，1881—1955）在 1923 年撰写了一篇标志性文章，文中写道，“民族学与社会人类学的区别，类似于历史与科学的区别。德英美三国的民族学，以历史化（historicizing）或意象化（idiographic）的方式研究文化多样性。新的社会人类学，则是一门对社会体系进行共时性、比较性、一般性研究的自然科学”。法国社会学人类学的奠基人涂尔干（Émile Durkheim，1858—1917）则试图“让社会人类学家脱离进化论和传播论的人类文化起源说，并拒绝‘原始遗存说’和历史猜测”（罗兰，2008:79）。由此，现代人类学逐渐成为“除了结构论之外，一种致力于在所研究的民族、社会、文化外围建立严格的界线的学问”（王铭铭，2008a:191）。这种“严格的界线”，以研究对象的地理区隔——或想象中的地理区隔，即“地方性”为基本特征。

与“地方性”研究并立而行的，是德语系国家和美国人类学一贯秉持的“关系”研究。二战后，美国博厄斯学派从传播论、历史具体主义转向文化的心理学综合研究。为了克服分类学研究方法的弊端，英国政治人类学和美国文化人类学空前重视起比较研究，尤其是政体、地区人文类型的比较。此间，法国结构人类学致力于群体之间的“两性社会学关系”的研究。20 世纪 70 年代以来，马克思主义人类学的传统成为西方人类学家的新宠，对世界性资本主义的批判是这一时期的学术关怀。于是，在“反思”人类学的过程中，在资本主义全球化的建构中，人类学家最终“制造出全球化与当地化这个概念游戏的对子”（王铭铭，2008a:189）。在人类学学术史上，曾旗帜鲜明地主张进行“关系”研究的学派，实际只有传播论、结构主义与马克思主义人类学（包括沃尔夫的世界史派）。

将“地方性”与“关系”结合为一体的研究理路，也许至今仍未在人类学界构成一种学理趋向。尽管已有学者从事相关的研究并著书立说，但多见于个人的学术生涯，彼此间，或隐或现的现实关怀、问题意识、学术传承与对话——并未得到应有的重视。

在此，我仅根据自身研究的需要引述四本民族志。具体为：英国人类学家埃德蒙·R. 利奇（Edmund Leach，1910—1989）的《缅甸高地诸政治体系》（1954）、美国人类学家罗伯特·芮德菲尔德（Robert Redfield，1897—1958）的《农民社会与文化》（1956）、埃里克·沃尔夫（Eric Wolf，1922—1999）的《欧洲与没有历史的人民》(1982)和马歇尔·萨林斯(Marshall Sahlins，1930—2021)的《历史的隐喻与神话的现实》(1981)。

《缅甸高地诸政治体系》成书于1949年，其间，正是以拉德克里夫-布朗为代表的平衡论的社会人类学大行其道的时代。对此，利奇感到“根本不合事实”(埃德蒙·R.利奇，2010:6)，因为“社会人类学家对平衡论的偏爱是由于他们的研究是在某个特定的时空坐落下完成的，是‘1914年的特罗布里恩德社会’，是1929年的‘蒂科皮亚社会’，‘是1935年的努尔社会’，但都不是历史意义上的当地社会”(赵旭东，2006:314—315)。鉴于此，利奇在对缅甸高地的研究中引入了两个异于前人的维度。其一，设立时间跨度，以期在长时段中探讨周期性的稳定结构；其二，将平衡态当中的整体现象预设为一种在时空二维上均有延展的社会系统。以此为基础，利奇探讨了克钦社会中两种对立的政治制度模式的关系；并认为，克钦社会的政治生活在这两种制度模式间来回摆动，一端是贡劳制的民主，另一端是掸制的专制。但在现实中，克钦社区的类型既非贡劳制亦非掸制，而是介于两者之间的贡萨制。据此，弗思(Raymond Firth，1901—2002)强调利奇的贡献在于为社会人类学建立了一套“动态理论”(Dynamic theory)(参见埃德蒙·R.利奇，2010:7，1)。

或许是受到法国结构主义大师列维-斯特劳斯(Claude Lévi-Strauss 1908—2009)的影响[1]，尽管利奇已充分注意到汉族世界对克钦社会的历史影响，以及地方与周边区域的关系；但在“动态理论”的建构中，克钦社会在两种制度模式之间的摆动，似乎总是均质或匀速的——因而难以体现贡劳制与掸制在作用于地方时，可能存在的差序格局(参见费孝通，2006:25—26)[2]，以及该格局对这两种制度模式之关系的影响。无论如何，利奇的选择更符合结构主义对社会建构的想象。几乎在同一时期，大洋彼岸的芮德菲尔德开始以“大传统”与“小传统”的视角，审视自己的墨西哥田野点。

---

1. “利奇也承认，他写作本书的时候已经看过列维-斯特劳斯的《亲属关系的基本结构》，并且颇受启发，所以，尽管他和列维-斯特劳斯得出的结论相左，这种分析模式却是和结构主义如出一辙。”(郑少雄，2008a:265)

2. 在此借用费孝通先生的“差序格局”的概念。与“团体格局”相对，费孝通认为“中国乡土社会的基层结构是一种我所谓‘差序格局’，是一个‘一根根私人联系所构成的网络’”。“在这富于伸缩性的网络里，随时随地是有一个‘己’作中心的。”利奇在研究中，充分注意到“行动者”(即这些“自己”)的因素，但却将之作以结构化处理，并未探究那些熟知汉人等级文明的行动者是否在政治制度的摇摆之中借鉴过这套“差序格局”——尽管在其著述的经验材料中，实际已涉及这些内容。

芮德菲尔德对当时的人类学学术主流的反思，与利奇如出一辙。学习期间，老师们给芮德菲尔德灌输的观点是“把各个社会都看成是一个孤立封闭的文化体系”；但在调研期间，他意识到“社会与社会之间是在不断地彼此交流着”，因而认为“把人群当作一个个孤立体去研究，那是荒唐的”。研究一个群体，不能只限于“小传统”的视角，而应从更大的——以整个文明为背景——即“大传统”的视角来考察。在芮德菲尔德看来，文明大抵可分为两级：“一级的文明”，如印度文明或中国文明，自创立以来，虽受到不同文明的强烈影响，但原生的文明始终未被颠覆；“二级的文明”，如墨西哥文明或秘鲁文明，则是“混种的”文明，由不同种的文明交织而成。不过，对文明的二分并不是芮氏的重点，他想强调的是，将“文明看成是大传统和小传统之间发生的旷日持久但又具有特色的、而且总是不断的变化着的互动现象”（罗伯特·芮德菲尔德，2013:3，104，115）。换言之，任何一项“地方性”研究都应建立在研究对象所处的文明情境，即大、小传统的互动关系之中。将“文明”概念与“关系”研究结合为一体并作用于地方性研究的学术理路，应该是芮氏的创见，尽管这一观点并不像“大、小传统”那样引人瞩目。

如果说，利奇给我的启发是：在地方性研究中，可以通过长时段的历时分析解读研究对象的“动态”结构（我将之理解为某种“关系”的具体表达）；那么，芮氏则为这种动态结构增添了几份不可或缺的文明互动的“密度”。但吊诡的是，在地方性民族志与“关系”研究初显弥合的端倪之后，鲜有人类学家在这条学术理路上继续探索。直到25年后，经历过“20世纪60年代后期的思想重估浪潮”（埃里克·沃尔夫，2006:“前言”2）的学者，方才对这一命题加诸思考，如萨林斯的《历史的隐喻与神话的现实》和沃尔夫的《欧洲与没有历史的人民》。

沃尔夫和萨林斯既是同事也是朋友，他们在越战初期共同发起美国的第一个教师反越组织，但两者的学术传承却有不同。沃尔夫是一位马克思主义人类学家。《欧洲与没有历史的人民》的问世，意味着当时逐渐为人所知的政治经济学最终成形，这一理路“建立在世界体系理论和法国结构马克思主义之上，但对二者也进行了批判”。与此同时，萨林斯则“以一名结构主义者和彻头彻尾的文化主义者的身份出现”，希望超越“存在于历史唯物主义（马克思）和结构主义（列维-

斯特劳斯）之间的对立。他的方法明确地体现为对文化的一种象征性和结构性的解释”（弗雷德里克·巴特等，2008:384—385）。

在《欧洲与没有历史的人民》的导论中，沃尔夫开篇名义，指出“人类世界是一个由诸多彼此关联的过程组成的复合体和整体，这就意味着，如果把这个整体分解成彼此不相干的部分，其结局必然是将之重组成虚假的现实。诸如‘民族’‘社会’和‘文化’等概念……惟有将这些命名理解为一丛丛关系，并重新放入它们被抽象出来的场景中，我们方有希望避免得出错误的结论，并增加我们共同的理解”（埃里克·沃尔夫，2006:7）。这意味着，沃尔夫试图反思现代人类学意义上单独个案研究（将研究对象视作孤立的个体）的局限性。

沃尔夫认为，超越地方性研究的理论主要有三种。一、芮氏的“大、小传统”理论，将“共同体”和“社会”的二元对立运用到人类学的个案研究中。二、斯图尔德（Julian Steward，1902—1972）的社会—文化整合分层概念，把研究对象的微观世界放在一个更大的情境中加以理解。三、进化论的回潮，萨林斯和塞维斯（Elman Rogers Service，1915—1996）把一般进化和特殊进化看作同一进化过程的两个方面，从而将两者统一起来（埃里克·沃尔夫，2006:21—23）。

有别于此，沃尔夫从马克思主义的“生产”与“生产关系”概念中吸取灵感。他写道：“对马克思来说，生产本身包含着人与自然之间不断变化的关系，包含着人类在改造自然的过程中必定要进入的社会关系，以及人类象征能力的必然转变。因此，在严格的意义上，这个概念并不仅仅是一个经济概念，……就其性质而言，它是关系的概念。”这一概念，意味着“无论是构成生产方式的各种因素，还是这些因素的独特结合，都有其起源、发展及消亡的历史”。这位马克思主义者反思当时流行的资本主义世界体系理论，他认为，弗兰克（Andre Gunder Frank，1929—2005）和沃勒斯坦（Immanuel Wallerstain，1930—2019）的研究目的在于理解“中心如何征服边缘的，而不是研究人类学家传统上考察的小规模人群”；从而希望自己的研究“能够勾勒出商业发展和资本主义的一般过程，同时也关注这些过程对……小群体究竟产生了怎样的影响”（埃里克·沃尔夫，2006:29，32）。在此意义上，沃尔夫用“全球化”替换了“文明”一词。

然而，如何才能将一千四百年的时间跨度（利奇不过“引用”了一百五十年）与地方性研究（生活在具体时空中的小群体）建构为一个“整体的”研究对象？

在沃尔夫看来，“历史”就是这个建构者：“历史只能被看作一种对物质关系之发展过程的分析性解释，也就是说，在包容性体系层次和小群体层次上同时进行的发展过程”（埃里克·沃尔夫，2006:32）。

如果说，沃尔夫是将“历史”置于“物质关系”的历时性分析中加以理解的；那么，萨林斯则侧重“从文化角度考察某段历史”。在《历史的隐喻与神话的现实》和《历史之岛》中，萨林斯讲述了一个于1779年发生在夏威夷小岛上的故事。与以往的多数地方性民族志不同，萨林斯的故事里出现了两个（而非一个）主角：库克船长和夏威夷岛民。围绕库克船长的“归去来兮”，夏威夷岛民“根据他们自己的文化预设，根据在社会层面上既定的人与物的范畴，对各种情境作出反应”，上演了一系列起伏跌宕的“文化接触事件”（马歇尔·萨林斯，2003:231，325）。萨林斯探讨了这些事件，以期理解“西方资本主义文化与‘土著文化’之间的近代关系”（王铭铭，2011c:260）。这一关系最终被他形象地概括为“并接结构”，“它是一系列的历史关系，这些关系再生产出传统文化范畴，同时又根据现实情境给它们赋予新的价值”（马歇尔·萨林斯，2003:163）。

萨林斯虽然在行文中使用一般化的术语“文化”，但他的研究范畴早已涉及“文明”。正如王斯福（Stephan Feuchtwang，1937—）所言，萨林斯研究的那些“等级中心……城市中心，以及乌托邦式的自我反省和批评的中心（照艾森斯塔特的术语），就不仅仅是文化了”（王斯福，2008:99）。

在王铭铭看来，萨林斯的学术理路“继承了从葛兰言到列维－斯特劳斯结构人类学的‘关系’和‘结盟’（alliance）理论，由此告诫我们，人类学研究的使命，不在于求取地理空间意义上的‘与世隔绝’的单位（如村庄），而在于追问流行于不同的地理单位中的宇宙观在相互碰撞的过程中如何保持自身的‘不同’”。他所诠释的“结构”，“是指一个文化对于整个世界的看法，其中主要包含这个文化定义的世界万物（包括人文世界）的内外、上下关系”（王铭铭，2011c:260）。

对此，萨林斯引用了涂尔干的观点：“对人来说，宇宙根本不存在，除非人们去思考它”；并补充道，“另一方面，宇宙也不必以他们思考的方式存在的”（马歇尔·萨林斯，2003:325）。

这段话或可视为人类学意义上的“宇宙观”概念。它表明：宇宙观中“宇宙”并非实有，而是人们对整个世界的思考与想象，它作用于文化实践和物质关系；这套关于“宇宙”的观念，在不同的文明或文化中，呈现出各异的情境与情感。不同的宇宙观，没有高低、贵贱、中心边缘之分别——换言之：人类学意义上的“宇宙观”研究，应专注于“宇宙观”之间的历时性互动关系（或说是结构性的历史关系）。

尽管萨林斯并没有将自己对宇宙观研究的洞见作为一套理论范式加以强调，但若由此引申：在结合地方性民族志与“关系”研究的人类学实践中，所谓“文明的宇宙观”，大抵如是。

人类学家的寺院研究

1986年，美国威斯康辛-麦迪逊分校举办了一场专题研讨会，会议的主题是temple（即“寺院”“圣殿”或“庙宇”，在无特指的情况下，通译为“寺院”）在不同文化中扮演的角色。会议的论文，出自在世界各地从事寺院研究的人类学家们，由美国学者米歇尔·福克斯（Michael V. Fox）编辑出版：*Temple in Society*。这本论文集适时地呈现出人类学寺院研究的整体状况。

“序言”里，米歇尔·福克斯言总结道：一种被通称为“temple”的建筑物普遍出现在诸文明中，从古至今、遍及各地。这些建筑物的形制、意义与社会功能很早就引起了学者的注意。人们意识到：这些分布在埃及、以色列、希腊、美索不达米亚和其他地方的寺院似乎是同一类型的建筑。它们往往具有某些相同的形制，属于某类特殊的人群，发挥相似或相近的仪式功能，并且多被认为是神（或类似于“神”）的居所。不过，尽管这些建筑物拥有许多共同点或相似处，但它们仍会因为所处文化、社会、环境的不同，而在价值、功能等方面表现出显著的差异。

尊重这些无以计数的寺院之间的普同性与特殊性，实际已成为人类学者在进行寺院研究时所秉持的基本态度。

或基于此，会议的组织者有意将参会论文理解为寺院研究的一个个“样本”，而非对寺院研究这一主题本身的探讨或考究。如是，文集中收录的每项寺院研究，均具有某种文化或文明的典型性：既有古希腊的神庙（Walter Burkert,

1988:27—45），也有印度教的庙宇（C. J. Fuller，1988:49—66）；既有位于中美洲的金字塔形大庙（Gary M. Feinman，1988:67—78），也有日本岛国上的神社和佛寺（Winston Davis，1988:83—103）；既有残留至今的古以色列圣殿的遗址（Menahem Haran，1988:17—25），也有仅剩下文字记述的苏美尔人的神庙（Samuel Noah Kramer，1988:1—16）。这些看似并无直接关联的建筑物，仅因“temple”之名而被整合在一起，成为*Temple in Society*的一部分；而随之引发的疑问则是：我们能否从这些“样本”中获得某些寺院研究的基本理路？

结合论文集中的实例，大卫·耐普（David M. Knipe）认为人类学范畴里的寺院研究往往有以下几个切入点。

首先是寺院空间。寺院、神舍、圣地、祭坛往往被称为“神圣空间”，它们不仅在物理世界占有一席之地，而且居于人们的意识形态之中。耐普认为，伊利亚德对“世界中心”的阐述无疑给后世学者提供了一个重要的空间理论；但从田野经验来看，“中心论”尚不足以解释纷繁芜杂的空间形态。由此，根据不同的象征意义或仪式功能，耐普将寺院空间细分为三类：场域（spaces）、中心（centers）和通道（passages）。除了对寺院建筑本身的空间意涵进行探讨之外，耐普还将寺院空间的范畴扩展到寺院以外的区域。他尤其强调寺院选址的重要性，例如，将寺院或神龛建在山顶上——这一发生在世界范围内的普遍现象，往往意味着这些建筑物需要借助于这座山的高度或神圣性。最后，耐普区分出寺院作为“神圣空间”的两种不同意涵，一种是神灵的永久性居所，另一种是只有在某些特定时期神灵才会降临或光顾的场所。

其次是寺院时间。若将寺院理解为象征宇宙初生的空间，那么人们也会由此联想到寺院是初始时间的载体，即“神圣时间”。在世人的观念中，寺院时间似乎拥有不同的形态，如线性的“历史”，又如环状的“轮回”。此外，还有一种形态是“时间之外（time out）”，佛教徒认为那意味着超越或解脱。如是，对寺院时间的理解，似乎可以延伸出两种相悖的观念：既在时间之内，也在时间之外。虽然每座寺院的时间感或有不同，但大抵可分为三种情形：有如斗转星移、四季更替般的“自然”时间，也有宇宙的、神圣的或英雄的“历史”时间，还有集永恒与消逝于一体的“神话”时间。

其三是人类身体。身体与寺院的紧密关系主要体现在以下三方面：人类身体之于寺院建筑的象征性意义，例如印度教徒将人身的各个部分与寺院的基本结构作以对应性的理解；人类身体之于宗教仪式的功能和效用，例如在玛雅神庙内举行的人身献祭；某些特殊人物或神圣躯体之于宗教建筑的重要性，例如教堂的十字形平面图即为模拟被钉在十字架上的耶稣形象。此外，学者对身体和寺院之关系的思考，还应进一步体现在对寺院的整体布局与建筑细节的上／下、内／外、左／右等象征意义的探讨上。

其四是社会结构。就像寺院建筑与人类身体总是相互映射一样，作为象征符号的寺院与其所处的社会组织结构也同样是互为镜像。此外，世俗社会中包含的各个层面，如政治、经济、教育、阶层等，同样会在寺院中充分展现。所以，在进行寺院研究时，学者必须清晰地意识到：自己的研究对象其实是一个交织着想象与现实的杂合体，是原型、意义与观念的载体。

其五是传统文化。寺院建造与留存的初衷，或许是为了建构人神沟通的渠道、社区信仰的象征符号和举行宗教仪式的场域。但在实际生活中，寺院不仅是神的居所并服务于信仰、崇拜、仪式和庆典，同时也是音乐、舞蹈、戏剧、诗歌、教育，乃至医疗康复的活动场所。正是基于后一种理解，我们可以认为，寺院不仅是一座宗教建筑，还是一座美术馆或博物馆、一个舞台或剧场、一所学校或医院——总之，寺院是一个集成各类文化传统的中心，并且还会将这些文化元素继续传承下去。由此，在寺院研究的过程中，我们确有必要跳脱出宗教范畴，从艺术、文学、教育和医学等角度出发，解读并理解寺院。

诚然，学者对寺院象征意义、宇宙模型的探讨至今仍未止息，但从已知的研究（尤其是这本论文集）中，我们或能想象出一幅抽象的寺院图景：

寺院就是这样一个空间，它承载着死亡与超越，是世界的中心，是时间的初始，是神灵的居所，是传统的源泉——这个空间，生机勃勃而又真实，它不仅是个体超越的实践场所，也是超越文化与社会的模型或范本。由此反观，作为献祭场所或神圣空间的寺院，其本身既已成为献祭物，成为“无”与“空”的象征，成为解构空间的“别处”（David M. Knipe，1988:105—127）。

朝圣、游历与研究：理解桑耶寺的三种方式

关于桑耶寺的记述，古已有之。这些文本，出自中国西藏本土、印度乃至西方世界，时间跨度长达数个世纪。依据写作者的初衷，文本的性质大抵可分为三类：佛教信众的朝圣、旅行探险家的笔记，以及研究者的论著或报告。

第一位以藏族人的视角撰写朝圣之旅的作家，是推行“利美运动”的绛央•钦则旺布。这位生活在19世纪的藏传佛教大师，用大半生的时间游历朝圣，并“发愿要将雪域藏地所有寺庙塔像珍贵遗物、所有清净正法和大善知识在何时住于何地的等等的事迹，写成志书”（钦则旺布，2000:39—40），即佛教地理志作品：《卫藏道场胜迹志》。书中写道，大师从甘丹寺翻山南行，经过贝若遮那的修行处和赤松德赞的诞生地，来到圣地桑耶寺：

> 桑耶大法轮寺（བསམ་ཡས་ཆོས་འཁོར་ཆེན་པོ་）有三层宝顶的主殿、四大部洲和八小洲的陪殿、上下夜叉神殿、白哈尔阁和四宝塔。殿堂后面有王妃三洲殿等。其中大部分的名目在《白玛噶唐》书中都有明确的记载。佛像中主要的是下层主殿内供有觉阿降曲钦布像。在殿堂左右柱前，有法王麦阿葱（མེས་ཨག་ཚོམ་）供奉的佛像释迦牟尼像和大堪布菩提萨埵（བོདྷི་ས་ཏྭ་）的圆瓶形无缝天灵盖。
>
> 桑耶宗的塞堡内供奉有安达娘大师（མངའ་བདག་ཉང་）从伏藏中取出的古汝措杰像，作为阿阇黎大师真身代替像中最为殊胜之像。还有莲花生大师在贡塘山口留下的足迹石等种种极为珍奇的圣迹。
>
> 在海波日山顶（ཧས་པོ་རི་）有拉桑康（ལྷ་བསམ་ཁང་）。桑耶寺周围有小庙，其中最有威灵的是马头明王洲庙。庙内主要的神像，是帕巴森尼厄所像、佛母度母像和曾经多次开口显过圣的大幻变网传规的马头明王像。（钦则旺布，2000:8—9）

千百年来，呈现在朝圣者眼中的桑耶寺，想必即为如上情景，是由一系列建筑、圣物和佛像构成的宗教圣地。

除本族朝圣者以外，历史上的桑耶寺还屡屡遭遇到异域访客，首屈一指者如意大利传教士伊波利托•德斯德利（Ippolito Desideri，或译“依波利多•德西迪利”，1684—1733）。1716年，年仅27岁（一说28岁）的德斯德利来到拉萨，为传

教，在西藏驻留五年。其间，他游览了桑耶寺并为这座寺院留下一份难得的笔记：

从拉萨向东旅行，两天以后就到达了叫桑耶的著名城镇。该城有一座很大的寺庙，历史悠久，辉煌壮观，是西藏建立的第一座寺庙。这座寺庙作为一个建筑物，以拥有精美而多样的塑像以及大量的财富而闻名。寺庙里有一个相当大的图书馆，里面收藏了大量关于这个民族宗教的原典，那是多年以前，从印度斯坦帝国花费大笔经费运来，用这种语言所写的初版书籍。这些书籍册页很大，文字用金粉写就，装饰得十分华丽，信徒们把这些著作当做经典看待。城市里还有一所寺院以及许多豪华的宫殿建筑，特别是大喇嘛、赞普以及这个城市的一位喇嘛的居所。……为纪念一位叫乌尔金（即莲花生大师——作者注）的人，这里常常举行非常隆重的仪式，对此我在后面还要叙述。这个地方的西边和北边有崇山峻岭，很荒凉，东南则是开阔的沙土平原，这是由于经常刮风所产生的。（依波利多·德西迪利，2004:117—118）

在这篇写于三百年前的“游记”中，德斯德利的观感有几处与如今所见的格外不同。他一再声称，桑耶是“城镇、城市”，拥有大量的圣俗建筑；可现在，桑耶由“乡”升级为“镇”才不到十年时间。他提到，桑耶寺有大图书馆和大量藏书，以及用金粉写成的卷宗。这些经卷，我在乌孜大殿一楼隔层的珍宝馆里见过，但如今展示的存量仅有一掌多厚。

一个多世纪后，为英国从事“间谍活动”的印度班智达奈恩·辛格（Nain Singh）在1873或1874年抵达桑耶寺。[1] 他发现，“寺里的塑像是纯金的，寺里有一个很大的佛教书库”（克莱门茨·R·马克姆编著，2002:99），寺院的“四周围以很高的圆围墙，周长约一英里半，四方各有一道大门。彭第特曾数过，在这高墙的顶上有1030个用烧砖砌成的小塔……这些神殿石墙朝里的一面布满了写得又大又漂亮的印文（梵文）字”（萨拉特·达斯，2006:177）。在此，只能通过只言片语的转译了解这位班智达的桑耶之行，这份完整的报告刊载于《皇家地理学会会刊》的第47期，尚未公之于众。

1. 美国学者W. W. 罗克希尔在《拉萨及西藏中部旅行记》的注脚中，提到奈恩·辛格“于1873年参观过桑耶”（萨拉特·达斯，2006:177）。英国学者克莱门茨·R·马克姆则认为奈恩·辛格“于1874年11月18日到达，……他这次只在拉萨逗留了两天，就去了古老的桑鸢寺”（克莱门茨·R·马克姆编著，2002:98—99）。

几年后，另一位印度班智达萨拉特·钱德拉·达斯（Sarat Chandra Das）[1]来到桑耶。日记表明：他在那里停留了几天，从1882年10月29日到11月1日。其间，他参观过桑耶寺与青朴山。比较德斯德利与达斯的桑耶游记，便可了解到寺院的一些变化——毕竟，两次旅程相隔一百五十多年。在达斯看来，德斯德利笔下的繁华“城市”已经消失了，取而代之的是一座住有千余人的村落，规模与现在的情况大致相当。那座藏书量大得惊人的“图书馆”毁于19世纪初的一场大火。达斯对桑耶寺的描述更为细致：这座寺院由乌孜大殿、四大殿、八小殿、宝塔和一圈围墙组成——建筑规制与如今的基本相同。

时至20世纪上半叶，一个被西方世界称为“女英雄”的法国女子大卫－妮尔（Alexandria David-Neel，1868—1969）乔装打扮，深入西藏，在1923至1924年到访桑耶，并为桑耶寺写下一笔，“我在那里看到了据说是以由死者新近发出的‘生命息’为生的魔鬼的房间，那封闭的大门令人毛骨悚然”（亚里山德莉娅·大卫－妮尔，2002:313）。大卫－妮尔看到的应是桑耶寺的桑耶角（护法神殿），而她却以为是“魔鬼的房间”。

1922年，英国地质学家亨利·海登（Henry Hubert Hayden，1869—1923）率领的一支地质勘探队来到桑耶寺。在那里，他们听到一则故事：“这个寺庙是西藏独有的，里面住着管理所有新化身的神。当一个西藏人死去以后，他的灵魂飞到桑耶寺，进入这尊神所在的寺庙下面一间黑暗恐怖的屋子里，神根据死者在世时的优缺点，决定他（她）来世的命运，可能会将他（她）附于任何即将出生的生命的体内”（亨利·海登、西泽·考森，2002:240）。这个故事描述的是信众在往生路上必经的一道程序，与我如今听到的内容几乎一样。也许长久以来，桑耶寺始终在讲述这同一个故事，即如图齐（Giuseppe Tucci，1894—1984）所言：“大家把这种习惯追溯到一种传统的范例，它可能是由一尊神启谕的，或者是由莲花生那样特别著名的法师首次使用过。所以，这种仪轨活动的性质和程序是一成不变地确定的，从此再无变化”（图齐，2005:212）。

---

1. 他是博学的孟加拉校长，更是“一种崭新类型的班智达，是能够给英国人穿越喜马拉雅的勘察填补政治空白的人”。1879年，达斯在乌金嘉措（一个锡金藏人、寺院喇嘛、英国间谍）的陪同下进藏，在日喀则住了6个月，仔细探索了周边地区。1881年11月，达斯与乌金嘉措再次赴藏，见到第十三世达赖喇嘛，探测桑耶、雅砻、萨迦等地，逗留近14个月才返回印度。在此期间，即19世纪的下半叶，“没有任何一个西方人能成功地到达拉萨”。（参见约翰·麦格雷格，1985:259；萨拉特·达斯，2006:“前言”2；米歇尔·泰勒，2005:93）

目前影响至深的桑耶游记主要有温普林的《苦修者的圣地》（2003）和马丽华的《灵魂像风》（2002）。相较于寺院，这两位作者更愿意谈论青朴山修行地——那片处于“社会”之外的洞修圣迹。

此外，还有郭净[1]的田野随笔《幻面》（1999）。与温普林的“风马旗书系”和马丽华的“走过西藏作品系列”相比，这本小书显得默默无闻。郭净首次以图文并茂的形式，向读者展现出一个交织着想象与现实的桑耶寺。这本随笔，实际得自于一项学术考察。1994年，几近不惑之年的郭净报名援藏，他带着每月300块钱的补助，只身前往桑耶寺。驻留半年，他实地考察了桑耶寺一年一度的多德大典。这项仪式研究是台湾学界组织的“中国地方戏与仪式之研究”的一个项目。根据田野所得与经卷内容，郭净写成专著《西藏山南扎囊县桑耶寺多德大典》。现代人类学意义上，以田野考察为基础的桑耶寺研究，可以说是从这本仪式研究的专著开始的。

此前，学者对桑耶寺的研究多集中于考古与建筑。考古学家宿白在1959年9月和1988年8月对桑耶寺进行过两次实地考察，并根据调研结果完成考古学论文“西藏山南市佛寺调查记”之桑耶寺篇（宿白，1996:58—67）。此间，于1985年，在西藏自治区文化局暨文管会的安排下，组建文物普查小组对西藏文物进行实地考察。扎囊组的队长是索朗旺堆，组长是何周德，他们根据考察结果编写出《扎囊县文物志》（1986）和《桑耶寺简志》（1987）。

随后，陆续又有些学者对桑耶寺进行专题研究，或在研究中涉及桑耶寺，由此而来的学术成果多为论文。论文主题涉及综述、历史与宗教、仪式研究、建筑与壁画，以及教育和翻译等内容。

寺院综述类的文章主要有“西藏第一古刹——桑耶寺”（旺堆，1987:31—32）、“桑耶寺综述”（何周德，1988a:112—121；1988b:121—131）、“西藏第一座正规寺庙——桑耶寺”（李卫，1998:58—59）、“探访高原第一古刹”（张国云，2000:56—58）和“桑耶寺：西藏第一座寺庙”（强巴次仁等，2009:46—53）。其中以“桑耶寺综述”和“桑耶寺：西藏第一座寺庙”的寺院介绍，较为细致。

1. 郭净，1955年生于云南昆明，云南大学民族史专业博士，现为云南省社会科学院研究员。多年来从事中国西部山地人类学田野调查，致力于文化人类学、影像人类学和社区教育研究（参见李伟华，2012:94）。

历史与宗教类的文章主要有：以佛法初传为主题的“桑耶寺的创建与佛教在西藏的传播”（效若，1985:40—51）和“桑耶寺、吐蕃道与中印佛教文化交流”（勒艳，2000:122—125）、探讨《吐蕃僧诤记》（戴密微，2001）的“试析桑耶寺僧诤的焦点”（许德存，2003:29—34），及文本分析“桑耶寺的香火——《禅定目炬》和《拔协》对吐蕃宗论起因的不同叙述”（尹邦志、张炜明，2008:253—260）。

仪式的实地考察，主要以桑耶寺金刚法舞（羌姆）研究为主。围绕这一课题，郭净发表了一系列研究论文：“藏传佛教寺院‘羌姆’祭典中的三类角色”（1996a:88—97）、“论西藏寺院神舞‘羌姆’的起源”（1996b:45—60）、“多重意义的祭祀空间——以西藏桑耶寺仪式表演为例”（1997b:47—53）、“西藏桑耶寺神舞‘羌姆’的实地考察”（1998:48—63）以及索朗仁青和郭净合译的“桑耶寺经藏大会供羌姆节目单”（1995:41—43）。此外，还有李家平的“桑耶寺‘羌姆’源流考”（1989:12—23）、韩国学者姜春爱的“藏传佛教桑耶羌姆考察报告”（1996:51—59）以及王希华的“桑耶寺羌姆略述”（2001:38—48）。与郭净侧重于宗教仪式的分析不同，其他学者多是将“羌姆”作为一种舞蹈艺术加以考察。

桑耶寺以其象征佛教宇宙观的建筑形貌，得到建筑学及其相关学科的重视。除前文介绍的宿白与其专著《藏传佛教寺院考古》之外，另举两例：《西藏藏式建筑总览》（西藏拉萨古艺建筑美术研究所编著，2007）和“浅析中国古代宇宙观对建筑群体布局的影响”（范艳辉、赵晓峰，2011:169—172）。前者在藏式建筑的整体格局中介绍桑耶寺，后者从宇宙观出发阐述寺院的建筑形制。

与建筑相关的，还有壁画研究。比如，对桑耶寺的造像与壁画作以总论的“西藏桑耶寺的造像与壁画艺术”（桑吉扎西，2009:43—50、65—68），研究桑耶寺北大殿壁画的“桑耶寺强久斯玛吉林殿壁画考”（白日·洛桑扎西，2004:75—79），考证康松桑康林壁画的“桑耶寺康松桑康林白面具藏戏壁画绘制年代与内容考辩”（格曲，2003:36—43）；以及以乌孜大殿外回廊壁画为素材所做的相关研究：“西藏壁画中的藏族古代体育史料”（霍巍、李永宪，1990:42—43）、“西藏的古代健身体育”（丁玲辉、扎西卓玛，1998:121—131）和“西藏古代的杂技百戏”（丁玲辉，2003:56—57）。

桑耶寺建成后，这座寺院遂成为吐蕃最重要的译经场所。围绕这一主题，有三篇论文可供参详：“藏族翻译史概述”（达哇才让，2012:22—30）、“试论藏传佛教寺院翻译活动中的编辑学价值”（梁成秀，2012:26—30）和“试析桑耶译经院对西藏翻译事业的贡献”（格桑更堆，2012:25—27）。以上论文，分别阐述了桑耶寺译经院的历史、作为与功用。

关于桑耶寺或与桑耶寺相关的研究，大抵如是。研究主题虽多，研究者亦不乏其人，但遗憾的是，除了郭净的多德大典仪式考察之外，其他研究多留于文章片语，鲜有专著问世——总之，现有（以本稿的完成时间，即2013年为下限）的研究规模和深入程度，相较于这座寺院深厚的历史底蕴和丰富的物质文化而言，无论如何，都是不够的。

五、“民族志”

“文本”中的历史

我试图将自己的“田野考察”置于西藏文明的“历史叙述”中加以阐释，因此，本书的叙事结构是由“经验”与“文本”交织而成。其中，“经验”得自于2011年为期8个月的桑耶寺考察，以及2013年为期半年的田野回访。而“文本”主要有三种：高僧大德撰写的藏文史籍、散见于民间的各种神话，以及通过伏藏与掘藏而得的“伏藏”[1]经典。

在此，姑且先从一本史籍说起。

相传，公元7世纪，吞弥桑布扎奉吐蕃赞普松赞干布之命去印度求学，学成归来后，创造出沿用至今的藏文。文字的出现与运用“使藏族历史逐渐进入了有

1. 伏藏，“指藏族苯教和佛教徒在他们信仰的宗教受到劫难时藏匿起来，等到有再传条件时重新发掘出来的经典。”（王尧、陈庆英，1998:87）

可靠记载的信史时代”。[1]公元8世纪，生活在桑耶寺建造年代的拔塞囊（法名耶喜旺布）写下“纪实作品”《拔协》。他在正文部分依时间顺序记述赤德祖赞和赤松德赞父子的事迹，后在增补部分写至朗达玛灭佛、吐蕃政权覆灭。[2]这部年代久远的史书，一经“发现”便得到藏学界、史学界的极大关注。1961年，法国藏学家石泰安在巴黎影印出版了它的一个版本，以供学界参详。

然而，正是这部“有一半篇幅都用于描述桑耶寺的修建经过及建成庆典”，且被誉为“桑耶寺的修建史”（王璞，2008:35，38）的“史书”记载：在建桑耶寺之前，吐蕃赞普赤松德赞在大臣们的唆使下遣送莲花生大师离开了吐蕃（参见拔塞囊，1990:25—27）。这一结论，在桑耶当地人看来，无论如何不足为凭。由此可见，当地人观念中的“历史”与藏学家探究的“信史”并不完全一致——如是情形，导致我无法将历史的研究逻辑、史学推崇的信史与人类学的田野经验进行简单地并接或比较：对史料“真伪”的甄别，需依照当地人的视角和观念来判断，而不只是历史学家的考证考据。

若说史书《拔协》令桑耶当地人感到难以置信，那么，地方观念中的“历史”是否有其凭据？若有，具体为何？事实上，在我抵达桑耶寺的第一天，次仁拉便简单明确地给出了答案：一本厚厚的伏藏经典——他告诉我，我想知道的有关桑耶寺的一切，都已写在这本经书里。

“9世纪以后，有关莲花生的传记与伏藏层出不穷。据学者研究，自9—19世纪，西藏历史上有名有姓的伏藏师多达2500人，按照《伏藏宝库》《伏藏师传》《宁玛派历代上师传》的说法，这些伏藏师每人至少发掘过一种关于莲花生的传记，也就是说，在历史上可能至少存在过2500种莲花生传记，即便到今天，仍然有大大小小400多部《莲花生传》流传下来。在众多的《莲花生传》中，由13世纪的大掘藏师邬坚林巴掘出的有关莲花生传记的详本与略本最为典型。据说邬坚林巴与他的朋友玉贡噶拉瓦·霍尔恭巴释迦于水龙年四月初八日曜星翼宿出现时，于

1. 实际上，“藏族历史上有关文字起源的说法有两种，苯教徒认为藏文来自古代象雄字，苯教文献《教法要义》甚至还认为在古代象雄文字之前还有净天字、大食堆状字等，藏文字母乃是起源于这些文字。不过更为普遍的说法是藏文创制于7世纪，当时松赞干布派大臣吞米桑布扎去印度学习文字，然后回吐蕃进行藏文的创制工作。据说，吞米依据梵文的50个字母及一些拼写符号，制成藏文30个辅音字母及四个元音符号”（孙林，2006:55；参见恰白·次旦平措等，2004:78—85）。

2. 关于增补部分的作者是否为拔塞囊，如今学界尚存争议（参见孙林，2006:140—141；王璞，2008:28—29）。

雅隆水晶崖莲花水晶洞中发现了一批伏藏，其中有七部莲花生的传记，这些传记中，由莲花生的女弟子、被人们尊为空行母的伊西措结写成的《莲花遗教》最好。……《莲花遗教》的传世本非常多，在历史上几经校勘，最好的一次校勘是五世达赖主持下进行的”（孙林，2006:158—159）——此书的汉译本，就是次仁拉推荐的《莲花生大师本生传》（1990）。

藏族人普遍相信，“伏藏”始于莲花生大师（参见白玛措，2008:54）。通过伏藏与掘藏，莲花生大师的身体力行、言论教诲能“穿越”时空直接呈现在后世弟子的眼前（为“书藏”）或意识中（为“识藏”）。这些未经时间染指的“伏藏”，在藏族信众看来，比后世写作的历史典籍更为可信——伏藏的开启，意味着上师与弟子之间的因果关联由此相续。

在桑耶生活数月之后，我逐渐意识到：莲花生大师的传记并不只是一个人物传奇，而是一套庞杂博大的观念体系——生发并建构在这个体系之上的，是藏族信众的莲花生信仰与藏传佛教的上师传承制。这本被信众奉为“经书”的《莲花生大师本生传》，无疑是理解这一观念体系的首要途径。

不过，虽有《莲花生大师本生传》这一“范本”在手，桑耶当地人仍然喜欢口头流传的那些莲花生在桑耶发生的奇闻轶事。这些听似宛若神话的“野史”，多与桑耶的地理风物、空间格局相关——在当地人的心目中，桑耶是莲师信仰与上师传承的“发源地”，这里的一石一木、一山一水、一房一窟均显神圣。例如：哈布日山上的碎石，据说是莲花生当年降妖伏魔时使用的法器；桑耶寺附近的措姆湖，是与莲花生交好的龙王居住的地方；修行地青朴山中的圣迹更是数不胜数，几乎每处圣迹都拥有一个与莲花生有关的传说。这些神圣的“物”和与之相关的“神话”结合在一起，相互印证，彼此强化，从而激发信众升起强烈的信仰。

相较于精彩纷呈的地方性“神话”与长达 108 章的《莲花生大师本生传》，后弘期以降，众高僧大德对桑耶寺和吐蕃史的记载则略显寥落。以时间为序，以叙述篇幅的长短为准，大抵可从浩瀚的西藏史籍中选出如下书目作为参考：

雅隆尊者释迦仁钦德著，成书于 1376 年的《雅隆尊者教法史》[1]；萨迦法王

1. 释迦仁钦德是雅隆觉阿王系沃德（འོད་སྡེ）的后裔（参见王璞，2008:89），与吐蕃政权的赞普世系血脉相连，因此，尊者写一本记录并颂扬祖先事迹的史书，也是情理中的事。

索南坚赞著，成书于1388年的《西藏王统记》[1]；噶玛噶举活佛巴卧·祖拉陈瓦著，成书于1564年的《贤者喜宴》[2]；五世达赖喇嘛阿旺罗桑嘉措著，成书于1643年的《西藏王臣记》[3]；以及松巴堪布益西班觉著，成书于1748年的《如意宝树史》。

公元13世纪伊始，西藏地方归附蒙元中央王朝，雪域的宗教政治环境渐趋稳定，藏传佛教大师纷纷著书立说，以佛教史观重述“前朝旧事”[4]。但着重著述吐蕃政权世系史的史籍只有两种：《雅隆尊者教法史》和《西藏王统记》。公元15至17世纪，在相继面世的藏族史籍中[5]，唯有《贤者喜宴》搜集整理的史料最为丰富。这部史学巨作为众说纷纭、观点不一的“桑耶寺史”提供了一份详实的史料清单。公元17世纪以降，在体例繁多的西藏史籍中[6]，尤以文辞优美的《西藏王臣记》引人瞩目。其作者五世达赖喇嘛曾主持修订《莲花生大师本生传》。或是源于与莲花生的殊胜因缘，这位格鲁派高僧对“桑耶寺史”别有一番理解与体悟。而松巴堪布益西班觉的《如意宝树史》，则“在藏区佛教史记述上跳出了卫藏的传统圈子”（王璞，2008:287），这意味着“桑耶寺史”不仅发生在桑耶，还与异域外族有着千丝万缕的联系。

以上五部史书，是我增补史料的主要来源。或应说明，这些写于后弘期的历史典籍对桑耶寺的记载，多是根据前弘期遗存的史料（大部分原典如今已不得见）

---

1. 索南坚赞虽与赞普世系无渊源，但却对桑耶寺格外亲近，他不仅长驻在此撰写史书，并最终圆寂于桑耶。或为地缘之故，索南坚赞在“法王赤松德赞”一篇，用生动细腻的笔触描绘桑耶寺的建造经过与开光庆典（参见索南坚赞，1985:164—180），就像他亲见过彼时桑耶的盛况一般。

2. 全称为《佛教诸转轮王之产生显扬善说贤者喜宴》（简称《贤者喜宴》或《智者喜宴》）。这本史学巨作“大致用了3种方法来梳理历史：1.以一到两种史料为根本依据记述历史，赤松德赞时期的人、事就以各种版本的《拔协》为主；2.并列各种史料，如文成公主和金城公主史事作者就是将藏汉史料进行汇编，没有取信于哪部史书的倾向……；3.对确有把握的史实则自如地进行综合描述。”（王璞，2008:188）

3. 五世达赖喇嘛在这本以“特别关注藏族人物，特别是精英们的生活史”（王璞，2008:219）的著作中，对“桑耶寺史”与莲花生大师的生平事迹报以特别的关注。例如，他在书中就莲花生的驻藏时间曾作辨析，认为“各有说法不同，此仅智愚二者心量所现之不同景象而已”（五世达赖喇嘛，2000:39）。

4. 具体而言，有噶当派僧人扎巴·孟兰洛卓所著之《奈巴教法史——古谭花鬘》，夏鲁派（布顿派）创始人布顿·仁钦珠所著之《佛教史大宝藏论》（或名《布顿佛教史》），曾进京面帝的蔡巴万户长蔡巴·贡噶多吉所著之《红史》，吐蕃赞普王室的后裔雅隆尊者释迦仁钦德所著之《雅隆尊者教法史》，萨迦法王索南坚赞所著之《西藏王统记》，以及朗氏家族的史料汇编《朗氏家族史》。

5. 主要有达仓宗巴·班觉桑布所著之《汉藏史集——贤者喜乐赡部洲明鉴》，桂译师循努贝所著之《青史》，格鲁派班钦索南查巴所著之《王统幻化之钥——新红史》，噶玛噶举活佛巴卧·祖拉陈瓦所著之《佛教诸转轮王之产生显扬善说贤者喜宴》。

6. 具体而言，有觉囊派僧人多罗那他所著之《印度佛教史——如意珠》和《后藏志》，五世达赖喇嘛所著之《西藏王臣记》，松巴堪布益西班觉所著之《如意宝树史》，土观活佛洛桑却吉尼玛所著之《土观宗派源流》，智观巴·贡却丹巴绕吉所著之《安多政教史——奇异大海》以及近代藏学大师更敦群培所著之《白史》。

整理编撰而成；之后，再补充以著述者自己的分析、理解与诠释。

在这些藏族高僧大德看来，桑耶寺史的首要史料来源，也许莫过于史书《拔协》和伏藏《莲花生大师本生传》。然而，史书与伏藏对莲花生在藏经历的记载却又多相抵牾——如何调和或理解这对“矛盾”，不仅是藏族史家自身见仁见智的决断，还是这些史家所处年代之观念立场的反映。因此，以上诸藏文史籍对桑耶寺兴建一事的“历史”回溯，同样也是对每位著述者生命体验的“现实”记录。

所幸，以上典籍均有相对完备的汉文译本，这对写作期间尚不通藏文原典的我来说，真是难得的助缘。若没有大师们的史料爬梳和译者们的译校注疏，本项研究根本不可能完成，在此感念前辈之辛劳与功德。

文学与民族志

自《写文化——民族志的诗学与政治学》（詹姆斯·克利福德、乔治·E·马库斯编，2006）一书出版后，所谓后现代的民族志“在文体和风格上更开放，对话体受到青睐，修辞具有了正当的地位”（高丙中，2006:“代译序”15）。文本中出现田野工作者的“身影”，或以第一人称写作等都不再是稀奇古怪、有违学术规范的写作手法。就此而言，西方人类学的后现代反思，确为本书的“文学性”面貌提供了一个“合法”身份。

但我想说，促成本书行文风格的真正动因，并非来自学术反思，而是源于我在桑耶生活的经历与体悟。

考察期间，我时常觉得历史、神话和传说总与日常生活搅在一起，难解难分。也许前一秒钟，人们还在看电视喝啤酒聊“大庆”，接着便会掏出一块石头告诉我：这是莲花生大师从空中撒下的“降魔石”。央宗生病时，她会去卫生院就医，会去桑耶角拜护法神，还会请寺院僧人念经——康复后，我们甚至说不清究竟是哪一种方式治好了她的病……类似的实例，不胜枚举。因此，若想在“主观历史”与“客观历史”之间划出一条泾渭分明的界限，或是在“神话”与“现实”之间做出非此即彼的选择，几乎是不可能实现的事。

也许在桑耶当地人看来，这些在学术上需要加以区分的概念或范畴，原本就自成一体、混为一谈。明白这一境遇之后，我开始接受这种“混融”的局面而不再试图将其“肢解”归类，并学着像当地人一样思考、一样看待生活的方方面面。

基于如此考虑而写作的文字，势必会不断在神话、田野、传说和历史中跳转往复，将“经验”与“心态”连为一系。最终，我希望能如实描绘出在田野期间自己亲身体验的这座寺院，希望能重现自己与当地人交往的点点滴滴——尽管在桑耶寺漫长的变迁史中，那不过是微末而短暂的一个截面——这些对我而言甚为宝贵的经历，在落实成文字的那一刻，即已成为往事和记忆。

表面上，这本书的确更像是“文学作品”而非“学术专著”，但我仍然相信：自己完成的是一份典范的田野民族志。

六、乌孜大殿

世界中心“须弥山”

拂晓时分，乌孜大殿的管家塔青拉趁着尚未褪去的夜色，打开大殿的侧门，快步走入经堂，点燃供奉在佛像前的银质酥油灯，墩拭温润平滑的阿嘎土[1]地面，整理挂在走道一侧的白色哈达；接着，他在铜质香炉里点燃藏香粉，刹那间，一股植物的馨香伴着淡蓝色烟雾，升腾而起。塔青拉提起铜炉，一边在大殿中疾行，一边轻轻晃动铜链，使炉中香雾均匀地散布在大殿各处。之后，他又在殿中巡视一番，确认一切已安排妥当，才打开乌孜大殿外围墙的正门，迎接当日来访的首批信众。

纷至沓来的朝圣者，从寺院的东门鱼贯而入，先到大殿广场的煨桑炉前煨桑，再进乌孜大殿里礼佛朝圣。磕长头，献哈达，添酥油，做供养，上金，点灯，用手中佛珠磨拭高僧大德的法座，以额头轻轻触碰佛菩萨们的佛衣，口中念念有词，经轮转个不停。转完三层大殿，再转外围墙的转经廊。接着，人们走出大殿，依顺时针，沿着院内的转经廊，朝圣象征四大洲、八小洲的十二座殿堂，及四座佛塔。足不停歇拜完全程，大约需要半个时日。信众心中的顶礼对象有：佛、菩萨、护法神，及奉入佛龛的高僧大德和参加法会的寺院僧侣。

平日，乌孜大殿总是正门紧锁，门前垂挂一道铁质幕帘，门口放着一张木桌。

1.“根据史料记载，‘阿嘎’土夯技术最早可以追寻到公元 8 世纪吐蕃政权赞普赤松德赞修建桑耶寺时期，在桑耶寺乌孜大殿二层地面运用了该技术。”（西藏拉萨古艺建筑美术研究所，2007:212—214）

图 8 开光大典期间，乌孜大殿的正面景象（何贝莉摄 /2011 年 6 月）

木桌两侧，各坐着出售门票的大叔和记录功德的僧人。大叔长年在此，头戴毡帽，身着外套，和颜悦色，即便遭遇存心逃票的游客，也无气恼。僧人则是每月一换，轮番执掌一项工作：在寺院的公文纸上记下功德主的名字与供养的礼金。此外，他们还负责处理游客或信众的各种需求与疑问。

正门南侧，另有一门，无论僧俗，皆从此门过往。门前悬挂厚布帘，门下筑有高门槛，门侧立着一对石雕大象，憨态可掬，据说是古物（何周德、索朗旺堆，1987:52）。除大殿管家和铁棒喇嘛[1]以外，在大殿里诵经、礼佛、参加法会的僧侣均需把鞋子放在殿外，赤脚进殿。所以法会期间，侧门外总是散落着一堆式样各异的男鞋，或是为方便脱鞋，其中尤以拖鞋、凉鞋居多。

乌孜大殿，是桑耶寺的中心主殿。“地基高厚而大，所备之原材料精致完好，如同螺碗盛玛瑙一般”（何周德、索朗旺堆，1987:10）。大殿的建筑面积约有

1. “协敖（藏文 zhal-ngo），意为‘总管’。藏传佛教僧职。负责管理全寺僧侣纪律，有的还有权处理寺内及属民纠纷。各大寺多设有此职。……因其外出巡视时常带镂花镀金银的方形铁棒，故汉族俗称之为‘铁棒喇嘛’。”（任继愈，2002:468）

图 9 雨后，乌孜大殿的背面（何贝莉摄 /2011 年 5 月）

六千平方米，坐西朝东，共有底、中、上三层殿堂。每层殿堂，高约 5.5 ～ 6 米，开阔而庄严。在底层与中层之间，设有采光用的露台；在露台的东南侧，设一小门，通向外回廊二层楼的僧舍，以便僧侣进出。在中层佛堂之前，建有遮阳明廊，明廊两侧各有一露台，延伸至两个独立殿堂。上层大阁为四门方形结构，其外围筑有一圈回字形采光长廊，沿廊而行，可观寺院全景。如此结构，既方便采光，又丰富外观；以至于远远望去，乌孜大殿仿若楼高五层，层层叠叠，巍峨壮丽。

这座大殿是信众在桑耶朝圣的首发之地，亦是西藏考古的研究对象。上个世纪[1]，考古学家宿白两度到西藏实地考察，如是记述：

乌策大殿位桑耶寺正中，东向。中心建筑为绕建礼拜道之方形佛堂，第一层佛堂前设经堂，第二层绕建礼拜道佛堂之前附设平台，第二层佛堂之上建有暗层，再上为攒尖顶重檐大阁，此阁与其外四隅各建一攒尖形、表饰金刚杵的幢式建筑，构成以阁

1. 1959 年底，宿白参加中央文化部西藏文物调查工作组，对拉萨地区、山南市和日喀则地区进行考察。之后，30 年过去。“1988 年 8 月再访西藏之后，关心西藏文物的同志以部分寺院遭受损失，督我整理日记，备追查文物、重修建置时参考。……因此，不揣简陋，自 1988 年底开始描图、编写，1989 年 6 月大体撰竣”（参见宿白，1996:“前言”1）。

为中心四顶环峙的形制。第二层以上部分“文革”中被拆毁，近年按原式重修，1988年8月再度大调查时已大部竣工。中心建筑外侧，绕建内匝礼拜廊道。内匝礼拜廊道左、右、后三面的外侧中部，又各建并列的三间殿堂。以上现存乌策大殿的布局与前引《拔协》记录对比，知佛堂即《拔协》所记之“正殿”；经堂即“前殿”；礼拜道、礼拜廊道即“转经绕道”或“转经绕廊”；内匝礼拜廊道即“中层转经绕道”；内匝礼拜廊道左、右、后三面外侧的三间殿即南、西、北“各有三座……宝库”；三层大殿的整体造型即《拔协》所谓之“吉祥毗卢遮那佛救渡恶趣曼陀罗”。（宿白，1996:61—62）

图10 宿白绘制的桑耶寺乌孜大殿立面示意图（1988年）（宿白，1996:62）

宿白还指出，“乌策大殿的外围墙、四门和门内的外匝礼拜廊道皆为以后增建”（宿白，1996:63）。换言之，乌孜大殿由两个部分组成：早期兴建的三层大殿和后起的环绕大殿的外围墙及其他相关建筑。据考察所得，宿白绘出一幅乌孜大殿的立面图。图中所绘，与如今所见的大殿形貌，几无二致。

宿白将乌孜大殿底层的主体空间分为“佛堂”与“经堂”，顾名思义，前者是礼佛朝拜的殿堂，后者是诵经讲法的地方。《拔协》将之称作“正殿”与“前殿”，正殿里供奉着乌孜大殿的主尊、桑耶寺最重要的佛像之一：释迦牟尼像。大殿管家则习惯说是“内殿”与“外殿”，由外入内，由内出外。内外之间，由三座并立的大门相隔，“三门依次表示诸法本性无性，无相，无愿”。[1]

三门之外的经堂，面阔七间，进深四间。梁上悬挂着大小各异的经幡，殿内

1. 索朗：《西藏第一座桑耶寺及佛教的重点思想》，50页。这是曾任寺院导游的索朗自行印制的桑耶寺介绍册。

明柱三行六列共十八根，堂下摆有八排长榻与条案，供僧侣早课、诵经时使用。三门之内的佛堂，地基较高，需拾阶而上，殿内明柱十根。佛堂后部及其左右，筑有一圈隔墙，每面墙上各设一窗，用于采光。据说，墙体的厚度是根据当时一位译经师两臂伸直的距离所定。此外，还有一圈转经廊环绕佛堂，廊中墙壁上的壁画精彩纷呈，以无量寿佛和菩萨像为主。

熟悉寺院朝圣线路的信众，步入底层经堂后，多会先磕三个长头，然后沿着经堂左侧的甬道有序而行，依次朝拜供奉在佛龛中的塑像。

首先，是两尊形态各异的汤东杰布像。在西藏，汤东杰布被视为藏戏和木匠、铁匠的鼻祖，可谓人尽皆知。据说当年，汤东杰布带着自己的弟子来到桑耶，此地的鬼神们立刻围拢在他的身边，于是，他向这些鬼神讲述了有关压邪的密咒。而后，汤东杰布来到桑耶寺附近的青朴修行地，在一处闭关洞中修行八年，并从洞壁中取出珍贵伏藏。接着，他给桑耶的黄色土神和蓝色风神留下一道指令，命令它俩调和四大种，不许风沙靠近桑耶寺（参见久米德庆，1987:61）。我记得有一种说法，称莲花生曾预言桑耶寺最终会掩埋于风沙之中（参见萨拉特·钱德拉·达斯，2006:175—178）。不知是否出于此因，信众把能阻止风沙侵蚀的汤东杰布供奉在乌孜大殿的入口。

紧随其后的是夏鲁派的创始人布顿大师和三位在吐蕃时期翻译梵文原典的大译师。一眼望去，这些大德的模样都差不多，是在同时期由同一批工匠塑造的；只因各有不同的名字，象征不同的人物，而被逐一区别开来。

接着是一组宁玛派高僧：隆钦师尊三人像。居中的大像是隆钦饶绛巴（1308—1363），一位著名的佛学家，曾在青朴山修行地遁世修行，后圆寂于此，信众习惯称他为“桑耶巴”（桑耶人）。为纪念这位大德，后人在他的修行处建了一座灵塔，立有一块石碑（参见何周德、索朗旺堆，1987:62）。

左侧走道的尽头，是一排五尊坐西朝东的造像。居中一尊是桑耶寺最有名的莲花生大师如我像，其右是寂护堪布，其左是法王赤松德赞，三人合称“师君三尊”。寂护堪布的另一边，是吐蕃时期“预试七人”之一（参见杨贵明、马吉祥，1992:7）贝若遮那（或译为“白若杂那”“白热扎那”）。赤松德赞的另一边，是西藏的赞普、唐朝的女婿、三大法王之一松赞干布。在西藏僧俗信众的心目中，

图 11 喜金刚法会期间，寺院僧人在乌孜大殿的经堂内诵经（何贝莉摄 /2011 年 6 月）

图 12 塔青拉为现在的莲师如我像上金（何贝莉摄 /2011 年 6 月）

以上五尊造像，极其殊胜；居中的莲师如我像，最为殊胜。很多外地的朝圣者，不远千里来到桑耶，只为亲眼目睹这尊独一无二的莲师如我像。

传说当年，王子牟尼赞普请工匠们照着莲花生大师的模样，为其塑像，莲师看到这尊塑像后，满意地说："可以了，不用再修整，这尊像已经如我一模一样。"于是，人们就将这尊莲师像称为"如我像"，视为与莲花生大师一模一样的佛像。后来，莲师离开了桑耶，人们就把这尊如我像供奉在桑耶寺里，供君臣信众顶礼膜拜。后来，这尊无比珍贵的泥质塑像在20世纪70年代毁于一旦。据说泥像被弃掷在寺内的一处池塘里，泥胚溶解以后，装藏[1]没入水中，散发出的奇香妙味，笼罩在寺院上空，延绵数日不绝，闻者惊叹不已。

在如我像被毁之前，有位台湾香客偶然用相机拍下了这尊莲师如我像。这张照片几经流转，重返桑耶，被僧人们复制后悬挂在外殿里，供奉在僧舍中，甚至贴身携带。如今所见的这尊如我像，是在20世纪70年代以后重新塑造的。不过，多数前来朝圣的藏族人并不在意这段令人遗憾的经历，在他们眼中，这尊佛像始终都在，只要被称为"如我像"，那便是如我像。信众对这尊造像的崇敬之情，不会因为它是新造的而有丝毫折损或犹疑。

初见莲师如我像的那一刹那，风尘仆仆的信众会情不自禁地五体投地，敬献哈达，供养钱财，拿出贴身携带的金粉请求僧人为如我像上金。这时，塔青拉会熟练地戴上口罩（先前是用哈达蒙住口鼻，以免自己呼出的气息污染了这尊尊贵的如我像），小心翼翼地用温水化开金粉，轻巧地跃入佛龛，有条不紊地取下莲师的衣冠与持物，专心用排笔在莲师的脸上、脖颈处均匀涂抹调和成水状的金粉。期间，佛龛前的信众，无不拜倒在地，双手合十，以期盼的神情仰望莲师。笃定的目光中，除如我像之外，仿佛再也见不到周遭一切。有些妇人，眼里闪烁着泪花，吟诵莲师心咒时，会止不住地低声啜泣，甚至失声痛哭。还有些幼儿，尚在襁褓中，便被父母背着抱着来桑耶朝圣，一脸懵懂地望着父母的一举一动；那些会走路的孩子，已能娴熟地向如我像磕长头。

如是情景，几乎每日在乌孜大殿上演。我不禁好奇，当这些信众目不转睛地凝视着莲师如我像时，他们的心里在想什么……

---

1. 装藏：即装脏，佛像（躯壳）做好了就需要装藏（五脏六腑），全部用咒语标示。装藏好了就需要开光。开光是把智慧本尊请到佛像里安住。

拜完五尊佛像，来到隔开内外殿之三扇大门的左门前。通常，信众会先通过这扇门，进入内殿朝圣，拜完内殿的佛像，再从右门出来，继续朝拜外殿供奉的其他佛像。但为行文方便，我先介绍外殿，再说内殿。

在三扇大门两两之间的门柱前，各供有一尊莲花生大师像。只是，两尊造像的体量实在相差悬殊。左边一尊，威猛硕大，黄铜锻制，设有背光和宝座，显得器宇轩昂。右边一尊，约有半人高，看不出是何材质，信众多是困惑地望着这尊小像，匆匆献上一毛钱，便离开了。

“其实……”大殿管家塔青拉告诉我，“那尊小的，是老的，历史很古老，跟‘如我像’差不多……那时，它放在墙里面，没有被发现，所以就留下来了。”后来，听觉海堪布说，这尊造像由整张牛皮制成，表面抹金，内有珍宝装藏，是比丘朗卡宁布亲制的莲花生大师威慑万物像。

令人不解的是，这尊莲师像虽然如此珍贵，却没有一个可供固定供奉的佛龛。他平常所在的位置，恰巧是举行法会时放置供品的地方。因此，法会开始前，总需四五个僧人合力把他抬到内殿，临时安放；法会结束后，再把他请出来，置回原位。如是三番五次，我忍不住对塔青拉半开玩笑地说：“这真是大殿里最辛苦的一尊莲师像了，经常这么进来出去的，也没人问他是不是愿意。”塔青拉听后，哈哈大笑，说：“因为他的位置不固定撒。”

后来，在一年一度的多德大典上，我才真正体会到这尊莲师像的殊胜、尊贵。多德大典中的金刚法舞，是为颂赞莲花生大师而于每年的莲师诞辰日即藏历五月十日举行（参见郭净，1997a:59—60）。在仪式进入尾声时，僧人需请出莲师像，将其安置在仪式现场，接受众人顶礼膜拜，歌功颂德。此时出现的“莲花生大师”，正是这尊威慑万物像。他由寺院里威信甚高的僧人合力抬出，撑着孔雀翎制成的华盖[1]，在僧侣扮饰的莲师八大化身（又称“莲师八变”）[2]的簇拥下，缓缓步入广场，端坐在场地东侧，接受嘉宾敬献的哈达，领受帝释天的唱诵。歌舞过后，这尊威慑万物像会在僧侣仪仗队的引导下，于场中曲折前行，直至重返大殿。此间，围观人群如浪涛一般奔涌而上，叩拜这位行走中的莲花生大师。

---

1. 孔雀翎华盖：“孔雀翎制成的华盖是世俗权威或统治的象征。在某些宗教队列中，如达赖喇嘛的出行队列中，也高擎显示其宗教权威的白色或黄色丝绸华盖。孔雀翎制成的横带挂饰上经常饰有置于佛和菩萨头顶上方的精美华盖”（罗伯特·比尔，2007:189）。

2. “莲师八变”，具体为：海生金刚、忿怒金刚、释迦狮子、爱慧莲师、莲花王、日光莲师、狮吼莲师及莲花生大师。

图 13　被损毁的莲花生大师如我像（寺院僧人提供）

一位年过五旬的僧人告诉我："记得有一次，在法会上，这尊莲花生大师像自己从法座上站起来，走出祖拉康，来到广场，加持信众。法会结束后，他就自己走回来，回到了这里——"言毕，他指了指现在放置这尊造像的地方——那个不固定的位置。

莲花生的归去来兮，在桑耶寺的僧人看来，仿佛是理所当然。

经过这尊莲师像，来到外殿的西北角。这里设有一组佛龛，供奉着六尊造像。从左往右（即从南往北）依次是：仲敦巴（1005—1064），藏传佛教噶当派的开派祖师，热振寺的创建人，阿底峡尊者晚年在藏的入门弟子和法统传承人；阿底

图 14 多德大典中，正在"行进"的莲师威慑万物像（何贝莉摄 /2011 年 7 月）

峡尊者（Atisa，982—1054），古印度佛学大师，噶当派的祖师；俄·雷必喜饶，噶举派高僧；隆钦绕绛巴，西藏宗教史上显密兼通的著名人物；萨班·贡噶坚赞，藏传佛教萨迦派第四位祖师，著名的宗教活动家、政治家和学者；宗喀巴大师，藏传佛教格鲁派开派祖师，中世纪的佛教思想家。

乌孜大殿不同于其他寺院或佛殿的一个显著特点是：它就像一个万佛殿，几乎旗鼓相当地供奉着藏传佛教各大教派的高僧大德。这也是桑耶僧侣引以为豪的一点：他们信奉所有的大成就者，不以教派为别，不存门第之分，尽管桑耶寺的经文与戒律多来自于宁玛派和萨迦派。“在桑耶寺建寺的时候，没有教派的分别——你是知道的。”大家总是不约而同地对我说。

殿内供奉的高僧大德，几乎都生活在桑耶寺建成以后，活跃于西藏佛教史中的各个时期；如今并举一殿的局面，应是漫长的历史累积所致。桑耶寺曾几度更迭管理权，多次领受各大教派主持的修缮工程。这些经历，或也成为不同教派的祖师大德“进驻”桑耶寺的机缘。

我曾试探性地询问次仁拉：有没有考虑过改变这些佛像，以便让寺院的宁玛派色彩更浓厚。次仁拉告诉我：“那会是一件很难的事，因为大家都已经习惯了这些佛像的摆放位置，有的人更喜欢这个，有的人更崇敬那个。你稍微改变一下，就会立刻被人看出来，问说：那个佛像到哪里去了？！——那会是很大的问题。”

说起教派之间的区别，觉海堪布给我打过一个比方：

就像我们的面前有一座大山，大家都想爬到山上去，于是，一起出发。可是，进山以后，发现没有一条固定的路。于是，有的人走了这边，有的人走了那边。不过，总有一些人，会爬到山顶上去。后来，他就告诉大家：我走的是这条路，可以爬上山顶。也有人说，我走的是那条路，可以爬上山顶。如此，就有了几条大家公认的上山路，大家都想顺着这几条路到达山顶。结果，你所看到的教派，就是这些不同的路；但大家的初衷和结局是一样的，就是要爬上山顶，那个尖尖只有一个。你说，教派之间的差别能有多大呢？——其实，没有根本上的差别。可你们却觉得，我们在找路的时候，争来斗去，很是热闹，就像我们之间有多大的矛盾、多大的区别一样。

图 15 乌孜大殿的中回廊，第二层（何贝莉摄 /2011 年 9 月）

在外殿西北角的佛龛边，有一扇虚掩的小木门，通向乌孜大殿的内围墙转经廊。这条回廊只有南、西、北三面，不能围合成完整一圈，因而没有对信众开放。不过，回廊里有一件非常重要的文物，人称“西藏史画”或曰西藏“史记”（参见何周德、索朗旺堆，1987:27—28）。那是一幅长达 92 米的壁画，绘制在回廊二楼的三面墙壁上。

这幅壁画，记录着长达一千多年的西藏史事。从远古传说罗刹女与神猴成婚，繁衍出藏地上最早的人类开始，直至晚近时九世达赖喇嘛隆朵嘉措（1805—1815）的事迹。其中包括：雅隆部落兴起，吐蕃政权建立，佛教初入藏地，松赞干布娶二妃，兴建大小昭寺；金城公主入蕃，莲花生、寂护弘法，兴建桑耶寺，朗达玛灭佛遇弑；佛教后弘期始，萨迦世系、噶玛王朝和帕竹政权的更替，宗喀巴创立格鲁派，桑耶寺遇大火灾；以及和硕特部领袖固始汗进藏一事。

为了拍摄这幅壁画，我在回廊里独自待了十几天。此间，除了偶尔见到一两个来库房取送东西的僧人之外，剩下的大部分时间都是与几只歇脚的鸽子为伍。壁画裸露在外，天天风吹日晒。有些画面被粉刷外墙的白灰红漆掩盖，变得模糊不清；有些主佛的眼睛被人为挖掉，只剩下两个空洞洞的窟窿；有的壁画上甚至写有涂鸦文字——怎么说也算不上得到了很好的维护。

对此，寺院的僧人和管理者似乎并不在意：无论是壁画内容，还是壁画本身。寺院僧侣对西藏“史记”淡然处之的态度，就好像他们从未生活在这条客观的时间轴线上。

内围墙转经廊入口的右侧，有一座小型龛柜，里面供奉着酥油花制成的多玛，分别代表大黑天神、无量宫、白哈尔王和火神七兄弟。这些多玛，与桑耶寺在藏历正月、五月举行的“次旧”“多德”大典密切相关。每年制作并更换一次。

顺着龛柜往右，又有一扇门。这里通向乌孜大殿的护法神殿，内供萨迦派护法神。以大黑天（梵文：Mahākāla）[1]、吉祥天母[2]为主。护法神殿内有一个裹着红布挂在立柱上的面具，无身形轮廓，其下穿着一衣。每到藏历新年，会有一位修行精进的僧人带上这张面具跳羌姆。在护法殿东南墙的折角处，供有三尊护法神像，平时用一匹红布围挡，朝圣者看不见他们的面目。据说在藏历新年，僧人会在跳羌姆时将三尊神像请出，供信众膜拜。

在护法神殿殿门的右侧，贴墙立有一组神龛，依次供奉萨迦派、宁玛派和桑耶寺的护法神。走过这组神龛，桑耶寺底层经堂的朝圣之旅，便可告一段落。

出走的释迦牟尼佛石像

登上四级石阶，穿过隔开内外殿的大门，步行四五步，再上两层台阶，便来到乌孜大殿底层佛堂最核心的部分，这里供奉着桑耶寺的主尊：释迦牟尼佛。

这尊面相平和的释迦牟尼佛石像，头戴嵌满珍宝的华丽宝冠，胸佩珠石宝玉，

1. 佛教密宗护法神之一，或认为是大自在天的化身，或是毗卢遮那佛的化身，一般作忿怒状（参见任继愈，2002:155—156）。

2. 原为印度婆罗门教的主神，后被藏传佛教吸收为护法神和世界欲愿之主。在苯教中也是一位受尊敬的主神，神通广大。她又称为“荣耀女王”，有大吉祥功德于众，故称“功德天”，系众神之首，众佛之母，是原西藏地方政府的保护神。藏族信徒认为供奉她可以除灾难，使人兴畜旺。一般现两种相：温和相和威猛相（参见任继愈，2002:980）。

身披精美佛衣，手作降魔印，结跏趺坐，约有两人高，身后的背光金碧辉煌，装饰繁复。这尊佛像安坐在一间凸字形的佛龛中。佛龛体量庞大，宛若一件独立成型的建筑，其上是雕梁画栋，飞檐斗拱，背后是与大殿立柱相连的一堵土墙，前面有两根圆柱支撑，柱上各盘一条活灵活现的金龙。佛龛前，设有三层供桌，长年供奉着新鲜水果、信众供养的珍宝、靠电力自转的转经筒，以及七只硕大的净水碗，水上浮着盛开的绢制睡莲。一只玩具毛绒小狗，也被端端正正地摆在那里。供桌上，还放置着播放佛乐的小音箱和一张张来自世界各地的纸币。

释迦牟尼佛的南北两侧，各立有五尊菩萨，他们相向而对，均为站姿，身高 4.2 米，据说是近年新塑的。坐南朝北的一组菩萨，从东往西依次是：地藏菩萨、虚空藏菩萨、观音菩萨、弥勒菩萨和喜吉祥佛；坐北朝南的一组菩萨，从西往东依次是：文殊菩萨、金刚手菩萨、普贤菩萨、除盖障菩萨和无垢居士（此处诸佛菩萨的名号是以寺院在造像上的注解为准）。从高大的菩萨像前经过时，不会觉得有压迫感，因为每一尊菩萨的目光都微微向下，显得安详而慈悲。在两列菩萨之前，各立有一尊面目可怖的护法神像，左边是忿怒明王，右边是忿怒不动明王。释迦牟尼佛佛龛的后面，有一组高柜，里面安放着大藏经《甘珠尔》和《丹珠尔》。

除主尊释迦牟尼佛以外，佛堂中，还供奉有体量一大一小两尊莲师像、一尊释迦牟尼佛像和一座小型银质菩提塔。这些造像、器物均是晚近时供奉在此，所以，现今流通的寺院简介并未对其作介绍。

佛堂的天花板上，是一幅幅年代久远的坛城，殿内暗淡的酥油灯光照不见这些精美绝伦却略有磨损的图案。佛像前，有一块十米见方的空场地，信众在这里向释迦牟尼佛顶礼膜拜诵经祈福，地面磨拭得油光可鉴，朗朗唱诵延绵不绝。空场前，有三座一米多高的银质酥油灯。殿内的酥油灯，本应灯火长明，但为了消防安全，如今在闭殿前，要先熄灭灯芯。

·

据说，底层佛堂中供奉的十三尊主从佛像，其来历可追溯至千年以前，桑耶寺初建之时。

据《拔协》记载，桑耶寺底层佛堂建好后的一天夜里，赞普赤松德赞在睡梦中见到一个白人，他对赞普说："赞普，你想塑一尊什么样的佛像？"赞普说：

“这要请教大师啦！”白人说：“在哈布日山的山顶，有世尊佛加持的释迦牟尼等十三主尊及随从。你去把那些佛像请来，安放在殿中吧。”赞普又问：“那些佛像位于何处？还得请您说明。”白人答道：“就在红奶牛哞哞叫的地方。”[1]遵照指示，赞普找到了那个地方，果然见到十三尊佛像。赤松德赞不禁高兴地“呵呵”大笑了几声。赞普被自己的笑声惊醒，这才发觉原来是一个梦。

第二天，天刚微亮，赞普就带领大臣去梦中见到的地方察看，可是，什么也没有。赞普一边喃喃自语地说：“就是这儿呀！”一边用脚踢着面前的沙堆。忽然，他发现一块碧石，形状似鸡，有绵羊大小。擦拭干净后，竟然显现出一尊毫无人工痕迹、浑然天成的释迦牟尼佛石像。石像的顶髻，乌黑发亮并颤悠悠的；石像的眼睛，灼灼发光且炯炯有神。人们把它安放在车上时，大地震动了一次。运到寺院的东门时，大地又震动了一次。运至乌孜大殿的佛堂，大地第三次震动。石像被顺利地安放在法座上，赞普见状非常开心。

不过，石匠看见后，却说：“与赞普的殿堂比起来，这尊佛像实在显得太小。”于是，在石像上捆了一层茅草，茅草上又裹了一层布，布上涂一层泥，泥上镀了七次金。“然后用石头作料，照着吐蕃人的模样，在右边南面一排雕刻了菩萨虚空藏、弥勒佛、大慈大悲观世音、地藏菩萨、喜吉祥以及三界尊胜忿怒明王等六尊佛像。在北面一排雕刻了普贤菩萨、金刚手、文殊菩萨、除盖障菩萨（或译灭障）、大善知识李杂启即无垢称和赤色忿怒不动明王等”。如是，加上居中的主尊释迦牟尼佛像，共是主从十三尊。（参见拔塞囊，1990:34）

在桑耶，我还听到过另一则关于主尊释迦牟尼佛的传说。

当年，赞普赤松德赞在哈布日找到自然显现的释迦牟尼佛石像后，想把他运到佛殿里，可是，怎么也运不过去。君臣万般无奈时，石像忽然开口道：“你们不要这么费心竭力了，等到寺院举行开光大典的那一天，我自己就会走进佛殿。”众人听后，只好离开。几天后，君臣一早聚集到寺院，在莲师与寂护的主持下，准备举行开光大典。人们打开乌孜大殿的正门，蓦然发现，佛殿正中的法座上安坐着一尊释迦牟尼佛像。人们走近一看，果然是先前承诺会自己走进殿中的那尊石像。如是，这尊释迦牟尼佛石像遂成为桑耶寺的主供佛。

---

1. 另有一说，是“红茉莉绽放之地方”（巴卧・祖拉陈瓦，2010:151）。

图 16 火灾后，桑耶寺僧俗重新安置释迦牟尼佛的头像（何贝莉摄 /2011 年 9 月）

不过故事并未结束，寺院僧人告诉我，这尊释迦牟尼佛石像的佛头会自行出走。在寺院遭受灾祸或遇禁佛期时，佛头就会兀自离开，待到机缘和合，方才再度显现。有一次，寺院突发火灾（桑耶寺在历史上，曾屡遭火灾的摧残）寺院僧人和附近百姓忙着扑灭大火，抢救经书，谁也没有注意到释迦牟尼佛像的头颅已不翼而飞。直到火势渐小，人们奔进佛殿，才发现这件可怕的事情。就在大家一筹莫展时，有位僧人忽然看见在佛殿的一个幽暗角落里好像有什么东西熠熠生辉。他好奇地取出一看，正是遗失的头像！这尊佛头一直待在烈火烧不到的地方，所以完好无损。人们在庆幸之余，立即将它恢复原位。

“你不要以为我在开玩笑，”讲故事的僧人提醒道，“这是真的，在壁画上记的有！”

图 17 如今供奉的释迦牟尼佛像（何贝莉摄 /2011 年 6 月）

图 18 被损毁的释迦牟尼佛像
（索朗旺堆、何周德，1986：插图）

僧人所言之壁画，是位于大殿中回廊二层墙壁上的那幅西藏“史记”。既然他这么说，我便去寻一寻。果然，在一幅描绘火灾后重建桑耶寺乌孜大殿的画面中，看到人们正在残垣断壁的佛堂中，小心翼翼地安放着释迦牟尼佛头像。

20世纪80年代，西藏文物普查工作者来桑耶寺考察，他们记录道：可惜的是，石像头部被砸毁，后经修复；过去释迦牟尼佛手戴的金戒指，腰系的金带三条及金法轮等，现在都荡然无存（参见索朗旺堆、何周德，1986:31；何周德、索朗旺堆，1987:13）。然而，生活在桑耶的僧俗众人不太赞同这一说法。大家认为，释迦牟尼佛的头部当时确实从脖颈处砸断，弃掷一旁；不过，佛头并没有遭砸被抢。

“你想呀，在他们看来，那不过是一块石头，有什么好抢的？而且，你要砸烂一块石头，也不是那么容易吧……石像的头部就是丢在那里，没有人管的。”如今在桑耶寺进行古建维修的工程队监理达杰[1]告诉我。

后来人们重建桑耶寺时，却发现再也找不到石佛的头颅了。“会不会是被人偷偷地藏起来了？”我问达杰。

他说：“不会！那个时候，谁敢收这个？而且只是块石头，外面来的人也不会捡的。”

“可是，既然没人收没人捡，在一旁弃置多年，怎么会等到重建寺院的时候，忽然不见了……”

“他离开了撒——”达杰的回答简单干脆。就像其他人一样，他不相信释迦牟尼佛的头颅被砸毁了，也不认为如今这尊佛像的头颅是“修复”的。当地人深信，释迦牟尼佛的头颅是自己离开的，直到今天，都不曾出现。

自此以后，我们顶礼膜拜的释迦牟尼佛像，其头部是重新塑造的。

“你不觉得头和身子的比例有点不对吗？……头有点大！”达杰跟我小声地讨论。听他这么一说，我也觉得佛像的比例似乎有些不协调。可是，就在得知这些变故的前一秒钟，我还坚信自己见到的释迦牟尼佛像就是他最初的模样。

释迦牟尼佛头的经历，并不像石佛的来由一般流传广泛。远道而来的信众，即便听说了这些故事，也丝毫不会改变自己对这尊佛像的信仰，亦如他们对待新塑的莲师如我像一般。显然，人们对“佛”的信仰，并不会因为世事流转、佛像更迭而发生根本的改变。

---

1. 达杰是扎囊县人，在内地念大学，学建筑工程，能讲一口流利的汉语。

关于“信佛”一事，色拉寺的强巴喇嘛对我解释道：

世间有两种“信”。

一种“信”，是绝对的不加思辨的信仰。倘若有一天，一位大师指着你面前的枯树桩，对你说：“这是一尊佛，你就每天对他顶礼膜拜，观想修行吧。”于是，你天天对着这根枯树桩念经，丝毫不生怀疑心。如是，许多年过去，你很快就要修成正果了。但就在你快要修成的那一刻，忽然来了一人，他问你：“你为什么天天对着一根枯树桩念经呀？”这时，你的心一动念，自问了一句：“这是树桩，还是佛像？”结果，那根枯树桩果然就成了树桩，之前漫长的修行也因此而前功尽弃。所以，绝对的信仰不允许有丝毫的犹疑心。哈哈，你们多半会把这种信仰称为“迷信”吧。可是，在西藏，绝大多数百姓就是这样绝对地信仰自己的宗教。他们可能目不识丁，只会念六字真言，来寺院只是为了拜佛，没什么其他目的，不像你是来做学术的，他们也跟你说不出什么大道理。可是，在成佛之路上，他们往往会比其他人走得更远更顺畅；因为，他们目标笃定，没有障碍，身心全都供奉于此，反而成就了一条“捷径”。

另一种“信”，是建立在怀疑之上的信仰。释迦牟尼佛从来不怕人提问题，他所说的话，也就是如今留存下来的“法”，就是用来解答疑惑的。在西藏寺院里，辩经这一重要的学习环节，就是通过一问一答来完成的。如今在色拉寺，辩经已成为吸引游客的旅游项目了。你们能看到好玩的形式，却不明白辩经的道理。实际上，你需要通过自己的思考来决定是否信仰，如何信仰。由此生发的信仰，会更深入，成就也更大一些；但是，如果反其道而行之，则有可能遭受或带来更大的危害。也许有人会告诉你，西藏的佛教之所以生生不息，就在于它发展出好几个不同的教派，这些教派之间时常会有辩经——当然，也会有你们所说的斗争。这些斗争，实际是为了证明自己的教义教法是更坚实的成佛之路。归根结底，这是由我们对佛法的不同理解造成的，彼此之间并无本质的区别；但教派间的辩论，却能使人们对佛教的理解，对佛学的研究不断深入。

建立在思辨基础上的信仰与不加思辨的信仰能够很好地融合，你也看到了，前来朝佛的僧俗众人并不会问：这尊佛像是哪个教派的人？倘若不是自己所属的教派，就甩手不拜——这样的情形，是不会出现的。

·

话说回来，佛陀释迦牟尼在世时，未能亲手在雪域蕃地植下佛教信仰的种子。藏族人对佛陀的最初了解，可以说是随着两尊释迦牟尼佛等身像的到来而“引进”的——这两尊佛像，如今分别供奉在拉萨的大、小昭寺，这应是全国最有名的释迦牟尼佛像了。

关于这两尊释迦牟尼佛像的来历，喇嘛丹巴在《西藏王统记》中写道：西藏史上的第一位“法王松赞干布心想：我要在这雪域境内弘传大乘佛法，但世尊释迦牟尼之塑像，一尊在印度，一尊在尼泊尔，一尊在汉地，这三尊像所在的地方，就有大乘佛法弘传，无论如何也应当迎请这三尊像中的一尊。于是他到自现旃檀本尊像前祈祷，这时从本尊神像的心间放射出两道光芒，一道射往东方，一道射往西方。沿着这道向西的光芒望去，见西方的尼泊尔境内德瓦拉国王有一个名叫赤尊的公主，身色洁白而红润，口中喷出白旃檀香气，通晓文史经籍，若迎娶她可以将释迦牟尼八岁身量之像以及一切大乘佛法迎来藏地”。沿着那道向东的光芒望去，见东方的中央王朝大唐帝国有一个名叫文成的公主，“右颊上有贝壳纹，左颊上有莲叶纹，额间的朱砂痣上有度母像”，精通天文地理与卜算，若迎娶她来，可将释迦牟尼十二岁等身像与一切大乘佛法迎来藏地（萨迦·索南坚赞，1985:69，85）。于是，松赞干布通过世间习惯的方式，以联姻为名，娶得两位公主，迎来两尊释迦牟尼等身像，并将之供奉在大、小昭寺中。

如此，在唐太宗眼里的一次寻常不过的政治联姻，竟被喇嘛丹巴饶有深味地描述成一场轰轰烈烈的迎佛之旅。

·

此事过去百余年，另一件兴佛盛事接踵而至。西藏史上第二位法王赤松德赞，意图兴建雪域第一座佛、法、僧三宝具备的寺院。这一次，位居三宝之首的“佛”不再来自于吐蕃周边，而是在寺址附近的哈布日中自然生成，自行显现的石像。不仅如此，赤松德赞还要求把供奉在殿堂里的其他佛像都塑成吐蕃人的模样，这是为了“让吐蕃喜欢黑业（指黑苯波教）的人们，对佛法生起信仰”。于是，工匠们依照吐蕃最英俊的男子塑造出二手圣观音，依照最美丽的女子塑造出光明天女像和救度母像（参见拔塞囊，1990:31）。

可是，谁能想象到：在依照佛教宇宙图式“须弥山”兴建的寺院里，在象征世界中心“须弥山”的乌孜大殿中，供奉的主尊释迦牟尼佛像竟是一尊天然生成自西藏本土的石像？吐蕃赞普赤松德赞，似乎不再想仿效先辈松赞干布费尽心力地从别处获取释迦牟尼佛像了，他好像更期望得到一尊本土的释迦牟尼佛像，就连围绕在释迦牟尼佛周匝的菩萨、天女、观音与度母，都要长着一副最地道的藏族人式的美好面孔。

源自印度的佛教，才刚刚在雪域蕃地扎下信仰的根基；赞普赤松德赞便悄然将这一信仰的精神内核“佛”与出自吐蕃本土且别有深意的“山”“石”，连为一系。

“佛陀第二”莲花生

出底层经堂，右行，拜过千手千眼观音殿，来到几级延伸至门外的石阶前。沿阶上行，进入一条约两人宽的甬道，光线陡然变暗，眼睛需适应几秒钟，方才看得见绘满墙面的壁画，有门神，也有菩萨。甬道尽头，又是一段石阶，登阶而上，可达一处豁然开朗的露台。

这里是底层大殿的露天隔层，约有半个经堂的面积大小。西面是一排明窗，供底层经堂采光用，窗上架着铁质栏杆，挂着明黄色布帘。东墙上绘有讲述僧人戒律的壁画。隔层的东南角，辟出一间商铺，作为法物流通处，价格很是实惠。隔层的东北角，有一个小房间，里面珍藏着寺院宝物。有莲花生大师的手杖、寂护堪布的头骨、咒师贡噶仁钦的揩鼻巾化成的法螺、汤东杰布的一只鞋……其中，信众最崇信的是一枚莲师传下的印章。因这枚印章的图案能趋利避害、逢凶化吉；人们都会在这里请一条盖有印章图案的黄绸布作为护身符，系在脖颈上。在隔层的南北两墙处，各有一条仅容一人通行的木梯，伸向大殿的中层殿堂。南梯上行，北梯下行，朝佛者一般不会混淆。木梯又陡又窄，手脚并用地爬上去后，可见一方敞亮开阔的明廊。

明廊位于乌孜大殿中层殿堂的正前方。20 世纪 80 年代，西藏文物普查的工作者记录过这里的状况，“为了阻止鸟类飞入，则在明廊前安装了挡网。明廊南壁绘有莲花生的传记画；北壁绘的是早期桑耶寺全景布局图；西壁绘有各种人物形象的朝礼图”（索朗旺堆、何周德，1987:13）。

图 19　多德大典期间，僧人在乌孜大殿的中层明廊诵经（何贝莉摄 /2011 年 7 月）

如今所见，壁画的内容没有改变，只是“挡网”改为一排明窗。明窗两侧，各有一门，通向南北两处的露台。站在露台上，殿前的开阔景色可一览无余。

多德大典期间，吹奏长法号和唢呐的僧人会在入夜后来到这里，面对空旷寂静的河谷，吹响沉稳持重的音符：法号低吟，唢呐高亢。远远听去，几乎难以分

图 20 乌孜大殿底层佛堂内，释迦牟尼佛与莲花生大师（何贝莉摄 /2011 年 7 月）

辨出声音从哪里来，会传到哪儿去，只感觉整个河谷上空都飘荡着悠扬的天籁之音。

“你不知道撒——听这个声音睡觉，是多么好的一件事！”转寺时，一位住在镇上的阿妈主动告诉我。

南边的露台连着达赖行宫，里面设有宝座室、卧室、外室和洗漱间。宝座室里，有一张壁画，绘的是桑耶寺全景图。壁画上的桑耶寺与如今的寺院形制最为接近。北边的露台通向无量寿佛堂，里面供奉有一千多尊无量寿佛，祈福的信众会在这里留下供养和名字，以便僧人在诵经时为之祈福消灾。

在明廊南北侧的两面墙上，各开一门。南边的门，据说连通一道楼梯，如今不对外开放。北边的门，通向一间护法神殿。

平日里，八柱面宽的明廊，仅做往来通道之用。在多德大典时，这里会成为经堂，众僧席地而坐，诵经一日。

中层殿堂的大门两侧，是厚约1.3米的板壁夹墙。门上有一处同样宽度的门楼。宿白先生在考察桑耶寺时，也曾见到，“第二层佛堂之上建有暗层”（宿白，1996:61—62）。据说当年，第一位来到桑耶寺的洛扎瓦（即大译师），就住在这个门楼上（参见索朗旺堆、何周德，1987:13）。或有传说，桑耶寺建成后，有些大臣依然反对赞普赤松德赞修习佛法。赞普只好把从印度学成归来的大译师贝若遮那藏在暗层里。每晚，赞普亲自来到暗层，跟随大师学习佛法。现在，门楼上供奉着赤松德赞和贝若遮那的造像，朝圣者不辞劳苦，钻洞登梯，“重走”赞普当年的求法路线，只为朝拜供奉在门楼深处那两尊不外显的造像。

·

佛堂里，居中正位上供着中层殿堂的主供佛：莲花生大师。据藏族史籍记载，当年的佛像供设其实并非如此。《莲花生大师本生传》言：“中层主佛三时佛，十位十地菩萨相环绕，还有两位神使者，总计神佛十五位”（依西措杰伏藏，1990:545）喇嘛丹巴在《西藏王统记》中说：“……兴建中层殿，其中的主尊为大日如来，右方为燃灯、左方为弥勒、前面为释迦牟尼、药师佛、无量光佛三尊，其左右两方为八大菩萨近侍弟子、无垢居士、喜吉祥菩萨、忿怒金刚，依照汉地式样建造”（萨迦·索南坚赞，1985:168）。

桑耶寺的前任僧人导游索朗在自己编写的寺院介绍中，比较此殿的今昔差别，写道：“主殿的中层殿内，供养有中间三世如来佛：前世迦叶佛，现世释迦牟尼佛，来世弥勒佛，周围有十大菩萨及二尊金刚忿怒神。……现今本殿内主供有莲花生大师，右方无量寿佛，寂护师，虚空藏，弥勒佛，观世音，地藏，乐吉祥；左方释迦牟尼佛，赞普赤松德赞，普贤菩萨，金刚手，文殊，除盖障，无垢士，二尊金刚忿怒神……”[1]

1. 索朗：《西藏第一座桑耶寺及佛教的重点思想》，51页，自费印刷品。

可见，在大殿的中层殿堂中，唯有主供佛的变化最大：最初的三世佛已改为如今的莲师像。这尊莲师像从何而来，何时塑造，如今实难知晓。但如次仁拉所说：这尊造像一旦供奉在这里，就很难再变更；更何况，这尊造像还是桑耶僧俗最信奉的莲花生大师。

令我困惑的是：既然佛像之于寺院与信众如此重要，不可随意更换——在底层佛堂，如今所见的主从佛像与古籍中记载的别无二致，就是极好的例证。即便佛堂遭遇变故，佛像有所损毁，人们也会努力恢复其最初的形制。那么，对于二层佛堂的主供佛，大家却为何能接受把原先的三世佛改为如今的莲师像呢？这一做法甚至背离了史书的记载。

细究之下，我渐渐意识到在藏族人的心目中，三世佛——尤其是释迦牟尼佛——与莲花生大师并非毫无关联。

三世佛：过去、现在、未来三佛的合称。大乘佛教认为，三世十方之佛多如恒河沙数，有竖三世佛和横三世佛之分。竖三世佛，即为过去、现在、未来之佛。过去佛有各种说法，在寺院造像中多为燃灯佛，现在佛为释迦牟尼佛，未来佛为弥勒佛。横三世佛，即为三个世界的佛，具体是东方净琉璃世界的药师佛、娑婆世界的释迦牟尼佛、西方极乐世界的阿弥陀佛。如此，在横三世佛和竖三世佛中，都有居中的释迦牟尼佛，分别代表“中央”与“现在”。

在早期佛教中，“释迦牟尼佛”是佛教徒对佛教创始者释迦牟尼（本名“悉达多”）的尊称。大乘佛教兴起后，释迦牟尼的一生被当作“菩萨行”的最后阶段。“佛”或“佛陀”逐渐从具体的佛教创始者释迦牟尼中抽象出来，成为佛教信仰、崇拜的始祖及最高权威。所以，“佛”或“佛陀”既可特指释迦牟尼，亦可泛称佛教的最高理想人格，意译为“觉者”“智者”。

然而，释迦牟尼驻世期间，未能亲自到雪域蕃国向这里的民众弘法传教；对此，崇信佛法的藏族人一直引以为憾。公元前486年，释迦牟尼圆寂于拘尸那（Kusinara）。[1]青朴修行地文则拉康的主持丹增拉告诉我：在释迦牟尼的那一世，

1.“根据南传资料，参照阿育王在位的年代，佛灭年有自公元前489年到前383年之间多种推算；根据北传资料，汉文以《善见律毗婆沙》所附之‘众圣点记’为据，考订为公元前486年，古代更传为周穆王五十三年（公元前841年以前），而藏传佛教格鲁派则定为公元前961年。但印度和南传佛教国家，多相信其卒于前544年，并依此举办纪念佛涅槃之活动。多数记载称佛的世寿八十岁，汉传则指其虚龄。”（任继愈，2002:1191）

佛陀未得解脱，最终“圆寂”而非“涅槃”；往生前，佛陀预言，自己在几百年后会转世重返人间，继续弘法利他之事业，并告知众人，自己的转世就是莲花生大师。由此，藏族人便尊称莲花生大师为“佛陀第二”[1]。可以说，信众对莲花生的理解，是建立在莲花生与释迦牟尼佛之“转世”关系的认知上。在信众的心目中，莲花生大师几乎可与释迦牟尼佛等量齐观。

但同时，莲花生与释迦牟尼佛又有着不容混淆的区别。藏族人认为，释迦牟尼佛是“立法者”，他创立了佛法，成为佛教的始祖；但莲花生不是“立法者”，而是到吐蕃弘传佛法的“传法者”。正是莲花生的到来，弥补了释迦牟尼未曾到西藏弘法而留下的空白。这位“佛陀第二”，在法王赤松德赞的邀请下，亲赴藏地，兴建桑耶寺，创立僧伽组织，主持翻译佛教经典，伏藏各类经典，昭示各处修行地，使佛教信仰在雪域高原上生根发芽。

正如桑耶人所言：莲花生大师以超然卓群的姿态将佛法传入藏地，从此成为藏族人公认的第一位上师。

·

我在桑耶时，遇到一个香客团来寺院朝圣，次仁拉亲自为其导游。出于好奇，我也跟着去听。走到中层佛堂的莲师像前，次仁拉收住脚步，让大殿管家掀起莲师像上的佛衣，从莲师像的胸口中取出一件一掌多长的小像。小像用丝绸包裹，形制看不真切。次仁拉介绍道，当时，桑耶寺建成后，莲师亲手制成三尊释迦牟尼佛像，供奉在寺院里。20 世纪 70 年代，毁掉了两尊；如今供奉在莲师像胸口处的这尊，是硕果仅存的一尊了。“所以——”次仁拉说，“你们可能并不知道，在拜这尊莲师像的时候，同时也在拜这尊最珍贵的释迦牟尼佛像。”

这是我第一次听说二层佛堂莲师像的“秘密”——一个恐怕是当地信众人尽皆知的秘密。供奉释迦牟尼佛像的方式和地点可以有很多种，但桑耶寺却选择将这尊殊胜小像置于莲师像的胸口中。

---

1. 有藏族朋友告诉我，在藏区，人们也会用“佛陀第二”来称呼那些高僧大德。因此，“佛陀第二”可以是一种表示尊称的泛指。但就像“佛陀”本身有两重含义，既特指释迦牟尼，亦泛指觉者、智者一样，“佛陀第二”也可有两重指称，既特指莲花生大师，亦泛指高僧大德。实际上，一些藏学研究者也注意到藏族人在言谈中将莲花生与“佛陀第二”对应起来的现象。图齐在专著中写道：“大家在谈到他（莲花生——作者注）时就如谈论佛陀第二一般，而且也绝没有杜绝夸大其词的现象。”（图齐，2005:11）

从古鲁到喇嘛

通向乌孜大殿上层大阁的楼梯，位于中层佛堂的东墙两侧。长长的木质楼梯，油光铮亮的铜皮扶手，台阶既高且窄，仅容一人通行。在昏暗的灯光下，信众小心翼翼沿左梯上行，随右梯下行。一旦走出木梯，来到大阁外的回廊，眼前便会陡然一亮：强烈的高原阳光透过采光回廊倾泻而下，将大阁映照得通体透明、金光灿灿。

据说人们在重建上层大阁时，遭遇到极大的困难，施工单位不熟悉拆毁前的建筑形制，无法绘制图纸进行施工。于是，当时的寺院民管会主任阿旺杰布用木料原样搭建出大阁的模型。依照模型，工人重新建造出这座大阁。而且，新大阁与当时现存的一二层建筑和谐匹配，浑然一体。如是，乌孜大殿又一次恢复了“本来面目”。

2005 年，年事已高的大德阿旺杰布圆寂于桑耶寺，他亲手制作的大阁模型，至今依然安放在寺院的北大殿中。

大阁的中心佛堂建有四门，各对东西南北四个方向，代表四无量心：慈心、悲心、喜心、舍心。佛堂的主佛龛设在正中央，居中主供五方佛，依次为东方不动如来佛、南方宝生佛、西方无量光佛、北方不空成就佛、中央大日如来佛（以天花板上的一幅坛城为代表）。如是，打开佛堂的任一扇门，都会望见一尊法相庄严的佛像。在中心佛龛的南北两侧，各有两尊佛像，分别是双修佛和贝玛宁扎，以及莲花生和贝若遮那。佛堂四周立着三十七尊菩萨。据寺院僧人介绍，信众在中阴得度时会分别见到这三十七位菩萨——他们是往生路上不可或缺的“引路者”。

佛堂外，是一圈转经回廊，回廊的墙壁上绘满人物肖像。南面是“七觉士”、莲花生和二十五位成就者；西面为师君三尊像与莲师八大化身；北面有莲花戒论师、龙树论师、圣天师、无著师、世亲师、陈那师、法称师、释迦光师、功德光师（以上八位称为“六圣二严”），以及维修桑耶寺的各代法师，如热译师、贡噶坚赞、索朗坚赞、贡噶仁钦、五世达赖、七世达赖、十三世达赖、第模·德列加措、热振寺的土丹益西等；东面绘着金刚手、喜金刚、马头金刚、金刚瑜伽母、金刚橛和八大持明师。[1]

回廊上方，也有一圈转经回廊，主要用以采光通风。回廊外侧设有挡网，阻

1. 参见索朗：《西藏第一座桑耶寺及佛教的重点思想》，53 页。

图 21 乌孜大殿三层大阁的采光回廊（何贝莉摄 /2011 年 9 月）

挡鸽子飞入大阁筑巢。廊内有一段小木梯，通往大阁金顶，里面没有供奉佛像，因而不对外开放。透过挡网，近可观看大殿周边的各处建筑，远可眺望寺院外的乡野群山。采光回廊里，既无佛像亦无壁画，朝圣者鲜少驻留，多是匆匆转完一圈，便沿着木梯下楼去了。

回想起来，乌孜大殿并不算是多么高大的楼宇，然而在桑耶方圆百里内，除群山以外，便再也没有比它更伟岸的建筑了。站在金顶上，灼热的阳光和清冷的山风交织而过，让人一时辨不清冷暖。只感觉四周于倏忽间变得空空荡荡，周边的建筑渐行渐远，人如蝼蚁在地上移动，渺小而脆弱。此间，自己如同站立在孤岛上，别无依凭。茂密的杨柳，巍峨的山脉，高远的蓝天，层层叠叠的密云似乎要被自己的重量压倒在地——自然无言。

图 22 密云下的桑耶寺金顶（何贝莉摄 /2011 年 9 月）

“你在上面做什么——？！”

当我在回廊里发呆时，大阁管家雍崇便会扯着嗓门大喝一声。雍崇出家不久，生性活泼，喜爱热闹。此前，他在寺院经营的客运站里工作多年，汉语流利。有人告诉我，雍崇是因为失恋了才出家的。只要一提这“谣言”，雍崇便会红着脸解释：“不是这样撒，我是自己想的……做和尚好事的撒！”

乌孜大殿的顶层大阁，只有雍崇一人在打点。对他而言，日常工作倒是不难处理，唯一憋屈的是想说话时却连一个人影都没有。我在大阁考察的那些天，他偶尔会跟我聊几句。谈论最多的，仍是供奉在佛堂里的莲师像。

“这是冬天的莲师，那是夏天的莲师——”他指着佛龛南北两端的莲师像，介绍说，“他们是一位从安多来的喇嘛送到寺院供奉的。”我看了看这两尊造像，选材用料与造型工艺一模一样，怎么说一个在冬天，另一个在夏天呢？见我不解，雍崇哈哈大笑，说：“你没看见这一尊穿着衣服，那一尊没穿衣服嘛！”

雍崇说的“衣服”是寺院为佛像量身订做的佛衣。尽管造像的身上已形塑出衣物，但寺院仍习惯用丝织布料为其制作佛衣，以示对佛像的崇敬。那件尚在制作的佛衣，便被雍崇拿来跟我开玩笑了。

和其他大殿管家一样，雍崇的一项主要工作是整理酥油灯。主供佛前，有三盏大酥油灯。朝圣者络绎不绝地把植物酥油添入灯盏，雍崇则要马不停歇地把行将溢出的灯油舀出来。此外，他还要随时留意燃烧的灯芯。发黑的灯芯要立即剪除，否则就会释放出青烟熏黑屋顶。灯芯露出油面的高度约是两厘米，不能太高也不能太低，这样，火光的形状大小才能保持一致。通常，一盏酥油灯中，有两行并列的灯芯，灯芯之间的距离大致是一食指的长度。虽然追求“标准化”的操作，大殿管家却也不会拿着皮尺精确计量，一切但凭经验式的目测与日复一日的重复性劳作慢慢习得。

一天，雍崇突发奇想，说：“哦呀！我要用酥油修一座须弥山！”于是，他把灯芯排列成一个圆圈，用凝固的酥油在圆圈中垒出一个金字塔形的小山。

“这看上去很像是生日蛋糕嘛！”我说。“生日蛋糕是做什么的？”雍崇问我。我解释道：“是你在过生日的时候，吃的一种圆型蛋糕。”

“哦……这个呀，”雍崇笑着说，“我们自己的生日不过，过佛的生日——自己的生日有什么好过的，我都不记得自己的生日了。对啦，上个月是莲花生大师的生日！有跳舞，你看过吗？”

我点了点头，雍崇所说的“跳舞”是指藏历五月初十“次旧”仪式上的羌姆。对信众来说，“初十”是一个神圣而值得怀念的日子。相传，莲花生出生在藏历猴年五月初十，且于另一个猴年猴月初十告别吐蕃去调伏罗刹国。临行前，莲师对依依惜别的吐蕃信众说：“此行不会是诀别，大家还能见到我。”于是，人们相信：莲花生会在每月初十的这一天，重返藏地，回到桑耶。于是每到初十，人们便早早守候在房顶上，静待东方第一缕曙光的来临，期盼一睹骑着晨曦默默升起的莲花生大师的神采（参见郭净，1997a:61）。自从藏历五月初十的“次旧”羌姆产生以后，羌姆很快便成为宁玛派最盛大的仪式表演活动。

说着说着，雍崇放下舀酥油的小铲，开始在敞亮的佛堂里模仿“次旧”羌姆中的动作：迈步，转身，手执袈裟，轻轻而有控制力地跃起，随即单脚落地，稳稳地站定。

“你也有跳吗？”我问他。雍崇摇摇头，露出遗憾的表情。他收敛住脚步，拿起小铲，回到那盏散发着乳黄色光泽的“须弥山”前，说：“要工作撒——”

也许，这位年轻的大阁管家自己都不曾意识到：他在言谈举止中总会不知不觉地联系到莲师。在桑耶，莲花生不只是作为造像伫立在乌孜大殿中，他的生平事迹还活生生地烙印在人们的记忆里：无论是寺院僧人、餐厅服务员、货车司机，还是远道而来的信众——人们一旦知道我在桑耶寺考察，便会很自然地跟我讲起莲师的故事，这位大师俨然已是桑耶寺的“灵魂”。

图 23 雍崇的“须弥山”酥油灯（何贝莉摄 /2011 年 9 月）

抵达桑耶寺的第一天，寺院的还俗僧人格桑把我引荐给他的师父次仁拉。我向这位主任介绍了自己的研究计划，希望得到他的理解，更希望他能提供一些寺院内部的文献资料。次仁拉听后，沉思片刻，起身走到佛龛前，佛龛上摞满经卷与图书。他从书堆里抽出一本书，双手捧着，郑重地递给我，并问："这本书你读过吗？你想知道的内容，书上都有写。"

我接过书，只见金黄色的封面上印着一张彩像，是"师君三尊"；其下印有书名：《莲花生大师本生传》（依西措杰伏藏，1990）。我翻了翻内页，发觉以前读过这本书。坦率地说，次仁拉的隆重推荐让我略感失望。本以为，他会提供些客观详实的资料，如《扎囊县文物志》之类的史迹考察或《拔协》那样的历史典籍；然而，他却提供了一本出自"伏藏"的莲师传记。对于这位神话人物，不仅法国藏学家石泰安感到"至今还有许多不明朗的地方"（石泰安，2005:55），意大利藏学家图齐也觉得"传说中有关他的一切都显得互相矛盾和含糊不清"（图齐，2005:11）。那么，我又如何能将这本充满神话色彩的传记当做可供参考的文献资料？

"这本书你读过吗？"见我不说话，次仁拉再次强调，"这本书非常重要！"

"我读过——"我很肯定地告诉他，"可书中讲的也许不是真的。这本书上说，莲花生大师参与桑耶寺的兴建，并在寺院里住了很多很多年。可是，另一本名叫《拔协》的书上却说，在修建桑耶寺之前，莲花生大师就已经离开藏地了。"

"我知道那本书！……"次仁拉笑了笑，或是出于礼貌，他的话并没有讲完。但我能清楚地感觉到，次仁拉的判断与我的恰恰相反：他相信《莲花生大师本生传》中记录的一切，远胜于学界更为看重的史籍《拔协》。

当时，次仁拉的建议让我倍感困惑，而他笃定的神情与语气却令人记忆犹新。此后，《莲花生大师本生传》总是有意无意地出现在我眼前，藏文版、汉语版、初版、再版，在僧舍里、寺院餐厅的吧台上、佛殿里、大殿管家的条案上、寺院导游的手中、佛学院学经僧的书柜中……

人们讲述的桑耶"故事"几乎都可以从这本书中找到出处，尽管细节描绘有深有浅，语言风格五花八门，但故事梗概不出其右。无论寺院曾经历过何种变迁，在桑耶僧俗的心目中，似乎总有一座不曾改变也不会改变的桑耶寺——记录这座寺院的兴建与形制的"寺院志"，正是《莲花生大师本生传》中的"吐蕃桑耶寺院志”（依西措杰伏藏，1990:544—560）。当地人深信，《莲花生大师本生传》中记载的一切故事都真实可感，这篇“寺院志”介绍才是一部真正的桑耶寺历史；而这部历史，始终周而复始地围绕着一个传奇“人物”展开——那位在乌孜大殿频频现身的莲花生大师。

我并不是第一个对藏族人浓烈的莲花生信仰感到有些不可思议的访客。三百多年前，有一个初出茅庐的意大利传教士，怀着传播福音的理想从西方世界来到卫藏腹地。他的名字是伊波利托·德斯德利。在手抄本中，这个年轻的传教士毫无隐讳地记录下他在西藏亲身体验到的“乌尔金崇拜”[1]：

这里我必须增加几个事实，我想这些事实是值得记录的。首先，虽然是乌尔金在西藏建立的宗教，但是人们并没有将他视作他们的立法者，因为他所传授和宣传的律法，最初并不是由他产生的，而是由释迦牟尼产生的。对于这些律法，乌尔金确实增加了一些内容，比如允许魔法以及其他各种巫术的存在，同时也允许传授魔法和其他各种巫术。这样做的理由是，让人类从邪恶和不幸中解脱出来，而不是作为一种伤害人的手段。

第二，西藏人常常相信，同时也断言，乌尔金仍然在西藏，在西藏也可以看见他……

第三，全体西藏人对乌尔金都表现出了一种难以解释的极端献身精神。许多寺庙就是为他而建立，并且把他所建立的寺庙奉为神圣不可侵犯的场所，比如桑耶寺就是这样。为了纪念他，宗教徒和隐居者建立了许许多多的寺庙和尼庵，并对这些寺庵加以扩建。在老百姓的家中，他的塑像和雕像受到了特殊的尊敬和爱戴。无数的书籍和大型卷册都充满了对他的赞美之词和向他求助的祷告词。百姓常常为他做供祭，为纪念他而施舍物品，在说到他的名字时也总是带着感情。当人们处于困乏、疾病、烦恼或者危险的时候，他们常常呼唤他的名字。我在西藏逗留期间，即使有严格的命令，许多人也宁愿丧失自己的财产、家庭甚至生命，而不愿意烧毁他的著作，不愿意摧毁他的塑像或者玷污他的形象，不愿意终止对他的崇拜。……

1. 德斯德利所写的“乌尔金”即为“莲花生”：“乌尔金一词是表示他的名字由 U 和 kien 两个字组成，这个词的发音不是像他们所写的那样为 Ukien，而是 Urghien。U 意思是头，Kien 意思是珍珠或者头饰。另外一个词‘莲花中出生’（Pema–n–giung–nee），是从他传奇般的生平传说中产生的。这个传说在他们最为流行的一部著作中有所叙述”。（依波利多·德西迪利，2004:258）

第四，不但是那些红帽系的俗家人、和尚、尼姑和隐修者热爱、崇敬乌尔金，对他表现了无限的献身精神，而且其他的一些宗教徒，尤其是那些信仰释迦牟尼的人以及黄帽系的教徒，也都承认、崇拜乌尔金。（依波利多·德西迪利，2004:279—281）

时至今日，德斯德利的描述与我在桑耶亲历的情形几乎别无二致。只是，在图齐看来，藏族人对莲花生的崇拜之情是在藏传佛教后弘期时才被放大加强的。

莲花生上师所起的作用远没有晚期传说所赋予他的那样大。正如我们已经提到的那样，据某些史料认为，他可能不大关心建筑桑耶寺。其他文献都一致断定他参加了该寺的建筑，但在有关他于吐蕃居住的时间问题上则各持己见。大家不禁一致认为他离开吐蕃与谋杀的威胁和企图有关。简单地说，传说中有关他的一切都显得互相矛盾和含糊不清。很早之前，就有一批文学故事与他的形象联系起来，甚至扩大到赤松德赞及佛教传入的全部问题上了。某些内容只是在很晚的时候可能是在14世纪才流传开的，并且增加了一些修饰、增补和赞颂等内容。它们形成了一些名著的基础，如《莲花生遗教》[1]《五部遗教》和其他伏藏。

仅仅是在藏传佛教的后弘期之后，莲花生的巫士形象才得到了大幅度的发展。大家在谈到他时就如谈论佛陀第二一般，而且也绝没有杜绝夸大其词的现象。这一切引起了格鲁巴们的攻击。我们已经讲过，古文献中有关他的资料极为贫乏。《拔协》一书针对莲花生上师指出，他是由寂护推荐为降服本地妖魔（佛教的敌对者）的大驱邪祛魔者。这些资料证明，从这一时代起，在吐蕃社会中就围绕着此人而集中形成了一些假设和故事内容，它们完全可以组成以宗教和驱魔为基础的浪漫史诗。（图齐，2005:10—11）

若如图齐所言，莲花生信仰的“演进史”大致经历了如下历程：形成于吐蕃时期，桑耶寺兴建前后，莲花生入藏以来；定型于后弘期以降，《莲花生大师本生传》等伏藏作品的大量“出现”与广泛流传。由此，图齐才认为“仅仅是在藏传佛教的后弘期之后，莲花生的巫士形象才得到了大幅度的发展”。

尽管我无法苟同图齐之断言：大幅发展的是“莲花生的巫士形象”；但莲花生信仰的发展，据我在桑耶的田野考察所证，似乎主要是建立在两个观念之上：

1. 即为本文引用的《莲花生大师本生传》。

其一是将莲花生视为“第二佛陀”，深信他是释迦牟尼的转世；其二是将莲花生视为“第一上师”，深信他是藏族人皈依的第一位上师，是将印度佛法传至吐蕃的第一人。由此，藏族人逐渐在自己的精神世界中建构起莲花生的殊胜地位。在藏学家眼中那些关于莲花生的含混、矛盾，乃至不甚明朗的“传说”也多是围绕着这两个观念而展开。

也许，在承认莲花生是一个真实人物的同时，我们还应意识到莲花生更是某种观念的载体。在此，我无意考据信史中的莲花生究竟是一个什么样的人，仅想探究莲花生所承载的“观念”如何建构出藏族人的信仰图示，或说，藏族人如何通过对莲花生的解读而建构出一套关于信仰的观念体系。

“莲花生是释迦牟尼佛的转世”之说，是藏族人——尤其是桑耶人——广泛认同的。这种说法，若置于藏学或其他实证科学的追问下，会显得经不起推敲和求证。西藏宗教史上，“转世”观念兴起于后弘期以降；而莲花生在藏传法则是前弘期的事。因此，用“转世”一说建构释迦牟尼佛与莲花生的关系，大抵是一种回溯性的解读，即用后来出现并普遍接受的一种观念解释前人与往事。

关于“转世”，我们首先联想到的或许是西藏的“活佛转世”制度。“用活佛转世来确定教派领袖，解决寺院住持位置的继承问题，是藏传佛教的一项发明。”“它的发明者是噶玛噶举派黑帽系的创始人噶玛拔希（1204—1283）。”这位大德在临终前对自己的弟子邬坚巴说：“拉多方向必定会出现一位黑帽系的继承者，在此人未至之前，你当代理一切。”噶玛拔希圆寂以后，邬坚巴遵照上师的预示，果然找到转世灵童攘迥多吉。1288年，这位灵童被迎请至楚布寺，成为藏传佛教史上的第一位转世活佛。此后，其他教派纷纷效仿这一做法，用以确定其寺院主持或教派领袖。其中，格鲁派的转世活佛影响最广也最深，尤以达赖喇嘛和班禅喇嘛这两大转世系统为甚（参见张云、杜恩社，2007:190，192）。

除了以上客观的历史因素，“活佛”的由来，还有其佛教教义上的解释。“活佛”在藏语中称为“朱古”或“朱贝古”，原意为“化身”，即大乘佛教所说之佛的三身即“法身、报身、应身”之一的应身。“是佛为了教化尘世中有缘的众生，因为其普度众生的誓愿而在‘净与不净’的世间即我们常人所处的尘世间受生为‘色身’，也就是我们常人所能够看见、能够认识、能够理解的六道轮回中的众生的形象”（陈庆英、陈立键，2010:2—3）。但也有学者指出，活佛转世所依据的思想与佛教原有的“化身”仍有一定区别（参见王尧、陈庆英，1998:120）。

通常，人们接触最多的化身故事是关于释迦牟尼佛的。释迦牟尼在以往许多世中，投生为各种人物或动物，言传身教感化众生。但在桑耶，人们耳熟能详的转世故事则发生在释迦牟尼圆寂之后，故事的发生地也从异域印度转移到西藏本土。饶有深意的是，藏族人接受释迦牟尼佛与莲花生的转世关系后，并未将之推延下去。人们深信：莲花生通过苦修证得无上佛陀的果位，成就无生无死的金刚身。如是，释迦牟尼那一世未能修成的解脱，终于在莲花生这一世完成了。从此往后，莲花生大师没有转世，也不可转世——他已彻底脱离了六道轮回的桎梏。

“所以，”次仁拉总是说，“桑耶寺没有活佛。”不仅当初没有活佛，直到活佛转世在西藏大行其道时，桑耶寺也仍然没有活佛。

倘若这座古老的寺院不以活佛转世为系，那么它所遵循的传承机制又会是怎样的？问题的答案，或需仰赖于莲花生信仰中的另一个观念：“莲花生是藏族人的第一个上师。”

藏族的僧俗信众在言及莲师时，一般会称“古鲁仁波切”——这是藏传佛教对莲花生的普遍尊崇。“古鲁”是梵语，意指“上师”。后来，藏语中又有了一个统称“上师”的专有名词，即“喇嘛”。“古鲁仁波切”遂成为莲花生大师的专称。虽然同为“上师”之意，但藏族人不会称莲花生为“喇嘛”，也不会将莲师之外的上师称为“古鲁”。

如此情形，令我一度不解：藏语中，既然已有梵文“上师”的意译名“喇嘛”，那么为何还要保留其音译名“古鲁”？既然“古鲁”与“喇嘛”同义，那么信众为何习惯用“古鲁”而非“喇嘛”来称呼莲花生？

直到有一天，觉海堪布向我解释了佛经经卷卷名的翻译规范后，我才明白“古鲁”和“喇嘛”不可混用的原因，及这种区分背后隐藏的意义。堪布说，通常，一卷由梵语写成的古老佛经，在翻译成藏语时，译者会用三行文字标明这部佛经的卷名。第一行是原初的梵文，第二行是藏文翻译的梵文发音，第三行才是藏文翻译的梵文文意。如此，仅用三行文字即可说明：这份经卷出自印度原初的传承，而非藏地后起的作品。

以此类推，基本义相同的“古鲁”与“喇嘛”，或也有相似的逻辑关联：梵语“古鲁”，在藏族人看来，是称呼莲花生大师的专用名词，该词意味着莲师是

图 24 组图：乌孜大殿内的莲花生大师像（何贝莉摄 /2011 年）

来自古印度乌仗那国的异族人，是将印度佛法传入西藏并成为藏族人依止的第一位上师，由此，他便成为西藏上师传承制的开创者。藏语“喇嘛”指称的上师，是继莲师之后在藏区弘传佛法的高僧大德。他们多是西藏本地人，是僧俗信众在宗教生活中渴望亲近的上师，是西藏上师传承的脉络中生发出的果实。

虽然在宗教实践上，这些高僧大德乃至转世活佛与莲师行使的职能几近一致，即“上师”。但在藏族人的观念中，“喇嘛”与“古鲁”却是迥然不同：“喇嘛”不是来自异域的外族，不是西藏的第一上师，更不是西藏上师传承传统的开启者。

曾有一度，当来自西藏外的访客或学者习惯将“喇嘛”视为地道的西藏特色，并将藏传佛教笼统地称为“喇嘛教”时，往往忽略了一个重要的观念上的事实：“喇嘛”一词绝非凭空而来的“西藏制造”，在其之前、之上，已存在一位殊胜“上师”——来自藏地之外的人称“古鲁仁波切”的莲花生大师。

简言之，藏族人对“喇嘛”的理解与想象，原是建立在对莲花生大师这位“西藏第一上师”的崇敬与信仰之上。

通常而言，成为佛教徒的前提是皈依“佛、法、僧”三宝[1]，而藏传佛教则加上“喇嘛”一宝，即皈依四宝。藏传佛教中的喇嘛，因为是三宝与信徒之间的中介而备受崇拜，如果没有作为“上师”的喇嘛，那么，“佛法”也就不可能与信徒结合（矢崎正见，1990:9）。所以，喇嘛被认为是“整个藏传佛教组织系统的核心”（王尧、陈庆英，1998:144）。

当“喇嘛脱离单纯的人格境界，进入具有明显的咒术能力的灵格境界后，有可能成为即将转世的活佛。”日本藏学家矢崎正见认为，正是藏族人对喇嘛的异常崇信，导致藏传佛教中产生出独特的活佛思想：现实世界中的人经过漫长的人生旅途后其灵魂可以再度转入其他肉体的观念，是西藏佛教所特有的。“西藏佛教被称为喇嘛教的基本要素就是其中存在着‘喇嘛即活佛’的事实”（矢崎正见，1990:12—13，10）。

而在桑耶，“喇嘛”一词却无涉“活佛”之意；这里的僧俗更不会把“喇嘛”与“活佛”混同或等同起来。在桑耶寺做过三年大殿管家的塔青拉告诉我：桑耶寺也尊奉活佛，但那是宁玛派或其他教派的，并不是桑耶寺的活佛。由于上师莲花生没有转世，桑耶寺也就没有依赖转世制度寻找寺主的传统。

1.“皈依佛教有两种皈依法：一种是受戒皈依；一种是信念皈依。受戒皈依就是皈依者寻找一个懂得戒律、自身受过相应的戒且保持戒行清净的戒师，按律部的仪轨，请求传戒。信念皈依就是经过学习，对佛法产生信念，立志皈依三宝，并按皈依要求行事。”（多识仁波切，2009:16）

莲花生大师在桑耶寺首创的上师传承传统，不仅成为这座寺院没有采纳活佛转世制度的缘由，并且还成就了一种藏族人尤为珍视的上师传承观。桑耶寺用乌孜大殿中供奉的诸佛造像形象地展示出如下这幅观念图式：

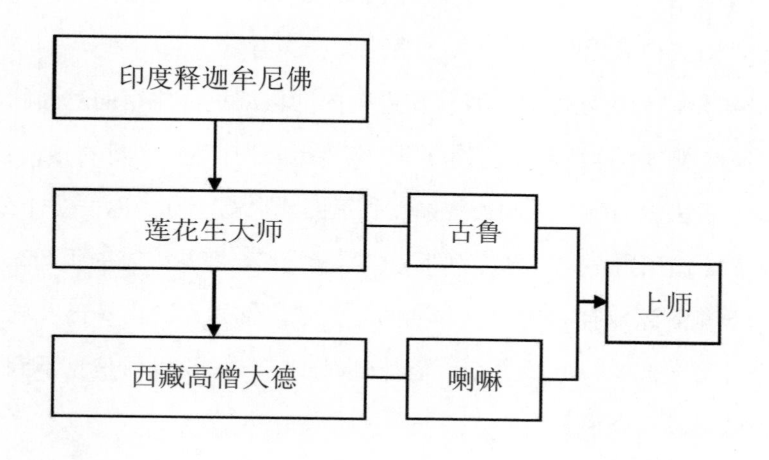

图 25　桑耶寺乌孜大殿供奉的诸佛造像关系图

莲花生是联系印度佛陀与西藏高僧的纽带。释迦牟尼以转世的方式“成为”莲花生，进而使佛教与西藏发生了直接关联。莲花生在藏地首创上师传承传统，各大教派的高僧大德均可视作这棵“传承树”上生发出的枝脉。在桑耶人看来，无论藏传佛教的每个教派如何细分其谱系，他们的缘起都是一样的：均缘自莲师一人。当外界热衷于强调这些教派的教义、政治和利益之争时，桑耶僧俗想到的则更多是教派间的普同性与同源性。

千百年来，无论西藏的宗教政治格局如何流变起落，桑耶寺始终遵循着一种更为古老亦更质朴的上师传承观——莲花生大师，是这一观念的传入者与开启者；桑耶寺僧众，则是这一观念的实践者和传承者。

七、江白林

废弃的“东胜身洲”

若以顺时针方向绕转桑耶寺的四大洲殿，那么，象征东胜身洲的东大殿江白林本应排在首位。只是如今，这座佛殿已荒弃多年，殿内亦无供奉佛像，于是，不仅观光客对其视若无睹，就连朝圣者也无心多看它一眼。

2005年夏，初访桑耶寺，我住在寺院内的旅馆里，旅馆的对面就是江白林。那时，这座佛殿的东西两扇大门始终紧闭，显得颇为神秘。我好奇地问当地人：“能否开门让我进去瞧一瞧？”却被告知：“里面什么都没有，你去瞧什么？”

六年后，做田野考察，再访桑耶寺。循着记忆，我从寺院的正门东大门入寺，以为能一眼见到这座拥有灰白色墙壁的东大殿。谁知，江白林已被施工用的蓝色围挡整个儿圈了起来。吃惊之余，心情顿时一沉：虽说以前是见不到里面，可现在却连外墙也看不全了。

修缮，对桑耶寺而言，并不是一件新鲜事。发生在桑耶寺史上的大型修缮工程就有十四次之多（在西藏和平解放以前）。当下所见，不过是最晚近的一次。[1]后来，成为朋友的工程队监理达杰告诉我，“一定要去江白林里看一看，墙上有非常好看的壁画！”

“问题是——施工重地，我怎么进得去？”

达杰咧着嘴哈哈一笑，说：“我带你进去撒！”

两年过后，田野回访，第三次来到桑耶寺。此间，江白林的修复工程已结束，完成工作的监理达杰考上了公务员，成为西藏山南浪卡子县的一名交警。修复后的江白林，被临时调整为护法神殿——因桑耶角整体重建，殿堂内的护法神像便

1. “新华网拉萨9月15日电（记者德吉）西藏桑耶寺保护修缮工程开工仪式15日在山南市桑耶寺举行。这项工程总投资达7697万元，是西藏‘十一五’22项重点文物保护维修工程之一。据西藏自治区文物局局长喻达瓦介绍，在西藏‘十一五’22项重点文物保护维修工程中，……位居第二单项投入最大的工程就是桑耶寺保护修缮工程。喻达瓦说，这次对桑耶寺的保护修缮是有史以来投资最多的一次，维修将本着‘修旧如旧’的原则，严把质量关。据了解，这次维修的重点是桑耶寺展佛楼、白哈王宫殿等12处建筑，具体内容包括对屋面进行修缮，对木构件进行修补加固，对墙体裂缝采取灌浆加固，对壁画进行维修和技术保护，以及维修寺内消防、给排水等项目。”以上摘自新闻报道“总投资近八千万元的西藏桑耶寺维修保护工程开工”，2010年09月15日。

图 26 修缮之前的桑耶寺的东大殿江白林（何贝莉摄 /2005 年）

转而供奉在江白林。据说，这项重建工程将持续两三年，期间，江白林就以护法神殿之实而存在。

江白林即文殊殿，位于“乌孜”大殿正东，与东大门在一条中轴线上，相距只有15米。江白林座西朝东，占地面积较小，约300余平方米，但其建筑结构却比较特殊。原为三层，现存两层建筑。底层有一座两根圆柱的门廊，门廊内是面阔五间、进深四间的大经堂。其内原有大经轮，主供妙音菩萨，壁画多为文殊菩萨像。大经堂后面是一条长甬道，直通江白林后门，与大殿东门相对。甬道中部有一座高台，据说历代达赖喇嘛来桑耶寺时在此下轿，徒步前往“乌孜”大殿。中层只有一座佛殿，围绕佛殿有一周转经回廊，廊道两壁均绘千佛像，佛殿前的壁画内容亦是以文殊菩萨像为主，还有一些乐器和舞女像等。（何周德、索朗旺堆，1987:14）

图 27 江日林壁画中的文殊菩萨像 （何贝利摄/2011 年 5 月）

如《桑耶寺简志》所记，江白林是寺中唯一一座拥有东西两重门的佛殿，这两重门，恰好位于寺院正门和乌孜大殿正门两点连成的一条线上。

达杰带着我小心翼翼地走过堆满砂石的地面，来到虚掩的木质大门前，他推开门，示意我留意脚下。两块颤悠悠的跳板一头搭在门槛上，一头延伸至甬道中部。我迈着小碎步，慢慢走进大经堂。长短不一的钢管散落在地，两摞半人高的水泥灰包整齐地码放在立柱旁，沾满泥污的工服、破损的安全帽、落单的棉布手套作为弃物扔在墙角。达杰告诉我，施工队进驻以前，这里已是一座空堂。

“我说的壁画在楼上，”达杰领我上楼，来到二层回廊。这里没有施工的痕迹，倒是满地的鸽子粪让人一时间不知该往哪里落脚。达杰轻轻拂去墙上的尘土，对我说：“你看这墙上的壁画——全都是老的！”

“能有多老？”

“听寺院的僧人说，这是萨迦班智达重修桑耶寺时亲手画的文殊菩萨像。”

这么说来，眼前所见的壁画应有七百多年的历史。虽然有的图案因烟熏火燎而蒙上油垢，有些画面因屋顶漏水的长年浸润而颜色失真，但壁画的整体风韵却未见有一丝折损。画者的笔触纤毫毕现，着色温润祥和，构图疏密有度。文殊菩萨的眼神顾盼流连，气质端庄，衣衫缥缈，饰物精致。纤纤细手的指盖上，涂抹着一方淡淡的粉色。虽说画中的每一位主尊都是文殊菩萨，但论身姿作态，却无半分雷同。

“江白林现在是一座危楼，但这里没有办法施工。墙面的土质已经变得疏松，一旦处理不好，墙皮就会整片垮塌，上面的壁画也就跟着没有了。”达杰告诉我：“听说，上面会派专家过来看，不知道他们有没有办法加固壁画。”

随后，我与达杰在二楼的佛殿里转了一圈，发现除了墙上的药师佛画像，殿中空无一物。“以前，我还看见角落里堆着一些佛像的断胳膊、破脑袋……就这么堆着，没有人管的。”

“现在，连这些都没有啦？”

“因为施工嘛，都清理出去了。”

达杰离开江白林，上工去了。我独自留在东大殿里拍壁画，倏忽飞入的鸽群总是发出夸张的“咕咕……”声，弄得一惊一乍。不知从何时起，这座供奉佛像的殿堂，竟成了灰鸽子的乐园。

也许有人会好奇，东大殿江白林里为何绘满了文殊菩萨的画像。在藏语中，“江白央”即文殊菩萨，顾名思义，此殿即为文殊菩萨殿。《桑耶寺简介》中说，此殿“主供妙音菩萨”，后又言及“壁画多为文殊菩萨像”，感觉像是在说不同的菩萨。实际上，“妙音”与“文殊”均指“文殊师利菩萨”。由此便不难理解，这座佛殿中的文殊像为何会如此之多。

文殊菩萨，是三世诸佛的座下高足，在诸菩萨中被尊为上首。人们惯常所见的文殊像，外表青春年少，身放智慧光芒，能驱散三界黑暗。以前文所示的那幅萨班绘制的文殊菩萨像为例，菩萨肤色乳白，一面二臂，发结五髻，身佩宝饰，上穿缟衣，锦缎为裙，结金刚跏趺坐。右手低垂，拇指与无名指尖衔一根菊花枝，枝头散叶开花，花中伸出一枚宝剑，象征悟空智慧。左手放在胸前，拇指与无名指尖执一根菊花枝，花枝盘绕身侧，花头上有一箧经文，为《般若十万颂》，象征转动妙法轮。只是，文殊形相丰富多变，除五髻文殊之外，还有一髻文殊、六髻文殊、八髻文殊等；除一面二臂以外，还有一面六臂、三面六臂、四面八臂等；除结金刚跏趺坐之外，还有骑青狮之上，或结半跏趺坐等（参见久美却吉多杰，2004:273—296）。凡此种种，几乎令人眼花缭乱，但在多番变化的形貌中，文殊菩萨的持物——宝剑与经书——确是始终都在。

“关于文殊信仰，古印度、西域记载不多”（任继愈，2002:333）。在藏区，佛教信众多是将两位本土人物的生平事迹与文殊信仰相联系——此二人，即文殊菩萨的化身：前弘期时主持兴建桑耶寺的吐蕃赞普赤松德赞与后弘期时藏传佛教格鲁派的创始人宗喀巴大师。其实，只需留意一下法王与大师的造像，就会明白他们与文殊菩萨的渊源关系——二人造像的身侧一定会摆放有宝剑和经书。

藏族人于何时、因何故将赞普赤松德赞视为文殊的化身，如今已不得而知。在古老的桑耶寺志《拔协》中，写道：文殊菩萨的化身是法王赤松德赞。[1] 学者

1.《拔协》有云：“赞普赤松德赞、堪布（菩提萨埵）和上师白玛（莲花生）时期弘扬显密二宗的拔著正文与续篇：以密宗三部怙主的神变／调伏食肉红脸人的祖孙三王／我向之顶礼／详细编撰这部历史”（拔塞囊，1990:1）。王璞认为：这段话中“密宗三部怙主是佛部的文殊菩萨，金刚部的金刚手菩萨和莲花部的观世音菩萨。祖孙三王指的是松赞干布、赤松德赞及赤祖德赞三位赞普，在藏族人看来，松赞干布是观世音菩萨的化身，赤松德赞是文殊菩萨的化身，赤祖德赞则是金刚手菩萨的化身，三位菩萨变为人王是为了教化雪域的‘食肉红脸人’，历史上三位赞普执政时期也是吐蕃政权的三个兴盛期”（王璞，2008:30—31）。

王璞认为“菩萨化身为赞普是吐蕃时期的藏族精英们基本认同的史观”（王璞，2008:31）。但若仔细想来，吐蕃政权时期，佛教在西藏方兴未艾，尤其是赤松德赞时期，佛法弘传尚处于僧伽制度刚刚建立、佛经初译未成系统的状态；即便是藏族佛学精英，恐怕也未必能把吐蕃的王统世系如此巧妙地建构于菩萨信仰之中。将吐蕃赞普认同为菩萨化身的想法，与其说是吐蕃时期藏族精英的基本观念，倒不如认为是后弘期以降随着佛教史观的兴起而逐渐形成的普遍认知更为妥当。只是，这一观念的缘起，或可追溯至赤松德赞时期。

其实，最早被视为菩萨化身的吐蕃赞普是松赞干布的高祖：第二十七代赞普拉托托日年赞（参见恰白·次旦平措等，2004:36）。据记载，大约在公元4世纪，该赞普在位期间，佛教以天降宝物、经书的方式传入雪域。当时，拉托托日年赞并不知这些东西为何物，遂将其供养在宝座上。由此，藏族信众便将拉托托日年赞视为“开创佛法的流传的人”（萨迦·索南坚赞，1985:47—48），并将这位赞普的所在年代定为前弘期开始之日。

按照藏文典籍的说法，那些曾对弘传佛法做过巨大贡献的赞普几乎都是某位菩萨的化身：拉托托日年赞是普贤菩萨的化身，松赞干布是观世音菩萨的化身，赤松德赞是文殊菩萨的化身，赤祖德赞则是金刚手菩萨的化身——后三位赞普又并称为西藏“三大法王”。

或有学者认为，这种以赞普为菩萨化身的观念不过是后弘期以来、佛教史观兴起后，藏族史学家的附会之说（参见张云，2004:107）。然而不得不承认，在前弘期时，吐蕃政权的几位赞普确实是推行佛法的主导者。赞普对异族宗教的期待和想象，或许会不可避免地与手中的统治权力联系在一起。简言之，吐蕃赞普对于自己应该以何种面目出现在佛教信仰之中，不可谓没有自己的设想——成为菩萨的化身，也许正是主张兴佛的赞普们所默默期许的一种“自我形象”。

这一形象——无论是兴起于佛教徒的牵强附会，得益于信众的盲从迷信，还是出自于吐蕃赞普的刻意塑造——如今已实难厘清。无论如何，它终究在悠长的西藏历史中，作为一种习以为常、理所当然的观念而深入人心了。

入主人间的天神

抵达桑耶的第二天，恰逢寺院的佛学院举行第二届毕业典礼。次仁拉自豪地向我介绍说："我们佛学院的名字叫桑耶赤松五明佛学院……"

"桑耶赤松？"我不禁反问了一句。心想，既然是寺院的佛学院，为何不直接沿用寺院的名字，而要造出这么一个词？

"对呀！桑耶就是寺院的名字撒，赤松就是国王的名字撒——你不知道赤松德赞吗？"次仁拉吃惊地瞪着我，问道。

"知道，知道——兴建桑耶寺的那位吐蕃法王嘛！"我赶紧回答。对于那些在寺院僧人看来应是人尽皆知的常识，我也不能显得过于无知。

"就是……"次仁拉笑了笑，很满意我的回答。

得此机缘，我开始留意当地人对待吐蕃赞普或赞普之名的态度。渐渐发现：人们对吐蕃政权的怀想，远不止于使用赞普名号这类的简单方式，还涉及到如何看待这座寺院与赞普权力的关系。

桑耶僧众自然知道，赤松德赞是文殊菩萨的化身。但通常，大家并不会这样介绍赤松德赞，而是直截了当地说："他是我们吐蕃政权的赞普，主持修建了桑耶寺"。这番说辞仿佛在强调：将赤松德赞视为菩萨化身加以信奉的同时，桑耶僧众并未忘记"赞普"之名实指吐蕃政权的统治者。

然而吊诡的是，在西藏第一位法王拉托托日年赞之前，吐蕃赞普的先祖们其实是以另一种"形象"横空出世统治蕃地的。

若想了解吐蕃赞普早期"形象"的特点，需从佛教宇宙图式"须弥山"之前、之外的另一种宇宙观说起。[1]这种宇宙观，通常简称为"宇宙三界"。早在佛教传入藏地之前，便已风行于包括青藏高原在内的广大区域；时至今日，藏族人依然延续着这种古老的且看似简单的三分式宇宙观。"宇宙三界"，意指宇宙垂直而

---

1. 对这一宇宙观的起源研究与类别判析，在藏学学界中至今尚无定论。霍夫曼曾将其归入"萨满教"，图齐认为属于"苯教"或"民间宗教"，石泰安又提出"无名宗教"一说，而国内学者多将之视为"原始宗教"或"民间宗教"——无论对其作何界定，都终究是莫衷一是。就此，研究苯教的噶尔梅活佛曾说道：面对那些说法不一、变化多端甚至相互矛盾的描述，试图从中寻找一种达成共识的模式或希望提出苯教宇宙理论的完整论述的人，一定会大失所望！如是反观人为区隔的西藏宗教类型——如萨满教、无名宗教、民间宗教或原始宗教——中的宇宙观研究，其所面临的窘境与苯教研究的境遇大抵相当。有鉴于此，我试图不去辨析吐蕃赞普的另一"形象"究竟应放在哪门哪宗下予以定义，而是多从藏族人的生活和观念出发，以期理解藏文明中"赞普"曾经是何面目。

分的“上、下、中”三界（或称：三部），即藏族民间惯常所言的“拉、鲁、念”。

所谓“上”，是指在山石之上、与大地毫无依托的那一片“高处”世界，或可理解为天空。所以“上”界又多被译为“天界”。居于上界的神灵统称为“拉”，意为“天神”。面对高高在上的天神，屈居其下的人类甘心俯首于与“拉”的上下关系，对其顶礼膜拜、无限崇敬。有学者认为，天神“拉”有三大神灵系统：恰神、祖神和穆神（或译为木神）（参见孙林，2010:139）。其中，穆神、恰神均与赞普世系有关。据说，赞普世系出自恰神；赞普的联姻对象，即其母系家族，则是穆神。[1]在出自吐蕃时代的古老碑铭中，常有“以天神为人主”的记载。在“唐蕃会盟碑”的背面，有这样一段文字：“圣神赞普鹘提悉补野自天地浑成，入主人间，为大蕃之首领。于雪山高耸之中央，大河奔流之源头，高国洁地，以天神而为人主，伟烈丰功，建万世不拔之基业焉”（王尧，1982:43）。另据伯希和收藏的敦煌藏文写卷记载：“在广阔的天界之上，住着天父六主之子，三兄三弟，加赤益顿次（赤氏老七）共七位。赤益顿次之子赤聂赤赞普，作为泽被大地之人主，滋润土地之甘霖，降临大地。……他作为蕃土六牦牛部之王降临”（黄布凡、马德，2000:153）。如上所述，以吐蕃赞普为“天神”或“天神之子”的叙述，在藏族史籍中十分普遍。

所谓“下”，是为地面之下的世界，既包括地下，也包括水下；但那里不是地狱，也不是孤魂野鬼的游荡之所。居于“下”的生灵统称为“鲁”。在藏汉词典中，常有将ཀླུ译为“龙、龙王、龙部”的情形。[2]可当地人告诉我，这种译法并不准确，因为ཀླུ不仅包括汉族社会的龙，也包括青蛙、蝾螈、蛇、乌龟、鱼、蜈蚣、蝎子、软体爬虫等水生动物、水陆两栖动物和喜湿的卵生动物——怎能将这些动物都等视为龙？传说中的“鲁”，往往守护着秘密的巨大宝藏，且能与“中”界沟通。或许，这也正是“鲁”何以能指代水陆两栖动物的原因：唯有这些动物能往来于地上和地下、水里与水外。

---

1. 石泰安在专著《西藏的文明》中提到：“这 7 位最早的赞普完全是一些遣往人世间的神仙。他们白天留在凡间，而在夜间却重新登天。等到‘死亡’时，他们也会最终登上天界。自从儿子会驾驭马匹（一般来说是 16 岁）时起，这种‘死亡’的可能性始终是存在的。这种登天要通过攀天光绳来实现，这根光绳的名称与天及在那居住的母系家庭相同，被称为‘木神’（dmu）之绳。”“这些赞普们的特点是他们的名字都是从其母名中派生而来的”（石泰安，2005:33—34）。石泰安在另一篇文中谈到：“恰神有时就相当于天神或岱神。这些恰神又往往代表着古代世系（父系）。他们通过联姻关系而与另一类天神（木神等）相联系，即母系血统”（石泰安，2010:368）。

2. “ཀླུ 名词，（1）龙。梵音译作那伽。佛教典籍中所说的八部众中一类水栖的人首蛇身的畜生。（2）龙部。藏历十一作用神中，四固定作用神之一。（3）龙王有无边、安止、力游、具种、广财、护贝、莲花、大莲等八，姑表数字 8”（张怡荪主编，1993:42）。

“下”界“鲁”与赞普世系息息相关。据敦煌古藏文文献记载，“至拉托托日弄赞，在此王之前皆与神女和龙女婚配，自此王起，才与臣民通婚”。又如，“于第二十九代赞普没卢年德若，娶龙族女为王后”（丹珠昂奔，1990:7）。[1]可见，赞普世系在早期曾以下界“鲁”女为婚配对象。换言之，早期赞普的妻子并非人类，她们甚至不能来自人类生存的“中”界，而只能出自于“上”界或“下”界；并且，她们死后也不会在人间留下尸体。在吐蕃人的观念里，赞普的妻子是否具有与生俱来的神性或灵力，会直接关系到她们的儿子（即王储）能否称为“神子”或“天子”（石泰安，2005:36）。

所谓“中”，即为地面之上、天空之下的世界。这一世界，层次尤为丰富，居于其中的各类生灵亦是纷繁芜杂。人类就生活在“中”界的底层，低平的地面上。由于人类的存在，“中”界亦被称为“人间”。藏族人的排序，往往意味着一种微妙的暗示：排在最后的最重要。因此，以“拉、鲁、念”的序列来看，藏族人最重视“中”界，即人类的生存空间。

不过，除了人类以外，“中”界还有数不清的难以用肉眼看见的精灵、妖魔、鬼魂、灵魂——它们[2]多是统称为念、赞、希达和域拉（即地域神）。以上四者，尽管说法不同，但在藏族人的观念中，其意涵或所指偶尔也会有相通或含混之处。无论如何，它们的存在均与地域，尤其是高山、高处有关。或由此因，藏族人便将这类看不见的“存在”当作中界的典型生灵，与“拉”“鲁”并称。

“中”界的各类生灵纵然多样，只因与人类共处一界，归根结底，彼此地位相当。藏族人十分崇拜这些与自己平等却又强于自己的生灵。人们在寻求念、赞或希达的帮助时，不会一味向它们卑躬屈膝、顶礼膜拜，而会像人与人之间的谈判那样，用严厉的话语要求对方，用强烈的气场压迫对方，使之屈服于自己的意志，进而实现自己的要求。甚至，藏族人相信，对待这些非人非神的“念”或“赞”，越强悍的方式越能达到效果——这与他们对待“拉”，即“天神”的态度与方式迥然不同。

---

1. “拉托托日弄赞”即为“拉托托日年赞”，此处所称“神女”即为上界“拉”之女，所称“龙女”即为下界“鲁”之女。
2. 如今，或有学术著作将“赞”“念”与“鲁”写为“赞神”“念神”与“龙神”，实际上，这样的译法并不准确。就藏文来看，བཙན、གཉན 与 ཀླུ 基本是单独出现，而没有与 ལྷ 合在一起使用的，所以，也就不应该给“赞”“念”与“鲁”附会上“神”的标签。实际上，人们很难在抽象层面上判定它们究竟是神、是魔、还是半神半魔。其中，念与赞的属性更是含混不清，甚至在某种程度上，它们还会在神、魔、妖、怪等不同属性之间转换。总之，对“赞”“念”与“鲁”的属性的判断，更多需取决于具体的情境。

藏族人认为，“念”居住在上界与中界相交的地方，栖身于山巅、山岭、沟壑甚至石缝之中。所以，人们或许会说：“念”就是山神。例如惯常所言的念青唐古拉，即唐古拉山神；又如，位于山南雅隆河谷的雅拉香波，在当地人看来则是众山神之首（参见周锡银，1991:40—41）。因此，但凡提及西藏的“山神”，便应留心区分：这个称谓在藏族人的观念里是“念”而不是“拉”。

总之，大致了解藏族人心目中的“宇宙三界”之后，再阅读藏文史籍中关于赞普世系的记载，就会不难发现：藏族人对吐蕃赞普的想象与解读，总是和宇宙三界观——“拉”“鲁”“念”之间的关系——紧密相连。

·

我把在江白林拍摄的壁画照片拿给大殿管家看，他们一眼认出那是萨班手绘的文殊菩萨像。

“你去过江白林呀？”塔青拉问我。“是。”我答道。

“那个佛殿很不一样呢！”塔青拉又问：“你从哪个门进去的？”

“西门。”

“东门的不开吗？”

“好像没有开。”

“哦……就是……”塔青拉挠了挠头，一幅若有所思的样子。见他这般神情，我反问他：“有问题吗？”塔青拉笑了笑，说：“问题的——没有呢！”

后来，几位大殿管家七嘴八舌地给我讲了一个江白林的“秘密”：

破晓时分，如果同时打开桑耶寺的五扇大门：寺院正门、江白林的东西两重门、乌孜大殿外围墙的正门与大经堂的正门，那么，从东方升起的第一缕阳光，便会越过雅鲁藏布江对岸的群山，划过宽阔悠缓的江面，经过一马平川的河谷，依次穿过这些门洞，直接射入乌孜大殿的底层大佛堂，照耀在主尊释迦牟尼佛像的脸上。霎时间，整座佛堂会变得金光灿灿，灼灼生辉，如同沐浴在神圣的佛光中。如花朵般绽放的光线，依次照亮底层经堂、中层殿堂、上层大阁，乃至整座“须弥山”——温暖而空明的阳光于瞬间驱散了周边的一切黑暗，照亮这座寺院，唤醒静谧的山谷以及在梦中沉睡的人们。一日之轮回就这样开始了。

但自从江白林被废弃、关闭以后，桑耶僧俗就再也见不到这番圣境了。

这一独具匠心的设计，鲜见于文献记载，仅在僧人的言语中默默流传。原来，这条曾被认为是专供高僧大德礼佛朝圣的通道（参见何周德、索朗旺堆，1987:14）本是一条晨光初露佛光普照的路径。令人深味的是：在曙光必经之地——象征东胜身洲的东大殿内，本可主供任何一位适宜的佛、菩萨，但此殿的主尊却恰巧设为文殊师利菩萨，这位菩萨的化身又恰巧是吐蕃赞普赤松德赞。

在此虽无法断言，这一巧妙的设计意味着寺院初建者是有心埋下伏笔：在雪域蕃国，佛法之弘传势必与赞普之权势连为一系；但如此生动的意象，确实给后世留下了无限遐想。时至今日，桑耶僧俗依然会在有意无意间将赞普之名与寺院生活联系在一起。

·

藏族人认为，吐蕃政权的统治者赞普世系源自于“上”界天神：“拉”。这一观念，至今未变。

据藏文史籍记载，赞普世系的首位先祖聂赤赞普是这样入主人间的：当年，一位神子从天界下凡，降落在一座神山的山巅。他沿坡而下，恰巧被几个牧人（或说是十二个苯波教徒）看见。人们走到他跟前，问道：“你从哪里来？”他用手指了指天空。人们见状，欣喜地说：“此人是从天而降的天神之子，我们就推举他做我们的王吧！”

聂赤赞普的头顶上，有一根与天界相连的木神之绳，这是他往来天界和人间的唯一通道。白天，赞普在人间生活，晚上，他就顺着木神之绳返回天界。当赞普的儿子长到能够骑马的年纪时，为父的赞普便沿着木神之绳登天，如彩虹一般消逝在天际，并将赞普位传给自己的儿子。这些归天的赞普没有立在人间的陵墓。如是情形，持续七世，即“天赤七王”。这七位赞普，并不是像你我一般只能生活在地面上的普通人，他们是从“上界”降下来的天神之子，与生俱来拥有无可企及的神性，他们也是唯一能够沟通上界与中界的殊胜“存在”。雪域蕃人将其奉为人间的统治者，如敬神一般对其顶礼膜拜。由此，统治吐蕃政权的赞普世系率先以上界天神的面目出现在人间。[1]

直到后来，在止贡赞普[2]统治时期，发生了一件看似匪夷所思的事。这件事，让赞普世系的“天神”之名变得含混不清。

据说，止贡赞普的心被魔鬼迷惑，他坚持要与自己的臣子们比武；最后，一个名叫罗昂的人同意了赞普的要求。为求获胜，止贡赞普派遣自己的一只母狗去罗昂那里探听情报。罗昂察觉后，故意大声说道：“后天，赞普要来杀我。如果他不领侍卫，头缠黑绸布，额上挂镜子，右肩挂只狐的尸体，左肩挂只狗的尸体，不停地绕着头顶挥舞宝剑，并用红牛托着装灰的口袋前来——那我就没法取胜啦！”母狗听后，如实禀告给止贡赞普。于是，赞普决定，“就按他说的去做吧”。

比武当日，赞普气势汹汹地去杀罗昂。战场上的一声呐喊，惊怒了红牛；红牛狂奔，扯破了装灰的口袋，四处飞散的灰尘迷住了赞普的眼睛。狐的尸体魇退了赞普的战神，狗的尸体魇退了赞普的阳神，赞普由此失去了自己的保护神。不明就里的赞普，握住宝剑绕着头顶挥舞，结果砍断了自己用以登天的木绳。这时，挂在赞普额上的镜子闪闪发光，精明的罗昂对准亮处射出一箭，正中赞普的前额，射死了“天神之子”。随后，罗昂篡夺吐蕃政权，并将止贡赞普的尸首装进铜匣，扔进大河。赞普的儿子们闻讯而逃（参见萨迦·索南坚赞，1985:45；释迦仁钦德，2002:25—26；王尧、陈践，1980:122—123）。

这场败局已定的比武，彻底切断了赞普世系与上界天神的唯一通道，致使此后的赞普们再也无法互通“上”“中”两界。

无独有偶，在中原地区也发生过类似的事，即汉史所载的“绝地天通”。斩

1. 关于赞普权力的分析，林冠群先生和陈庆英先生都曾做过精辟的论述。

林冠群先生写道：“吐蕃赞普既是天神之子或天神化现，是以，赞普本身就具有神的特质与能力，其统治权既非‘神授’，亦非‘受命自天’，而是直接具体，不必经由任何媒介，亦不必经由中介者的转授，其本身就是权力的来源，因此，与中原皇帝自称受命自天，以天为父，以地为母，代天行道，系天之子，故又自称天子，二者间，实有不同的意义与内涵”（林冠群，2006:67—68）。

陈庆英先生写道：“在吐蕃时代，赞普王室是自称为天神下世的，社会上也是把赞普当作天神看待的。这种观念认为，赞普是一种尊严的神明，吐蕃赞普王室就是这种神明降临人世来统治人间的。因此，在吐蕃文献中尽管还有其他的对君王的称号如‘主’（rje）、‘国王’（rgyal po）等词，但赞普的意义与它们并不完全相同。吐蕃文献可以称境内的小邦的王子和唐朝、大食、印度、南诏的君主为 rje 或 rgyal po，但绝不称他们为赞普。……由此可见，正如‘皇帝’一词是中原王朝的君主的专用称号一样，‘赞普’一词是吐蕃政权的君主的专用称号，而且‘赞普’来源于天神降世统治人间的概念，这是吐蕃赞普的君主地位的神权内容”（陈庆英，2006:5）。

2. 关于止贡赞普究竟是“天赤七王”的最末一位，还是“上丁王”或“上丁二王”中的一位，藏文史籍中存在不同的说法，参见“关于天赤七王和上丁王的算法”（恰白·次旦平措等，2004:24—26）。

断天与地的关联后，“天”“地”各得其所，“神”“人”互不相扰。对于平原上的子民来说，“绝地天通”似乎为实行“人治”提供了一个绝佳的契机。但对高原上的吐蕃人而言，木神之绳的断裂，则可能会引发一场因失去神圣来源而导致的信仰危机。

吐蕃人所推崇的统治者，本有一幅“天神之子”的面孔，具有联系“天”界与“人”间的功能；然而，止贡赞普的死亡，却令其子孙不得不永驻人间，无法返回天界，无法与天神联姻，无法得到赞普世系作为吐蕃统治者应有的神圣来源——这意味着：倘若无法获取新的神性或神力，那些被奉为天神的赞普将会变得越来越像自己的臣民，像生活在“中”界底层的人类。

总之，止贡赞普比武落败一事，给后世的赞普留下了一个难题：失去源自“拉界”的神性后，赞普世系还能从何处得到异于并强于人类的权力，并以此力维护其统治的神圣性？

茹拉杰

“我们藏族，脾气坏得很！”跟我说话的人是桑耶寺客运站的一名货车司机，“我的名字叫罗布，住在寺院下面[1]。家里就我一个男孩，爸爸妈妈宝贝得很，所以叫我罗布，‘宝贝’的意思。”

我常在桑耶客运站旁边的桑耶寺餐厅里吃饭。这家餐厅承包了客运站司机们的伙食。每天，工作结束，这些年轻的藏族小伙子便会聚在餐厅里吃饭，喝茶，打扑克，看电视，偶尔，还会小赌几把。见面机会多了，我跟他们也就熟悉了。

“你为什么说藏族人的脾气坏？”我问罗布。

“就是坏嘛！我也不知道为什么，爱发脾气得很！你看我的耳朵——”他指了指自己的左耳根。我没看出有什么异样。“差点没有了，就是打架打的，人家拿刀砍我！”

“为什么要打架呢？”

“嘿嘿……”罗布不好意思地笑了笑，“其实没什么，我跟几个朋友在朗玛厅喝啤酒，有个人喝多了撒，他走过来，就这样——”罗布做了一个歪倒的动作，“撞

1. 桑耶人把寺院以东的地方称为“下面”，相对而言，寺院所在的位置是“上面”。

到我了撒，我的衣服上桌子上都是酒。我就说，你道歉的撒，你把我的酒弄没了撒。那个人说：不！——他不道歉撒。”

“然后？”我追问道。

“我拿起桌上的酒瓶，站起来，打他的脑袋——”罗布挥舞着右胳膊，说：“脑袋破了撒。”

“好像不是什么大事嘛。”我笑着安慰罗布，不知他为何要讲这件事。

“还没完撒，后来……”

那个醉汉捂着伤口离开了，罗布和他的朋友继续在朗玛厅里喝酒。不一会儿，忽然闯进来几个人，手里握着钢刀，直奔罗布而来。罗布见状，知道情况不妙，赶紧和朋友们夺门出逃。但还是被对方追上，他连挨几刀，左耳朵差点儿被砍掉。“耳朵还有一点点在脸上撒……我托着耳朵，手上都是血，朋友送我去医院。我问医生，耳朵能不能装上去的撒。医生说，你遇到我就能撒。他就像缝衣服一样把我的耳朵缝上去了……哈哈。”

“哦——你的运气真是好！”我附和道。

“就是呢！那些人笑我，叫我‘耳朵’撒。”

“不过，为了这点儿小事，差点被砍掉一只耳朵，实在太不划算嘛。”

“就是呢，我也觉得不好。一生气就想不到这么多了撒。你听说过吗？”

“什么？”我问。

“这里有个女的……前面跟一个男的好，后面又跟一个男的好。前面那个来找她，她很生气撒，要后面那个打他。我不知道怎么回事，他们给前面那个浇了汽油，然后用火把他烧死了。活的烧死啦！”

罗布的简单陈述，令人不禁脊背发凉。我没有回应他。

“后来，他们都抓住，关起来了……”罗布接着讲：“我就说，我们藏族人脾气坏得很！所以，寺庙要多多的去——”

“才能好好的撒！”我学着罗布的语气，接上他的话。

“嘿嘿……”小伙子开心一笑，觉得我已经明白他讲这个故事的心意了。

事后想来，罗布的故事里似乎含有一对微妙的矛盾。面对佛教倡导的慈悲心，他认为暴力或尚武是“不好”的行为；但这种行为，却又是他在日常生活中司空见惯、习以为常的。我甚至感到，在与对方赌命肉搏的那一刻，罗布既兴奋又喜悦，似乎并不像他事后认为的那样，是一件“不好”的事。

罗布的经历，并非“特例”。与藏族朋友的交往中，我时常会听到一些打架的故事。

在拉萨，我临时寄居在朋友家。他年过四十，擅长写作，是一位颇有些名气的藏族知识分子。一天，他脸上挂彩嘴角淤青地回来。问他出了什么事。只说和人打架了。至于打架的原因，却是只字不提。

在北京，我有一个朋友是青海藏族人。聊天时，他无意间提起自己的弟弟，说：那个弟弟再过几年就要从监狱里出来了，因为他打架打死了人。问及打架的原因，却也没什么深仇大恨，“就是看那人不顺眼了撒！”朋友哈哈大笑着解释。

·

我的藏族朋友，多以一种嬉耍或欣赏的心态在看待打架斗殴，即便是为寺院工作的罗布，也仍旧放不下自己的拳头——这般情结，并不是现代社会的产物。

在一些古老的藏文史籍中，作者即已自诩为“食肉赭面人”（阿底峡尊者，2010:1）或“食肉红脸人”（拔塞囊，1990:1），他们泰然自若地承认自身固有的这一野蛮习性，毫无隐讳地表达出来。[1] 甚至，在与吐蕃政权频密交往的唐代，中原史官们也敏感地注意到吐蕃人有以赭涂面为美的喜好，将之记录载册（参见陈燮章等，1982:251）。

不只是普通的汉族人，某些研究西藏的外国学者也会对藏族人自称“赭面食肉魔”的做法感到难以理解。石泰安认为，这是“一种奇怪的谦卑态度”在作祟：由于受佛教观念的支配，藏族人从未停止自认为是一些居住在世界北部的蒙昧人，自认为是愚笨、蒙昧和迟钝的，沿袭着爱好杀生、粗鲁而暴虐的习性（参见石泰安，2005:25）。换言之，在石泰安看来，这种“自贬自抑”的自我认知，是随着佛教传入蕃地，藏族人将自己的性格特征与佛教倡导的道德准则作过比较后，才逐渐清晰起来的。这情形，就像是一个野蛮民族在面对异文明的冲击时，不得不怀有的谦卑与自省。

只是，石泰安或许并未留意到：与这种奇怪的“谦卑态度”形影相随的，是一种更令人费解的“自傲之情”。这种情绪支撑着藏族人惯用并喜用强力的心态

1. 这种自称在大部分解读中，往往是与“野蛮人”画上等号的。

与行为，以至于时至今日，佛教信仰虽在藏地大行其道，暴力斗殴事件也仍未得到彻底地收敛。

面对佛教倡导的慈悲心，藏族人或许会像罗布一样感到暴力行为的不妥。但有趣的是，人们的解决方式并不是弃绝暴力，像印度圣人甘地倡导的那样“非暴力不合作”；而是要一边打架一边拜佛：暴力与慈悲共存。面对如是情形，想必有人会问：藏族人对雄强猛力的崇拜，为何会发展到这般难以割舍的地步？

·

若想追根溯源，或需重新回到吐蕃赞普的古老故事之中。自从止贡赞普挥剑斩断木神之绳后，试图重建通道与“拉界”相连的努力已是枉然。此后的赞普，只能偶尔听见来自“上”界的声音，却是再也回不去了。但赞普世系的故事并未结束，只是，藏文史籍在记述接下来发生的事情时，出现了一点饶有深味的分歧。

以喇嘛丹巴所著之《西藏王统记》为例，文中这样写道：罗昂夺取国政之后，让止贡赞普的王妃去山上放马。有一次，王妃在睡梦中见到雅拉香波山神化身为一个白人与自己交合，醒来时，她正好看见一头白牦牛从枕边起身而去。八个月后，王妃诞下一个拳头大小的血肉团，无眼无口，难以喂养。无奈之下，王妃只好将它放进一个温热的牦牛角中。过了几天，王妃再看，里面已长出一个男孩，于是给他取名为茹拉杰，意为“生在牛角之中”。茹拉杰长大后，找回逃逸在外的兄弟，并将其中一位扶上吐蕃赞普位；他还找到了父亲的尸首，为父亲建陵于秦域达塘（参见萨迦·索南坚赞，1985:46）。藏族人相信，茹拉杰是一个奇妙的存在，他是“念”与“女人”结合而生的产物，既不像赞普那样是“天神之子”，也不同于一般的人类；因而视他为值得敬仰的“英雄”，正是这位英雄挽救了赞普世系在人间的统治地位。但在伯希和的敦煌写卷中，故事却并非如此。写卷中，既没有出现雅拉香波山神的化身白人或白牦牛，也没有谈及王妃与“念”媾和。写卷所记，那位挽救赞普世系的特殊人物仍旧以“天神之子”的面目出现（参见王尧、陈践，2008:102）。

法国藏学家麦克唐纳夫人注意到这一分歧，她认为，敦煌写卷中的记载是更为古老的传说，喇嘛丹巴记述的故事则属于晚期的传说。但她承认，后者虽然“没有任何历史真实性”，但却“不只一次地出现过”（A·麦克唐纳，2010:58）。

倘若麦克唐纳夫人的断代确实可靠，那么，两个故事之间的变化就不言而喻。早期文献依然推崇“天界”的神圣性，认为是另一“天神之子”在起作用，使得人间之主赞普世系复归其位。然而，随着时间的推演，藏族人却更广泛地接受了晚期传说，即“念之子”茹拉杰的故事。

倘若这位夫人的断代尚有存疑，那么，故事的不同版本就很可能出现在相近的时间里。对于这位难以界定的“拯救者”，人们依托于两种观念，构拟出两个版本：一个源自天神信仰，主角是“天神之子”阿列吉；另一个出自山神崇拜，主角是“念之子”茹拉杰。但后来，藏族人不知因何缘故最终选择了茹拉杰的故事，并将这个故事写进史籍中，广为传颂。

总之，无论出于上述哪一种情形，历史的流向似乎都殊途同归：在藏族人的心目中，“天神”赞普与中界“念”的关系越来越近了。

止贡赞普的儿子们与茹拉杰是同母所生，也就是名副其实的兄弟。这种紧密的血缘关系，使止贡赞普之后的赞普世系在“中”界有了可以倚赖的超人力量。这种力量的来源，出自藏族人对“中界”的某类特殊存在——如“念”“赞”的崇拜。雅拉香波山神的出现，是否是赞普退而求其次的抉择，如今已不得而知；但能想见，赞普世系去天界而留人间的状态，势必会引起吐蕃民众在观念上发生一系列的连锁反应。

前文已述，藏族人对上界“拉”与中界“念”的最初认知是不同的。对于“拉”，人们是自下而上的信仰，对于“念”，人们只怀有平等的敬畏。面对“天神之子”，人们不敢有丝毫的僭越之心；面对“念”，人们的态度就显得复杂许多。有时，你无需表现谦恭，只要通过强力就能让它满足自己的要求；有时，你得小心翼翼地绕过它的领地，一旦惊扰到它，轻者患病，重者死亡；有时，你要敬重它；有时，你要恳求它；有时，甚至要笼络它……简言之，人与人交往时可能发生的情境，在与“念”打交道时，都有可能遭遇到。

永驻人间的赞普，难道希望自己日后的境遇就像雪域先民对待“念”的态度一样吗？

无论如何，“念”仍在藏族人的心目中享有极为崇高的地位，这种地位多是建立在“念”特有的强力之上——那是一种人类无法企及却又甚为惧怕的力量。归根结底，在藏族人看来，是这种强力区别出人类与“念”“赞”的不同，进而使人类对后者生起敬畏心。或由此因，若想建立起与自己的臣民保持一定距离感的统治力，那些无法从“拉界”获取神性的赞普，就必须诉诸于超乎常人的雄强与暴力了。

赞普的抉择

在桑耶住了许久，我从未登上过白、红、黑、绿四塔。并非刻意不去，只是觉得时日还长，以后还会有机会。然而，时间就这样不知不觉地溜走了。这种怠慢的心情在田野考察中本不该有，可每当我看见四座水泥制造、半旧不新的宝塔伫立在前，想要一探究竟的欲望，便瞬间瓦解了。

20 世纪 70 年代，桑耶四塔被夷为废墟。粉碎“四人帮”以后，国家又拨出专款整修寺院（参见索朗旺堆、何周德，1986:51—52）。如今所见的四座宝塔，便是于 20 世纪 80 年代重建的新作。

据《拔协》记载，桑耶寺初建时，修筑四塔的情形如下：

> 修筑白色佛塔，状如大菩提塔，依声闻之规矩，饰以如来佛之舍利。以许布人米解浩日为施主，护法是掷流星面夜叉。修筑红色佛塔，状如法轮，依菩提萨埵之规矩，饰以莲花，由纳囊 · 甲擦拉囊为施主修建，护法是火曜星。修筑黑色佛塔，依独觉佛之规矩，饰以小佛塔，由恩兰 · 达扎鲁恭修建，护法是铁喙夜叉。修筑蓝色佛塔，依吉祥天降如来佛之规矩，饰以十六殿门，由琛木 · 耶协周琼修建，护法是太阳面罗刹。（拔塞囊，1990:38—39）

赤松德赞时期，桑耶四塔均由当朝的贵戚权臣捐资兴建。据台湾吐蕃史专家林冠群考证，白塔的施主米解浩日与绿塔（即《拔协》所言之蓝塔）的施主琛木 • 耶协周琼的生平简介，今已无从查找。红塔的施主纳囊 • 甲擦拉囊，出自赤松德赞的母后纳囊氏族，是赤松德赞的第五任大相，任期从 783 年至 796 年，权倾一时（参见林冠群，2006:333，347）。黑塔的施主恩兰 • 达扎路恭，一生经历尤为传奇。相传，在兴建桑耶寺之前，赤松德赞为让吐蕃民众附和修建寺院的决定，便以“杀鸡骇猴”的方式将一个信奉苯教的大相捆以草绳，鞭以刺藤，流放至北方。这位仇视佛法的大相，正是日后捐资兴建黑塔的恩兰 • 达扎路恭。

恩兰·达扎路恭前后判若两人的行事做派，自然引起了藏学家的关注，对此，学界多有两种解释。其一如林冠群所言，这位大相在强大的压力下，“只有改宗一途，往征突厥戴罪立功，回蕃后即参与兴建桑耶寺，署名兴佛证盟诏敕，誓言信奉佛教”（林冠群，2006:336）。其二如石泰安认为，这位大相捐建的佛塔确实是黑色的，“这肯定是由于他是苯教徒之原因”（石泰安，2005:57）。由此，黑色宝塔并不是恩兰·达扎路恭皈依佛教的标志，而是他身为苯教信徒的佐证。尽管这位人物的信仰到底为何，如今已不得而知；但随之引发的种种猜测，却将这位大相的人生史与桑耶寺联系在一起。

恩兰·达扎路恭，在《新唐书》中写做“马重英”，他出身于吐蕃贵族恩兰氏，彭域（今西藏彭波）人。他原本是吐蕃朝政的一个低阶官员，后因检举末氏、朗氏两位大相弑杀赞普赤德祖赞，赢得赤松德赞的信任，升任统军元帅，后又擢升为大相，内主朝政，外统兵权，征戎四境，多次率兵征战吐谷浑、突厥和唐朝边境。

公元8世纪下半叶，赤松德赞为其立碑，即“恩兰·达扎路恭纪功碑”。这是现存最早的一块吐蕃石碑。碑上记有达扎路恭的两件重要功绩：一是协助赞普扑杀谋害父王的元凶，平定内乱；二是趁唐朝内部发生“安史之乱”，首议兴兵攻唐。

公元763年，吐蕃调集包括吐谷浑、党项、氐、羌各族在内的20万军队，由达扎路恭和琛尚野息等四名大将率领，进围泾州。唐朝刺史高晖献城投降。蕃军遂以高晖为军队向导，攻陷邠州、奉天和武功，军锋直向唐朝京师长安。唐代宗李豫仓皇出奔陕州（今河南陕县），达扎路恭和琛尚野息率军攻入长安。蕃军“剽掠府库市里，焚闾舍，长安中萧然一空”。随后，达扎路恭又与高晖共立金城公主之侄（也有说为其弟）广武王李承宏为傀儡皇帝。直到唐将郭子仪组织兵力围攻长安，蕃军方才退出京师。此间，留居长安达15天之久（参见石泰安，2005:57；王尧、陈庆英，1998:80—81；谢启晃等，1993:627；林冠群，2006:332—336）。这段历史，在后弘期以降的藏史典籍中鲜少提及；但在汉文文献，如《新唐书》《旧唐书》和《册府元龟》中，确有不少记载，唐宋以降的史官们足以因为这次惨败而对吐蕃政权的武力征伐刻骨铭心。

吊诡的是，桑耶寺中的黑塔，则将汉、藏史籍中的“分别叙事”融合为一体，

图 28 桑耶寺的大黑塔（何贝莉摄 /2011 年 5 月）

图 29 立在布达拉宫前的恩兰·达扎路恭纪功碑（王尧，1982:“插图”6）

以恩兰·达扎路恭的人生史为线索，还原出赤松德赞统治时期的真实情景。在这位赞普的统治下，建寺兴佛与武力征讨不仅齐头并进，且还共同达至吐蕃史上的巅峰状态：前者以桑耶寺的兴建为标志，后者以蕃军攻陷长安为胜利。如是，恩兰·达扎路恭才得以在吐蕃史中留下一笔立碑建塔的事迹。

至此，或有读者会好奇：这位宣称是文殊菩萨化身的赞普，为何如此倾心于武力？更为不解的是，他还以同样巨大的热情投入到弘传佛法的事业中，成为一名佛弟子。佛教的道德观不是一直在告诫众人切莫杀生吗？类似的困惑，也许在罗布看来根本不成其为问题：藏族人喜好暴力，吐蕃政权的统治者“赞普”更是如此。

“赞普”，是吐蕃人称呼其君主的专有名词，据《新唐书·吐蕃传》解释，“其俗谓雄强曰赞，丈夫曰普，故号君长曰赞普”（陈燮章等，1982:474）。但就藏文本义而言，“赞”是“凶猛、强雄”，“庄严可怖、威力无穷”之意。“普”是阳性字尾。

在藏族人的传统观念里，在“中界”以“凶猛暴戾”为基本特征的一类存在，其名为“赞”。它以天空为栖息地，以野兽如牛、马、猪为形象或以三头六臂的恶魔为表征。中界的“赞”与吐蕃的“赞普”共用一词：བཙན——这其中是否会有关联？

对此，藏族学者丹珠昂奔推测说：“在远古，在以力为崇拜对象的时日中，藏族的先民们看见了虎、马、猪、牛，将这些动物的力量与人的力量进行比较，寻找动物与人的力量的差别，认为动物身上这种大于人的力量的存在，是神赋予的，从而称那些雄强者（动物）为赞，以为它们是天神所赐于大地的，继而引申至人中之雄强者呢？”（丹珠昂奔，1990:24）丹珠昂奔的分析，无疑提供了一条线索：“赞”之所以从“原始崇拜之精灵，拜物之苯教 bon-po 列为九乘之一，后转为统治者自称”（王尧，1982:44），多是源于人们对强力的崇拜。

至此，或可作一小结：如果说吐蕃赞普的第一重面目是居于“上”界的“拉”（天神），其后是作为过渡形态的“念”；那么，吐蕃赞普的第二重面目也逐渐清晰起来：以赭涂面为好的赞普，犹如红色面孔的“赞”。与“赞”一样，吐蕃赞普拥有超乎常人的强力。这种强力，恰恰是通过不断地对内讨伐与对外远征而得以彰显的。

桑耶寺中，象征四大部洲之一的江白林与恩兰·达扎路恭捐建的大黑塔，从后弘期开始，逐渐被赋予浓厚的佛教式解读；但在建寺之初，它们本是赞普的统治力在寺院的典型象征。

赤松德赞亲自督建乌孜大殿，并将大殿之东象征“东胜身洲”的东大殿设为江白林，后以文殊菩萨之化身留名后世；此外，另命其下四位贵戚权臣捐资建塔。《莲花生大师本生传》在介绍桑耶四塔时，并未道明它们在佛教宇宙图式中的象征意义；《拔协》在说明这四座宝塔时，也没有将其视为“须弥山”图中的象征性元素。如今听到的各种解说，多是后世赋予的佛教意义。例如，将四塔与佛陀生平相对应：称白塔为大菩提塔、红塔为法轮塔、黑塔为涅槃塔、绿塔为天降塔。或将四塔解释为四大天王：白塔为东方持国天王、红塔为南方增长天王、黑塔为西方广目天王、绿塔为北方多闻天王。但若设想最初的情形，赞普之所以要求如恩兰·达扎路恭这样的蕃军统帅捐资建塔，与其说是颂扬臣民改教易宗的心智，倒不如认为是在彰显其以强大武力为支撑的赞普权威。

只是，强大的武力仍不足以支撑赞普统治的绝对权威。归根结底，藏族人对待“中界”强力与“上界”神性的经验和心态，是有所不同的。民众固然会以敬畏之心崇拜拥有强力的赞普；但同时，权臣贵戚也可能会以强力僭越缺乏神性的赞普。

吐蕃政权世系史中，止贡赞普是第一位被人间臣子谋杀的赞普，谋杀事件就发生在止贡赞普斩断自己的木神之绳、断绝与“拉界”的联系之后。其二，是松赞干布的父亲第三十一代赞普囊日松赞，他“被门地小王进毒遇弑而薨逝”。其三，是赤松德赞的父亲赤德祖赞，据称，他骑马时受惊摔死而毙命，但“实际上被大臣白·吉桑东赞与朗·弥素二人所谋害”。其四，是大力崇尚佛法，执政仅一年零九个月的牟尼赞普，他被自己的母亲蔡邦氏投毒所害。其五，是西藏三大法王之一赞普赤祖德赞，三个奸臣折断他的颈骨，扭转他的头颅以致惨死。其六，是吐蕃政权的末代赞普朗达玛，他因主张激烈的禁佛运动而遇刺身亡，刺客是一位僧人（参见恰白·次旦平措等，2004:44，135，167，195，197）；有一种说法认为，那位僧人拉隆·贝吉多杰曾是桑耶寺的第九任堪布（参见桑木丹·噶尔梅，1989:9）。——权臣、母系、邦属小王，乃至佛教徒，都向吐蕃政权的统治者下过毒手。这些残害赞普的暴力行为，既未带来天界的惩戒，亦不曾引起人间的声讨。

面对如此惨状，一位赞普不禁引吭高歌，感叹自己的统治力岌岌可危。这位名叫都松芒波杰的第三十四代赞普唱道：

嘻嘻！往昔古老年代，初始之年代，在蓝天之下，在大地之上，建起庄严宫殿。高，不会把天刺穿，低，不会把地压塌，青天出现太阳，阳光温暖大地。翎翮施设精巧，箭簇头非常锋利，射出能射死麋鹿，射死麋鹿养活了人。哎！如今来观看，地上蟑螂小虫，却像飞鸟那样骄傲，想飞向蔚蓝天空！飞吧！它又没有翅膀。即使它有翱翔的翅膀，蓝天却是很高，难以飞越云朵，向上，到不了天，向下，着不了地，在那不高不低之间，变成鹞鹰的食物。在恰布小山谷，一平民想当王。噶尔也想当王哩，蛤蟆想飞上天哩。平民想做国王，河水想倒流淌，磐石滚向上头。恰达谷的人如此叙说：尽管向山上滚动，即使到了香波山顶，愿望也难实现。在香波雪山脚下，即使点燃灯火，也难溶化雪山。碧蓝的雅隆江水，虽然已被引入水渠，河水永远不干。吐蕃悉补野王位，人人都在觊觎，悉补野世系不断。……（恰白·次旦平措等，2004:115—119）

赞普的歌声，或能舒缓内心的焦灼，但却无法弥补因神性缺失而导致的统治危机。也许，是佛教的传入使吐蕃赞普看到了一丝重构神力的期望。

佛教初传入蕃，原先特指天界神灵的“拉”，转而专指“佛，佛教密宗修习的本尊”，及“天、天趣，佛教所说的六道众生之一”（张怡荪，1993:3078）。用藏族古式观念中的“拉”指代从外传入的“佛”，或可说明：藏族人对“佛”的最初想象，原本建立在本土文化关于天神“拉”的理解与信仰之上。这意味着，佛教初传时，吐蕃先民对“佛”的解读与其对“拉”的认知如出一辙。

藏族史观的基本看法，如喇嘛丹巴所记：吐蕃赞普经历了二十七代传承后，直到拉托托日年赞时期才有佛法传入。佛法传入的方式，与第一代赞普聂赤赞普从天而降入住人间的方式几近一致：“为预示佛教将在西藏弘传，从天空中降下《宝箧经》《六字大明心经》《百拜忏悔经》，一肘高的金塔、赞达宝刻嘛呢泥塔、木叉手印等，随着太阳光落到宫殿顶上，同时空中还有声音预言说：‘你以后的第五代，将有知晓这些物品的意义的国王出世。’”（萨迦·索南坚赞，1985:47—48）对于这则明显带有神话色彩的记述，学界通常有两种评论。一种认为，“天降”说的实际情况可能是“当时来自中亚和印度的某些大师们曾到达过吐蕃”（图齐，2005:3），这些经书、宝物大概是他们带来的。另一种认为，“天降”说“显然和苯教信仰有关”，“后来才由佛教徒把它佛教化了的一个故事”（王森，2002:3）。前者侧重于实证分析，后者倾向于观念阐释。

自木神之绳被砍断后，如何再与天界互通、如何再以天神之子自居——或已成为赞普世系身份焦虑的根源。无独有偶，西藏历史上又发生了第二次天降。据藏文史籍记载，西藏史上有且仅有两次“天降”，前一次是聂赤赞普，后一次是经书、宝物。后者，或许意味着在拉托托日年赞时期，赞普世系试图重建与天界“拉”之关联的一种抉择。从这位赞普开始，吐蕃政权的多位赞普都曾为此努力，兴建桑耶寺的赞普赤松德赞更是其中最重要的一位。

继拉托托日年赞被尊为普贤菩萨化身，松赞干布被尊为观世音菩萨化身之后，赤松德赞亦成为文殊菩萨的化身。吐蕃赞普的抉择，无论是否达其所愿，却已勾勒出自身的第三重面目——一幅幅菩萨的形象。在江白林二层回廊的墙上，萨班亲手绘制的壁画：赞普赤松德赞的形象就隐匿在文殊师利的身影之中，流芳百世，供人顶礼，无限敬仰。

从“天神”或“天神之子”，转而以“赞”自称，直至成为“菩萨”的化身——吐蕃赞普的形象就这样经历了一系列复杂而微妙的变化。这些变化，虽多是源于赞普维护其统治的实际需要，但同时也对藏族人的宇宙观产生了不容小觑的影响。

赞普的每一次抉择，并不是采取“推倒重建”或“非此即彼”的策略，而是在原有观念的基础上不断增添新的内容。

当赞普逐渐用强力替代神力建构其统治地位时，他们也从未否认过自己的“天神”出身与特质，依然惯常将“拉”（ལྷ）放入自己的名号中。如“圣神赞普”（འཕྲུལ་གྱི་ལྷ་བཙན་པོ）、“天赞普”（ལྷ་བཙན་པོ）、“赞普天子”（བཙན་ལྷ་སྲས）、“天降之王圣神赞普”（གནམ་ལྷབ་ཀྱི་རྒྱལ་པོ་འཕྲུལ་གྱི་ལྷ་བཙན་པོ）、“天神而为人主圣神赞普”（སྐྱིའི་རྒྱལ་པོ་ལྷས་མཛད་པ་འཕྲུལ་གྱི་ལྷ་བཙན་པོ）。[1] 当赞普认同于自身与菩萨化身合而为一时，

1.“圣神赞普”出现在唐蕃会盟碑的正面和背面，“天赞普”出现在第穆萨摩崖刻石上，“天降之王圣神赞普”写于谐拉康碑甲，“天神来作人主”刻于谐拉康碑乙，“赞普天子……天神化现，来主人间”现于赤德松赞墓碑（参见王尧，1982:44，101，115，127，133，148）。

他们也从未抑制过诉诸武力征伐内外的欲望。仁慈与暴力，在佛教徒的眼中仿佛是一对天然的矛盾。这对矛盾，却因赞普的统治需要而紧密黏合在一起，并逐渐融入吐蕃臣民的身心之中。时至今日，尚武与拜佛相行不悖的心态，依旧在影响藏族人的日常行为和善恶观念。

另一方面，当神力与强力、神性与佛性在赞普的形象中渐渐混为一谈时，人们发现，传统的“宇宙三界”之间似乎也日渐含混。如丹珠昂奔在介绍“念”时，所说：“许许多多的情况下，年神、山神、土主是混淆的，有时甚至难以区别他们与龙神乃至天神的区别。”在介绍“赞”时，又说：“赞神的作用并没有给我们以清晰的印象，因为，它和年神的界限不好区分。”在介绍“拉”时，则认为：“天神的第一种特点：即它是吐蕃阶级社会产生的征示，是专指吐蕃王室的。天神概念的另一含义和特点，并不限于指鹘提悉勃野家族，而指普通的也是至高无上的天神。”（丹珠昂奔，1990:15，23，69）

“拉”“赞”“念”混融或混淆的情形，看似杂乱，却仍然有章可循。分辨三者的依据，主要取决于藏族人对信仰与崇拜的区分。有个藏族朋友告诉我：以前，藏族人不会对某个“念”五体投地，绝对不可以的。但后来，有个“念”的威信越来越高，越来越高，以至于大家可以像对待“拉”一样对他磕长头。那么，这个“念”也就成为了“拉”。以此类推，若想判断某类“存在”究竟属于三界中的哪一界，只需了解藏族人对待这类“存在”的方式与态度就可以了。当年，佛教初入雪域，吐蕃民众以理解“拉”的方式理解“佛”，以对待“拉”的方式对待“佛”：信仰它，绕转它，对他磕长头、行大礼、乞求来世的福祉。

不过，将“佛”混同为“拉”的现象，在藏族佛学家看来终究是不太恰当的——这其实是藏族人曲解“佛”的本意之后，形成的混搭式想象。所以在藏文中，另有一词“桑吉（སངས་རྒྱས）”专门指称“佛”，它是根据“佛”的本意“觉者”，直译而来。

时至今日，以“拉”称呼“佛、菩萨”的说法，仍会频繁出现在藏族人的日常生活中。就像桑耶寺的江白林一样，尽管后世为其赋予了更完满的佛教诠释，但却难以掩盖那些留存于神话传说中的吐蕃赞普的抉择。

八、桑耶角

“众赞之首”孜玛热

在桑耶寺的东北角，有一处较大的院落，原名“白哈尔宝藏洲殿”（贡泽林），俗称“桑耶角”，实是桑耶寺的护法神殿。这座在废墟上重新修造的殿堂，建筑工程只完成了一半，剩下的另一半便用一堵石砌围墙潦草地代替。据建筑监理达杰介绍，明年又要动工修复了[1]。

就像多数藏传佛教寺院的护法神殿一样，桑耶寺的护法神殿也有幽暗阴森的内室，风干悬挂的兽首，恐怖怪诞的塑像，饰以人皮、骷髅的壁画，长柄鼓一刻不停地敲出紧张急促的“咚咚……”声，刺鼻的酒味充满整座殿堂甚至漫溢至殿外。与之相伴的另一幅景象是：络绎不绝的信众，提着塑料酒壶，捧着洁白哈达，握着一把零钱，在神殿中面不改色地虔诚顶礼。初见者往往会好奇：在这座令人畏惧的殿堂里，各方信众如何能泰然自若地完成这一系列敬神仪式：上香、献哈达、敬酒、磕长头、绕殿、拜神、请护身符，之后，带着一脸喜悦，欣然离开。

七年前，第一次参观桑耶角，护法神孜玛热的形象——那张红得发黑的脸庞、三只嗔目怒视的眼睛——令我毛骨悚然。此次重返桑耶，虽明知护法神殿之于寺院的重要性，却也未想过去那座恐怖殿堂里看一看。

直到后来，发生了一件事。民间摄影师小张和小李，要在桑耶寺里住一段时间，拍摄寺院壁画。此间，他们总是屡遭不顺：摄影师小李无故病倒，摄影器材故障频出——这让人很不安心。次仁拉得知此事，对他们说：“是不是没有拜过寺院的护法神？我带你们去拜。”随后，又对我说：“您也一起来吧！”

那日大雨，次仁拉穿着一件喇嘛红对襟夹袄站在寺院商店的门口，售货员得知我们要去拜护法神，熟练地从柜台里拿出三样东西：哈达、桑耶寺藏香厂自制的线香和高度白酒。

---

1. 即 2012 年。2013 年，田野回访，看见桑耶角果然在重建。与其他殿堂的修复方式不同，这次是大规模拆除原先的建筑，翻新为式样不同的殿堂，据说，这座新的护法神殿是按照最初的建筑式样修建的。

图 30 翻修之前的桑耶寺护法神殿全貌（何贝莉摄 /2011 年 7 月）

护法神殿坐北朝南，正门前，有两段又陡又窄的石梯，石梯扶手以木雕骷髅头做装饰。沿梯直上，至护法神殿的二层。穿过殿堂的木质大门，进入院内，便是护法神殿的二层回廊。经过面北的僧舍、朝西的经堂，一直走到南向的护法神殿前，次仁拉才收住脚步。

这间小巧的护法神殿里，供奉着桑耶寺的两大护法白哈尔[1]和孜玛热[2]。按理说，白哈尔先于孜玛热来到桑耶寺，且地位也比后者略高一些；但当地人认为，孜玛热才是事实上的桑耶大护法。因此，这间护法神殿又名“赞康”，即供奉“赞”的护法殿，神殿所供之主神就是统治全藏众赞的首领：孜玛热。

次仁拉引领我们先朝拜赞首。他撕开线香的包装，在殿前的酥油灯炉里点香，

1. 勒内・德・内贝斯基・沃杰科维茨在《西藏的神灵和鬼怪》一书中写道：“白哈尔名称的拼法是不统一的，虽然本书中使用的名称写法（指 པེ་ཧར）在藏文文献中也广泛使用，但这种护法神的名称还经常地写作白嘎尔（དཔེ་ཀར་པེ་དཀར་སྤེ་དཀར་དཔེ་དཀར་བེ་དཀར）、白哈拉（དཔེ་ཧ་ལ 或 པེ་ཧ་ལ）。这位神灵还有其他一些名字，如护法神大王、大护法业主、财主大王——因白哈尔为桑耶寺之主，故称——白命主（སྲོག་བདག་དཀར་པོ）。此外还称众男人之战神、三面伟男。根据参考书目 31fol.4b 所记，当白哈尔以下面三种形式出现时就有三种不同的名称：作为王系魔时称作白嘎钦保（པེ་དཀར་ཆེན་པོ），作为法王时称作大战神，作为命主时称白梵天王（ཚངས་པ་དཀར་པོ）。白哈尔有时偶尔称作具誓水晶白鬼（དམ་ཅན་ཤེལ་གིང་དཀར་པོ）或战神大王乃穷（དགྲ་ལྷའི་རྒྱལ་པོ་གནས་ཆུང）。他是众王系魔的首领，这类魔可分为两大组，大王系和小王系。每组有三百六十个成员。”（勒内・德・内贝斯基・沃杰科维茨，1993:114）

2. 勒内・德・内贝斯基・沃杰科维茨：“西藏最重要的世间护法神之一是‘赞’系神载乌玛保（ཙེའུ་དམར་པོ），或者写作 རྩེའུ་དམར་པོ、རྩེ་དམར、རྩི་མ་ར、རྩི་དམར་བ、ཆོས་སྐྱོང་གནོད་སྦྱིན་དམར་པོ（红夜叉护法神）等等。这位载乌玛保神是继白哈尔神之后作了桑耶寺的护法神的。人们认为他是魔神的首领。”（勒内・德・内贝斯基・沃杰科维茨，1993:189）

图 31 铁棒喇嘛在坐床仪式上来护法神殿向护法神敬献哈达（何贝莉摄 /2011 年 9 月）

然后分成三份，递给我们；并说，应该双手合十，握住线香，进入神殿，向正对大门供奉的孜玛热神像拜三拜。之后，依顺时针方向，逐一拜过供奉在护法神殿的神像。接着，次仁拉命我们将线香折断，放入香炉，再各自取一条白色哈达，双手托握献在佛龛前的条案上。而后，次仁拉将白酒交给护法神殿的管家，由他帮我们处理敬酒事宜。如是，整套敬神仪式完成，大家不约而同地舒了一口气。次仁拉看上去很高兴，他说："这样就没有问题啦！"

果然，小张和小李的寺院生活从此便顺畅了许多。欣慰之余，大家难免会对这位护法神生出几分敬畏心。

生活在孜玛热的界域中，必须请求并得到他的庇佑，才能平顺安康。赞首孜玛热在当地人的心目中，是一位仁慈而殊胜的地方保护神。体悟到人们对孜玛热的强烈情感后，再端详这位赞首的模样，就不会觉得可怕。我甚至渐渐认为，拥有令人内心恐惧的凶恶相貌是确有必要的：赞首的这副面孔，着实有助于恫吓、震慑乃至击退敌人。在信众看来，孜玛热的狰狞之相亦是英勇威武的形象：

夜叉、众战神之王载玛保（རྩེ་དམར་པོ），凶恶而可怖，常作凄惨幽绝之声，眉宇因激怒紧锁，上齿咬住下唇。载玛保神的诸多英武征兆：右手持红丝旗帜，左手持赞魔绳套，绳套如阳光般闪烁。若将绳套以光一般的速度投向敌人便可扼紧敌人的“生命之息”。右手的四个手指也缠有红色绳套，身体左边挂虎皮箭袋，右边挂豹皮弓袋，骑四蹄雪白的黑马。载乌玛保头载皮盔，盔上饰的秃鹰羽毛；身穿胸甲，胸甲用毒蝎皮装饰（勒内·德·内贝斯基·沃杰科维茨，1993:189）。

通过敬神仪式，我与护法神孜玛热便建立起某种稳定的关系。这情形，如同初到桑耶时，去镇公安局的户籍管理处注册办理了一张为期三个月的暂住证。一旦拥有这个小红本，我就可以合法合理地住在桑耶镇。当时，次仁拉对我的举动颇不以为然，他觉得即使没有暂住证，我也是可以留下；相较而言，他更看重我是否在孜玛热的护法神殿里“登过记”。其实，向护法神孜玛热“打报道”的原因，并不在于我是否是一个佛教徒，而取决于我是否需要在此地生活——若是，就需要得到这位地域神的允许与庇佑。

次仁拉深信，仪式过后，我就会得到孜玛热的保护——在桑耶时，乃至以后更长的时间里，这位大护法神一定会保佑我。后来，去护法神殿的日子多了，我才意识到每一个来护法神殿敬神的藏族百姓都怀着同样的寻求庇佑的信念。而我郑重其事履行的那套敬神仪式，早已根深蒂固地融于他们的行为习惯中，几乎所有的朝圣者都会在护法神殿里如此礼拜一番。这套行为背后的意义，在当地人看来，不言自明，无需任何解释。

那么，护佑桑耶寺的赞首孜玛热，究竟是何方神灵，又因何担此重任？若想理解这位“赞首”，则需先从雪域蕃地的“赞”及“赞”崇拜说起。

早在佛教扎根藏地之前，“赞”崇拜已广泛存在于吐蕃人的观念中。那时，雪域先民信奉一种古老的宇宙三界观“拉、鲁、念”，将世界垂直分为三个层次：上界、下界和中界。“赞”居游于中界，活动区域多在空中——一个相对含混的空间场域。感觉比人类活动的“中界”底层高一些，又比“拉”所在的“上界”略低一些。至于高有多高、低至多低，却没有一个清晰的标准。

藏族人敬畏崇拜的对象，似乎都有一种相近的特质：能游走或介于两界之间。比如能往来于上界与中界的天神“赞普”，居住在中、下两界之间的“鲁”，乃至穿行于中界上下的“赞”或“念”。这些对象，往往具有两种看似矛盾的属性：既在上界也在中界，或既在中界又在下界。由此，它们的存在，一方面会模糊上、下、中三界之间的界限，另一方面又使三界间的互通往来成为可能。藏族先民之所以敬拜它们，想必是因其具有通界或越界的力量；畏惧它们，是因为这种力量往往伴随着巨大的危险。“赞”，无疑是这类存在的典型代表之一。

相较于上、下两界，中界本身就是一个介于上下之间的混融地带。人类长久栖居于此，始终在应对各类生灵共处一界的复杂局面。在实际生活中，雪域先民总是不得不以最大限度包容“中界”世界的复杂性与混融性。或也是出于此因，人们给出的分类体系往往会显得含混而有限——非此即彼的分类法则，有时反而会无助于人们对宇宙三界的理解与实践。

如是，便给研究者留下了一个难题：“赞”究竟为何？有学者认为，“赞神的作用并没有给我们以清晰的印象，因为，它和年神的界线不好区分”（丹珠昂奔，1990:23）。[1] 此外，赞也有好多种，“如地赞、天赞、岩赞等”（才让，1999:85）。又如吐蕃政权世系的“赞普”这一名号，也与藏族人敬畏的“赞”有关，“存在将赞普视为赞神的代表的意思”（孙林，2010:109）。

至于“赞”的归属或性质，同样是难以界定。有的研究者将赞诠释为“神”，“赞神在古代传说中被认为是一种雄强伟岸、桀骜不驯，同时又脾气暴躁、喜怒无常的神，以红色为象征”（孙林，2010:109）。有的论著将之称为“魔”或“妖”，“‘赞’代表着赞杰杨尼艾，通常指岩妖”（桑木旦·G·噶尔梅，2005:146）。另有学者意识到赞的属性能在魔、神之间的转化，认为“赞神则是西藏最重要的魔神（即最初由魔转变而来的神灵）之一。通常把赞神描绘成穿盔甲的红身骑士”（勒内·德·内贝斯基·沃杰科维茨，1993:199）。不过，此处所谓的“神”并不能简单等同为上界的“拉”；除非人们能像信仰“拉”一样对待这位赞神，他才能荣升至“拉”的行列中——桑耶寺的护法神孜玛热，就是这样一位赞神。

“赞”难以被清晰定义的原因，除宇宙三界观的影响之外，亦与西藏历史的“层层累积”[2] 有关。一个比较精要的概况是：“在古代 btsan 乃原始崇拜之精灵，拜物之苯教 bon po 列为九乘之一，后转为统治者自称。在吐蕃诸王之名字中多有此字，以示崇巍”（王尧，1982:44）。这句话将“赞”的历史演进分为三个步骤。

1. 引文中所说的“年神”即为“念”。

2. 在此借用顾颉刚先生的“古史层累说”之“层累”一意（参见顾颉刚，2003:3—9）。

首先，“赞”作为一种原始生灵，存在于藏族先民的观念中。之后，曾一度主导藏族人精神世界的苯教信仰，将其纳入自己的万神殿并赋予新的含义（参见丹珠昂奔，1990:2—3）。第三，在吐蕃政权的政治生活中，“赞”不仅被视为异于人类的生灵，还是拥有强力的男子汉气质的象征。吐蕃人嗜好“赭面”（陈燮章等，1982:251），兴许与此相关，因为“赞”正是以红色为代表。

只是，以上概括仍有疏漏：它未能说明“赞”在藏族人观念中的原初特征，也未能解释佛教对其施加的影响——这两点，对于理解桑耶寺的护法神孜玛热，则是尤为重要。

·

“阿姨！刚才有个爷爷在转经道上死了！”一天，央宗突然带着满脸难过的表情，告诉我这个不幸的“小镇新闻”。“好好的……死了呢。”央宗感叹一句，接着说：“他和另一个爷爷，远远地来。听说，他们前天聂玛隆和青朴的去，昨天扎央宗的去，今天回来，说转寺的去。他们转寺，好得很呢！转完寺，坐在路边喝酒，高兴得很呢！喝酒，好好的……那个爷爷就倒下去，不行了撒，嘴里泡泡多多的是……”

我问她：“寺院医务室里的人难道没去抢救吗？”

“哎呀！不行了撒。”央宗摆摆手，说：“不过已经很好了……爷爷转完了撒。”讲到这里，她的脸上不经意地流露出一丝欣慰与安然。央宗情绪的微妙转变，让我无意间想起一个藏族朋友的话，他说：若能死在转经道上，那是莫大的福报，理应为此高兴，而非悲伤。

无独有偶，央宗描述的那一幕，恰巧被摄影师小张和小李撞见。那天，我们约好聚餐，但这两人迟迟没有出现。直到暮色降临，他们才拖着疲惫身形，一脸沮丧地走进餐厅。可想而知，聚餐毫无滋味。饭后，两人似乎恢复些气力，向我讲述了这场意外之事。

“今天工作顺利，提早收工，趁着天色不错，在寺院周围转一转。转经道上，遇见两个从安多来朝圣的老大爷。他们会说汉语，我们聊了起来。两位老人说，这是自己有生之年最后一次来这么远的地方朝圣，开心得很。打算明天起程返乡，车票都买好了。我们聊天，喝酒，晒太阳——他们自带的青稞酒，度数高，下喉感觉火辣辣的。老人夸张、兴奋的表情，到现在……还在我眼前晃动。”讲到这里，小张停住了，埋下头，默默压抑着急促而又沉重的呼吸。良久，他稳住情绪，继续道：“本来一切都好，忽然间，一个大爷笔直地倒下，翻白眼，吐白沫，呼吸困难——这情形把我们吓呆了。我曾接受过急救训练，于是赶紧施救……什么办法都试了，我能想到的所有办法。”至于结果，大家不忍言说。小张痛心自责道：“我真的没有办法接受一个人在我眼前活生生离开的现实！”

生命的生杀予夺，或许本就不掌握在我等凡夫俗子的手中——我想宽慰他，却始终无法说出这样的话。不由在心中默想：作为桑耶一隅的保护神，孜玛热，你此刻在做些什么？

“阿姨，他为什么不高兴？”晚上，转寺时，白玛问我。她想必是听到了我和朋友的谈话。“因为，他看到老人去世，觉得伤心。”“为什么要伤心？他应该高兴的是呀！我们死了，灵魂都要到桑耶寺去。现在，爷爷在寺院边上死，灵魂不用跑远路了撒，不用怕迷路了撒，很好的撒！”白玛言之凿凿地告诉我，仿佛她描述的一切都是亲眼所见。

我点点头，觉得很难向白玛解释汉藏两地的生死观究竟有何不同，无论如何，我们终究只会也只能在自己的观念世界中体味死亡的意义。面对同一死亡事件，彼此的感受却大相径庭，开心或悲伤，圆满或缺失。

那一夜，星星与月亮同辉，把天空映照得犹如白昼，乌孜大殿的金顶在夜光中清晰可见，老柳树的叶子在微风里瑟瑟作响，流浪狗在东门前的空场上嬉闹追逐，头顶上的银河倾斜而下缓缓地流向山后。在看不见的角落，擦肩而过的地方，也许正游荡着数不清的鬼魂、精怪与赞……此时此刻，它们是否与我们一样，在仰望同一片星空？

·

赞与人，之所以关系甚深，或是因为赞的由来与人的灵魂息息相关。藏族谚语中，自古有“人死赞生”一说，意为人死后，他的灵魂将转化为赞。但并非所有人的灵魂都会变成赞，只有那些生前强悍不屈的人物在意外致死或含冤而死后，其灵魂才会转变为喜怒无常、脾气暴戾的赞。这类故事在藏区时有发生。如拉萨东郊扎耶巴修行地的保护神，就是吐蕃著名的僧相章卡·贝吉云丹死后变成的。

又如西藏曲水地方的赞神丹巴泽凌，生前曾是一个铁匠（参见才让，1999:85）。不过，由此而来的赞，多半生性残暴，在被冒犯时，会肆无忌惮地伤害人畜。

在桑耶的世界里，赞与人共处一界。众赞身着红衣红铠甲，头戴宽沿红头盔，身背弓箭，脚踏红马，一手持红色长矛，一手拿红色绳套，如烈焰般盘旋在屋顶上，驻足于白云边，乘着霞光飞驰，又在林间穿梭，悠游四方，不容任何冒犯。这些活跃在中界、脾性乖张、无以计数的赞，有一个共同的首领——孜玛热。

就像其他的赞一样，赞首孜玛热，也来自于一个冤死的灵魂。据说，他原本是古印度的一位凶神，在成为凶神以前，曾是一位虔诚而有学识的僧人。一次，在王宫里，他恰好见到王妃的东西掉在地上，便上前帮她拾起，结果，却被指控为作奸犯科，判了死罪。死后，僧人转世为暴怒凶狠之神，形象为女子，被马头明王收作随从。然而，他的灵魂再度逃走，化身为七个兄弟，在西藏阿里的白玛白塘与入藏的莲花生大师作对。莲师以法力将其降伏，命名为“火神七兄弟”。如此，七兄弟便以孜玛热为首，成为全藏众赞的统领。莲师来到扎玛（今桑耶寺所在地）时，孜玛热一行也尾随而来。其后虽有一番波折，但火神七兄弟最终栖身在桑耶寺东北角的一座神殿里，成为桑耶一隅的守护神（参见郭净，1997a:71—72）。

孜玛热因赞成神，全拜莲花生大师所赐。据说当年，莲师得到赞普赤松德赞派遣的吐蕃使者的邀请，前往藏地弘扬佛法，一路上，遇妖降妖、逢魔收魔，将游荡于中界的念、赞和潜藏于下界的鲁，逐一收服，指定为护法。个中情形在《莲花生大师本生传》第六十章中记得明明白白（参见依西措杰伏藏，1990:397—403）。

对于这场在藏族民间广为流传的“莲”“魔”大战，后世学者多有剖析。有人认为，战争的结局反映出印度佛教与吐蕃苯教的斗争情况，至于情况为何，各有分说。一说，莲花生在这场斗争中获得了他在西藏佛教中的地位（参见矢崎正见，1990:37—38）。或说，苯教徒遇到莲花生，有如小巫见大巫，敌不过他的那套把戏（参见王森，2002:9），因而“密宗在吐蕃社会上遇到的阻力较小”（王辅仁，2005:25）。三说，本土崇拜和特殊信仰仍在吐蕃广泛存在，苯教强有力的抵抗仍在藏地发挥作用（参见图齐，2005:19）。

以上见解，自有道理，但却忽略了“莲”“魔”大战的另一个后果：通过这场斗争，中界之“念”“赞”与下界之“鲁”在吐蕃人心目中的地位被大大抬高，它们的特性甚至由此而发生了转变。这些原本与上界之“拉”泾渭分明、与中界之人平起平坐的生灵，在莲师的调伏下，被赋予了高于人类的神性。此后，人们对这些由魔成神的新“神”顶礼膜拜，将其毕恭毕敬地供奉于神殿，如对待天神与佛一样——只是不知，这是莲花生降魔的意外结果，还是大师授记的刻意安排。

由此，赞首孜玛热便以“神”自居，安坐于神坛之上，静静领受从各地纷至沓来的信众在他脚下五体投地，焚香敬酒——人们（不仅是桑耶当地人）之所以如此敬畏他，是因他掌控着事关生死的：灵魂。

“灵魂”：栖居与游走

在桑耶角护法神殿的正下方，有一个常年紧锁的房间，那里就是“气室”。气室木门的两旁，悬挂着一红一黑两只鼓鼓囊囊的皮口袋，人称“气袋”，约有半人高，可双臂环围，上绘凶神恶煞的面孔。桑耶当地人深信，自己死前的最后一丝气息会被孜玛热勾走，装进这两只气袋。木门上，约一人高的地方，开有一条窄长细缝，仅容一人探看。往来信众无不立在门前，俯身贴面向内窥视一番。

一次，我也好奇地凑过去看“气室”。起初，里面漆黑一片，什么也看不清。待眼睛适应弱光后，才发现是一个窄小的房间，凌乱地堆放着一些杂物。房间里面，还有一扇单开木门；木门的后面，还有一间密室。

“见”过气室的人，难免会指着木门上的一张贴画交头接耳，说：房间里面的情形就是画上的内容。这张贴画，画着一个用电脑特效绘制的好似剥了皮的人类躯体仰头匍匐在地，那情形血腥怪诞，令人头皮发麻。至于围观信众，有的怅然若失，说没有看到画中景象；有的面露怯色，声称见到些蛛丝马迹；有的似看非看，诚惶诚恐；唯有孩子们，如欣赏西洋镜一般争先恐后地围着那条细缝，嬉笑叫嚷个不停。

相传以前，这扇神秘的木门，一年只开一次。每年藏历二月，在拉萨举行的鲁贡仪式中，被驱逐的“替死鬼”（即鲁贡，藏文写作 གླུད་འགོན，在拉萨传小召抛朵玛时所扮的替人受灾难的鬼物）要被赶到桑耶寺，在气室里接受孜玛热的审判。这一天，气室的木门会打开，以便把替死鬼送进去（参见勒内·德·内贝斯基·沃杰科维茨，1993:190）。如今，这一开门仪式已不得见。

但凡在桑耶“见识”过气室的人都知道，这房间是孜玛热审判灵魂的地方。内贝斯基在《西藏的神灵和鬼怪》中提到，“这间房子有一个非常窄小的窗户”，我疑心，这扇“窗户”是否是气室木门上的那道细缝。据内贝斯基描述，鬼魂要想到孜玛热那里，就必须趁天黑从细缝处溜进去；一旦进去，再想出来可就难了。所以，只要趴在细缝处看看，就会发现房间四壁上布满想“逃生”的鬼魂用指甲抠抓出的痕迹。鬼魂之所以想逃脱，是因宣判后，孜玛热会命令他的手下把这些鬼魂剁成碎块。内氏的藏族朋友告诉他，他们甚至可以闻到从细缝里窜出的呛鼻的血腥气味，而且，这个房间里还存放着一块专门用以斩鬼魂的木案板。僧人说，一年后，这块木案板上便会刀痕累累，所以他们每年都会放一块新案板到房间里，旧案板则被取出扔掉或烧掉。甚至还有人说，住在桑耶寺里，一到晚上就能听见从这间屋子传出的“咔嚓……咔嚓……”声（参见勒内·德·内贝斯基·沃杰科维茨，1993:191）。

当地人将孜玛热的灵魂审判描述得绘声绘色，粗较之下，这位赞首与内地的阎罗王确有几分相似，但又不尽然。按照佛教的说法，身为地狱之王的阎罗王，专门处置那些因恶业堕入地狱的生灵。但六道中的轮回，是依据各自的业力而不由阎罗王来决定。那么，孜玛热究竟在审判哪些生灵的灵魂？是否不论善恶，人与非人，其灵魂都由这位赞首处置？似乎没人能就此给出一个系统而富有逻辑的解释。由此，学者才让认为，“说赞玛热管雪域人的生死，自是民间的一种迷信，与佛教无关。而且许多藏族地区并无这种说法，甚至有的连赞玛热的名字都闻所未闻”（才让，1999:203）。

不过，那些远道而来、首次在桑耶朝圣的信众，只要在护法神殿拜过孜玛热，或与寺院僧人交谈过，便会知道赞首的存在，并会在有意无意间把孜玛热崇拜带回家乡：那里可能是卫藏、阿里、康区、安多境内的任何一个僻静村落或牧场。待至日后，新一批的朝圣者启程去桑耶时，他们的心目中便已有了孜玛热的位置及对他的虔诚崇拜。

关于灵魂，次仁拉告诉我，有两件事至关重要——那是谈及灵魂时，当地人会本能想到的。其一，临终前，我们呼出的最后一口气息会被孜玛热的红色赞魔用绳套勾走。其二，中阴时，我们的灵魂会来到桑耶，接受三次审判，首先，是在松嘎尔五石塔处接受初次审判；然后，在乌孜大殿的金顶（或说在北大殿桑结林）接受二次审判；随后，在桑耶角接受孜玛热的终极审判。

次仁拉一边吃着素面，一边以既成事实的口吻讲述，既无解释，亦无辨析，甚至不容我质疑。他笑着摆出一副“你就权且接受”的表情，对我的寻根究底置若罔闻。在他看来，接受这两件“事实”远比解释它们何以成为事实更重要。

我不得不借助一些参考资料来理解孜玛热审判的“灵魂”究竟意味着什么。无论如何，在这座按佛教宇宙图式兴建而成的寺院里，为往生的灵魂保留最后的一

图 32 多德大典期间，寺院僧人制作的“偶像”孜玛热（何贝莉摄 /2011 年 7 月）

席之地——都是一件不可思议的事。因为在佛教徒的概念中，并不注重“灵魂”二字。[1]

藏语中，“灵魂”为བླ，“呼吸的气息”是དབུགས。在传统的藏族生命观中，བླ和དབུགས是人体能够维持生命并象征生命基本力量的两个本原，此外，还有一个本原是སྲོག，即“命、生命”。简言之，在藏族人看来，一个活生生的人身由“灵魂”“生命”和“呼吸的气息”共同支撑，三者缺一不可。[2]呼吸的气息，与人身存活的生命周期一样，有开始，有结束，开始意味着诞生，结束意味着死亡。人呼出的最后一口气息，便是招致死亡的气息。与之相反，灵魂则永恒存在无生无灭。在此，不妨将身躯设想成一处居所，有一个灵魂恰巧栖居在内，它以“你的灵魂”自居，与“你的身体”共存。然而，当你气息衰竭，灵魂无法在这个身体里获得持续存在的动力时，它便会弃你而去，成为游荡的鬼魂，寻找其他的住所。灵魂与气息的微妙关系恰在于此：作为人身生命的基本构成，它们相互依赖，共同维系一个人的生命；却又彼此牵缚，所谓“气”之不存“魂”将焉附。因此，孜玛热必须勾走最后一丝气息，灵魂才能从人身处得到彻底的释脱。

灵魂，从来都是一种不安分的存在，它可以到处安身而无需顾及“宿主”（灵魂寄居的那个人身）的感受。藏族人相信，日常生活中的走神或做梦，便是灵魂逃逸或神游的直接反映。为此，人们总有一种隐隐的焦虑：担心自己的灵魂一不小心便跑到其他地方去了，或是被其他东西夺走了。一旦发生这种情况，就要举行相应的仪式，召回灵魂，使之重新回到自己的身体里（参见孙林，2010:437—452）。或是因为灵魂居无定所，在藏族人的观念中，便有“寄魂”一说。灵魂可以附身于一棵树、一块岩石或一头牲畜，但同时又与“宿主”的生命保持密切联系。拥有强大力量的人物，往往会将自己的灵魂寄居在身体以外的某一或某些地方，这些地方多是山峰、湖泊、岩石，或是动物、植物，甚至是生活用品。据《格萨尔王传》的说唱艺人讲，格萨尔王为防止敌人攻击自己的灵魂，拥有许多寄魂物，

---

1. 以利亚德：“精神（‘灵魂’）——作为超越和自主的原则——除佛教徒和唯物主义者（顺世论者）之外，所有印度哲学都是承认的”（以利亚德，2001:15）。图齐：“在佛教中（至少是有关教理的问题上），没有灵魂的位置，因为使羯磨具有持续性的决定性中心位于识（灵魂）中”（图齐，2005:213）。石泰安：“喇嘛教经文都忠于传统佛教，否定灵魂和人格的做法，它们在谈到‘解脱’或‘转生’时，都注意仅仅谈到意识的因素”（石泰安，2005:253）。

2. 在此，我主要探讨前两者即气息与灵魂的关系，这主要源自于田野经验给我的启发。不过，孙林曾谈到“藏族传统宗教观念中，bla作为人体中最基本的构成部分，还被赋予了一个名词，即bla-srog，我们可以将它理解为‘魂力’或‘本命魂’（也可译为本命），它被认为是人的福运和生命整体存在的必要保证。如果一个人突然举止失常，会被认为这个bla-srog溢出体外，这样最容易导致疾病缠身，严重的会招致生命的消亡”（孙林，2010:390）。

这些寄魂物多是动物形象，同时也是格萨尔身体的保护神。也许，在藏族人看来，人身对灵魂的仰赖远比灵魂对人身的依附要强烈得多。

为了更好地理解灵魂的特性，在此引入一个尚未命名的概念，姑且称之为某类“存在”。[1] 当这类“存在”附着于人身时，藏族人把它称为“灵魂”。当它脱离人身时，人们又该如何称呼它？藏族谚语“人死赞生”一说，表明人死以后，他的灵魂会化为赞。换言之，这类“存在”脱离与人身的关系后，便不能再被称为“灵魂”，而可能是内贝斯基笔下的“鬼魂”，或藏族人观念中的“赞”。因此，灵魂在指代这类“存在”的同时，更代表着这种“存在”与人身之间的固有关系。

藏族人似乎并未对这类“存在”给予清晰的命名与定义——至少，在我有限的田野经验里尚未获知。人们多是根据这类“存在”与其他事物的关系，为其赋予相应的名字：与人身结合时，它是灵魂；与人身脱离时，它是赞；与岩石、山峰结合时，它是念……

由此，我不禁想象到：在藏族人的中界世界中，可能有一类没有自身形象、无法独立存在，也无从定义的“存在”。但这类“存在”比肉眼可见的任何事物都更为真实。它只能栖居在中界的人身与物体之中，通过与这些人身、物体的关系，得以被认知和理解（参见孙林 2010:377）。由于这类“存在”具有能在不同的人、物中游走，并与之结合的奇妙特性，所以在藏族人看来，人、物、神三者之间的互通与交流是可能的。甚至在某些特殊情形下，这类“存在”能被召请或送走，从而实现在不同的人、物、神之间的“转移”。最常出现的一种“转移”仪式，莫过于发生在宗教仪式上的降神活动。

20 世纪 50 年代以前，桑耶寺的多德仪式，“包括一天跳神舞和一天大王巡街，在桑耶角举行”。“其中一个重要内容是孜玛热神巫降神”。一段唱诵过后，“孜玛热的‘意希’（ye shes 圣智）便应邀而降，依附在端坐椅子上的代言神巫（sku

---

1. 我必须澄清一点，之所以引入“存在”的概念，只是为了让读者更容易理解藏族人观念中的“灵魂”，这并不意味着藏族人的观念中对这类“存在”有所定义。相反，实际情况更像是藏族人认为把这类“存在”抽象出来单独理解是没有任何意义的，因为，我们能接触到的各种事物与情况，均是这类“存在”与物质实体发生关系之后得到的产物，藏族人似乎更关心这类产物对自己和生活的影响，因而对这些产物进行了大量的命名。同时，由于这些产物的背后，均有由这类“存在”建构的关联，以至研究者在面对这些命名如“赞”“念”“希拉”等词时，往往感觉这些词汇的指代含混不清、似同非异。

此外，我想到的另一种可能是：བླ在藏族人的观念中即代表这类“存在”。因为，按照灵魂、赞、念等诸多词汇的意涵推演，已能想见潜藏的逻辑关系中确有某类“存在”的概念，将之翻译成“灵魂”则很可能是我们的错解。因为，它如果是指代某类“存在”的话，那么它的概念外延就远比灵魂宽泛得多。

图 33 桑耶角的上层殿堂（即第三层殿堂）内放置金刚法舞的道具，
中层是护法神殿，下层最右边的房间是“气室”（何贝莉摄 /2011 年 7 月）

khog）体内。神巫骤然进入迷幻状态，声音、动作都变成护法神的样子，代之对众人的询问做出判断和预言，由身旁的秘书（drung yig）记下。该神巫系由原西藏噶厦政府在几名神巫中选出并任命，给一个大喇嘛的官位。挑选神巫的时候，要以比赛法力高低决定胜负。神巫们各自拿出看家本领，或把长刀拧成麻花形，或将刀子插入口中，或把它烧红了吞下去，或施咒在筛子上，使之盛水而不漏。选出的神巫便住在桑耶角的第三层。”只是，桑耶寺的最后一位神巫已去世，现在寺院里没有神巫，降神仪式也就自然取消了。自此，桑耶寺的降神仪式再也没有恢复过（郭净，1997a:74，128，161）。

如今，桑耶角的第三层殿堂仅存一室，位于护法神殿的正上方，室里存放着多德大典期间跳羌姆所用的面具、服饰与持物。在多德大典开始的前一天，僧人开启殿门，成群结队从殿中请出仪式所用的道具，置于乌孜大殿的底层经堂内。

一年一度的多德大典，现已转移到乌孜大殿的殿前广场上举行。法会持续三日，大殿经堂成为跳羌姆的僧人更换服饰、等待登场的“后台”。法会结束后，僧人会清理这些使用过的面具和持物，并将之送回桑耶角的第三层殿堂，妥善封存，等待来年，再度开启。

尽管没有人知道桑耶寺的孜玛热降神仪式能否恢复，但信众心知肚明：降神仪式是展现赞首孜玛热存在的最佳方式，亦是证明中界的各类生灵拥有交互关系的有效途径。现在，这种验证法已不复存在，可人们对孜玛热的信仰却无丝毫动摇——只因仪式背后的这套逻辑，仍在当地人的观念中发挥作用。

只要藏族人的生死观中还有“灵魂”一说——桑耶寺的大护法孜玛热，便是芸芸众生在往生路上绕不开也躲不过的一位“神”。

“世界之王”白哈尔

在桑耶角的护法神殿，赞首孜玛热的旁边，供奉着另一尊护法神像：白哈尔。寺院僧人习惯称之为“白哈尔王”或“世界之王白哈尔”。

当年，莲花生大师、寂护堪布与法王赤松德赞合力建成西藏第一座“佛、法、僧”三宝具备的寺院，随后，三人商量，要为寺院选一位护法。寂护说：“魔王护法会杀人，曜星之神太粗暴，龙王护法凶而狠，山妖平静天母恶。”如此，藏地中界的各类生灵似乎都不合适做桑耶寺的护法。于是，莲师授记：“国王后裔若干代，魔鬼化身将出现，名叫云丹和吾松，二人寻衅惹战端，乘机作乱鬼化身，过了一百零十代，霍尔白山魑国王，一起吞并全吐蕃，此霍尔的男系神，则是白天神菩提，如果请来白哈尔，这个非人木鸟鬼，就能忠心守佛殿”（依西措杰伏藏，1990:421—422）。

大师的预言，道出此后在西藏历史上发生的两件大事。其一，吐蕃政权覆灭。公元842年，朗达玛遇刺身亡后，吐蕃世系分为云丹与吾松两支，彼此残杀不休，再也不曾恢复吐蕃政权的统一格局。其二，蒙古人治藏。公元1247年，蒙古人阔端与西藏喇嘛萨班会晤，决议西藏归顺蒙古的条件，并使西藏地区在行政规划上隶属于元帝国的统治（参见王森，2002:24，226—227）。

师君三人兴建桑耶寺的年代，在公元8世纪中叶，此时距离蒙古人入主中原统辖西藏，尚有四百余年。尽管时间相距甚远，莲师仍然倡议赤松德赞在吐蕃的北方之地“霍尔”请一位护法入藏。似乎唯有如此，才能守护好这座藏地初兴的三宝齐备之寺院。那么，这位在莲花生看来能护佑桑耶寺的白哈尔，又是何来历？

据当地人的说法，白哈尔在不同时期，身份各异。前劫时，白哈尔居于蓝天之上，是一位梵天，号称“具海螺发髻者”，是三十三天神之主，穿天神衣。中劫时，白哈尔住在霍尔[1]，号称“水晶白鬼”，主持巴达霍尔[2]的修习禅院，尊为戴有特征皮帽者，即霍尔服。末劫时，巴达霍尔的修习禅院被藏军占据，白哈尔迁往桑耶寺，成为该寺寺产的守护者，进而统辖全藏（参见郭净，1997a:70）。

据内贝斯基分析，各类中外文献中记载的白哈尔，似乎比藏族人对他的认知还要复杂。白哈尔曾以不同名称在各个地区为人崇拜。在印度，他是为战神一男；在罗刹国，为象王；在玛尔巴，为雅邦察吉杰几保；在木雅，为月王；在尼泊尔，为地王；在象雄，为藏地九把木桶；在汉地，为冬王哈；在霍尔，为白木鸟王……（参见勒内·德·内贝斯基·沃杰科维茨，1993:114—115）白哈尔就这样出现在东达汉地、西至印度、南抵木雅、北到霍尔的广大区域中。在这片区域里，并存有诸多王朝、小国与部族，它们彼此间交往频密，互通有无，极有可能共同分享着对同一人物或神灵——如白哈尔——的崇拜。

白哈尔被西藏文明接纳的过程，亦是扑朔迷离。按照苯教徒的说法，白哈尔是象雄的护法神。此外，又有“北来说”，认为白哈尔来自孟加拉；后移至裕固境内的巴达霍尔修习禅院。巴达霍尔人视白哈尔为自己的保护神，并称其为阳神

---

1. “霍尔”一词有时指回鹘，有时指突厥。白达霍尔（亦即巴达霍尔）可能是属于他们之中的一部，约居于西藏北部的新疆和甘肃之间。《敦煌本历史》从687年起就有对突厥用兵的记载。这个突厥，藏史则说为白达霍尔。当时它与吐蕃争夺安西四镇。敦煌本记载的最后一次争夺是在736年。（五世达赖喇嘛，2000:197）

2. “巴达霍尔”，据藏族学者松巴·益西班觉考证“在距青海湖北面七八天路程的地方，有个地名叫巴洞（བ་སྟོང），此地有条河叫薛沙河（ཤུག་ཤའི་ཆུ）。从这里到内地的肃州城（རྒྱའི་སུ་གྱུ་མཁར）的吐尔卡（ཁྲུར་ཁ）之间有所谓霍尔黄帐部落（ཧོར་ཀྱི་གུར་སེར），此亦即所谓撒里畏吾尔（ཤ་ར་ཡུ་གུར），又称‘班达霍尔（འབན་ད་ཧོར）’，又称‘霍屯（ཧོར་ཐོན）’。”这里的班达霍尔指的就是巴达霍尔。另外，藏族学者毛尔盖·山木旦也持此说，不过他将“肃州”写作了“甘州”。法国学者石泰安则直接写作“甘州巴达霍尔”。肃州即今甘肃酒泉，甘州即今甘肃张掖，两地相距不远。据此，所谓巴达霍尔，其地在今青海湖东北，酒泉、张掖一带是确定无疑的了（参见马林，1994:122—123）。

图 34 多德大典期间，信众对“偶像”白哈尔和孜玛热顶礼膜拜（何贝莉摄 /2011 年 7 月）

南托嘎保；最后，他才迁到西藏。[1] 另有“南来说”，认为白哈尔是从北木雅的神院转而进藏的。[2] 此外，还有“印来说”。五世达赖喇嘛在《西藏王臣记》中写道，白哈尔曾跟随印度萨霍尔国王达磨波罗来到藏地；但在莲师的凝视下，仓皇逃回

1. 此说概称为“北来说”，持此说者，如《安多政教史》中的记载。据载，当桑耶寺建成后，“经过堪、师、王三尊会商决定，为了请五尊北海尔（པེ་ཧར）神为桑耶寺护法，遂派遣俺兰·达扎路恭为元帅，摧毁了巴达霍尔的禅院，劫去达玛巴拉王子、自然形成的绿松石的释迦能仁佛像，以及犀皮铠甲等财物和用具。阿阇梨莲花生入持金刚禅定，摄召毗沙门天及其眷属之部作护法，于北海尔财宝洲，建立神龛，进行调伏云”（马林，1994:119）。

2. 此说概称为“南来说”，见于石泰安在专著《木雅与西夏》中的论述（参见勒内·德·内贝斯基·沃杰科维茨，1993:115）。

巴达霍尔。待吐蕃军远征巴达霍尔，破其禅院后，白哈尔方才再度赴藏。[1] 如今在桑耶，人们习以为常的说法出自《莲花生大师本生传》：入藏前，白哈尔一直在守护巴达霍尔的一座禅院（参见依西措杰伏藏，1990:422）。

相传，赤松德赞听从莲花生大师的建议，决定迎请巴达霍尔的白哈尔来桑耶寺做护法。此次派去劫掠巴达霍尔禅院的蕃军首领，正是捐资兴建桑耶寺黑塔的大臣恩兰·达扎路恭。据载，这位信苯大臣因反对兴佛而遭贬逐，发配至北方，“适北方有事，戴罪立功，败突厥还朝，参与桑耶寺之兴建，改宗佛教”（林冠群，2006:335）。倘若传说与历史描述的是同一战事，那么，恩兰·达扎路恭败突厥还朝时，就带着从禅院抢来的大量圣物与宝贝，以及尾随而来的白哈尔。

只是，吐蕃人迎请白哈尔时，为何要先抢走巴达霍尔禅院的圣物与宝贝？个中原因或需先得从白哈尔为什么会在巴达霍尔守护修习禅院说起。

在巴达霍尔的这座修习禅院里，存放着三件稀世珍宝：绿松石天然长成的释迦牟尼佛像、水晶狮子坐骑和棕色漆布面具。白哈尔之所以在这座修习禅院，就是为了守护这三件宝贝。据桑耶寺的僧人讲，释迦牟尼佛像和棕色漆布面具依然供奉在寺院里，水晶狮子坐骑则被五世达赖喇嘛带回了布达拉宫。

·

在乌孜大殿底层采光露台的东北角，有一个小房间，从房间所在的方向延伸出去，恰好是桑耶角的位置。房间坐北朝南，约有二十平方米，内竖四根立柱，里面存放着寺院收藏的各种宝贝。一道厚密的铁栅栏把整个房间分成南北两部分。南半部分是开放空间，设有佛龛、僧座和酥油灯。北半部分是封闭空间，朝圣者只能隔着铁栅栏向内观看。

栅栏内有三组龛柜，居中的佛龛里供奉着师君三尊像。佛龛的东西两侧，各有一个储物柜，陈列着寺院所有或信众捐赠的宝物。栅栏上，挂着一块告知牌，

---

1. 此说曾被学者判为“印来说”（参见马林，1994:120—122）。注：马林在文中称其为“南来说”，但为与石泰安的木雅之说相别，故称萨霍尔之说为“印来说”。但根据五世达赖喇嘛的记述，白哈尔“北来说”和“印来说”并无冲突，实则先后次序有别。五世达赖喇嘛写道：“堪布、大师及法王等三位曾商议桑耶大寺之护法神事，议定托付与白哈尔明王。白哈尔者，昔藏王远征，败白达霍尔，破其静修院，白哈尔为守护寺产之神，乃随军来藏，守护财库。或言，堪布、大师及法王三人曾遣使致书邀请萨霍尔王族达磨波罗来藏。达磨应约前来，携带有绿松石释迦佛像及佛真容像，白哈尔系随其后而来者。是说也，能使众生颠倒错乱，有大危害。或说，由于莲师曾注目凝视白哈尔神，神复往逃回白达霍尔。显然此说方与时间先后次序较为相合也”（五世达赖喇嘛，2000:44）。

介绍一些宝物的由来与名称。其中，就有绿松石天然长成的释迦牟尼佛像和棕色漆布面具。龛柜前的地面上，铺着层层叠叠的纸币。朝圣者不停地将各类面值的纸币抛入栏内，日积月累，越来越多。栅栏有一扇小门，此门有三把锁，开锁的钥匙分别由三位民管会主任保管。若想开门，需经三位主任同意，次仁拉就是其中一位。寺院僧众小心翼翼守护这些珍宝的心情，由此可见一斑。

偌大一座寺院，收藏的宝贝只有半个房间的容量，这是怎样衡量也不算多的。听寺院的年长僧人讲，以前，桑耶寺里历朝历代积累下来的宝贝非常多，摆放得到处都是，从未像现在这样“集中管理”过。他记得，寂护大师的头盖骨就悬挂在乌孜大殿的一根立柱上，信众从那里经过时，会向它顶礼膜拜。棕色漆布面具原本放在桑耶角的一间密室里，不可轻易示人。时过境迁，人为的毁坏、偷窃，火灾的损耗，让寺院不得不改变原有的供奉格局，将这些宝物汇集一处，并采取严苛的管理措施。

田野期间，我有幸走进栅栏，与这些宝贝近距离接触了一次。

那时，一个信奉藏传佛教的汉族尼姑坚持要为珍宝室内的宝物上金。她带着出家为僧的儿子，在桑耶寺里逗留良久，请求主任为她打开那扇门。她说，这是上师的授意，一定要完成。帮她张罗此事并为宝物上金的僧人，是大殿管家塔青拉。出于好奇，我问塔青拉：“上金时，能否带上我？”他毫不犹豫地答应了。

栅栏门在众人面前打开。打理珍宝室的管家先躬身入内，用扫帚清扫如雪片般堆积在一起的纸币，试图辟出一条小路，只是，纸币太多了。随行的导游米玛见状，不禁半开玩笑说：“哎呀！我们踩上了撒！”接着入内的是塔青拉，他端着盛有金粉的小瓷碗和一只小毛刷，敏捷地穿过栅栏门，不苟言笑。其后，是那对孜孜以求发愿上金的出家母子，他们在入门的那一刻，便双手合十，念念有词。我跟在这对母子的后面，在狭窄的空间里寻求一席之地。这时，几个藏族牧民入室朝圣，米玛示意他们进来。信众欣喜若狂，蜂拥而至。

数十人围在东侧的储物柜前，上金的宝物就陈列在那里。珍宝馆的管家示意我们躬身居低，以示恭敬。母子与牧民便立刻跪了下去，有位老人试图在如此拥挤的空间里磕长头。管家打开储物柜的玻璃门，缓慢而有控制地取出一件件宝物，用低沉而轻缓的声音进行讲解。做完说明，他小心翼翼地手持宝物，为塔青拉灌顶，为我们灌顶，自灌顶。每次灌顶，都会引起一阵小小的骚动，大家情不自禁地往前拥，唯恐管家错失了自己。

首先，是莲花生大师在堆龙雄巴敲取泉水所用的手杖；其二，是莲花生大师去调伏西南罗刹国途经贡塘山口时留下的具有神力的足迹石；其三，是堪布寂护的头盖骨；其四，是班智达莲花戒用过的具有神力的手杖。以上四件，逐一取出，塔青拉专心致志地为之上金。其五，是莲花生大师的印章和莲师授予桑耶寺护法白哈尔神的具有加持力的印章；其六，是从巴达霍尔来的绿松石释迦牟尼佛像；其七，是从巴达霍尔来的棕色漆布面具；其八，是莲花生大师赐予白哈尔神的纯金制佛盒，里面藏有大师的七根头发。以上五件，出自莲花生大师授记迎请白哈尔王做桑耶寺护法神的那段故事。此外，还有许多圣物，不再一一细数。

我虽亲临其境，却很难感受到这些宝物的神通——尽管自己一直在努力地想象它们的神圣与神力，试图体验与之接触所带来的狂喜和亲近。但这些传说中的圣物，看上去如此简单、真实、伸手可及，仿佛只是些寻常的实在物。这次毫无距离感的接触，让我不禁疑惑：那些遥远的神话也好，离奇的传说也罢，真的会像眼前圣物一样存在于现实之中？我无法想象，这些神话传说真的走进现实世界与之融为一体的情景。

然而，我身边的僧人、母子与牧民，却全无困惑与怀疑，他们以无比热忱的心情欣然领受着一切。他们与我一样，关于这些宝物的传闻，都是第一次听说。他们却能很自然地将这些真实可见的宝物与宝物背后的传说和人物联系在一起，体验到深切的亲近感。在我身边虔诚跪拜的信众，无一人见到过莲花生与白哈尔；但通过这些神圣的物件，人们却能真实感受到上师与护法神的存在。事后回想，我自觉这是一次失败的田野体验：虽能观察信众的感受，却无法感同身受。

上金仪式接近尾声，次仁拉来到房间，轻车熟路地走进栏门，取出几件宝物，又详细解说一番。我想拍几张照片。次仁拉同意了，并又嘱咐：不可以把人一起拍进去。见我不明就里，那位汉族尼姑解释道：那些宝物法力极强，即便拍成照片，也需尊崇供奉；只是我等凡人受不起这般尊奉，所以，还是不把人拍进去比较好。

次仁拉原是来监督管家锁门的。众人离开，栏门紧锁，他收回那一大串钥匙，仔细地系在腰间。珍宝馆管家借此机会，从栅栏内清理出大量纸币。牧民继续朝圣，不紧不慢往大殿二楼走去。出家母子完成上师嘱托的大事，格外开心。塔青拉匆匆赶回底层经堂，那里还有许多活计在等他处理。

我随次仁拉下楼，不解地问：为什么不介绍西侧储物柜里的宝贝？他回答：现在，没有人知道这些宝贝的来历。有些是重建寺院时挖出来的，有些是附近村民拾到送来的，还有些是几经辗转到了这里——说不清这些物件的来历：谁用过，为何是这样的形制，里面的装藏有什么——简单地说，这些都是不知传承的宝贝。它们即便具有很强的法力或神力，但因失去传承，便如被封印一般无法显现。我又问：不能再使用吗？次仁拉摇摇头，说：这些宝贝不可以随便使用。失去的传承只能等待，等待下一次相续，就像藏传佛教的后弘期传法一样。不过，也有可能再也无法相续。当传承无法重续时，谨慎供奉是最稳妥的保存方式，因为不知道这些宝贝带着怎样的“因”而来，又会导致怎样的“果”。

如是，寺院僧俗顶礼膜拜的每一件宝贝，都是由一个实在物及其与生俱来的传承关系共同构成——物与关系，不可分割。或许，白哈尔与他守护的宝贝，也有这种紧密联系：宝贝在哪里，白哈尔就得跟到哪里。桑耶人之所以认为白哈尔是守护寺院资财的神灵，或也与他和财富之间的固有联系相关。

为了请白哈尔做寺院护法，赤松德赞在莲花生的授意下，出兵征战巴达霍尔，将修习禅院洗劫一空，抢回白哈尔受命守护的三件宝贝。白哈尔见状，只得尾随宝贝与财富奔向桑耶，莲花生乘机制伏并授记他为桑耶寺的护法神。从此，白哈尔长驻寺院。

这段故事，在《莲花生大师本生传》中讲得清清楚楚：“白达霍尔吐蕃占，该地神庙遭劫掠，财食全部被抢来，该鬼护财自相随”（依西措杰伏藏，1990:422）。

不过，记述白哈尔入藏一事的藏文典籍，并非只有《莲花生大师本生传》。不同文献，对事情经过的描述也各有差别。

一说，藏军捣毁巴达霍尔的禅院后，俘获了白哈尔——或是居住在禅院里的白哈尔代言神巫，将其带回西藏，此外，还拿走了作为禅院寺产的大量圣物。二说，白哈尔去西藏，是因为他听信从西藏到巴达霍尔的使臣的报告，想去西藏获取一尊绿松石雕像。三说，多闻天王曾支持穆如赞普与有白哈尔帮助的汉族人、霍尔

图 35 白哈尔守护的珍宝：绿松石天然长成的释迦牟尼佛像（何贝莉摄 /2011 年 9 月）

人和朱古人作战。在一次战斗中，白哈尔战败，为求逃脱，将自己变成一只秃鹫。但被多闻天王手下的一个夜叉用箭射中，押至桑耶寺。四说，桑耶寺建成后，莲花生大师决心指定一位神灵作为桑耶寺的护法神。他首先找到龙王苏普阿巴，但被龙王拒绝。随后，莲师根据龙王的建议，带人到霍尔（或木雅）请回一位神灵。从那时起，人们称这位神灵为“白哈尔”。五说，莲花生大师为使白哈尔离开巴达霍尔前往西藏，以各种神变法力制伏了白哈尔。降服后，白哈尔骑着一只镶嵌珍珠的木鸟，在众多天神的陪伴下来到雪域蕃地。莲师在白哈尔的头顶冠盖上放置了一把金刚杵，使他成为藏传佛教的护法神——白哈尔得到了莲花生大师应允的神职（参见勒内·德·内贝斯基·沃杰科维茨，1993:118—121）。

总之，白哈尔来到西藏的桑耶寺时，多少有点不情不愿。无论是被俘，利诱，或降伏——持各种说法的文献，无一例外地证明了一点：白哈尔是一个外来者，不管他来自巴达霍尔、木雅，还是印度。[1]

这位外来者的入藏经历，除了与三件宝物、禅院财富有紧密的关联之外，就以上种种传说来看，还与另外三个因素息息相关：鸟、战争与莲花生大师。

·

一次，工作结束，我背着摄影包，准备离开乌孜大殿，经过外回廊时，被一位藏族奶奶叫住。她看上去年事已高，面容黝黑，身形矮小，头上裹着格子纹头巾，身着老旧的藏袍，背着粗布大包，拄着拐棍，颤颤巍巍，冲我这边“哦……哦……”喊了两声。我停下脚步，四顾无人，心想，她也许在叫我，便站在原地，等她走近。奶奶踩着碎步，走过来，在我面前比划双手，咿咿呀呀，含糊其辞。我一句也听不懂，只好对她摇摇头。老人见状，回身指了指外回廊上的壁画，我循着手指的方向望去，满眼是画，不知她想让我看哪一幅。良久，老人终于意识到这样的交流只是徒劳，方才悻然离开。

此后，我便留意起这位老人，她经常出现在寺院，总是同一身装扮。傍晚时分，她会在乌孜大殿的外回廊转经——这个习惯不知持续了多少年，她与大殿管家、导游米玛和卖票大叔均是熟识。

1. 就此而言，在桑耶人的观念中，白哈尔与孜玛热的来源迥然不同。虽然在好几世前，孜玛热和白哈尔一样，也曾生活在域外；但后来，人们将他作为一个本土神灵而加以敬畏。至于白哈尔，人们如今还记得他是从巴达霍尔请来的。

我对米玛讲起与老人相遇的事，他立刻露出一副习以为常的样子，说：“哎呀……那个事呀——她是想让你看白雄鸡！哎呀……她每次见到人就要人家看白雄鸡。她跟人家说，人家又听不懂……白费功夫撒。”

“那……白雄鸡是怎么回事？”我忍不住问米玛。

“哎呀！这个你不知道吗？”米玛故作惊讶，说道：“桑耶寺有一个护法神叫白哈尔，你知道撒？”我点了点头。“有一天晚上，寺院忽然起大火。当时，大家都睡觉啦，没有人发现着火了。但白哈尔是个护法神撒，他发现了。可是，他知道着火也没有用撒，得通知大家来灭火吧！怎么办？这时，白哈尔就化身为一只白雄鸡，它大声地叫呀叫，把大家都叫醒了，醒来一看，哎呀！寺院着火了，赶紧灭火呀！所以，寺院的大火很快就扑灭了，寺院保住了。后来，大家才知道，这只半夜大叫的白雄鸡就是白哈尔变的。为纪念护法神的大功德，我们就在墙上画了一只白雄鸡……奶奶有指壁画给你看吗？”讲完故事，米玛问我。我说：“有，不过——还是不知道白雄鸡在哪里。”“哎呀！快走完的地方就是撒，周围挂着好多哈达。”米玛指了指外回廊的东南角。“不过，”他又说，“我们觉得公鸡晚上叫不好撒。因为有不好的事，白雄鸡才会在半夜里大叫撒。”

导游米玛，高中毕业，在寺院里算是一个高材生，汉语流利，且爱与人沟通。之前，他在寺院客运站工作，文案、售票、跟车各类活计都做过；现在，转做寺院导游。我在桑耶寺时，他是寺里唯一的导游，会用藏汉双语解说。米玛喜欢说故事，能把原本枯燥的解说词编成一个个小故事，讲起来绘声绘色。偶尔，他也会像其他藏族青年一样，打打扑克小赌怡情。在寺院工作，包吃包住，月工资千元左右，虽不算阔绰，却也衣食无忧。一年后，米玛离开桑耶寺，据说考上了公务员，吃上了公家饭，还当上了管人的小干部。

根据米玛指示的方向，我在外回廊的壁画上找到了这只白雄鸡。白雄鸡的体量实在惊人，比绘制在它旁边的寺院布局图大出数倍。白雄鸡壁画被一面玻璃罩住，玻璃框上挂满哈达，其下落满纸币。信众们像往酥油灯里添酥油一样往玻璃罩和木栏杆上抹酥油，像对佛菩萨五体投地一样对画中的雄鸡磕长头。这番崇敬，似乎仍嫌不足，后来又造出一只白雄鸡的塑料模型，供奉在大殿经堂的入口，使每个入殿朝圣的信众第一眼就能见到这只白雄鸡。

图 36 乌孜大殿外回廊壁画上的白雄鸡（何贝莉摄 /2011 年 10 月）

当地人之所以如此重视这只作为白哈尔化身的白雄鸡，归根结底，是因为它真真切切践行着守护寺院的职责。文献中的白哈尔，无论怯弱也好逃遁也罢，但在桑耶僧俗的心里，白雄鸡于危机关头的振翅一呼，已足以令人感念生生世世。

其一，关于鸟。

在记述白哈尔入藏的各类传说中，有两则与鸟相关：一说白哈尔化成秃鹫落荒而逃；二说白哈尔乘着嵌有珍珠的木鸟入藏。此外，还有一则故事（会在后文详述）发生在白哈尔进藏之后：这次，他化成一只白鸽，仍旧是为了逃跑。

这种胆小怯弱的形象，与桑耶当地人心目中的白哈尔实在相去甚远。人们更愿意相信白哈尔的化身是一只雄赳赳气昂昂的白雄鸡，而且，化身为白雄鸡的白哈尔俨然是一副勇于担当的拯救者形象。

其二，关于战争。

白哈尔入藏，是吐蕃与巴达霍尔之战的直接结果。白哈尔属于战败方。在前面列举的文献中，有则传说毫不隐晦地写道：白哈尔被俘获，押至雪域。

除了那一场由吐蕃主动发起针对巴达霍尔的武力征服以外，据说，白哈尔还参与过另外两次战争。一次是吐蕃一方与汉族人、霍尔人、朱古人三方之间的战斗，白哈尔力挺后者，却遭惨败，为求逃脱，变为秃鹫，结果被夜叉之箭射中，带回桑耶寺。另一次，白哈尔被传说中的格萨尔王击败。相传，为了不让白哈尔回忆起这段惨遭落败的伤心事，人们禁止在白哈尔后来的居住地（乃穷寺和哲蚌寺）附近说唱格萨尔王史诗（参见勒内·德·内贝斯基·沃杰科维茨，1993:120）。这种“禁唱”，我在桑耶也有耳闻。导游米玛说，因为害怕触动白哈尔的脆弱神经，当地人从不主动说唱格萨尔史诗，甚至不会提及“格萨尔”这个名字。

白哈尔好战，却不善战。他留给世人的印象，要么是战败后的仓皇逃遁，要么是敏感到不能听闻昔日对手的名号——无论如何，都不像一个英雄或强者应有的作为。然而，正是这样一位白哈尔，却拥有“战神”的称号，成为“大战神白哈尔”或“战神大王乃穷”。人们相信，这类神灵专门保护他的崇拜者免受敌人的伤害，并能帮助他们增加财富。战争与财富，如何在藏族人的观念中连为一系，诚是另一个值得深究的话题。

在藏语口语里，“战神”“特指一种个人的保护神；据说每个男孩都有自己的战神，个人战神的位置在男人的右肩”（参见勒内·德·内贝斯基·沃杰科维茨，

1993:381—383）。这种观念，或许与白哈尔的另一称号有关：“众男子之战神”。但需留意的是，尽管口语中的“战神”特指个人的保护神，可白哈尔所护佑的则是一个群体或整体：“众男子”。

换言之，白哈尔是护佑所有男子的战神——藏族人对白哈尔的理解与想象，似乎总有一种“整体性”观念在其中。

其三，关于莲花生大师。

白哈尔入藏，既在莲师意料之中，又在莲师掌控之下。他们的交往，在《莲花生大师本生传》中有详细描述。一篇是第六十三章：“为桑耶请护法神”，前文已有介绍；另一篇是第一零四章：“调服曜星和龙神”，在此详叙该篇（依西措杰伏藏，1990:421—423，683—690）。

一次，莲花生大师在如意玻璃宫中修行，到了第四日的清晨，吐蕃各地神殿的护法神纷纷聚至桑耶。为首的那位是一个名叫“白哈尔”的守财神，又名“男魔黑父”或“大居士木帽王”。白哈尔骑着一头白狮子，右边立着一百名身穿虎皮的勇士，左边站着一百位声闻阿罗汉；身后有一百个黑僧人垫背，身前有一百个女人开路；还有一百个门巴儿子做外臣，另一百个门巴儿子做内臣。众生周围，环绕着一百名歌舞神，供大家娱乐助兴。此外，还跟着一百只猿猴，那是白哈尔化身的化身。如是，一支浩浩荡荡由神、魔、人、兽一起组成的队伍，齐聚涌向莲花生大师，试图一探虚实。

夜半时分，神魔合力，从半空中扔下一块绵羊大小的石头，正好砸在莲师的头上。莲师顿时昏厥，随即又苏醒过来，他用法力将这些搞怪的神魔全都捉起来。其中，站在最前面的就是居士神白哈尔，他的手里握着一串佛珠。

莲师见状，审问道：“你明明属于夜叉族，干嘛打扮成一副居士的模样？说说你是谁家的孩子吧！”

居士神回答说：“魔王的儿子就是我，你能和魔子联盟吗？”

莲师却反问道：“你能保护佛教吗？”

白哈尔回答说：“如果你能把全吐蕃的殿塔都交给我管理，我就尽心护佛教。如果你不能交给我，我就会妨害，会嫉妒，会逾盟，还会捣乱！总之，让你们不得安生。”

莲师听后，便把为后人建造的神殿、佛塔以及身、语、意圣物交付给白哈尔，要求他来护卫。白哈尔欣然接受了这个任务。之后，大师又嘱咐他，要日夜念诵《莲花生大师本生传》，不能间断。如此，白哈尔向莲师献出命心名号，受了戒。莲师为他做僧人定心法，收为弟子，并将全藏的佛法交给他守护。

就这样，气焰嚣张的白哈尔拜莲花生大师为上师，立下不可逾越的金刚誓言，成为西藏佛法的卫护者。莲花生与白哈尔，从此有了建立在信仰之上的师徒传承关系。这位守财神，将以仆从的身份听命于上师莲花生。

起初，如第六十三章所记，莲花生献策劫掠巴达霍尔神庙，抢走三件宝贝，引来白哈尔。之后，“这位莲花生大师，就在白哈尔神殿，设置拜神之物品，拜物一共有三样，外物为一白动物，内物则是一竹竿，上缠尾巴和彩缎，塑像灵器是密物”（依西措杰伏藏，1990:422—423）。吐蕃人在桑耶寺为白哈尔专门修建了神殿：桑耶角的白哈尔宝藏洲殿，并将拜神物品供奉于此。但文中并未说明白哈尔的信仰谱系与在藏权位，只是将白哈尔作为地方的守财神和保护神，加以崇拜。

所以，当白哈尔在第一零四章中再度出现时，他仍旧是一幅居士打扮。但白哈尔并不满足，他率领众部试探莲师的法力，并以魔子的身份与莲师谈判，凡此种种，或是为了探究自己在莲师建构的信仰体系中究竟能有多大的存在空间。

这一次，佛与魔的对话着实惊心动魄。白哈尔威逼利诱，不仅要求与莲师“联盟”，还要求在雪域佛土中占有一席之地。莲师在满足对方要求的同时，又微妙地将以白哈尔为首的外支魔系纳入既有的信仰体系中，进而处理成佛教内部的“师徒”关系。于是，莲师成为魔子白哈尔的金刚上师，白哈尔则成为雪域蕃国的第一位护法神，且是地位最高、最具统治力的护法神。在莲师许下的承诺中，白哈尔不仅是桑耶寺的护法神，还是吐蕃境内所有佛教殿塔的护法神。

由此，白哈尔不仅在藏传佛教的信仰体系中开辟了世间护法[1]这一谱系，还将护佑全藏寺院佛塔的权力收入囊中，据此享有的统治力，使其成为名副其实的世界之王——这正是桑耶僧俗对白哈尔的尊称：“白哈尔王”或“世界之王”。

---

1. 藏传佛教教义中，对于世间护法神的界定为：“世间护法神在前世的修习一直是毫无目的的修习密法，完全没有抓住或者完成‘圣道三要’——出离心、菩提心和正见的修习。世间护法神的盲目修习与护法神死亡之际具有的善恶愿望等等业力共同产生了世间护法神赖以托生的条件，他们可以托生为天界的统治者神，也可托生为赞魔或人形夜叉、穷保魔等。所以这些神魔都具有极大的可行善作恶的密法。由于世间护法神的法力都是在他们立誓护法之后，由释迦牟尼佛或者其他上师所赋予的，因而世间护法神必须佑护佛法。但是，不可将世间护法神作为皈依处或导师，只可将他们作为深入修法的助手或‘奴仆’”（扎雅，1989:42）。

在西藏宗教的演进史上，护法神白哈尔的统辖范围，随着藏传佛教传播范围的扩大而扩大，却不曾因为各个教派的兴衰更迭而缩小或折损。其中，格鲁派五世达赖喇嘛阿旺罗桑嘉措尤为重视该教派与护法神白哈尔之间的关联，并将白哈尔尊崇为该教派的世间护法之首。

不知是否与五世达赖的这一主张有关，后来，出现了白哈尔离开桑耶寺迁至乃穷寺的种种传说。

桑耶、乃穷、世界

相传，白哈尔在桑耶寺度过了七百年后，在五世达赖喇嘛阿旺罗桑嘉措时期，迁到哲蚌寺附近的乃穷寺。白哈尔迁至乃穷寺的原因、经过和方式，藏文史籍中各有说法。内贝斯基在《西藏的神灵和鬼怪》中罗列了四个版本的传说，以及瓦德尔收集的两个版本（参见勒内·德·内贝斯基·沃杰科维茨，1993:123—126）。转引如下。

白哈尔离开桑耶寺后，没有直奔哲蚌寺，而是辗转至蔡公堂（又称公堂寺）。这座寺院由宁玛派建造，位于拉萨以东的拉萨河畔。在蔡公堂，白哈尔仍然改不掉意气任性的脾气，时常与寺院主持相喇嘛发生口舌之争。以致最后发生了这样一件事：相喇嘛主持修建新寺，命令在内壁绘制壁画的工匠不要画上白哈尔的像。对于这一侮辱，白哈尔恼羞成怒，决定设计报复相喇嘛。他变成一个小男孩，给绘制壁画的工匠们做助手。小男孩乐于助人，大家都很喜欢他。在壁画快要完成时，工匠们问他：想要什么作为报答？小男孩说：我只有一个愿望，请你们在壁画的任意处画上一只手持燃香的猴子。工匠们虽然觉得这个男孩的要求有点奇怪，但还是满足了他。就在新寺宣告完成的那天夜里，白哈尔变为壁画中的猴子，用燃烧的供香将整座寺院付之一炬。寺院被毁，相喇嘛恼羞成怒，立刻举行仪式收服白哈尔，迫使他钻入专门捕获王系魔的王魔“朵”中。相喇嘛命人将“朵”锁进一个小木箱，扔入拉萨河。

装着白哈尔的小木箱顺流而下，漂到哲蚌寺附近。当时，在这座全藏最大的寺院里有一位大堪布，他凭借高深法力，察觉木箱中囚禁的是白哈尔，于是命令一个僧人把木箱从河里捞出，立刻带回寺院。僧人捞起木箱后，出于好奇，打开箱盖。结果，白哈尔变成一只漂亮的白鸽子，脱箱而出，飞到附近的一棵树上，转眼间消失地无影无踪。后来，人们围绕这棵树修建了一座寺院，取名“乃穷”。此后，白哈尔一直住在乃穷寺里，并有自己的代言神巫。

故事的梗概大致如此。但在另一则传说中，那一位哲蚌寺的大堪布被替换成五世达赖本人。据说有一天，五世达赖坐在哲蚌寺的一个房间里，透过窗户，望见囚禁白哈尔的木箱漂荡在拉萨河上，于是命令寺院的一个堪布跳入激流，捞出木箱，将之带到他的面前。五世达赖还警告说：无论发生任何事，绝不可以打开箱子。堪布应诺，去河边捞出木箱。他背着箱子，返回哲蚌寺，走着走着，觉得背上的东西越来越沉。他好奇地掀开了一条小缝，想看个究竟。谁知，就在那一瞬间，从箱子里飞出一只白鸽，落到附近的一棵树上。堪布又惊又怕，赶紧跑回寺院，向五世达赖汇报自己的过失。达赖喇嘛对堪布严加斥责后，下令绕树建寺，是为乃穷寺。

此外还有一个传说，将白哈尔与格鲁派的渊源上溯至哲蚌寺的第一位主持绛央却吉扎西（1379—1449）时期。据说，白哈尔曾向这位主持许下诺言，自哲蚌寺建成之日（1416 年）起，他会来保护这座大寺院。

据一份由地方政府认可的官方记载所示，白哈尔的本神并未从桑耶寺迁至蔡公堂寺，而是他的一个化身[1]即身之“主臣”金刚称护法去到蔡公堂寺，想成为那里的护法神。可惜，这个竭力在众僧面前彰显自己的护法神，并不受蔡公堂寺僧人的欢迎。寺僧不仅没有邀请他做护法神，还羞辱他为“恶鬼”，即便如此，也没能驱走金刚称护法。于是，僧人以禳邪之法将其收入木箱，抛进拉萨河。之后发生的事，与前文叙述的大致相同。金刚称护法从箱中逃出，在一棵树上消失了。于是人们围绕此树建成一座寺院，即乃穷寺。值得一提的是，金刚称护法是白哈尔的身之主臣，所以，这座寺院的堪布决定将这位护法的主神也迎请入寺。如此，白哈尔才应邀从桑耶寺迁至乃穷寺。

1. “根据西藏人的信仰，白哈尔为了更圆满有效地完成佑护佛法的责任，为了克服雪域各地可能出现的魔障，就要将自己分成若干个化身，再由化身分裂出众多第二个化身，即‘化身之化身’。根据这一观念，白哈尔的伴神、明妃（即配偶，伴偶）、大臣、或其他所有伴属从神，都可以将他们看作是白哈尔自身的变化，是从他身体发射出的光芒中所生。这些派生创造出来的神灵，都能够根据白哈尔的意愿，重新‘收进’该护法的体内。”（勒内·德·内贝斯基·沃杰科维茨，1993:131）

但实际上，这种说法恰恰是桑耶僧俗竭力否认的。当地人虽然承认白哈尔的一个化身离开了桑耶，去其他寺院做护法，但却无法认同白哈尔主神也一同迁往别处。人们相信，白哈尔在桑耶寺度过七百年以后，虽偶遇波折，致使他的一个化身离开；但白哈尔和他的其他化身依然留在这座寺院，直到今日。

再说瓦德尔收集的两个版本。一个版本解释了乃穷寺寺名的由来。白哈尔从木箱中逃脱以后，一边喊着“乃穷（小地方）！乃穷！”一边飞到附近的树上。因此，这座绕树修建的寺院便称为“乃穷寺”。

另一版本解释了白哈尔的代言人即代言神巫的由来。据说，白哈尔的代言人原本是一个生活在蔡公堂地方的居民。这或许可以说明，白哈尔虽然不受蔡公堂僧人的待见，却依然想成为该寺护法的原因——他的代言神巫就生活在此。按照这个版本的说法，蔡公堂僧人将白哈尔装进木箱的同时，也将代言神巫一并装了进去，扔到拉萨河里。后来，哲蚌寺的喇嘛打开木箱，只见从里面冲出一道火焰，随即消失在附近的一棵树上；同时，那个躺在箱底的白哈尔代言人也恢复了知觉，被抬进哲蚌寺。乃穷寺建成后，那个人便成为该寺的第一位白哈尔代言神巫。

白哈尔离开桑耶寺迁至乃穷寺的传说，无论其变体如何丰富，均描述着同一进程：统辖全藏佛法的“世界之王”白哈尔离开了宁玛派和桑耶寺，转而归属且服务于格鲁派和哲蚌寺。无论白哈尔的迁移，具体如何完成，都殊途同归地指向一个结局：世间最大的护法神白哈尔与格鲁派五世达赖从此建立起稳固而紧密的联系——这一境遇是否出于白哈尔的本意，虽不得而知，但这种联系却恰恰暗合着西藏当时的宗教政治格局。

·

1617 年，五世达赖阿旺罗桑嘉措出生在帕木竹巴属下的一个贵族家庭，他的父亲是一个第巴[1]。这个家族一直以来都与格鲁、噶举、宁玛等派保持着良好的关系。王森认为，认定这家的孩子为五世达赖，“有利用这些关系的意图”。不过当时，

1.“第司，又做‘第悉’‘第巴’‘第斯’‘牒巴’等，均为藏语 sde-srid 或 sde-pa 的不同音译，本意为‘部落酋长’、‘头人’。明崇祯十五年（1642），蒙古和硕特部首领固始汗统一卫藏，成为总揽西藏地方行政大权的汗王。后经清廷册封，确立了他在西藏的地位。当时，将固始汗及其子孙掌权办事的行政官称为‘第巴’或‘第司’，将第司掌管的地方政府称为‘第巴雄’（sde-pa-gzhung）。第司受命于和硕特部汗王和达赖喇嘛，一般由达赖喇嘛的亲信充任。他既要尊奉汗王的指挥，成为施政于西藏的具体执行人，又要辅佐达赖喇嘛处理日常行政事务，有时还要作为达赖喇嘛的全权代表行使职权。”（王尧、陈庆英，1998:64）

藏巴汗的势力正盛，格鲁派处境艰难。直到1622年，吐默特蒙古军挫败藏巴汗后，才将五世达赖迎入哲蚌寺。1642年，五世达赖26岁，固始汗率军进藏，消灭藏巴汗，征服前后藏的各个地方势力，尊崇五世达赖为全藏区的宗教领袖，并将前后藏的税收献给五世达赖作为格鲁派寺院的宗教活动费用，又以五世达赖的第巴索南饶丹（即索南群培）为自己政权的第巴。同年，固始汗和四世班禅、五世达赖等人派去朝见清太宗的使者抵达盛京，受到优渥的对待。王森认为，清太宗之所以对使者礼遇有加，主要是考虑到达赖对蒙古族，尤其是漠南、漠北蒙古汗王的影响力，因而想笼络达赖，以为己用（参见王森，2002:196—198，276—277）。

无论中央王朝的政治谋划为何，事实上，“格鲁巴（也叫噶当巴）教派的威望恰恰在五世达赖喇嘛时代取得了新的发展”（图齐，2005:53）。1653年，清朝顺治帝赐予五世达赖“西天大善自在佛所领天下释教普通瓦赤喇怛喇达赖喇嘛”的封号。由此，达赖喇嘛“不仅是藏族地区的宗教领袖，同时也是广大蒙古地区的宗教领袖”（王森，2002:201）。此后，五世达赖喇嘛开创的时代，使“一种可以称为神权政治的权力得到了日益加强。最高权力就具体表现在达赖喇嘛身上。其他教派的大量寺院都被没收。……那些具有离心倾向的教派都被永久地剥夺了发言权，所有的权力都集中到了达赖喇嘛的身上”（图齐，2005:53—55）。

·

不过，话说回来，这一切又与护法神白哈尔有什么关系？漂泊中的白哈尔，为何会不偏不倚来到以五世达赖为座主的哲蚌寺附近，并恰好被他看见？

问题的答案，或许正出自于白哈尔本身：其一，源自白哈尔的来历；其二，事关白哈尔的神职；其三，白哈尔代言神巫的功用。

其一、早在为桑耶寺选择护法时，莲花生大师即已洞悉数百年后的西藏格局，他预见道：“霍尔白山魈国王，一气吞并全吐蕃”（依西措杰伏藏，1990:422）。此说“霍尔”，在藏语里，指不同时期的不同民族：唐宋时期，指回纥；元朝，指蒙古人；元明之际，指吐谷浑人；现在，指藏北牧民和青海土族。不过大多数藏族人仍会习惯性地认为，霍尔专指蒙古人。

公元9世纪中叶，吐蕃政权瓦解。此后，西藏地方出现了一百多年极端涣散的混乱局面，相继而来，是近两百年的分裂割据。直到13世纪中叶，西藏各地方势力归顺蒙古，元朝在西藏设置了地方行政机构，在中央成立了统辖全藏区的中央机构以后，西藏地方才统一于元帝国的管辖下（参见王森，2002:252）。莲师的预言，想必说的就是元朝治藏这段历史。或是为了顺应后世的变化，莲师才建议请一位出自霍尔的男系神作为寺院护法。

无独有偶，五世达赖喇嘛与蒙古族汗王的关系十分密切。这位格鲁派教主之所以能成为蒙藏两地的宗教领袖，在很大程度上，仰赖于固始汗对藏区的军事征服与政治统辖。清朝顺治帝将达赖喇嘛封为西藏宗教领袖的同时，亦将固始汗封为西藏的行政领袖，且与达赖同住拉萨。

其二、现实中，西藏宗教政治格局的演变与白哈尔的迁徙，看似没有直接的关联，但却暗含象征性的联系。

无论是莲花生大师的预言，元帝国的治藏方略，还是蒙古人固始汗与五世达赖的政教联合治藏，几乎无一例外地说明了蒙古人对于西藏宗教政治的重要性。由此反观白哈尔出自“霍尔”的身世背景，这位护法神就显得弥足珍贵：白哈尔与蒙古之间有着某种天然的渊源关系。这一渊源，或许会让白哈尔崇拜及代言神巫的宣谕，更容易得到那些管理西藏行政事务的蒙古人的认可和青睐。

另一方面，得益于莲花生大师的许诺，早在吐蕃时期，白哈尔就已成为统辖全藏佛法和寺院的首位护法神。当时，既无教派之别，亦无政权割据，无论是吐蕃赞普、莲花生，还是白哈尔，面对的都是一个统一体。因此，他们对护法神神职的设定与规划，亦是将其置于整体的经验与心态中加以考虑的。于是，发誓护佑全藏佛法和所有殿塔的白哈尔，得到上师莲花生的授记后，便以护法神的姿态和角色象征着西藏佛法的“统一性”与“整体性”。在这位“世界之王”的眼中，他的守护对象始终作为一个庞杂的整体而存在，并不单单局限于某寺、某派，或某人。

吐蕃政权覆灭以后，分裂割据接踵而来。先是各地头人与头人之间的斗争，地方部族与部族之间的冲突（参见王森，2002:26）。接着，是随宗教复兴而出现的教派、寺院之间的动荡。随后，当贵族世家、地方小邦与教派寺院结合在一起时，藏族人又陷入了争夺寺院权力的内部斗争。正如石泰安所言，“这种内部斗争再加上土邦王族之间的竞争和在中央政权中出现空缺，所有这一切就促使吐蕃的命运从此之后与寺院的命运联系在一起了。到了13世纪时，吐蕃又采取了自我收缩的策略，它在西域历史上的参与再也不像过去那样积极，而变得消沉起来了”（石泰安，2005:65—66）。

处于割据状态中的西藏社会，变得越来越偏安一隅，进而解体为一个个碎片化的各自为政的封建制实体（参见石泰安，2005:331）。西藏政治宗教格局的剧变，也引发了社会观念的转变。此后，无论对内，还是对外，西藏社会已渐渐远离吐蕃政权时所持有的统一心态；甚至连“藏”曾作为一个统一文明体时，所秉承的“整体性”观念也日渐消磨了。

世易时移，随着以五世达赖为首的格鲁派宗教势力的崛起，西藏地方出现了强烈的区域一统的态势，尽管这一态势是借由外力得以实现的。“由于清朝政府在宗教上支持五世达赖和在政治上支持固始汗及其子孙，而在这种统治的条件下，卫藏原来拥有实力的各个领主，没有可能单独割据，才出现了依附于一个藏族‘领袖’之下的可能。这个‘领袖’，自然就是五世达赖。而掌管具体行政事务的第巴，则又是效忠于达赖的人”（王森，2002:205）。由此，不仅西藏地方割据的态势逐渐被打破，政治统治与宗教信仰之间的界限也在逐步缩小。

于是，对西藏一统的“整体性”想象再度浮出水面——五世达赖也许会借用这种想象来强化自己作为西藏宗教领袖的地位。他要担当的角色，不再是某一教派的教主或某座寺院的寺主，而是遍及蒙藏地区、牵涉各个教派、统辖全藏寺院的领袖人物。由此，五世达赖或许期望寻求一位与自己的领袖角色相匹配的护法神，以完善或提升格鲁派的护法神谱系。换言之，五世达赖需要迎请的护法神，最好已具备护佑全藏佛法的资质和神职。

与宁玛派颇有渊源的五世达赖，对“世界之王”的传说应该不会陌生。这位在藏族人心目中作为全藏佛法的守护神而备受尊崇的白哈尔，着实是五世达赖的不二之选。

白哈尔一旦落户乃穷寺，便在格鲁派的护法神谱系中享有无上崇高的地位。格鲁派将他奉为藏地世间护法神的首领。然而，在传承自吐蕃时期、莲师座下的宁玛派中，白哈尔也从未享受过如此殊胜的礼遇。在宁玛派最重要的九组护法神中，白哈尔位列第五。自吐蕃时代起，白哈尔先后担任过宁玛、萨迦、噶举各大教派

图 37 多德大典期间，寺院僧人制作的“偶像”白哈尔（何贝莉摄 /2011 年 7 月）

的护法，直至五世达赖时期，白哈尔崇拜才被格鲁派推上巅峰之境，以至于远远超过其他教派对白哈尔的希求程度。

其三，对五世达赖而言，白哈尔还有更为现实的作用。该作用是通过白哈尔的代言神巫得以体现的。[1] 与白哈尔一样，他的代言神巫也住在乃穷寺，距离哲蚌寺不足千米。据说，白哈尔代言神巫所占据的重要地位，也是由五世达赖一手建构的：代言神巫荣升为格鲁派和西藏噶厦政府的大护法，专以降神的方式对西藏政教事务做出预言，地位极其显赫，且被授以官职。为了挑选这个地位殊胜的代言神巫，五世达赖甚至亲自设计并编排了一套特别的考试（参见勒内・德・内贝斯基・沃杰科维茨，1993:496）。

1. 关于代言神巫，内贝斯基写道：“世间护法神中的许多神灵以确定的次数控制男人或女人作为他们的代言人；通过这些代言人在一定的场合神灵使他们的意愿为人所知，或者是给那些祈请答复的问题做出预言式的解答”（勒内・德・内贝斯基・沃杰科维茨，1993:485）

内贝斯基在对白哈尔代言神巫的研究中发现，虽然所存资料十分有限，但已“足以证明乃穷主神巫在西藏的内外事务中具有多么巨大的作用。而且正是由于这种作用，神巫的职业也相当的危险，在更多的情况下，白哈尔的主神巫仅仅成为政治斗争中的一个砝码”（勒内·德·内贝斯基·沃杰科维茨，1993:531）。20世纪50年代后期，这位与达赖喇嘛和噶厦政府渊源颇深的代言神巫，迁去了印度（参见郭净，1997a:71）。

如是，在五世达赖的建构下，护法神白哈尔及其代言神巫不仅是达赖喇嘛统辖全藏宗教政治的关键性象征符号，更是在现实的西藏社会中扮演着真实且不可或缺的角色。

无论如何，身陷权力中心、紧张跌宕的宗教政治生活，对于桑耶寺的白哈尔而言，已相去甚远。

在桑耶僧俗看来，这位创寺之初既已请来的护法神，从未离开过自己的寺院。虽然人们对白哈尔与五世达赖的故事早有耳闻，也不否认白哈尔及其代言神巫在乃穷寺的非凡作为，但却并未因此而觉得白哈尔与桑耶寺失去了关联。于是，自五世达赖时期发生白哈尔迁址一事后，这位护法神的西藏生活从此就一分为二，分别在乃穷寺与桑耶寺并行不悖地延续着。信众无意在两者之间区分出伯仲或真假。

“你们念的是什么经？”我问塔青拉。“念的是护法神的经。”他回答。

“哪位护法神？”“世界之王白哈尔。”

“他为什么叫‘世界之王’？”“因为他统治我们世界撒。”

“世界在哪里？”

塔青拉伸出右手的食指，毫不犹豫地在我眼前划出一个圆圈。然后笑着说：“世界就在这里撒。”——也许在桑耶僧俗的眼中，“世界”不在印度，不在内地，不在西藏，不在任何我们所知或不知的地方，但却包含以上所有地方。那是一个无所不包的圆圈，白哈尔统辖的世界，或已超越西藏的宗教政治格局，与桑耶寺象征的佛教宇宙图式“须弥山”化而为一。

在桑耶寺一年一度的多德大典中，有一个专供白哈尔王巡视世界的特殊仪式。那天，供奉在桑耶角的白哈尔王神像，在众人的簇拥中，缓缓起驾，走出宝藏洲殿，出桑耶角的正门，在僧俗仪仗队的引导下巡视世界。

图 38 白哈尔的“大王巡街”仪式（何贝莉摄 /2011 年 7 月）

这尊巡视世界的神像名为“古索”，“据说是用魔鬼王的皮子做的。相传当年莲花生大师与鬼王（nam mkhavi sprin vbyung）斗法，将其击败，用他的皮子做一尊白哈尔像。正在加工的时候，天上忽然炸响惊雷，大师急忙伸出三个指头一插，在皮子上戳出双眼和嘴巴，所以这个偶像的模样十分可怕”（郭净，1997a:138）。

白哈尔王首先来到乌孜大殿的殿前广场，接着停留在大经堂的门口。在此，他要向自己的上师莲花生请示：为履行神职，特向上师请求，准许进行巡视世界的仪式。得到上师的应许后，白哈尔再度起驾，走出乌孜大殿，沿顺时针方向，绕着大殿的外围墙行进。走到南、西、北各面时，白哈尔王与仪仗队一同停下。随行高僧围绕神像朗朗诵经，三名身着古式盛装的女子引吭高歌，围观人群如潮水般涌向神像。信众向神像抛献的白色哈达，如云彩在空中飞舞。当地人和朝圣者的目光与身心，始终笃定地追随着巡视世界的白哈尔王。

绕着乌孜大殿，白哈尔神像用自己的行迹划出一个圆圈。之后，经由原路，返回桑耶角的宝藏洲殿。这座殿堂，因白哈尔的到来而建，坐北朝南，很是气派。里面原本藏有各种版本的经书，及建寺的余资和登记寺产的账目。后来，围绕宝藏洲殿，又造出僧舍等其他附属建筑，一并统称为“桑耶角”。这里曾经是桑耶寺三大札仓之一。巡视世界的白哈尔神像就供奉在新殿之中（参见郭净，1997a:71）。

待神像复归原位后，仪仗队依次离开，众人慢慢散去，白哈尔王巡视世界的仪式宣告结束。

如今所见的这场仪式，较传统而言，已有多番简化，白哈尔王的降神仪式也因没有代言神巫而取消。尽管这样的仪式过程在研究者看来，无论如何都算不上完满。但仪式中最为重要的一环，确已完整无缺地展现出来：白哈尔王用自己的步履划出了一个象征世界的“圆圈”。

白哈尔王在西藏的传奇经历，应由桑耶寺的白哈尔与乃穷寺的白哈尔共同构成。一个从异域霍尔远道而来的魔王之子，在“去”与“留”“居”与“游”之间，过着“分身有术”的双重生活：

桑耶寺的白哈尔驻寺于吐蕃政权时期，乃穷寺的白哈尔联系着喇嘛王国。前者是忠诚可信的寺院守护神，后者有降神宣谕的代言神巫；前者孜孜以求地追随宝贝财富，后者本身就是护佑全藏佛法的“宝贝”；前者围绕乌孜大殿，划出一个世界图式；后者久居乃穷寺，成为政教纷争的筹码；前者名为统御世界的王，后者是世间护法之首。此外，他还是一个恪守资财、护佑信众的“众男子之战神”。

——种种角色与职责，交织融汇成白哈尔王在藏族信众心目中的殊胜形象。虽然，这位魔子出身的护法神看似拥有常人一般的古怪脾性，却因依止莲花生上师，而拥有无上的权责。在藏传佛教的教义中，世间护法神虽然多是作为助手或“奴仆”加以利用（参见扎雅，1989:42）。但在现实生活中，藏族信众对待某些世间护法神的态度则十分恭敬，甚至异常崇拜。人们并没有因为世间护法的“奴仆”身份而对之轻待或鄙夷；相反，人们更看重这些“奴仆”手中握有的权责与强力，对其推崇备至。这种看待“奴仆”或“弟子”的观念很是微妙。也许在藏族信众的心目中，身为弟子的“奴仆”从来都不是一个单向度的低贱而卑微的字眼。

·

行文至此，还未曾描述白哈尔王的形貌。那尊巡视世界的白哈尔王神像永远头戴宽沿圆帽，帽沿上垂着长长的红绿相间的布帘，遮住他的脸庞与身形，显得格外神秘。

虽然看不见他的模样，信众却能通过一段在献供仪式上吟诵的经文来想象：

作为恪守誓言的象征，你手持金刚；作为誓言的标记，你持水晶念珠；作为灌顶的标记，你持铁橛；请到此地来，伟大的法王！作为战神之主的标记，你挥舞虎头端胜幢，作为菩萨的标记，你持禅杖和卦瓶；作为你护法神地位的标志，你戴“萨夏”帽，穿高筒靴；请到这里来，护寺产大王！为表达善和之貌你呈微笑，作为暴怒的标志是你那喷血的双眼；作为怒相的标志是你狂纵的“哈哈”笑声；你，伟大的怒相神，请到这里来！为了护卫佛法，你骑乘白狮；为了降伏敌人和施放魔障的厉鬼，你骑乘长鼻大象；为了施出魔术，你的坐骑是三腿骡；来，来分享献给你的供品！大喜乐明妃卓妃拉姜玛（ལྷ་ལྕམ་མ），大夜宿妃使者甲姜玛（མོ་ཉ་རྒྱ་ལྕམ་མ），大美妃多吉那云玛，来分享食品和供物！你，白色的大臣布查，三界之主；你，黑色的财主布查，现世之主嘎瓦古载，如同闪电般前来，来接受供奉的“朵”！（勒内·德·内贝斯基·沃杰科维茨，1993:139）

九、外围墙

设界：仪式中的“界”

身处乌孜大殿的三层大阁，可见如此景象：大殿四周的建筑，如涟漪般围绕着一个中心逐渐散开。最内一圈，有小巧紧凑的日、月神殿；然后是白塔、红塔、黑塔和绿塔；接着是象征四大部洲、八小部洲的十二座殿堂，殿堂之间，有一条时断时续的转经廊相连；最外一圈，是一条若圆似方象征铁围山的寺院外围墙。

外围墙约有两人高，以块石砌成，厚约一米二。墙开四门，各面东、南、西、北。东门是寺院正门，立着一座高大巍峨的门楼。门楼上，原有一块清朝咸丰皇帝所题之“宗乘不二”的汉文匾额，后被毁（参见何周德、索朗旺堆，1987:53）。北门体量颇大，配有两扇铁门，它是寺院唯一一处可容各类车辆出入的大门。南门和西门，因不在交通要道上，平日很少打开。不过，南门总是留出一道仅容一人侧身通过的门缝，以备不时之需。此门正对着不远处的康松桑康林。

如今，围墙以内，约一米处，拦有一道铁丝网，寺内放生的牲畜吃不到网内的草食。每逢夏季，墙角下杂草丛生。围墙以外，是一圈修葺一新的转经道。其中，自北往东的这一段路，与镇上的公路连为一体，用水泥铺就，余下的部分则是条石铺地。沿途设有石凳，供转经人歇息。每日早晚，转经道上的人与狗总是络绎不绝，如时针般绕寺行走。

围墙的墙体用灰粉抹得白白净净，远远望去，像是一条系着寺院的洁白哈达。每隔几年，当日晒雨淋的围墙渐渐露出石料的本色时，人们便会重新粉刷墙体，以恢复其应有的白色。垒砌围墙的石块之间，偶尔会留出几个缝隙和孔洞，这些人造小穴遂成为飞鸟的家园。绕寺转经时，常能听见身边有鸣禽啼叫，却难见其身影。

围墙上，立着半人高的白色塔刹，一座挨着一座，布满整圈围墙。有人说，这些小佛塔一共有1008座（参见何周德、索朗旺堆，1987:21）；也有人说，一共有1028座（参见列谢托美：《吉祥桑耶寺略志》）。无论白塔数量有多少，在桑耶人看来，这圈围墙都象征着佛教宇宙图式中的铁围山，每座佛塔均代表一个站在铁围山上守护“世界”的天神，同时，这些天神还护卫着这座按照佛教宇宙观而建的寺院。

铁围山，在佛教经论的描述中，是世界的边缘，是极大黑暗无有光明的地狱之所在。

如《阿毗达磨大毗婆沙论》卷第一三三载：

次有云起雨金轮上。滴如车轴经于久时。积水浩然深过八万。猛风攒击宝等变生。复有异风析令区别。谓分宝土成诸山洲。分水甘咸为内外海。初四妙宝成苏迷卢。挺出海中处金轮上。谓四面如次。北东南西。金银吠琉璃颇胝迦宝。随宝威德色现于空。故赡部洲空似吠琉璃色。此山出水八万踰缮那。水中亦然。端严可爱。次以金宝成七金山。绕苏迷卢住金轮上。在水中量同苏迷卢。出水相望各半半减。次以土等成四大洲。下据金轮绕金山外。最后以铁成轮围山。在四洲外如墙围绕。

又如《起世经》卷二“地狱品”中写道：

诸比丘！于四大洲、八万小洲、诸余大山及须弥山王之外，别有一山，名斫迦罗（前代旧译云铁围山），高六百八十万由旬，纵广亦六百八十万由旬，弥密牢固，金刚所成，难可破坏。诸比丘！此铁围外，复有一重大铁围山，高广正等，如前由旬。两山之间，极大黑暗无有光明，日月有如是大威神大力大德，不能照彼令见光明。诸比丘！于两山间，有八大地狱。

或如《彰所知论》卷上“器世界品”所记：

一数至千为小千界。一小铁围山围绕。此小千界一数至千为中千界。一中铁围山围绕。此中千界一数至千。为三千大千世界。一大铁围山围绕。如是有百亿数四洲界等。皆悉行布铁围山等。诸洲山间黑暗之处。无有昼夜举手无见。

在佛教的宇宙图式中，铁围山是世界的最外一圈，被喻为“宇宙之边”（罗伯特·比尔，2007:89）。以铁围山为界，有内外之别。在内，是以须弥山为“世界中心”所形成的有序宇宙；在外，则混沌而不可知——我们甚至无法以“另一个世界”或“另一种宇宙”来称呼它，因为，它既不在佛教描述的宇宙图式之内，亦难以用佛教宇宙观加以界定。总之，那是一处不可言说、无以形容的所在。

介于内外之间的铁围山，在生活于南瞻部洲的人类看来，宛若世界的尽头。那是一个连日月之辉都无法抵达的地方，因而也无所谓昼夜之别。或有说，铁围山由两重山组成。两山之间，有八大地狱。八大地狱的周遭，复各有十六小地狱相依环绕而为眷属。凡此种种，皆是此生行恶、犯戒、邪见者的归宿。如是情形，“铁围山”几可视为“地狱”的代名词。

就这样，立于世界中心的须弥山和处于宇宙边缘的铁围山，于有形中构成了一组反差强烈的对比。所谓须弥山，是在大地中央天然生成的具有诸宝物的高山。山间有阿修罗城，山顶有三十三天宫殿，各层宫殿逐级而上，宛若佛塔一般。天宫中，住着众多寿命、身量、受用不等的天神。须弥山的四周，分别环绕有状如半月的东胜身洲，形似肩胛骨的南瞻部洲，式为圆形的西牛贺洲，形制周正的北俱卢洲。诸洲的上空，有一个透明坚固的风轮，上面附着太阳、月亮和星辰。诸洲的界内，生活着各类生灵，它们的寿命、身量与受用无一相同。其中，人类就居住在南瞻部洲上（参见萨迦•索南坚赞，1985:4）。[1] 相较于须弥山中，日月同辉、生机盎然、奇珍异宝不胜枚举的胜景；铁围山下，则是一片暗无天日的悲惨景象，坠堕于此的犯戒众生无不日日忍受着地狱的折磨与煎熬。

——如此一幅由须弥山和铁围山共同构成的苦乐无常、业力所感、因果轮回的境遇，实是世间生活的真实写照。

换言之，若不将“须弥山”与“铁围山”视为一幅完整的宇宙图式加以理解，那么，所谓桑耶寺之于佛教宇宙观的“整体呈现”，恐怕只会流于偏颇。

·

早在建寺之初，赞普赤松德赞和他的大臣们，就以设定寺院的围墙为起点，圈画出桑耶寺的规模，并为兴建这座佛教寺院举行了一场仪式。

传说当年，赞普赤松德赞、莲花生大师和几位大臣来到哈布日，在山上勘察

1. 在这里，有个值得探讨的有趣现象，喇嘛丹巴在引述经文中关于“世界的形成”的介绍时，详细介绍了须弥山的种种景象，但却没有涉及铁围山。

地形，选择建寺的地点。或也有说，在内地卜算者做过测算后，才确定在桑耶一带修筑寺院（参见巴卧·祖拉陈瓦，2010:149）。

建寺的地点选好后，还需确定寺院的规模大小。这时，赞普赤松德赞宣布：“围墙的范围，应按照我射箭的箭程来决定。”大臣听后，暗自议论：赞普射的箭程比一般人射的箭程的三倍还要多，如果按照这个尺度建寺，未免太大了些。于是，他们启禀赞普说：“这个办法很好，不过，所射之箭需用大臣之箭。”大臣暗地里把水银灌入箭杆，随后，将这支箭献给赞普。赞普引弓射箭，却发现这一箭的射程并未达到他料想中的距离。赞普意识到可能是大臣做了手脚，于是无可奈何地说：“吐蕃之福德也就只有所射之箭程这样远了。”如是，赞普射出的箭程只有普通箭程的两个半那样远（参见巴卧·祖拉陈瓦，2010:149）；也有文献记载，只跟普通的箭程一样（参见恰白·次旦平措等，2004:149）。

桑耶寺的外围墙，似乎一开始就伴随着赞普赤松德赞的“不好”预言而来。

勘察地形、确定面积后，吐蕃人在赤松德赞和寂护大师的率领下，为桑耶寺举行破土仪式。首先，要在贵族舅臣中选出四位四世同堂的大臣，连同赞普，共五人参加寺院的奠基仪式。他们穿着盛装华服，来到事先圈画好的地方。赞普手执金铲走在最前面，此时，香炉中焚烧绿色的香，众人口念奠基经文，每人手中牵着一根线绳（参见巴卧·祖拉陈瓦，2010:150）。参与者神色庄严，现场氛围肃穆。另有记载说，选出五十个种族高贵、父母六根俱全的男女童子，他们佩戴华美服饰，手持盛满吉祥水的宝瓶，安下桩子并加持地基（参见萨迦·索南坚赞，1985:167）。

走到预先设定的地点，赤松德赞率先用金铲掘地三次。接着，四位大臣轮流挖掘。挖至四肘深的时候，就献上白米和白青稞。于是，鹅卵石及沙砾消失了，地表生出一朵白莲花。寂护大师见状，甚为高兴，一边为赞普摸顶，一边说道：“帕拉帕拉，斯底斯底！”赞普听不懂，遂问译师，译师翻译道：“寂护大师说：好啊！好啊！成功了！成功了！”

按照寂护大师指示，为镇压邪魔，又钉下四个佛塔的橛子。至此，破土仪式宣告完成。

破土铲下的第一堆土、第一堆石头和第一堆木料，均是献供之物。众人将之献给叶尔巴，建造了一座佛塔；将之献给大昭寺的主殿，建成门神四大天王像、大门、碑坊及其装饰（参见巴卧·祖拉陈瓦，2010:149—150）。

仪式完成后，应赞普的请求，寂护大师决定先在南面盖一座救度母佛殿，即象征南瞻部洲的阿雅巴律林（参见拔塞囊，1990:30；巴卧·祖拉陈瓦，2010:150；恰白·次旦平措等，2004:149）。至兔年，赞普又请求寂护为桑耶寺的乌孜大殿奠基。堪布说："我们要把这座不变自成桑耶寺建成符合所有经藏、律藏、论藏和密宗规格，在世界上威德最高、无与伦比的寺庙！"然后，寂护向赤松德赞讲述了印度飞行寺的来历和形制，这座寺院以须弥山、四大洲、八小洲和日月为蓝图建成。在寂护大师的规划中，桑耶寺将模仿飞行寺的形制修造，这意味佛教的宇宙图式将首次以建筑物的形态呈现在藏地。

纵观桑耶寺从奠基到建造的整个过程，会发现一个有趣的特点：这座寺院是由外向内——围墙、塔基、洲殿、中心大殿——逐步建成的。

建寺之前，吐蕃人举行了一场复杂而精密的奠基仪式——这是目前所知与桑耶寺相关的第一场仪式。仪式的目的在于确立建造一座佛教寺院的"合法性"，似乎唯有如此，才能确保桑耶寺顺利建成。因此，通过这场仪式，我们或能了解吐蕃先民是如何看待并理解在雪域蕃国建立第一座佛教寺院这件事的。

诚然，这是一场已无法亲历的仪式，只能通过藏文史籍[1]，还原仪式"现场"，分析仪式过程，以期理解支配或主导这场仪式的观念体系。无论如何，对这场仪式的探究，仅仅是一种尝试，尝试着尽可能地接近仪式参与者们的经验与心态。至于究竟能接近几许，应予存疑。

·

大致了解寺院奠基的仪式"现场"后，如下将详述仪式过程。整场仪式主要分为三个步骤："设界""净化"与"破土"。

---

1. 关于桑耶寺兴建之前的准备仪式，藏族史籍中多有介绍，然而，彼此之间详略不一、内容各异。在此，我主要选择三本史籍：《拔协》《贤者喜宴——吐蕃史译注》和《王统世系明鉴》。以之为蓝本，将其相关的内容加以整合，以期尽量保留这场仪式中可能发生过的各种细节。之所以选择这三本史籍，是因为它们的著作者均与桑耶寺有着不可小觑的渊源。《拔协》的作者据称是拔塞囊，他是桑耶寺建成过程的亲历者之一，因此，他的著作《拔协》一书，亦被称为《桑耶寺志》。所以，这本书可视为了解桑耶寺准备仪式的首选资料。《贤者喜宴——吐蕃史译注》的特别之处在于，该书作者巴卧·祖拉陈瓦在著述此书时，曾参考过大量早期的藏族史料文献，其中既有史书《拔协》也有《大遗教》（即《五部遗教》）等伏藏作品，并且多将各类说法悉数记录在案，因此，这本书关于桑耶寺准备仪式的介绍，可以说是最为详尽的。《王统世系明鉴》的来由前文已有介绍，在此不多赘言，但想指出的是，喇嘛丹巴在桑耶寺有长期的生活经历，他对这座寺院的了解与理解或非其他藏族史学家所能比拟。此外，还有一本主要的参考书是近世之作《西藏通史——松石宝串》，这本书亦是搜集汇总了藏族史籍中关于桑耶寺准备仪式的各类记载。尽管还有一些藏族史籍颇为重要，如《布顿教法史》《红史》《青史》《新红史》《西藏王统记》《汉藏史集》等，但因这些书针对桑耶寺准备仪式的介绍相对简略，因而仅作通览。不过，我的引证难免挂一漏万，特此说明，供诸位读者参详指正。

首先，通过“设界”，规划寺院外围墙的范围，确定寺院的规模大小，并将寺院与寺院以外的空间区别开。这一过程，即赞普赤松德赞的射箭仪式。

在吐蕃先民的传统观念中，箭是神的标志、英雄的代名词，亦是权力的象征。在吐蕃政权第七代赞普时期，就已出现比箭活动；至松赞干布时期，随着武力扩张的盛行，弓箭广泛运用于军事战争，射箭遂成为民间和官方的竞技项目（参见丁玲辉，2009:114—120）。

此外，射箭比赛亦与吐蕃先民的“念”崇拜密切相关。举行射箭比赛之前或期间，人们会对“念”进行各种祭祀，祈求得到神灵相助。比如，在射箭之前和射箭当日，都要煨桑，且保证烟火终日不断。在比赛前夜，需秘密举行血祭仪式，以动物做牺牲祭祀“念”。在比赛期间，天刚微亮时，要去山顶插经旗、放隆达。总之，在吐蕃时期，“念”献祭可说是射箭比赛的一个重要组成部分（参见才让，1992:253—258）。

待至佛教观念传入吐蕃，雪域先民对弓箭的理解，又增添了几分佛教的理解：“木质或竹制的弓很自然地握在‘智慧’左手中，通常与握在‘方法’右手的箭相配。作为智慧和方法的象征物，它们搭配在一起既表示弓的智慧特质可以像箭一样‘投射在’方法或方便上，又表示圆满的智慧可以‘促使’‘五行’（布施、持戒、忍辱、精进、止观）的完善”（罗伯特·比尔，2007:122）。

不过，赞普赤松德赞究竟出于何因，选择以射箭之法决定桑耶寺的围墙范围，今已不得而知。

其次，“设界”之后，要将界内不好或污秽的东西清理干净，才能在洁净的地域上破土掘地、建造佛殿。这个清理污秽、处理不洁的过程即“净化”仪式。在这个过程中，需要两样重要的物品：焚香之烟与宝瓶之水。

先说焚香之烟。据《贤者喜宴》记载，赞普赤松德赞手持金铲，率领众人缓缓走入划好的地界内，与此同时，身旁的香炉里燃起绿色的香。在祭祀仪式中，焚烧香末柏枝，以获烟火，敬献神灵，是藏族先民既有的风俗，即“煨桑”。

煨桑仪式，具有“献祭”与“净化”的双重功能和目的。在藏族先民看来，煨桑时，焚烧柏枝产生的香气是一种最普通的献祭品，专门用以敬献神灵。而在藏语中，“桑”本有清洗、消除、驱除等意，因此“煨桑”有净化之效（参见桑木旦·G·噶尔梅，2005:152；万代吉，2009:40—48）。此外，还有一种观念认为，煨桑产生的烟雾是一条用来“达神”和“迎神”的通道，神灵会顺着烟雾自天而降，赐予福泽（参见周锡银、望潮，1999:287）。

总之，“煨桑”这一古老习俗，早在聂赤赞普时代即已出现[1]，后经苯教徒之手，得到极大发展（参见桑木旦·G·噶尔梅，2005:152）。如是，又出现在吐蕃赞普为兴建佛寺而举行的净化仪式中。现在，煨桑已成为藏族人日常生活的一部分。在藏民家中，一般都有煨桑的“桑赤”（即煨桑台、桑炉），多是设在较高的地方，如房顶、门顶；或是院落中比较干净的地方。

再说宝瓶之水。据《王统世系明鉴》记载，仪式时，有五十个男女童子手持盛满吉祥水的宝瓶立于界中，至于他们用宝瓶和吉祥水做些什么，却未言明。

在藏族人的传统生活中，有一种名为“宝瓶祭”的习俗，主要用以祭祀土主、灶神或祭湖，祭祀方法是将宝瓶埋入土中或沉到湖里。[2]在兴建寺院或佛塔之前，人们也会用到宝瓶祭。这一祭祀观念的源头，如今或已难寻，但如文献所记，在桑耶寺的奠基仪式上，已出现宝瓶的身影。

不过，宝瓶祭所用的宝瓶，与男女童子手持的宝瓶却有不同。其中，最明显的区别在于瓶内的装藏：宝瓶祭所用的宝瓶里，通常装有各类宝物[3]；童子所持的宝瓶中，盛的只是“吉祥水”。

“水”的净化之用，曾充分展现在我参与观察的一场寺院仪式中。在一年一度的寺院开光仪式上，众位高僧手持礼瓶，瓶中装有各类吉祥水（或称净水、甘露）。每到一处神殿或佛塔，僧人便用饰有孔雀翎的锥形洒水器沾上吉祥水，在建筑物中四处抛洒。据僧人解释，此举一为“洗尘”，即去除神殿佛塔上的污垢、灰尘、不洁之物，二为“开光”，即再度开启这些宗教圣物应有的灵性或神力。总之，通过洒水，完成由污至洁的转化过程。

不过，洒水净化并不只适用于佛教仪式。据藏学家噶尔梅考察，苯教的所有

---

1. 苯教经典《普慈注疏》记载，聂赤赞普从天界来到人间时，父王道：“天神受命下凡间，人间污浊多瘟疫，雅阿开道走马前，驱邪焚香有雅阿”（刘志群，2000:70—71）。

2. “如是所云：宝瓶埋入处所中间山下，则成利济所有地域之无上妙善因缘；埋入房舍中间，则成妙善吉祥，受用圆满；埋入炉灶中间，则可聚集财富受用，解除魔障；埋入良田，则五谷丰登、吉祥如意；理入妙泉或前山，则风调雨顺，牛羊兴旺；埋入牲畜之秣槽，可断除牛羊耗亡，牧业发达。”（久美意希多吉，2001:167）

3. 如天之神魂石、龙之水晶石、人之松耳石、财神之金石海贝等；还有加持过的咒语纸条；以及各种珍宝、绸布，各种食物之新、牲畜毛发，各种药、果实、花朵，各种粮食之新、三白、三甜，从各圣地、寺庙、宫殿等吉祥之地取来的石、土、水、木等。（久美意希多吉，2001:166—167）

仪式均以净化为始，且有三个步骤：去毒，洒水净化和焚香（参见桑木旦·G·噶尔梅，2005:148）。可见，洒水与焚香一样，是苯教净化仪式中的关键环节。

最后，在这片已作净化的界域中，需举行“破土”仪式，为寺院奠基。对此，《拔协》等文献多有介绍，这一过程主要有两个环节：掘地与钉橛。

掘地者，先是赞普赤松德赞，后是四位大臣。掘地之物，是一把特制的金铲。掘地的深度，为四肘深。掘地后的献物，是白米和白青稞。献供后的征兆，是卵石沙砾等杂物一并消失，地表生出一朵白莲花。如是，掘地仪式完满结束。整个过程的执行者是吐蕃君臣，主持人是寂护大师。

吊诡的是，文献中并未写明破土掘地的位置，及其与划界范围的关系。所幸，通过佛殿的建造过程，也可大抵推断出破土掘地的方位。后文云，在赤松德赞的请求下，寂护同意先在南面建造阿雅巴律林。此说“南面”，是为掘地点的南面。因此，掘地点并不是随意选择的，很可能一旦确定这个点的位置，寺院的佛堂神殿便要以此点为中心，并参照它的方位而建造。换言之，破土掘地的过程，甚有可能是一个确立“中心”的仪式。

掘地仪式结束后，《贤者喜宴》写道，为镇压邪魔，钉了四个佛塔的橛子。读到这里，难免心生疑问：前面已做过净化仪式，怎么还会有邪魔？对此，一个可能的猜测是，在寂护大师看来，此前的净化仪式似乎并不充分，还需用橛——这种可以粉碎、切断和压碎一切的武器来压制邪魔（参见罗伯特·比尔，2007:143）。值得一提的是，钉橛之法是在破土掘地后施行的，这或也意味着必须与土地发生关联后才能将橛钉入土中或地下，以镇邪魔。

至此，桑耶寺建造前的整个奠基仪式，方才宣告完成。

整场仪式，虽为兴建一座佛教寺院而举行，但仪式过程却并没有纯粹地遵循佛教仪轨。相反，本土性或苯教式的仪式元素在其中发挥着不可或缺的作用。换言之，吐蕃先民举行这场仪式，以期得到兴建一座佛教寺院的“许可证”时，不仅要通过佛教仪轨向“他者”提出诉求，还要借助传统仪式获得本土观念的认可——这种双重“合法性”似是缺一不可。

为了追求奠基仪式的双重“合法性”，在整场仪式中，始终交织着三个主题。这三个主题及其背后隐含的观念体系，以不同的强弱程度共同作用于仪式的每个步骤，分别为：“内外之界”“献祭献供”与“驱秽净化”。

图 39 在开光仪式中，每一座殿堂、佛塔前都要煨桑（何贝莉摄 /2011 年 6 月）

其一，关于“内外之界”。

在此，不妨先回想一下仪式的场景：眼前有这样一片广袤土地，上面零散地“长有白刺的灌木植物、白药草及灰白色香草”（巴卧·祖拉陈瓦，2010:149），看似并无特别处。这时，有一群盛装华服之人姗姗而来，他们依照特定的长度，扯着线绳，在这片土地上圈画出一片区域。此时，虽有线绳为界，但界内的地域看上去与界外的并无不同，依旧长满灌木、白药草和香草，依旧存在各类用肉眼看不见的神灵与鬼怪。接着，这些人要做的事，是使界内与界外的地域迥然不同。换言之，“设界”意味着“区分”：区分出“内”与“外”。

“界”的存在，故能区分内外，但“界”本身究竟属于“内”，还是属于“外”？这场仪式并未给出答案，于是，“界”成为内外之间的一线模糊地带。一方面，它具有极强的保护性，能隔离外界。就像桑耶僧俗想象中的寺院围墙一样，上面伫立着天神，面朝寺外，守护寺院。另一方面，它又可怖而危险，因它与外界的距离最近，与中心的距离最远。正如佛教经论的描述，那是一个毫无光明、黑暗

图 40 寺院僧人在一年一度的开光仪式中抛洒净水（何贝莉摄 /2011 年 6 月）

至极的地方，是犯戒之人承受痛苦与折磨的地狱。正是“界”所特有的模糊性，使人对它产生出看似相悖的两种观念和情感。

仅仅区分出“内”“外”，似乎仍显不够。这些仪式者还要在界内定一个点，并在此点处破土掘地——这不是任意一点，而是根据“界”的边限确立的“中心”。也许，只有在圈画出界线后，人们才能据此找到这个中心点。中心点之所以重要，是因界内的所有建筑都将依据此点进行布局。于是，“定点”意味着对界内区域又做了一次“区分”：区分出“中心”与“边缘”。

吊诡的是，在这场仪式中，吐蕃先民为何要先划定边界，再确立中心？但凡谈及中心与边缘，大家通常会认为“中心”是占据先机或起主导作用的。犹如用圆规画圈，先要确定一点，方可画出外沿的那一圈。而吐蕃先民的做法，可谓是反其道而行之。

关于“中心”，宗教史学家米尔恰·伊利亚德（Mircea Eliade，1907—1986）认为，“中心”尤其是“世界中心”之所以重要，是因为“支柱只能是在宇宙的正中心，因为在其周围就环绕着人类可居住的世界。因此我们就有了一系列的宗教思想和宇宙生成论的模式。它们被紧密地联系在一起，形成了一种在传统社会中广泛流行的系统，我们也许可以称之为‘世界体系’（System of the world）”（米尔恰·伊利亚德，2002:12，13）。伊氏认为，“中心”的建构，实际是在模拟、重复或回溯一个从没有宇宙到生成宇宙的创世过程——是一个从“无”到“有”的过程。在伊氏看来，圣殿、寺庙的修建，也同样经历着一个创世性的、从“无”到“有”的过程。

早在建寺之初，吐蕃先民的观念世界，实际比伊氏笔下的“中心”世界体系更为复杂。那时，西藏文明已有一套被广泛接受的创世论和相对完备的宇宙观：“拉、鲁、念”宇宙三界观。因此，当寂护大师试图将佛教宇宙观融入吐蕃先民的观念体系时，他面对的不是一个从“无”到“有”的过程，而是从“有”到“有”的过程——如何在西藏既有的宇宙观中，为佛教宇宙图式辟出一席之地。寂护大师不得不考虑，应该如何处理两种宇宙观的关系。

在“中心”模型中，伊氏出于对宇宙创生的强调，认为：在任何一种宇宙创世论落地生根以前，这片土地或时空必定是莽荒而空白的，如同白纸一张。若说，伊氏的“中心”世界体系是在一张白纸上作画，只需标记一个“中心”；那么，寂护大师得到的这张“画纸”，早已绘满各种“图案”，他只能在被允许的区域内先圈出一块“地方”，用“橡皮”擦拭干净；然后，再在这块空地的中央，画出佛教宇宙图式中——代表“世界中心”须弥山——的那一点。

寂护大师和吐蕃先民通过设“界”，恰当地协调或处理了两种宇宙观的微妙关系。在桑耶寺的奠基仪式上，仪式者首先施行的不是“定点”而是“设界”，不是确立“中央”而是圈定“边缘”，不是直接“建构”而是事先“还原”——在界内，先将藏族人既有的宇宙观还原至“无”的状态，再在“无”的基础上，描绘出佛教的宇宙图式，建构出佛教宇宙图式的“世界中心”须弥山。简言之，“内外之界”的设定，是为完成一个从“有”至“无”，再从“无”至“有”的过程。

“界”之于整场仪式的重要性，不言而喻。“界”与“点”一旦设立完成，余下要务便是“还原”界内的时空，使之处于“归零”或“无有”的状态。

此时，寂护大师和吐蕃先民需与各类神灵鬼怪——宇宙三界的执事者们——

打交道了。界内之地能否被还原为一张白纸，取决于这些神灵鬼怪是否同意人类的请求，是否愿意让渡这片设界的地域。

为了赢得神灵鬼怪的认同，人们对其煨桑献祭；为了清扫神灵鬼怪的痕迹，人们将之驱秽净化。

其二，关于“献祭献供”。

前文已述，仪式中至关重要的一场献祭，莫过于射箭仪式后，仪式者进入界内时，举行的煨桑仪式：在香炉中焚烧“绿色的香”（巴卧·祖拉陈瓦，2010:150）。

当时，雪域先民对焚烧植物即献祭物的选择，已有一套明晰的观念。根据传说，有一个苯教的女神在天上向大地喷出一口唾液，于是，大地长出雪地植物白色茵陈蒿、山上植物绢毛苣、草地植物白头艾蒿、岩缝中生长的植物川栋子、山脚边生长的芳香植物、山崖上生长的金黄色叶子的野蒿，及阳坡上生长的绿松石叶的柏树和阴坡上生长的白杜鹃。献祭时，要把这些生长在不同区域的植物堆放在一起，进行焚烧。但因许多植物很难寻觅，所以，最常用的只有两种：长着绿松石叶的柏枝和金黄色叶的野蒿。相较而言，柏枝优于野蒿，因为柏树是苯教圣树。长青柏树，被誉为众神之长，且是苯教四种永恒的标志之一（参见桑木旦·G·噶尔梅，2005:152）。柏枝以绿松石叶为特征，所谓“绿色的香”，极有可能就是由柏枝制成的香末。

至于献祭的对象，虽难以确定在这场仪式中，煨桑献祭的对象具体是哪位神灵。但通过相关记载，仍能大致了解有哪些神灵可享用“桑”的献祭。《格萨尔王传》这样写道：“阿琼吉和里琼吉，你俩不要贪睡快快起，放开最快的脚步去，去右边的山顶采艾蒿，从左边的山顶采柏枝，艾蒿柏枝杂一起，好好去煨一个‘桑’。煨大‘桑’要像大帐房，煨小‘桑’要像小帐房。给格萨尔的战神、保护神煨一个‘桑’，给岭国的天、龙、山神煨一个‘桑’，给天母宫萌捷姆煨一个‘桑’，给长寿白度母煨一个‘桑’，给管走路的道路神煨一个‘桑’，让这些神灵都佑护在我身旁”（转引自周锡银、望潮，1999:285）。可见，能享用“桑”祭的神灵数目繁多。广义上，当煨桑仪式没有一个确定或具体的献祭对象时，信众献祭的神灵极有可能是个集合概念：献祭宇宙三界中以“拉、鲁、念”为统称的所有神灵。狭义上，在对三界神灵的献祭中，焚香煨桑主要用于“拉”的祭祀。[1]

煨桑献祭的步骤，在文献中以“点上香”（拔塞囊，1990:30）一笔带过；如今所见的实际情形，却是复杂很多。在桑耶寺，有两处香炉的香火颇旺，一处在乌孜大殿的殿前广场，一处在桑耶角的围院中。每日清晨，来寺朝圣的信众多会花一块钱请一把桑枝，将其放入冒着浓烟的桑炉。我在殿前广场煨桑时，一个大叔补充道：还要撒一勺糌粑、几颗谷粒和一点净水。在桑耶角煨桑时，一个阿姨建议我口念六字真言“唵嘛呢叭咪吽”，并绕香炉顺时针转一圈。信众热心肠地指导我煨桑，具体步骤却又不同，我很难判断究竟哪一种是“标准化”的仪式过程。但至少，这种现象表明，煨桑虽以“点上香”为要旨，但在此之上，人们却能通过各种“附加项”为其赋予不同的象征意义：譬如念诵六字真言。

献祭总是围绕“牺牲”展开（参见马塞尔·莫斯、昂利·于贝尔，2007:194—204），为献祭神灵而举行的煨桑仪式，亦复如是。为煨桑而特别选择的植物起源于女神的一口唾液，因而与生俱来拥有其他植物无法比拟的神性，这是它们作为“牺牲”的首要条件。人们收集这些植物，并在特定时日将其供奉在献祭现场，用烈火焚烧，抛洒圣水，使之生成浓郁的香气与厚重的烟雾。于是，献给神灵的供品出现了，连接天界的通道打开了，植物在烟火中化为灰烬，成为“牺牲”。所谓“牺牲”，必须经过一个转化过程：献祭物在被献祭时，总要承受某种方式的毁坏，以便脱离原有的世俗形态，带着人类的意愿融入神灵鬼怪的世界。那些没有承受或经历过牺牲过程的所献之物，只能被称为“供品”，而非“牺牲”。

唯有明确“牺牲”之于献祭的意义，才能将桑耶寺奠基仪式中的三次“献”加以区分。前文已区分出其中一种，即献祭仪式：煨桑。在《贤者喜宴》描述的整场仪式中，在煨桑献祭之后，还有两次“献”的仪式。

一次，当赞普与大臣掘地四肘深时，众人向掘出的地穴“献上白米及白青稞”。届时，鹅卵石与沙砾消失，原地生出一棵白莲花。另一次，人们将破土掘地得到的第一堆泥土和石头献给叶尔巴与大昭寺（巴卧·祖拉陈瓦，2010:149—150）。

1.“拉”高高在上，居于人类无法企及的天空。统治雪域人间的赞普通过一根长在头顶的“木神之绳”与天界相连。在止贡赞普时期，这位赞普的木神之绳被斩断，从此天界与人间失去唯一的联系。此后，人们如何能让自己的祈求和愿望达至天界，让居住在天界的神灵们知道？也许是以现实存在的世界为灵感来源，“烟”在人们的普通经验中，是一种能升入天空或于高空消失的介质。它总是能向上飘散，直至消失在用眼睛看不到的空中。将“烟”视为通往天界的通道——这一观念起于何时，如今已无从知晓。但在藏族人的传统观念中，对“拉”的献祭多以烟祭为主。

这两次“献”，是否也是献祭仪式？据史料记载，所献物白米和白青稞并未成为“牺牲”。仪式者只是将之献出，既无焚毁，亦无研磨，更未享食。换言之，没采取任何毁坏性手段使之成为“牺牲”。另一种所献物掘地而得的第一堆土石，被运至修行地和祖拉康，用以建造佛塔和天王像。这一建造过程，亦非彻底毁坏。本无生命的土石，也难以切合人们对“牺牲”的理解。如是，无论白米、白青稞，还是破土掘出的第一堆土石，都只能作为“供品”而非“牺牲”；围绕供品举行的“献”的仪式，应为“献供”而非“献祭”。

此时，随着仪式过程中，所献物的性质的改变，所献对象亦发生相应的变化。白米与白青稞的献供对象是佛教寺院桑耶寺的中心地基，此为食物供，意为“得增添美味甘露之殊胜食物，饲养一切有情”；第一堆土石的献供之所是叶尔巴和大昭寺，此为刻画神像供与修建佛塔供，意为“得世间之供奉之处”（黄维忠，2007:126—127）。在这两次献供仪式中，所献对象不再是宇宙三界的“拉、鲁、念”，而是尤为殊胜的修行地和供奉释迦牟尼等身像的祖拉康。

所献物的改变，所献对象的不同，所献主题的区别——意味着这两次仪式的性质和功用与此前的截然不同。前一次“献”的仪式，是基于宇宙三界观而来的献祭；这两次“献”的仪式，则是具有浓厚的佛教化色彩的献供。从献祭转化为献供，或也象征着这片将用于兴建佛寺的界域，正从宇宙三界“拉、鲁、念”的统辖中让渡出来，转化为由佛教宇宙观主导的地域。

其三，关于“驱秽净化”。

最终，从宇宙三界观到佛教宇宙观的转换能否达成，还取决于一个贯穿整场仪式的主题：“驱秽净化”——烟的净化，即煨桑焚香；水的净化，即抛洒净水；土的净化，即钉橛入土。以上三方面，通常作为“整体性”的净化仪式共同作用于宇宙三界。如一篇苯教经文“煨桑之清澈前行次第”所记：

献沐浴：唵！大力猛神的殊胜身，若无清净就会摧毁雪峰，呈献清净习气障气的此方净水，愿清净上方的天神，愿清净下方的龙神，愿清净中间的赞神，愿清净诸起居坐垫，愿清净诸穿戴，愿清净诸器具，唵！虚哆古嘘哆清净萨烈桑呢咿嗦哈。

香烟：唵！大力猛神的殊胜身，须弥山顶呈献供品，芬芳馥郁的妙香，净洗上方

图 41 如今，净化仪式仍然大量运用在寺院法会之中。
此图为开光仪式现场，僧人抛洒净水、焚香驱障的景象
（何贝莉摄 /2011 年 6 月）

的天神，净洗下方的龙神，净洗中间的念神，清洗诸坐垫，净洗诸穿戴，净化诸器具，唵！唏米唏米扎尔扎木布乃梯木梯木咿嗦哈。

驱障：唵！我的等持之力，和自然法性殊胜力，此等芥子之王，殊胜猛尊勇于灭障，金子之色密咒箭，持赞此等并发诵，若有来害的障魔，就可摧毁息灭诸障。嗦唵尼罗唷如如布如面如杂拉杂拉滴萨嗒亚曼托尔孜扎摩哈请来灭断己他十善的障碍及来做十恶助友者，寂灭的祭煨桑烟炉的所有障魔。（德庆多吉，2008:104）

经文将净水、焚香与驱障统称为“煨桑”。这三步净化仪式都具有清净上界之拉、下界之鲁、中界之念与赞的功能。通过苯教式的驱秽净化仪式，直到划界区域内的三界纯净如白纸一般，赞普与寂护才开始在界内中心点的南面建起首座佛殿：阿雅巴律林。

或应指出的是，这场为兴建佛教寺院而举行的净化仪式恰恰是遵照苯教仪轨

而进行的。以佛教常规来看，祈祷三界神灵有违佛教宗旨，且为佛教教规所禁忌。诚如萨迦派高僧杰赛托美所言："既为世神陷轮回，何来大德渡众生。"三界神灵，不过是六道轮回中的三善趋之一，它们并无引导凡俗、济渡众生的德行。若按此理推论，赤松德赞时期，佛苯之争最终以佛胜苯败告终，那么，苯教的仪式仪轨理应随之消失（参见恰白·次旦平措，1989:42）。但实际上，苯教奉行的焚香煨桑之俗，不仅没有消失，反而在桑耶寺奠基仪式中发挥着至关重要的作用。

待寺院落成，吐蕃先民用煨桑以示庆祝，并告慰神灵。皈依佛法的赞普赤松德赞不仅亲自主持了一场大型烟祭活动，还命人在哈布日上修砌一座巨大的香炉。在藏历五月十五日，点燃香炉、焚烧香枝、祭祀神灵。当时，空中香烟袅袅，仿佛弥漫整个世界，由此盛况而得名"世界焚香日（或世界烟祭日）"。[1]至此，已难区分：煨桑究竟是苯教的祭祀活动，还是佛教的传统节日[2]——同一个仪式过程，却由两种不同的宇宙观共同支撑。对此，藏学家恰白先生不禁认为："藏族的焚香祭神的活动早已成为非本非佛、佛本合一的奇特的风俗"（恰白·次旦平措，1989:43）。

如上，我试图通过文献记载的桑耶寺奠基仪式，复原吐蕃先民观念中的那一道"围墙"——它通过仪式中的"界"得以显现。

诚然，这道观念式的围墙，不像桑耶寺的外围墙那般真实可感，但却默默影响着桑耶僧俗对现实中外围墙的理解与想象。在当地人的心目中，围墙是一个"界"，区分出"内"与"外"，建构起"中心"与"边缘"。人们的空间感，在很大程度上仰赖于"界"的有无与形制。

更重要的是，"界"的建构过程始终微妙地传达着两种宇宙观的关系。通过设"界"，以及其后的献祭、献供与净化仪式，桑耶寺外围墙之内的宇宙图式已发生了让渡：从原有的宇宙三界转换为佛教的宇宙观——这一让渡，是通过吐蕃的本土仪式与佛教的教法仪轨"联合"完成的。因此，在讨论一种宇宙图式取代

---

1. 关于世间焚香日的具体时间，学界仍存不同的见解。土登尼玛在"释'世界公桑'"中说是五月十三日；王沂暖译的《格萨尔王传·世界公桑》中说是五月十一日；恰白·次旦平措在"论藏族的焚香祭神习俗"中说是五月十五日。在此仅取恰白先生之说（参见恰白·次旦平措，1989:42；周锡银、望潮，1999:297—299）。

2. 对于"煨桑"，学界普遍认为这一原始祭祀活动大致经历了三个过程：原始宗教时期、苯教时期和藏传佛教时期。苯教与佛教在继承的过程中，对其内容和外表形式等，都做了很大改动。有学者认为，被藏传佛教保留和继承的煨桑仪轨虽然还是焚烟祭祀，但侧重点已从驱除污秽之气转成祀神祈愿了（周锡银、望潮，1999:299）。也有学者认为，焚香与藏传佛教结合后，依然有净化环境的作用，只是在净化的含义上更多了一层佛教中供养的含义（万代吉，2009:46）。还有学者认为，"在赤松德赞时期抑苯扬佛的过程中，焚香祭神的内含已逐渐发生了变化。这就是以佛教的含义取代了苯教的内容"（参见恰白·次旦平措，1989:43）。

另一种宇宙图式的时候，理应意识到，这一进程是在“混融”的仪式过程中完成的——就像桑耶僧俗在承认“界”区分出“内”与“外”的同时，也不得不接受“界”本身是一个“模糊地带”的观念性事实。

无论如何，自桑耶寺建成之日起，信众已然将这座寺院作为佛教宇宙图式的典型象征，推崇备至。从此，这道观念中的围墙，终于有了触手可及的现实形象。只是这一形象，是否就是如今所见的这般模样？

筑墙：现实中的“界”

考察期间，我几次登上哈布日，站在山顶，俯瞰四野，遥想当年赞普一行登山远眺、勘察地形的情境，揣测在桑耶寺出现之前，山下会是一片怎样的景象。

然而，寺院就在那里，庄严持重，令人无法视而不见。尤其是那道白色外围墙，在黄土绿树的掩映下，显得尤为瞩目。白墙把寺院的殿堂、佛塔、古树、僧舍合围在内，区别于院外的民宅、农田、公路和柳林。围墙内外，两个世界，隔着一堵厚墙，不容有丝毫混淆。如今所见的桑耶寺，总面积约两万五千余平方米（参见何周德、索朗旺堆，1987:9），这是否就是千年以前赤松德赞一箭射出的区域？

——似乎，并非如此。

20 世纪 80 年代，考古学家宿白参考早期形制尚存的阿里托林寺，分析桑耶寺创建阶段的总体布局。托林寺是于公元 10 世纪，后弘期之初，仿桑耶寺而建；因此，宿白推测，托林寺的建筑布局应该最接近桑耶寺初创时的情形。托林寺“迦莎殿外围所形成的复式十字折角平面，亦应是摹自桑耶寺的‘多角围墙’（《拔协》）或‘周围以铁围山’（《佛教史大宝藏论》）”（宿白，1996:63）。这一推断，若无大碍，则桑耶寺初建时的布局应是：

1）可初步判定桑耶寺现存十二洲中的四大洲江白林（智慧妙吉祥洲）、阿雅巴律林（降魔真言洲）、强巴林（兜率弥勒洲）、桑结林（发心菩提心洲）的位置变动不大，特别是上述的前三洲；

2）可了解桑耶创建时的范围较现在略小，现存圆形外围墙系后世改筑；

3）还可知道乌策大殿的外围墙、四门和门内的外匝礼拜廊道皆为后增建。（宿白，1996:63）

据此，宿白绘制出一幅桑耶寺总体布局的今昔对比图。

图中，“多角围墙”呈十字金刚折角状，依次串联江白林、白塔、阿雅巴律林、

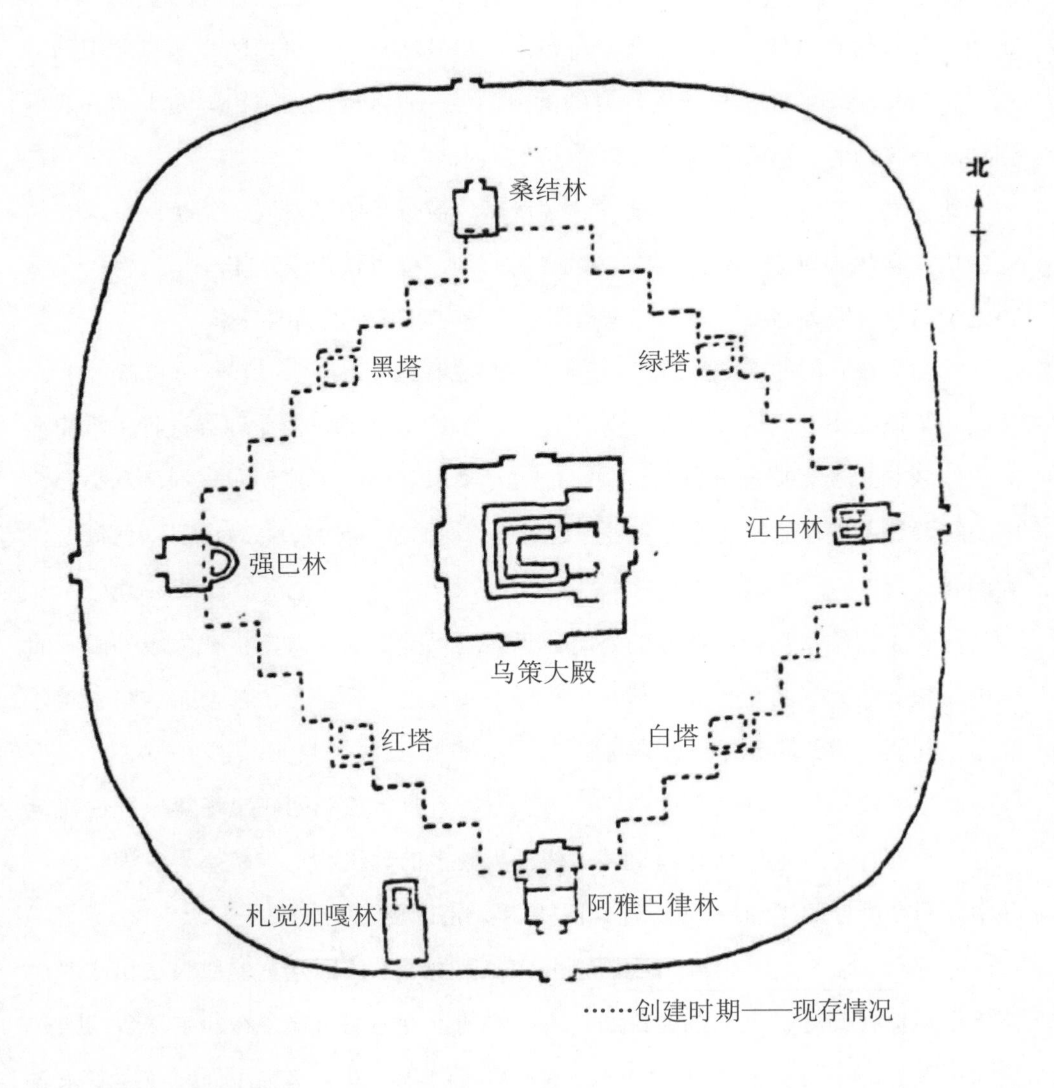

图 42 宿白绘制的桑耶寺总体布局示意图（宿白，1996:64）

红塔、强巴林、黑塔、桑结林和绿塔，由此形成一圈布局方正的外围墙。照此布局，寺院的“八小洲”，即四大洲殿左右两边的配殿，则在多角围墙以外。无论如何，由这道“多角围墙”圈画的寺院面积，确实比如今所见小了很多。

无独有偶，在乌孜大殿中回廊的二层廊道上，有一幅长达92米号称“西藏史记”的壁画（何周德、索朗旺堆，1987:27—28）。画中，有一幅桑耶寺兴建之初的寺院全景图。图中，寺院的外围墙也是金刚折角形，墙上还立有白色宝塔。不过，画中的外围墙，虽然同为十字金刚折角形，但其布局却与宿白的推测有所不同。这道折角形围墙的布局更接近现存的圆形围墙——将象征须弥山、四大洲、八小洲和日月等物的大小殿堂与佛塔悉数环绕在内。

即便布局各异，宿白的推断与这幅壁画的图景均暗示着同一结论：桑耶寺的外围墙，自建寺以来，始终存在。但吊诡的是，我很快便发现了一个反例：在一幅绘于乌孜大殿外回廊的桑耶寺全景图中，没有出现外围墙的身影。

这幅与众不同的壁画，诞生于第模·德列加措摄政期间（1757～1777年）。摄政王第模遵从七世达赖喇嘛的生前嘱托，自1770年始，对桑耶寺进行了规模浩大的修缮和扩建。据壁画目录记载，他对“桑耶寺中心大殿、四大洲、八小洲、王妃三殿等所进行的巨大修复和供施之功德，均比法王赤松德赞为高”（何周德、索朗旺堆，1987:“引言”5）。

修建工程结束后，桑耶寺的盛况实景，遂以壁画的形式定格在大殿外回廊的东侧墙壁上。此后数百年间，每一个在外回廊转经的朝圣者，都会从这张壁画前经过，都能一睹桑耶寺开光大典的盛景。

画中的桑耶寺，除乌孜大殿、十二洲殿、日月神殿和四座宝塔等象征性建筑以外，还有许多其他的宗教建筑。这些种类繁多的建筑物把寺院塞得满满当当。其中，至今尚存的讲经台、经幡柱与展佛楼均清晰可见。

除佛殿、宝塔之外，壁画还描绘出许多人物场景：殿堂里的僧人法相威严，挤挤挨挨拥在一处听上师讲经说法；院中的朝圣者呼朋引伴，在庙宇楼台间熙来攘往；院外的杂耍竞技争奇斗艳，令围观群众眼花缭乱。整幅画面，洋溢着宗教盛世的博大气派，但奇怪的是：环绕寺院的外围墙却不见踪影。

如今，诚难知晓，这幅壁画中的桑耶寺为何会失去外围墙——就像无人道明：

图 43 乌孜大殿中回廊，二层廊道上的一幅桑耶寺全景图（何贝莉摄 /2011 年 10 月）

图 44 乌孜大殿外回廊，东面廊道上的桑耶寺全景图（何贝莉摄 /2011 年 10 月）

壁画描绘的图景，是创寺之初举行的开光大典，还是第模时期重建寺院后奉行的开光仪式。桑耶僧俗似乎更愿意含混地承认，这两种说法都有道理。虽然这两场开光大典相距千年之久，但在当地人想来：既然都是开光仪式，就不应该有什么不同。第模时期的开光仪式，与如今在寺院里举行的一年一度的开光仪式一样，都是对创寺之初那场开光大典的回溯与重现。

那么，图景之中的开光大典，究竟是一幅怎样的喜乐景象？

壁画所绘：开光之日，寺院内外人山人海，男女老少盛装打扮，载歌载舞，热闹非凡。在寺院建筑的空隙间，堆满装有食物和酪糕的皮口袋。这些美食将献给那些表演娱乐活动的参与者。人们每向娱乐者赠送一次美食，他们便会举行一项娱乐活动，如是循环了八次，每次都有一出新节目。一个名叫俄帕拉的人，在奔跑中转换骑乘了七匹骆驼。一个名叫强嘎波的人，将七根紫檀木柱顶在脑门上，绕着乌孜大殿的外廊飞奔，之后，又将这七根木柱分别抛在大殿南门的门槛上。有些人，一边驾着奔驰的骏马，一边准确无误地将几把飞刀同时掷入对面的靶心。另一群人，如叠罗汉一般相互支撑，从木柱顶端奔跑而过。倘若这些技艺仍不够惊心动魄，那么，由魔术家表演的烈火焚身，一定会让人瞠目结舌（参见何周德、索朗旺堆，1987:21—22）。

民间的庆祝活动，喧嚣如是；赞普的开光喜宴，又将如何？

《贤者喜宴》等藏文史籍记述道：吉祥桑耶寺建成后，在举行开光庆典时，神湖措姆古的中央，长出一棵美丽的莲花树，显现此地之殊胜犹如莲花。赞普赤松德赞端坐在金座上。五位王妃，婀娜多姿，华服美衣，陪伴君侧；受赞普供养的诸位译师班智达，正满心喜悦地讲经说法；所有崇信佛教的大臣，围成一团，站在赞普金座的两旁。赞普治下的全部臣民，从卫藏到阿里的一切地方，无不在集会庆祝开光大典。各种饮食佳肴享之不尽，众人的一切愿望均得满足，吐蕃民众集体欢腾。人们跳着欢乐舞，唱着幸福歌，日复一日无休无止。满天飘舞的宝盖、经幢、风幡与旗帜，数量之多，犹如密林般遮蔽了正午的阳光，使飞禽雀鸟几无飞翔之地。吐蕃政权的黑首属民遍布大地，数量之多，使骏马已无驰骋之处。铙钹鼓乐之声，恰似雷震龙鸣。所有的年轻男子与少女，手执牦牛尾，以掌击鼓，唱歌跳舞。他们大声唱和，犹如牦牛的叫声、狮子的吼声和老虎的呼啸声。他们戴着面具跳舞，摹仿牦牛、狮子和老虎。如是，丝竹鼓乐、歌舞竞技，悉数敬献给吐蕃赞普（参见巴卧·祖拉陈瓦，2010:165；萨迦·索南坚赞，1985:172—175；拔塞囊，1990:44—45）。

赞普与他的全体属民，一同极尽欢愉之事。人们跳腾的脚步，犹如天空降雨，绵绵不绝。内心充盈的喜悦与激情，难以抑制，渴望抒发。于是，在场的每一人各唱了一首敬慕之歌。只见“天降人之王”赤松德赞从金座站起，率先欢歌一曲，礼赞这座雄伟的桑耶寺，礼赞寺院中的每一处殊胜建筑：

我之大顶三层殿，五种珍宝所建成，并非人造乃天成，我之神殿极稀有，人人见此即欢愉，由此欢欣透于心。仿此东胜身洲形，建造东面三神殿，五种珍宝所建造，非由人造乃天成，我之神殿实稀有，人人见此即欢愉，由此欢欣透于心。仿此南瞻部洲形，建造南面三神殿，五种珍宝所建成，非由人造乃天生，我之神殿实稀有，人人见此即欢愉，由此欢欣透于心。仿此西牛贺洲形，建造西面三神殿，五种珍宝所建造，非由人造乃天生，我之神殿实稀有，人人一见即欢愉，由此欢欣透于心。仿此北俱卢洲形，建造北面三神殿，五种珍宝所建造，非有人建乃天成，我之神殿实稀有，人人一见生欢愉，由此欢欣透于心。我之上下亚夏殿，形如空中之日月；我之后妃三神殿，犹如供奉玉坛城。我之白色大佛塔，犹如右旋白海螺，我之红色大佛塔，犹如火舌窜空中；我之蓝色大佛塔，犹如玉柱顶天立；我之黑色大佛塔，犹如铁橛钉地上；我之佛塔极稀有，人人一见生欢愉，由此安乐住于心。此等幸福欢乐歌，曲乃三十三天造，因仿仙乐所谱成，故名玉殿金座歌。[1]

接着，王子王妃献歌，喇嘛僧侣献歌，诸位大臣献歌，在座首领献歌，所有勇士献歌，每位贵妇献歌，诸少女亦歌之……一年以内，每人歌唱一曲，每匹马奔跑一次，每棵树上悬挂一面旗帜。开光喜宴快乐如是，仿佛绵绵无绝期。正当吐蕃君臣属民日日沉浸在欢愉中时，桑耶寺的墙基已被老鼠打了许多洞。殿堂里，既无供奉又乏打理。赞普见状，心生不安（参见巴卧·祖拉陈瓦，2010:165—166，拔塞囊，1990:44—45）。

---

1. 在此引用的是陈庆英翻译的这篇诗作（萨迦·索南坚赞，1985:173—175）。对比刘立千的译本《西藏王统记》与《贤者喜宴》中的相关文本后，我发现陈的译本中可能有几处笔误或印刷错误，因而在转引中作以修订。

在极尽快乐之能事后，赞普赤松德赞降旨道："今生安乐之梦，不过是虚妄虚伪之事；若想得以解脱，当需修成菩提正觉"（巴卧·祖拉陈瓦，2010:166；萨迦·索南坚赞，1985:178）。遂请求大师向众生弘传佛法。为桑耶寺举行的开光喜宴，宣告结束。

所谓沉溺之后的超拔，想来莫过于此。

·

话说回来，赤松德赞在礼赞桑耶寺的"玉殿金座歌"中，并未唱到寺院的外围墙——桑耶寺的各个建筑均已悉数唱咏，王妃主持修建的三座殿堂也有提及；却唯独对寺院外围墙未置一词。这是否意味着当时的桑耶寺并没有这道墙？无论如何，这一"缺失"与第模时期绘制的那幅寺院全景图，不谋而合。

然而，如今所见的这道寺院围墙，若在创寺之初并不存在；那么，桑耶信众关于"外围墙"的观念又会从何而来？

据《拔协》记载，"在多角曲折的金刚围墙上，围绕着 108 座小佛塔。每座塔里放一粒佛舍利，护法是十八部王"（拔塞囊，1990:41—42）。这番描述，让我联想起乌孜大殿的中回廊。一次，因为口误，我错将外围墙上的 1008 座白色小佛塔说成了 108 座。大殿管家塔青拉听见后，反问道："你说的是大殿围墙上的白塔吧？""大殿围墙上有白塔吗？"在我的印象里，似乎没看见乌孜大殿的外围墙上有白塔。"有的，"塔青拉站起身，"走，我指给你看！"我们走出大殿侧门，站在外回廊内某个特定的位置上，塔青拉返身指着中回廊的顶层，说："你看嘛，108 座小白塔就在那里。"

倘若宿白的推测无误，大殿外围墙属后世增建者；那么，现在的大殿中回廊就应是乌孜大殿创建初时的大殿外围墙——这道围墙，直到现在依然保持着原有的金刚折角形，墙上树立的白塔正好是 108 座。

因此，是否存在这样一种可能性：乌孜大殿的外围墙与桑耶寺的外围墙被无意间混为一谈？这情形，就像某些藏文史籍会用乌孜大殿（全称为"桑耶三种式样不变自然成就神殿"）的简称"三样寺"代指"桑耶寺"一样（参见恰白·次旦平措等，2004:150）。

宿白之所以将托林寺迦莎殿的外围墙与桑耶寺的外围墙联系在一起，在一定

图 45 乌孜大殿中回廊上的 108 座白塔（何贝莉摄 /2011 年 10 月）

程度上，是出于《拔协》对桑耶寺“多角曲折的金刚围墙”（拔塞囊，1990:41）的记载。将《拔协》所记的外围墙形制与迦莎殿外围墙的实际情况进行比对后，宿白发现，这两处围墙的建制几乎相同，方才根据迦莎殿的建筑布局，推断出桑耶寺外围墙最初所在的大致位置。这一推导，看似合理。但如果《拔协》所记之“围墙”，并非桑耶寺的外围墙，而是乌孜大殿的外围墙；那么宿白的推断，则有待商榷了。

总之，在第模时期绘制的桑耶寺全景图中，看不到寺院外围墙的踪迹；在赞普赤松德赞礼赞寺院建筑的颂歌中，听不到寺院外围墙的名号；在记载桑耶寺建成经过的历史文献《拔协》里，读不到寺院外围墙的介绍——种种迹象似在表明，桑耶寺的外围墙并不是随着这座寺院的创建而一同筑成的。

如是，将意味着：最初建成的桑耶寺对佛教宇宙图式的模仿或复制并不完整，因其缺失了一个至关重要的象征性建筑：象征铁围山的寺院外围墙。

难道是这种缺失，导致后世僧俗需要为桑耶寺追加一道外围墙？

·

姑且把猜测置于一旁，我就此询问次仁拉，对方却说：“您要问我原因？还是先去读书撒，书里面有的是。”次仁拉所说的书，还是《莲花生大师本生传》。按图索骥，书中确有两处篇章明确写到过寺院外围墙。一处是第六十二章“建成宏伟桑耶寺”，另一处是第八十六章“吐蕃桑耶寺院志”。可见，桑耶寺外围墙的由来，并非无凭无依。

“建成宏伟桑耶寺”一篇，详细叙述了桑耶寺各类象征性建筑的修筑过程，书中所记：“国王亲自督建的此佛殿，三尖顶耸若须弥山，周围的殿堂模仿七金山，形同日月的，是上下罗刹殿，四个大洲八小洲，寺宇周遭来环绕，外圈长长一围墙，六万民夫齐努力，石墙筑到靶板高，民夫个个觉疲劳，大师于是驱鬼神，大梵天和帝释天，二位天王砌围墙，四大天王做领班，众多男神和女神，边喊号子边筑墙，白天人间民夫建，晚上神鬼八部劳”（依西措杰伏藏，1990:415—416）。此文对外围墙修筑过程的刻画尤为细致。外围墙的布局已然明晰——环绕寺院的诸座殿堂修筑而成。它的建造规模之大，以至于动用六万民夫还嫌不够，莲花生大师遂又施命于神鬼。大梵天、帝释天、四大天王、神鬼八部一时间都成为夜间筑围墙的工匠——莲师对这一道外围墙的重视，可见一斑。

此篇结尾处写道："周围筑黑墙，洞开四大门，分设四座护法神大殿，门口矗立四块大石碑，墙头建塔一千零八座，四块碑顶各有一铜狗"（依西措杰伏藏，1990:419）。这是对寺院外围墙的总结：围墙色黑，开有四门，四门处各有一座护法神殿，门口各立一块大石碑，碑顶各立一只铜狗；此外，墙顶上建有佛塔1008座。

关于外围墙四神殿中供奉佛像的介绍，在《吐蕃桑耶寺院志》中记录得更为仔细，"黑围墙四门四神殿，殿殿都有五尊像，释迦牟尼及随神，四大天王门口站，门里一边一尊神，天母和那依怙神，壁有贤劫千佛图，四大天王做护法，外围黑墙千零八，天神二万一千尊，地神一千零十八，各尽职守做护法，以上是围墙内目录"（依西措杰伏藏，1990:552—553）。

若以《莲花生大师本生传》记载的外围墙形制与如今可见的现实情形作比较，除"洞开四大门""墙头建塔一千零八座"尚可相互印证之外，似无其他相像处。最奇怪的是，书中一再强调的黑色围墙，如今已变成白色石墙。

难以想象，桑耶寺的外围墙若被漆成黑色，会是怎样一幅图景。阴郁暗沉的黑色，势必与乌孜大殿的金顶白墙构成强烈反差——这是否就是书中将须弥山与铁围山作以比较后，以期达到的视觉效果？

《莲花生大师本生传》描述的寺院建筑布局与佛教的宇宙图式之间，遵循着严格的对应关系。本生传对桑耶寺外围墙的记叙与佛教经论关于铁围山的描述，也颇为一致。如是，在《拔协》等藏文史籍中鲜少提及的寺院外围墙，在《莲花生大师本生传》中则成为不可或缺的建筑形制，因为它象征着佛教宇宙图式中的铁围山——佛教宇宙观的完整性，离不开铁围山的存在。

若将《莲花生大师本生传》作为可供参详的文献，想必会遭致学界的诟病。如图齐所言，关于莲花生的"某些内容只是在很晚的时候可能是在14世纪才流传开的，并且增加了一些修饰、增补和赞颂等内容。它们形成了一些名著的基础，如《莲花生遗教》《五部遗教》和其他伏藏"（图齐，2005:11）。依图齐的判断，《莲花生大师本生传》中有关桑耶寺外围墙的叙述，很有可能只是后弘期以降某些宗教人士的附会之作。但正是这种被研究者视作伪史的"附会之作"，为后世信众复建寺院外围墙提供了难得的依据和范本。

由此，在被誉为“西藏史记”的桑耶寺长卷壁画中，会出现这样一幅桑耶寺全景图——壁画中的寺院外围墙与现实中的寺院外围墙，有两处明显不同：形制与颜色。如图所绘，寺院外围墙的形制是十字金刚折角形。对此，藏族史籍《拔协》曾有记述，《莲花生大师本生传》却无说明。或由此因，壁画师才选择因循《拔协》所记“多角曲折的金刚围墙”（拔塞囊，1990:41）而绘制。此外，壁画中的外围墙呈现出奇妙的湛蓝色。外圈的颜色似乎比内圈的更深些，近于靛青色。若推测无误，“黑色围墙”的典故应出自《莲花生大师本生传》。之前难以想象的“黑色铁围山”，经由画师之笔，形象地表达出来。

除了不同之处，画中的外围墙与真实的外围墙，有两个共同点：位置与塔饰。关于位置，《莲花生大师本生传》写道：一圈长长的围墙，环绕着象征须弥山的三尖顶殿、形同日月的罗刹殿，四大洲殿和八小洲殿。形制虽不同，但外围墙的位置与如今所见的大致相仿。言及塔饰，《拔协》与《莲花生大师本生传》都有记述：在围墙的上面，立有许多佛塔。只是，各自记载的佛塔数量着实相差悬殊：《拔协》说有 108 座，《莲花生大师本生传》说是 1008 座。有趣的是：108 座，恰好对应乌孜大殿中回廊上的白塔数量；1008 座，正好符合如今寺院外围墙上的白塔数量[1]——这两组数字，均能在现实的桑耶寺中找到印证。

总之，壁画上的桑耶寺外围墙，也许是所能想见的最特别的一道外围墙。它几乎概括性地描摹出不同文本对外围墙所做的种种记述。如今虽难断定：这般模样的外围墙，曾经真实存在过，还是画师根据各种记载而想象虚构的形貌。但可料想的是，这幅壁画的设计或绘制者一定满心希望桑耶寺的整体形制——尤其是建筑群中的外围墙，关于它的各种记载总是含混不清甚或相互矛盾——会尽可能地与当时既有的各类记载相吻合，进而与佛教宇宙图式相一致。因此，画师才试图将桑耶寺的外围墙描绘成壁画中呈现的形象。

这幅残存至今的桑耶寺全景图，或许就是在现实与观念交织参半的境遇中，绘制而成的。

·

然而，即便有画中形象可资借鉴，且有史籍、伏藏作为参考，但在后世，人

1. 也有一说，认为如今外围墙上的白塔数量是 1028 座，在桑耶人看来，这两个数字都是合理的。

们却将寺院外围墙筑成如今所见的模样，之后，这道外围墙的形制便逐渐固定下来。

现存的外围墙，已失去折角，近乎于圆形。外围墙的颜色，也由阴郁低沉的黑色改作干净纯洁的白色。如今，它虽然看上去没有壁画中的黑色金刚折角围墙那么合乎佛教宇宙图式的“规范”，却被桑耶僧俗奉为寺院外围墙的既有建制。

外围墙的这一“新”形象，也以壁画的形式显现在乌孜大殿。在乌孜大殿的二楼，达赖行宫的内室墙壁上，绘着一张筑有白色圆形围墙的桑耶寺全景图。这张寺景，画风简约，布局规整，笔触清晰，详实地描绘出桑耶寺的整体布局。寺院的外围墙，是一个非常规整的圆形，墙上立满白色佛塔，一眼望去，与现实情景几乎一样。但同样在乌孜大殿的二楼，明廊的北侧，另有一幅桑耶寺全景图，图中的寺院外围墙，则与西藏“史记”中的那幅桑耶寺全景图相仿，是黑色，且是金刚折角形。

面对同处一层的两张壁画，导游米玛只会借用达赖行宫的寺院全景图，向游客介绍桑耶寺的建筑布局。若被问及，画中的外围墙为何与其他壁画上的不同时，米玛多是一笑而过，或是直截了当地说：“那些画的是以前，这个画的是现在撒！”只是，多久以前才算是“以前”？白色圆形外围墙的出现，并非晚近发生的事。这幅布局明了的壁画，就绘制在达赖喇嘛的居所中，那么，围墙形制的确立想必也得到过某些宗教领袖的授意与认可。

若想通过断代研究来判别黑色折角形围墙与白色圆形围墙之间的更迭发生在何时，并非没有可能——如果前者真的存在过。但更令人困惑的是：这种看似有违佛教经论的“更迭”，何以成为可能？无论怎样，黑色相较于白色，折角相较于圆形，均更贴近佛教经论所描述的“铁围山”。

当我试图以壁画中的黑色金刚折角围墙说明桑耶人的观念中似有一种“永恒回归”（参见米歇尔·伊利亚德，2000）的情结时；现实中的白色圆形围墙，却给我开了一个不大不小的玩笑——那一圈形如日晕的围墙仿佛在说：对佛教宇宙图式的模拟、回溯与重复并非绝对或必然的。在现实生活与观念世界之间，存在某种微妙的张力，人们能据此做出充满弹性的抉择，建构自己的理想王国。桑耶僧俗的心中自然明了：寺院外围墙象征佛教宇宙图式中的“铁围山”；但同时，却又无法仅以佛教宇宙观中的“铁围山”简单概括地方观念中的寺院外围墙。

无论发生在何时，当桑耶人用白色取代黑色、用圆形替换折角，重建寺院外围墙时，众人对这道墙的理解与想象，便已在“铁围山”的原有基调上增添了几分新的内容。

藏族人自古尚白。白哈达是藏族人交往时使用的主要礼仪物品。在纺织品尚未出现或不发达时，雪域先民用羊毛、糌粑或白石等白色物品表达洁白无瑕之意。藏族姑娘出嫁时，喜欢乘骑白色骏马；藏历新年时，人们用白灰粉在房屋墙壁上画出一行行圆点，以示庆贺；活佛外出前，僧人们要用白色粉末在门口撒出吉祥图案；劝奉他人弃恶扬善的行为，被称为造白业……总之，藏族人尚白的生活细节，不胜枚举。

反观桑耶寺的外围墙，它象征暗无天日的地狱之所“铁围山”，无论如何，也算不上吉祥喜庆之物；于是，人们终究为它涂上了象征纯洁美好的白色。桑耶僧俗似乎更喜欢白色的寺院外围墙，从他们悉心呵护、定期涂粉的工作中，便可管窥一斑。用民众喜爱的白色装点外围墙，使其拥有吉祥之意——这或许是那些将外围墙绘制成黑色金刚折角形的画师们未曾想见的结果。

时至今日，真实可见的桑耶寺外围墙，依然像个巨大的谜团。一旦对其发问，问题便无休无止：初建桑耶寺时，这道外围墙是否也一同建成？倘若一同建成，它是否与书中描绘的一样？若与书中的描绘一样，为何又演变成现实中的形制？若与书中的记述不同，又是所为何因？此外，现今的这道外围墙是否与桑耶僧俗观念中的形象最为相称？

这些疑问，共同构成一个“整体性”的谜团，生成这个谜团的源头与路径且不止一个。既有佛教经论对“铁围山”的详尽描述，这些或可视作外围墙的象征“原型”；也有《拔协》《贤者喜宴》等藏文古籍，此类文献记录着建造外围墙的相关史实，还有《莲花生大师本生传》等伏藏经典，为后世提供可兹参详的重要模本；此外，还有在佛教扎根吐蕃之前，雪域先民业已共享的宇宙观——凡此种种，均会作用于这道变动不居的外围墙。

以至于呈现出如下这幅莫衷一是的景象。倘若推断说：依照佛教经论的描述，“铁围山”是暗无天日的黑暗处，因此象征此山的外围墙也应是黑色时，藏族人却以自己的尚白之好将外围墙涂抹成吉祥的白色。亦或，依据佛教宇宙观，“铁围山”本是世界边缘，可在赞普唱诵桑耶寺的颂歌中，却对寺院外围墙只字不提。

图 46 乌孜大殿二层，达赖行宫内的桑耶寺全景图（何贝莉摄 /2011 年 9 月）

图 47 乌孜大殿二层明廊北侧壁画上的桑耶寺全景图（局部）
（何贝莉摄 /2011 年 9 月）

又或，在乌孜大殿的壁画中，一再出现建有黑色金刚折角形围墙的寺院全景图，可桑耶僧俗却反其道而行，将现实中的外围墙建成白色圆形。既然如此，索性修正推断，承认：桑耶寺外围墙的形貌不符合佛教经论中定义的“铁围山”；这时，当地人又会信誓旦旦地说：寺院外围墙就是佛教宇宙图式中“铁围山”的象征！

总之，作为一个观察者，我不得不先接受这种含混而矛盾的状态——因为正是这些纷繁芜杂的经验与心态，共同构成桑耶僧俗对寺院外围墙的整体性想象。虽然“整体”之内，纷争不止；但在人们看来，这些构成“整体”的含糊而冲突的要素却缺一不可，且也无法将其中的任何一个要素从整体中抽离出来。换言之，“融为一体”的过程一旦完成，便不可逆，亦不可分。

就这样，桑耶僧俗将绘有三种不同形制的外围墙的寺院全景图，全都悉数保留。在当地人看来，三种不同的围墙形制或许象征着三种不同的内外关系。没有外围墙时，内外之间的分野，看不见，摸不着。黑色金刚折角形外围墙的出现，标志着严苛的“铁围山”式的内外之隔。白色的圆形外围墙，在承认区隔的同时，又缓和了内与外的对立和分野。现实中，外围墙的形制最终定格为最后一种；但在观念中，人们并未忘记、也未试图掩盖外围墙所承载的三重意象。

此番境遇，宛如桑耶寺的奠基仪式。为谋求在雪域建造一座佛教寺院的“合法性”，吐蕃先民试图通过仪式，获得地方神祇和印度佛祖的双重许可与庇佑。于是，整个仪式过程，由本土的宇宙三界观和外来的佛教宇宙观共同支配。这场仪式的风貌，犹如两江汇流后的景象——虽可明确说出两江的源头各自为何，但若从汇流后的大江中取一汪水，问它来自何方，只恐无人能答。

因循这场仪式而设定并建构的“界”，同样具有这种混融的气质：它是“内”“外”之间的模糊地带——既是隔绝之壁垒，也是出入的通道。千年以前，仪式中的“界”如是；千年以后，现实中的“墙”亦复如是。

接下来，我们就要穿过这道真实的“墙”，去看一看寺院外的世界。

佛教经论中，那片不曾被定义的“界”外之域，在桑耶僧俗的经验与心态中，又会是一幅怎样的境遇……

十、山与湖

“白人”传说

2005年夏末，第一次登上哈布日（山）。

天刚微亮，我和朋友出发，前往桑耶寺近旁的哈布日。旅游手册上说，这座位于寺院东面的哈布日，南北长约一千米，高有六十多米，体量并不算大。但它看上去雄壮巍峨，像一只大象跪卧于山谷。正对寺院的山坡上，除了青色灌木，便是灰色砾石，不见一丝人迹。唯有山顶上，伫立着一座小小的方形建筑。

一天前，我们在寺院餐厅吃饭。朋友看见墙上挂着一张桑耶寺全景的照片，便问：“这是在哪里拍的？”我指着哈布日的方向说：“山上呗！”以为只是个玩笑，却被餐厅老板听见，连连点头称“是”。我们这才知道，原来真的可以爬上这座山。

“可是，从哪里上山？没见有路啊……”

“有的，有的，你们到了山下，就能看见啦！”老板热心介绍道。

来到哈布日的西北脚，只见山上长满带刺的灌木，无数羊肠小道如游丝般散布其间，分不清哪条是主道哪条是支叉。择一而上，几分钟后，气喘吁吁。心想：这情形倒是应了山名：“哈布”，即藏语的“喘息、喘气”之意。

为能沿途看见寺院，我们特意走在哈布日的西坡。纵横交错的小径，渐渐汇成一条上山主路。且行且停，先前急促的呼吸慢慢变得平稳。上到一处高台后，我们沿着山脊继续前行，不用再费力爬坡了。

远远的，山顶上的那座方形建筑已然在望。据寺院僧人讲，它叫哈布日拉康，是为纪念建造桑耶寺的师君三尊而建。如今，这座白色拉康如一座瞭望哨，伫立山头，静静俯视着山下的寺院和寺院周遭的一切；亦如当年，赤松德赞、寂护、拔塞囊、聂东素等人，站在同样的地方，热切注视着山脚处一片白草漫生的野地，希望为行将建造的佛教寺院选一处良址（参见恰白·次旦平措等，2004:149）。

史籍所记，那日，寂护大师一边察看地形，一边指点说：“东山好像国王稳坐宝座，实在佳妙；小山东有如母鸡卵翼雏鸡，实在佳妙；药山好似宝贝堆积，实在佳妙；开苏山象是王妃身披白绸斗篷，实在佳妙；黑山宛如铁橛插地，实在佳妙；麦雅地方宛似骡马饮水，实在佳妙；朵塘地方如象白绸簾缦铺展，实在佳妙。这个地方就像盛满藏红花的铜盘，若在此处修建寺庙，可是实在佳妙啊”（拔塞囊，1990:28）。言毕，大师用手杖画出寺院的地基图。

或也有云，当时，风水先生吴杰赞登上哈布日，观江山，批点说：“海宝日山宛若雄狮跃天，梅亚尔山如同骡马饮水；青朴山恰似松耳石色狮，香日山犹如国王坐王位；格吉日山恰似宝物成山堆积，青朴沟则像盛放时的莲花；红山好似珊瑚雄狮跳至半空，多力滩宛若洁白布匹铺展开，五彩林的湖泊如盛满酥油的木槽，南边的大江就像青龙飞天舞，概而言之红山如同三只羊，宛若金龟肚里容蜜蜂，四面八方的山脉相连接，能使吐蕃四翼的财富汇拢来”（依西措杰伏藏，1990:380—381）。听完风水先生的介绍，赞普决定，将寺址定在桑耶的沙柳滩。

然而，桑耶僧俗却不认为寺院的地址是寂护勘定或风水师卜算而得的（参见巴卧·祖拉陈瓦，2010:149）。大家告诉我：桑耶寺的寺址由莲花生大师确定。当年，赤松德赞与莲花生站在哈布日的至高点，只见大师用食指往山下的某处轻轻一点——桑耶寺的位置就这样决定了。

寂护、吴杰赞和莲花生，究竟是谁确定桑耶寺的地址，如今实难考证。但在藏文史籍和民间传说中，人们不约而同地认定：勘察寺址的地方就在哈布日。

如是，这座令人喘气的孤山，与桑耶寺发生了第一次关联。

·

离哈布日拉康越来越近。脚下山路变得平整开阔，可容两人并行。眼前所见，不再是青灰色的山石，而是五彩缤纷的经幡。新的、旧的、大的、小的、五彩的、单色的……连为一体，层层叠叠，挤挤摞摞，从空中一直铺缀至地。起风时，经幡便如得了生命，上下翻飞，噗噗作响。据说，经幡的五种颜色蓝、白、红、绿、黄，分别象征蓝天、白云、火焰、绿水和大地。也有人说，更深层的含义是分别代表木、金、水、火、土五行（参见才让，1999:107）。此外，每面幡帜上，都印有藏文经文和佛像图案。虽然看不懂经文，我们却能从图案中辨认出莲花生大师、观音菩萨或文殊菩萨的庄严法相。

山脊上，有一处残破的石台；看形制像是一座拉则（即插风旗箭杆的石堆），汉译为“箭垛”“插箭台”或“神宫”。只是眼前这座，已废弃良久。环形台体，垮塌过半；大小石块，凌乱在地。原本插在台中的箭杆，如今东倒西歪，散落得到处都是。系在杆上的经幡已褪去鲜艳的色泽，粗壮的杆木更是朽迹斑斑。哈布日上的“神宫”，犹如突遭变故，落得人神共弃。

沿经幡的踪迹一直往前，终于来到哈布日拉康。此时，清晨的第一缕阳光恰好穿透云层，跨过雅鲁藏布江，一路向西，直奔桑耶寺。顿时，乌孜大殿的金顶如被晨光激活一般，金光四射，耀人眼目，它宛若一枚佛光乍现的明珠，与冉冉升起的巨大天体遥相呼应。接着，阳光洒向寺院，寺院苏醒了；照入柳林，柳林苏醒了；走进村落，村落苏醒了——生活于斯的人畜鸟兽都醒了。炊烟缭绕，鸣禽啼叫，人影摇曳，牛羊出圈，就连山风也变得温暖起来。

看完日出，我们绕拉康顺时针转了一圈。哈布日拉康有两扇木门，各面南北，通常，只开面南的那扇门。推门而入，殿内光线暗淡，布置虽然陈旧，却也洁净整齐。迎面摆设的佛龛中，供有师君三尊像：莲花生大师、寂护堪布和法王赤松德赞。小殿中央，有一盏银质酥油灯，燃烧的灯芯默默散发着微光。我按照内地的方式向三尊佛像笨拙地磕了三个响头。

图 48 哈布日山上，疑似坍塌的拉则遗址（何贝莉摄 /2011 年 7 月）

这时，从门外走进一位老僧，对我们笑了笑。他缓缓走到佛龛前，从僧钵中掏出一把糖果，然后转身走向我们，示意收下。我们顺从地摊开手，他把糖果放在掌心里，微微一笑。接着，他又缓缓转过身，回到佛龛旁的矮榻边，安静坐下，低声诵经。我们这才回过神，心想，竟然忘了说一声“谢谢”。然而，此刻再讲，只恐会打扰老人的功课。于是，向他深鞠一躬，静静离开了拉康。

我们心满意足地沿原路返回寺院。在哈布日的东侧，低矮带刺的灌木盛开着浅紫色的花朵，星星点点铺满整面山坡，仿佛为黄色沙丘披了一件紫色长袍。

·

当年，初见经幡、拉则与拉康三者共处一山，并未觉得有何不妥。但在查阅文献资料后，我才意识到，这些看似相得益彰的物事，原本出自两套信仰系统：宇宙三界观“拉、鲁、念”和佛教宇宙图式“须弥山”。

拉则与经幡，早在佛教扎根吐蕃之前，就已是雪域先民信仰生活的一部分了。据才让分析，拉则的起源颇早，可上溯至“原始宗教中的自然崇拜，在山顶或山的某些部位垒起石堆或其他的东西，象征为神灵所在或所依之处，以便于人们的祭祀崇拜。”只是，藏文文献对拉则起源的记述纷繁芜杂，实难从中梳理出一条清晰的脉络。甚有文献记述，拉则的出现与内地相关，如《供祭拉则仪轨摄要·右旋海螺之声》宣称，“往昔之时，文殊菩萨化身孔子（ཀོང་ཙེ，又解为西周先祖公季）等积累各种能使神、龙欢喜的物品，在山顶立勇者的拉则，在山腰立富裕者的拉则，在山下建财主的拉则，从而使地方的勇富财三者兴盛。”才让认为，“孔子之说”也许只是托辞，但也无法排除拉则祭祀的出现，曾受中原传统风水观的影响（才让，1999:101—102）。

苯教在吐蕃的政治社会生活中占据主导地位后（参见张云，2011:235—244），远古的拉则祭祀，借苯教师之手得以发展。公元16世纪，西藏著名的僧侣诗人竹巴滚雷在关于苯教礼仪的著作《神的香、国王的赞歌》中，记录了这样一则神话：

阿修罗们对长在山峰上的树之果垂涎三尺，由此便产生了天神与阿修罗之间的战争。清晨，阿修罗们获得了胜利，而下午则是天神获胜……于是便出现了天的白色，地的净蓝，白色的冰山，外部的大洋。在此大洋中间产生了九个皮袋……从中出现了

> 九种世界的防御武器。在最后一个创作中，祖父是发光的白云，并伴随以雷鸣和闪电；父亲是上界神，也是野蛮的降雷者；其母是地下女神（龙母），名叫海螺的保护者。于是作为儿子产生了战神九兄妹……人们祭祀时向他们奉献了武器以作为自己的支撑物。这些是用木制器仿造的武器，被插在几堆石头之中（刘志群，2000:79）。

这“几堆石头”就是拉则，又被称为“创世的玛尼堆”——苯教宇宙图式中的支柱。这些石堆祭祀的神灵精怪，有“念”，如西藏腹地的四大“念”：东方的雅拉香波、南方的库拉卡日、西方的诺吉康桑和北方的念青唐古拉；有“域拉”（地域神），如住在珠穆朗玛峰系的长寿五姊妹和位于西藏各地的十二丹玛地母；还有“赞”、“阳神”或“战神”——在一些藏文古籍中，拉则又被解释为“战神的堡寨”（刘志群，2000:79—80）。

比较“孔子之说”与“创世的玛尼堆”，可见两种解释的侧重点各有不同。前者强调“上、下、中”的纵向祭祀空间，上至“拉”，下至“鲁”，均是拉则的祭祀对象。后者强调以中界为限的横向祭祀空间，祭祀对象是中界各类神灵精怪的“合集”：念、赞、域拉、战神及人身上的神灵等全都归于其中。

时至今日，在甘肃、青海等省的藏族，依然盛行用“插箭杆”仪式祭祀拉则。举行这项仪式时，还伴有煨桑、撒隆达、放生、赛马等仪式活动。由此，人们将围绕“插箭杆”而来的一系列拉则祭祀活动形象地称为“插箭节”。

据说，拉则通常由地上、地下两部分组成。设立拉则时，先要在选址处挖一个土坑，土坑中央树一根木桩即“命木”，木上缚以白羊毛绳。接着，在命木的周围放置些装藏有粮食、金银和珠宝之类的宝瓶以及兵器等物，此为地下部分。地上部分，用石块垒台，约有半人高。台中插着柏木、桦木、竹子之类的长杆和人工制作的刀箭。再在杆、箭上系以白羊毛绳、哈达和经幡等物（参见才让，1999:102）。

拉则建成后，需按期祭祀。举行拉则祭祀的时间多在藏历四月、六月或七月，其中，尤以六月中旬最为普遍。为迎接“插箭节”的到来，人们会提前做好准备，制作木箭，印制风马、经幡等物（参见才让，1999:103）。箭杆用红色或青色染成，有长有短，有大有小，有的地方还会将箭杆制作成真箭的模样——这些被称为嘛呢箭杆的棍子，是念、赞等中界神灵所用的箭。在信众的观念中，守护中界的神灵需要武器，为此，有的拉则中，甚至插有真刀、真枪，及后来才出现的火枪、土炮等物。插箭杆时，要把箭杆插在一个方形或圆形的框架上。箭杆的数量一定要是单数，三、五、七、九、十一或十三。且以九节长箭为贵，有些是染成九节，有些是做成九节。杆体不能是白色，但要在杆头缠上白羊毛。箭杆一旦插入拉则，便是神器，无人敢碰——移动箭杆即为亵渎神灵。人们相信，中界神灵要使用很多武器，因此，箭杆插的越多越好（参见丹珠昂奔，1990:20—21；才让，1999:102—104；孙林，2010:382）。

拉则祭祀中使用的箭杆由三部分组成：系有白羊毛的箭头、露出地面的箭身和埋在地下的箭根。箭头上的白羊毛，象征或代表连接中界与上界的天绳，通达上界“拉”。白色与天界相关，所以箭身不可以涂成白色，只能染成中界的红色或下界的青色。露在地上的箭身，象征或代表中界，中界“念”“赞”素以威猛暴力著称，惯用武器。插入泥土的箭根，象征或代表下界，那里藏有宝瓶，护财是下界“鲁”的职责。如是，插在拉则中的箭杆，以形制、着色、配饰及其位置，形象地呈现出藏族人观念中的“拉、鲁、念”三分式宇宙观。在祭祀拉则的插箭仪式中，“拉、鲁、念”三界是一个不可分割的整体。三者以亲缘关系结成一“家”：父亲是上界“拉”，母亲是下界“鲁”，儿子是中界“念”。仪式中，三者各自作为整体的一部分，共同组成一件神器，即中界神灵使用的箭杆。

综上所述，在拉则祭祀中，纵向的“拉、鲁、念”三界祭祀空间与横向的“中界”祭祀空间已浑然一体，形成一个十字形的祭祀空间。这一祭祀空间，既强调“拉、鲁、念”的三界一体性，亦突出了三者之中，“念”与以其为代表的中界众神灵的重要性。正如一个藏族朋友所言：藏族人说话，总是把最重要的事放在最后讲。若以空间顺序排列，本应是上、中、下，或下、中、上；而藏族人却要将中界放在最后，这意味着“拉、鲁、念”三者的地位并不等同，彼此间的关系亦非均质——“念”或“中界”比前两者更为重要。

在藏族人的心目中，中界“念”既然如此重要，为何哈布日上祭祀宇宙三界和中界“念”的拉则却遭废弃？哈布日上的拉则遗存表明，久远之时，桑耶先民曾建造过拉则并举行过插箭仪式；然而，出于某种原因，人们最终放弃了这一古老的祭祀习俗。

“显然是因为修桑耶寺的时候，佛教徒和苯教徒‘打架’的缘故嘛。”一个家在玛曲的藏族朋友告诉我：“我们藏族人都知道，那一架，佛教徒打胜了，因为有赞普赤松德赞的支持嘛。然后把苯教徒都赶走了，把卫藏地区的‘念’啊‘赞’啊的也统统赶跑啦！赶到哪里去？——赶到我们这里来了嘛……你不信的话，可以问问当地人，你看他们还谈不谈‘念’！”

在桑耶，当地人几乎不谈哈布日与“念”的关系；相反，大家更愿意告诉我，与之朝夕相处的哈布日是一座佛教圣山。田野中的情形是否已然表明：随着西藏第一座三宝具备之寺院的诞生，印度佛教经论的翻译与传播，西藏本土第一批受戒僧尼的出现——原初的宇宙三界观最终让位于晚进的佛教宇宙观；“念”的踪迹与观念，从此在卫藏地区消失殆尽？

然而，记载桑耶古史的藏文典籍《拔协》，为后人提供了另一个可供参详的答案。文中描述了乌孜大殿的主供佛释迦牟尼佛像的来历（详见本书第68至69页）。

这则故事后为《贤者喜宴》转引，文中借“白人”之口道出“阿阇黎”，再由阿阇黎为赞普详述释迦牟尼佛石像的埋藏地址。此后，在五世达赖喇嘛所著之《西藏王臣记》中，赤松德赞的夜梦犹存，“白人”却不见踪影。通观历代藏文史籍对这段故事的编撰记述，不难发现其演化过程：《拔协》中给赞普做重要授记的“白人”，在后世史籍中越来越微不足道，直至销声匿迹。

那么，这位对桑耶寺至关重要但却相忘于文献的“白人”，究竟是谁？史籍《拔协》中，“白人”凭空而来，连一句交代或铺垫的话都没有。

所幸，“白人”传说无独有偶，在止贡赞普与罗昂的故事中，也出现过白人的身影。据《王统世系明鉴》记述，罗昂杀死止贡赞普、夺取吐蕃政权以后，让赞普的王妃去山上放马。一次，王妃在梦中见到雅拉香波化身为一个“白人”，与自己交合。醒来时，她正好看见一头白牦牛从枕边离开。八个月后，王妃产下一个拳头大小的肉团。后来，肉团长成一个男孩，名为茹拉杰。相传，茹拉杰是西藏的第一位贤臣，能从矿石中提炼出金、银、铜，并发明铁犁，兴修水利、引水灌溉，建桥过河。被后世誉为“七良臣”之首。

在这个传说中，西藏著名的四大“念”之一雅拉香波化身为一个“白人”；这能否说明，在藏族人的观念中，“白人”通常是“念”特有的形象？

对此，学者周锡银认为，在雪域先民的心目中，山神的形象大致经历过三个演化阶段。首先，是以“山体以及山林间所产生自然现象的本来面目”出现。之后，“由于自然界的某些动物如牦牛、羱羊等，经常在山林中活动，这就很容易使藏族先民们产生联想，进而促使山崇拜与原始动物崇拜相融合。山神的形态由虚无缥缈的白雪、云雾，便逐渐地被在山林中活动的一些动物形象所取代。”再后，山神成为人形神，先前的动物形态则成为人形山神的伴属神或其坐骑（周锡银、望潮，1999:25，27）。

那么，这些山神的人体形态究竟是何模样？一些古老的藏族传说描述道：

雅拉香波山神是一位躯体白如海螺、身穿白色袍服的神灵。他主要的标志是：两手各执一支带有丝织小旗幡的短矛和一柄水晶神剑，坐骑是一头白色的神牦牛；库拉卡日山神是一位全身穿白的男神，穿戴着水晶做成的头盔和铠甲，铠甲的个别部位还裹有丝衣，右手执一把上面缚有丝织旗帜的短矛，左右握一只狼的脑壳骨，坐骑是一匹能够在天空飞翔的，眼如玛瑙的白马；念青唐古拉山神是一位身着白色袍服、头戴白色头巾的白人神，右手执一马鞭，左手执一短剑，座骑是一头白牦牛；沃德巩甲山神是一位头戴白色丝巾，身披白色丝织斗篷，戴有大绿松耳石手镯的神灵，他右手执一支缚有旗帜的长矛，左手执一只藤杖，骑一匹白色的神马。（周锡银、望潮，1999:28)

周锡银一再用“山神”定义雅拉香波、库拉卡日、念青唐古拉和沃德巩甲（即诺吉康桑），这样的说法似乎欠妥。前文曾言，藏语中，并无汉语“山神”的对等概念，与“山神”较为接近的词汇是“念”。如《敦煌本吐蕃历史文书》记载，雅拉香波山就是一尊“念”。周先生的这段分析，与其说是对山神形象的分析，倒不如说是对“念”形象的分析，更为准确一些。

由西藏四大“念”的人形模样可见，他们无一例外均是“白人”。倘若推测无误，赞普赤松德赞在梦中见到的“白人”并非凭空而来，他很可能是某位“念”的化身——只是，这位神秘的“白人”，究竟是栖居在哈布日的“念”，还是来自别处山野的“念”，今已不得而知。但能想见：桑耶寺乌孜大殿的主供佛像，乃是赞普等人在中界神灵“念”的指引下，于哈布日山脚寻得的。

至此，这座如今似无拉则的圣山，与桑耶寺发生了第二次关联。

·

或应补充的是，吐蕃赞普供奉的释迦牟尼佛像，主要有两种来源。

其一，迎请自他邦异域。松赞干布迎娶尼泊尔赤尊公主，她带来释迦牟尼佛八岁等身像；随后又迎娶唐朝文成公主，她带来释迦牟尼佛十二岁等身像。两尊佛像均是从吐蕃之外得来。此时，在吐蕃人的观念中，佛像的神圣性似乎源自其强大的“外在性”。

其二，自然生成于本土。赤松德赞通过梦中授记，与吐蕃本土的中界神灵“念”取得沟通，并在其指引下找到天然生成自哈布日的释迦牟尼佛像。此时，在吐蕃人的心目中，乌孜大殿主供佛像的合法性，确是要从“内化”的宇宙三界观中证得。

雪域先民前后观念的转变，或非偶然。那尊请自中原、渊源殊胜的释迦牟尼佛等身像，在吐蕃的经历颇为坎坷。松赞干布薨逝后，传言说汉地皇帝要派遣五十万汉军进攻蕃地，要迎回觉卧佛像。众人惶恐，便将文成公主带来的佛像从小昭寺移至大昭寺的明镜门内，以泥封门，外塑文殊像。如此，释迦牟尼佛等身像在暗室中尘封三代之久。后来，远嫁赤德祖赞的金城公主入藏，在大昭寺找到弃于暗室的觉卧佛像，才开始为其献供养（参见萨迦·索南坚赞，1985:157，160—161）。但好景不长，赤德祖赞意外身故后，崇尚苯教的舅臣玛尚仲巴杰独揽朝政，实施禁佛，将觉卧佛像埋入沙洞，并将大昭寺改为屠宰场（参见恰白·次旦平措等，2004:140）。

直至赤松德赞掌权，才又开始抑苯扬佛。当时，佛苯之争，固然激烈，驱逐苯教徒，填埋苯教经文，打击信苯大臣等事层出不穷（参见恰白·次旦平措等，2004:143—148）。但在选择寺院主供佛的问题上，却显现出另一番景象：弘扬佛法的赤松德赞，没有求助于莲花生的神通或寂护的博学，也未效仿先祖松赞干布从异域迎请一尊佛像；而是假借中界神灵“念”的化身，以“白人”的授记，为西藏第一座三宝齐备的佛教寺院寻一尊出自西藏本土的释迦牟尼佛像。

这一微妙的转变或也意味着，赤松德赞时期，在吐蕃人的观念中，已出现了一种趋向——人们试图将佛教信仰在雪域弘传的合法性，建立在已“先入为主”的宇宙三界观的解释体系之上，而不是用佛教的宇宙观彻底取代既有的宇宙三界结构。两者的关系，并不像后世设想的那般对立。当时，吐蕃的三界神灵并未因佛教大行其道而纷纷逃遁或潜藏；相反，他们参与其间，在赞普赤松德赞的兴佛大业中，成为不可或缺的一环。

莲花生的金刚舞步

2011 年初夏，第二次登上哈布日。

从山的最北端出发，可见一座白色佛塔。这座佛塔，是为供奉大译师噶瓦拜则的灵骨而建。相传，他是赤松德赞时期著名的三大译师之一。噶瓦拜则灵塔，平面呈长方形，塔座五层，底部以石为基，其上均为夯土，塔身呈宝瓶状。后灵塔被毁，可见顶部中心的一段“命主轴木”（何周德、索朗旺堆，1987:57）。人们在塔腹中发现一个涂有金粉的木盒，内装骨灰。如今，灵塔虽恢复，骨灰却无存。洁白的塔身下，堆满刻有经文、六字真言或佛菩萨像的玛尼石；塔身上，系满五色经幡，经幡的另一端顺着山脊，延伸至远方。

六年前见过的拉则石台，已被庞大的经幡阵覆盖，难觅踪迹。远处的哈布日拉康，与先前见过的几无二致。走近再看，才会发现这座拉康新近翻修过。门框下，窗檐旁，还留着新漆落下的斑斑印迹。

绕拉康顺时针转了三圈，没有找到记忆中的老僧。这时，拉康南边的矮屋里走出一个藏族大叔。原来，这里已换了看守人。此前，听次仁拉讲，由于人手紧缺，一些拉康无法由僧人专事管理；寺院只好从社会上聘请劳力，弥补用工之不足。这座拉康的境遇，即是如此。

坐在哈布日拉康的石阶上，眺望山下。新修的七层展佛楼，耸立在乌孜大殿东面，似与大殿齐高。寺院东门与北门外的两条水泥马路，闪着银光，向东延伸，最终汇聚在哈布日山下。在交汇点处，有一块石碑，碑上记载：2006 年，桑耶由村改镇。自那时起，桑耶大兴土木，开始了规模浩大的建镇工程。先前的土路扩建成水泥路，路边的夯土民宅翻新成两层楼的水泥砖房，熙来攘往的车辆越来越多，做生意的内地人络绎不绝。镇上出现了邮局、超市、派出所、理发店、淋浴室、移动营业厅、汽车修理店、各色风味的餐厅，及比比皆是的家庭旅馆，就连夜间营业的朗玛厅也有三四家。

寺外的城镇规模不断扩大，寺内的庙宇楼塔依然如故，相较之下，这座千年古刹显得越来越局促。终有一天，桑耶寺会彻底隐没在新兴城镇的世俗建筑之中；就像千年前，莲花生大师的预言一般：这座依佛教宇宙图式而建的寺院，终将被黄沙掩埋。

大约四点半，大叔锁上拉康的木门，告诉我，他要下山回家，又问："你哪里去，转山吗？"我不明就里地点点头。大叔见状，指着拉康南边的一堆乱石说："转山的这条路撒。""从这里走？"我反问道。一眼望去，并不见路。"有的，有的。"大叔笑着，说完转身离开。

拉康的南侧，也有一座白塔，是焦若·鲁坚赞的灵塔。这位高僧出生于山南，是赤松德赞时期著名的三大译师之一，译有《解深密经大疏》《了义中观》《般若要义》和《抉择诸法关枢》等经籍。这座灵塔的形制与噶瓦拜则灵塔的完全一样。

焦若·鲁坚赞灵塔的周围，铺天盖地全是五色经幡。巨大的磐石上，刻有六字真言。带刺的灌木，如见缝插针般在石缝间欣然生长。一只纤细的蜥蜴，匍匐在石壁上晒太阳。视线所及，似无路可寻。来到磐石的背面，发现只能沿着巨石间的缝隙继续往下走。经过刻满六字真言的石阵，脚下是一片沙化的山丘，细沙上空无一物，唯有一行新近留下的足迹，清晰地延伸至山下。想来，这就是大叔口中的转山之"路"。

一步一滑，走在沙丘上，回想自己的第一次登山之旅，不过是走了半程而已。在当地人看来，攀上哈布日，即为转山之始。如无意外，人们不会原路折返——虽然，在绕转一圈后，仍是回到起点。

信众乐此不疲地绕转哈布日，个中缘由不难理解。人们深信，当年，莲花生大师曾在哈布日山顶腾空而起，迈出优雅庄严的金刚舞步，此山实为殊胜难得的圣迹。

据《桑耶寺简志》介绍，莲花生大师入藏后，先在哈布日南端西麓的某处，建造了一座"格拉迥拉康"。由于"此地群魔乱舞，莲花生施用法术，使天降石，才慑服这些群魔，为桑耶寺的建造清除了障碍"（何周德、索朗旺堆，1987:56）。简志中一再提及的"群魔"，实为吐蕃中界的各路神灵鬼怪。另据《莲花生大师本生传》记载，莲花生应赞普赤松德赞之邀，来到桑耶，为慑服此地的神灵鬼怪，在哈布日上跳了一场羌姆：

……登上海宝日山顶，集中干、湿之物资，在四面膨胀的地方埋好四伏藏，在四面分散的地方置放四艾灸，在乌龟头上建成马面本尊一个。随后，莲花生大师说：

图 49 站在桑耶寺的北门，远眺哈布日（何贝莉摄 /2011 年 7 月）

吽——妖魔鬼怪听指令……只要吐蕃佛教兴，哪个神鬼不满意也不要紧，我印度大学者应邀来做客，如同黑夜点明灯。只要佛教昌盛民生乐，神鬼不喜迁走也可以，莫若献出土地享香火，成就国王一片心。我是莲花生，我是密宗大师。

言毕升空蹈动金刚步，莲花生的身影所至处，非人二十一居士、永宁地母十二尊、雪山崖岸之鬼神、食香、瓶腹鬼、龙王和夜叉、八大曜星、二十八星宿，各从山谷与河中，打捞搬出土石来。（依西措杰伏藏，1990:414—415）

因此缘起，莲花生大师在哈布日留下了三样至关重要的物事："天降石"、"金刚步"和"格拉迥拉康"。如今，那座由莲师创建并开光的拉康似已了无痕迹，但"天降石"和"金刚步"则依然能见到。

在南大殿阿雅巴律林的入口处，有一座小门廊，朝圣者时常坐在廊下歇脚。于是，一位本地的藏族阿妈就在那里卖石子。听她说，这些看上去很不起眼的小石头是从哈布日捡来的。通常只有拇指大小，最大的约有半掌宽，再小的形如指甲盖。石子暗沉无光，有墨黑、青灰和土黄三种颜色。

图 50 哈布日山上，噶瓦拜则灵塔和到此朝圣的僧人（何贝莉摄 /2011 年 7 月）

当地人相信，这些石子是由莲花生大师从空中撒下来的。之所以如此，是因建寺时，石材不够，大师才幻化出这些石头；也有人说，天降石是大师降妖伏魔的法器，法力高强，逢凶化吉。如今，知其玄机的信众将“天降石”视为难得的护身符，与松耳石、红珊瑚拴在一起，戴在身上。

初来桑耶的朝圣者，十之八九不知“天降石”的存在，但却对莲花生大师的“金刚步”耳熟能详。每年藏历五月，桑耶寺僧众会举行一场盛大的会供法会，纪念莲花生的诞辰与桑耶寺的创建，法会全称为“经藏会供及与之相关的十日羌姆舞蹈”（参见郭净，1997a:66—67）。在这场连续数日的庆典中，寺院僧众跳的羌姆无疑最吸引眼球。不少牧民跋涉千里而来，只为一睹“金刚步”的风采与威严。

据学者郭净考证，莲花生的出生地乌仗那国，是密教金刚乘舞蹈盛行的地区。当年，乌仗那国王将莲花生请入王宫时，在仪仗队中，就有跳密宗舞、演密宗戏、敲密宗鼓的人。莲花生入住王宫后，舍弃王位，出家修行，“裸身披挂六种骷髅装饰品，手握铃、杵、三尖天杖，跳舞在宫廷楼阁上”。在乌孜大殿的壁画中，就有一个画面，绘着这则故事（参见郭净，1997a:52）。

图 51 多德大典期间，寺院僧人跳金刚法舞（何贝莉摄 /2011 年 7 月）

继莲花生大师腾空首迈金刚步后，桑耶寺僧侣便开始传习这种仪式性舞蹈。初学时，人们大体沿袭印度金刚舞的表现形式，直接使用一些印度密教的法器和饰品。只是，这种密宗舞蹈难以被吐蕃人接受，捐资兴建康松桑康林的蔡邦氏，看见此舞，不禁说道："什么嘎巴拉，乃是一颗死人头骷髅，瓦斯达颜原来是肠子，骨吹号原来是人腿骨，所谓大张皮就是人皮，罗达品是抹血之供品，所谓坛城花花绿绿的，所谓舞蹈珠是骨头珠，所谓使者是个光身子，所谓加持作假骗人的，所谓神脸不过是面具，哪是佛法？是印度人教给的坏东西！"（依西措杰伏藏，1990:498）郭净认为，由于印度化的表演方式实在难合藏地民情，桑耶寺的金刚法舞才逐渐演变成如今所见的盛装之舞（参见郭净，1997a:54）。

不过，金刚舞的形式无论如何变化，都不会改变莲花生大师跳这支密宗舞蹈的初衷；藏族人相信，大师之所以蹈动金刚步，是为了调服西藏本土的神灵鬼怪。这一目的，在《莲花生大师本生传》中写得明明白白。莲师的收神降魔之旅，在他踏入雪域蕃国的那一刻，既已开始：

莲花生来到芒域东拉城，遇到象雄山神札拉赞门，她用两座大山挤对莲花生，莲花生腾飞至天空，山神连惊带怕献名号，从此成为护法神，法号玉文玛，分派她保护一伏藏。

大师来到南塘卡尔那，岗嘎南满嘎茂女神来阻拦，放出电光打惊雷，大师把雷电撮到指尖上，这位女神吓破了胆，赶紧跳入巴姆巴塘湖，莲花生大师施法术，湖水滚烫成开水，煮熟了女神骨肉相分离，大师挥动金刚杵，女神的右眼被打瞎，于是跳到岸边说，佛祖的代表金刚骷髅师，我再不敢设障碍，请您手下留情宽恕我，我愿顺从做部属，献出名号听训诫，密名独眼金刚松耳石女，成为一部大伏藏的护法神。

莲花生来到吾尤哲茂山，永宁地母十二尊，打出雷电十二支，运动两山夹挤莲花生，莲花生焚山成木炭，加持之后制伏诸女神，地母成为十二尊女神，各自献出名与号，指派守护一伏藏。

来到吾尤西仓宗格拉山，金刚佳维大居士，率众三百六十来迎接，收伏使做伏藏护法神。

莲花生来到先保沟，先保山神变成山大的白牦牛，莲花生用铁钩手印扣其鼻，绳绑镣铐使之难动弹，又用铃子手印变其身与心，山神驯服献名号，护法守卫大伏藏。

念青唐古拉山神使诡变，旨在捉弄考验莲花生，脑袋伸到吐谷浑之疆域，尾在康地索河亚尔塘，白蛇一条堵去路，莲花生用木棍插蛇腰，揭穿山神的把戏说，你是龙王尼里托嘎尔，又名食香王五髻，速速回去摆好坛城供，山神逃到雪山中，大师融雪为洪水，山顶裸出青黑色，岩石轰然塌下来，山神受苦不堪忍，献出食品供坛城，遂成松耳石五髻童，身穿白衣致顶礼，献上名号环行走，制伏之后护伏藏，密名金刚最佳。（依西措杰伏藏，1990:397—403）

念、鲁、域拉等神怪的名号，多与吐蕃地域相关，显得纷繁芜杂；可他们与莲花生大师交锋的故事，无论情节或结局，却是大同小异。

这些来头不小的神怪总是先发制人，故意向莲花生大师设障或挑战；莲师临危不乱，沉着应对，总能化险为夷，顺势一击。如此情形，令气焰嚣张的神怪们顿时没了脾气，失了斗志。按照战争电影的逻辑，莲花生眼前的斗争形势可谓大好，此时，就应乘胜追击，一举歼灭敌人，取得战斗的决定性胜利，且在夺走敌人的资源后，毫不犹豫地将失败者扔进历史的垃圾桶。然而，莲花生大师的处理方式，却并非如此。

莲花生大师制伏这些中界的神怪后，不但没有取缔其“精怪性”或“山神性”（丹珠昂奔，1990:15—18）；反而还在此基础上，赋予其护法神的职责。换言之，莲师在以皈依佛门的方式将这些吐蕃的神灵鬼怪纳入佛教的万神殿时，并没有以牺牲对方的固有特性为代价，也没有用历史的再造之笔将其改头换面；而是在其原始面容的基础上，为之添加了一层佛教的身份和角色。或许，这也是藏族民间至今仍然流传着这些护法神起源故事的原因之一。这些护法神在作为土著神灵时所发生的传说，在此后漫长的藏传佛教史中，并未被彻底摈弃或抹杀。

莲花生大师在哈布日凌空舞动的脚步，已是大师在藏地“封神降魔”的收官之作。这只密宗舞蹈，成为将印度密宗大师与西藏土著神灵连为师徒关系的要素之一。如今，桑耶僧侣不仅用金刚法舞纪念并礼赞莲花生大师，而且还会用金刚法舞称颂并取悦桑耶寺的护法神孜玛热与白哈尔。

至此，这座亲见莲师金刚步的神山，与桑耶寺发生了第三次关联。

圣山

第三次登上哈布日，是在离开桑耶之前。这次，白玛、央宗与我同行。

有过前两次经验，我自认为轻车熟路。但出乎意料，央宗、白玛带我走的上山路，却不同于以往的任何一条：既不在能看见桑耶寺的西坡，也不在直通噶瓦拜则灵塔的北端，而是在空无一物的东坡。一路行去，除了远处的雅鲁藏布江与山下种满纤细沙柳的河滩，便无其他景色。

沿着坡地爬行，浮土又滑又松，走一步溜半步，三人相互搀扶着，终于上到第一处高台。先前满地都是的经幡不知被清理到何处，乱石嶙峋的地面被一块平整的水泥台取而代之，或能想见，这里将会是一处人造观景台。此后，上山看寺院全景倒是容易，但为此付出的代价则是人为改变了哈布日的天然形貌。

在哈布日的东坡行走，一路上，看不见西坡下的桑耶寺。每当我试图越过山脊，姑娘们便会大喊：“阿姨——你走错了撒！”于是，只好灰溜溜地返回“正道”。几经努力，均告失败，我意识到：当地人的转山路，必定是要把哈布日的山脊线及山上的拉则、拉康和经幡全都囊括在用脚步画出的圆圈之内。

在西藏，佛教意义上的圣山仅有四座：拉萨的药王山和山南泽当的贡布日、贡嘎的嘎保日、桑耶的哈布日。四座圣山均在卫藏腹地，集中于山南和拉萨一域。这个以佛教为依托的圣山信仰体系，在“念”崇拜甚为发达的雪域蕃国，刚初露端倪便戛然而止了。相较于数量庞大的由念守护的“神山”（在此沿用“神山”一说，是为对应“圣山”的说法），佛教“圣山”的数量实在少之又少。当初，圣山信仰体系的建构者是否有意用其取代自古盛行的“念”崇拜，今已无从知晓；但能想见，无论佛教圣山的倡导者初衷为何，圣山信仰最终没能彻底取代“念”崇拜成为藏族人理解“山”的基本观念。人们依然认为，高山岩崖中栖居有众多的中界神灵。时至今日，圣山信仰与“念”崇拜，虽出自两种不同的宇宙观，但在藏族人的观念世界里，则是并行不悖地流传着。

四座佛教圣山中，最为人熟知的一座，应是布达拉宫旁的药王山。这座圣山上，除了自古留存的佛寺、修行洞与摩崖石刻以外，还有横贯于布达拉宫和药王山的长达数百米的经幡，及建于当代高高耸立的发射塔和游人如织的观景台。由此反观哈布日，在山上盖一座观景台，似乎也算不得什么——无非是为这座圣山强行加披了一件现代化的“外衣”。也许，在桑耶僧俗看来，这件光鲜的外衣，既不能掩盖哈布日作为佛教圣山的殊胜地位，也无法切断它与三界神灵的关联。

龙、那伽与“鲁”

“往年这时，会从康区来个大喇嘛。厉害得很！他一念经就下雨，一连下了七天七夜。”一次，“川菜一绝”餐厅的老板跟我闲聊，聊到桑耶的祈雨仪式。

“你怎么知道这雨是他念来的？”我笑道。

“他告诉我的！”老板言之凿凿地说。

“哦，他说你就信？现在是雨季，就算不念经，每天傍晚也有一场雨！”

“总不能年年都这么巧嘛！”我的玩笑话，看来惹恼了小老板。于是，我问：“能有多少年？”

“我的川菜馆，开了八年。他每年都来，来了八年。你说时间长不长？”

“你怎么知道大喇嘛每年都来？”我有些不解。

“嘿嘿……”小老板得意一笑，慢条斯理地说：“我讲过，他是康区来的，喜欢吃川菜！这镇上，我的川菜最正宗！他来咯，就在我这里吃饭撒。”

“今年呢？”

“就是，搞啥子嘛……到现在还莫来。”老板望着门外，只见山后的一片雨云悄然而至。

“雨季就快结束了。”不知错过了相应的节气后，祈雨仪式是否还会举行。

“放心，大和尚一定会来。”小老板自信地说，“他还惦记着我做的菜呢！”

与川菜老板聊天时，我并不知道自己能否有幸目睹桑耶寺的祈雨仪式，只记得，在列谢托美编写的《吉祥桑耶寺略志》上，确有一段与“水”相关的介绍。

据说，桑耶寺附近有一面湖水。“措姆湖，位于桑耶寺西南侧，传说当年修建桑耶寺木料用尽时，龙王从该湖提供木料和黄金等财宝。”文中附有实景照片，我相信，这片湖水真实存在。只是不知它究竟在哪里。我寻了很久，每每问及当地人“这里是否有湖”，对方就会信誓旦旦点头称“有”；而一旦涉及具体地点，便只能提供一个模糊的方向：“西南边”。

从拉萨去往桑耶寺的北线公路（位于雅鲁藏布江北岸的公路），会经过寺院的“西南边”。在这条路上，我往返三次，从未发现任何湖水的迹象。印象中，西藏的湖水总是幅员辽阔，就像羊卓雍措或纳木措，离得很远，也能一眼望见。在桑耶，若有这样一片水域，应该很容易察觉。然而，即便我站在哈布日山顶，能轻而易举看遍桑耶全景，也仍然找不到这片湖水。难道，传说中的措姆湖如今已干涸消失，又或，隐匿在远离寺院非肉眼所及的地方？

现实中的措姆湖虽然难寻，传说中的措姆湖却有详细记载。当年，初建桑耶寺时：

青木普山有龙王，大师上山去制伏。这时木匠停工待原料。国王心中犯嘀咕：这么多木材何处寻？索普江琼林里之龙王，想设障碍对王说：我愿献上木料，唯请大师宽恕，商定之后龙王走。在青木普山折格古尔地，看见鹏鸟正在吞吃一蟒蛇。龙王即说请宽宥，我愿诚心予成就。大鹏张嘴放蛇走，眨眼变成莲花生，问能成就何善举。国王说送木头来。莲花生说何止是木头，须要彻底降龙王，否则龙王会害人，且会带来麻风病，派遣敌人来扰乱。国王为此觉渐悔。

寺宇修到一半时，国王库藏已告罄。莲花生说有办法，龙王人王要交友，我做盟会见证者。指引国王来到墨竹大湖边，藏匿王臣于沟里，自己湖畔支帐房，住居修行整三天。早晨有位美女来，询问大师有何事。大师于是回答说，人间赤松德赞王，要和龙王交朋友，佛殿国王未建成，来向龙王讨财富。美女带走这口信，翌晨大蛇跃出水，推来砂金一大堆，即让君臣捡砂金（依西措杰伏藏，1990:416—417）。

图 52 桑耶寺南大殿阿雅巴律林，二层回廊壁画上的“龙”（何贝莉摄 /2011 年 5 月）

文中“龙王”，并非汉族人观念里的“龙王”，而是藏地本土观念中的“鲁”。如上翻译，实为误读。对此，丹珠昂奔已作辨析：“有人认为藏文中的龙‘ཀླུ’便是汉文的‘龙’，我以为不然。汉文中的龙是有具体的形体的，有鳞及须、五爪，可以兴云致雨。而藏籍中的龙所指较为模糊，仿佛泛指地下的，尤其是水中的动物，诸如鱼、蛙、蝌蚪、蛇等”（丹珠昂奔，1990:3—4）。

那么，藏地是否存在某类生灵，近似于汉族的“龙”？才让认为，“藏区的珠(འབྲུག)就是指神奇之物——龙，而且高原人意识中珠的形体就是龙的形体。那么，在藏区为什么只称为珠，而不称为龙呢？对此可以做这样的推断，珠是藏族传统文化所本有的，高原先民认为天空轰隆隆打雷者，给下界降下冰雹等灾难者，皆是居于云层的珠神所为（也有认为冰雹之类是年神所为），而对珠神的形体可能缺乏统一的认识。随着汉藏文化交流的扩大，最迟在吐蕃时期中原地区龙的形象传到了高原，因珠与龙之间具有共同的内涵，中原地区的龙同样主司雨水，故高原人用自己所认识的珠来称呼龙，并逐渐接受了龙的形象为珠的形象，二者为一体”（才让，1999:112）。才让的分析表明，藏、汉均有生发自本土观念的“龙”，所以在文化交融的过程中，藏族先民并未用音译的方式将藏区的龙称为“long”，而是用意译的方式将其称为“珠”。

相较于“珠(龙)”，“鲁”的本来面目究竟为何，它是否一经出现就与“湖”“水”相关？

“有一本苯教著作上说，龙住在一种奇怪的山尖上，在黑岩石上，它的峰像乌鸦的头一样，也住在像猪鼻子似的坟堆上，像卧牛的山上，也住在柏树桦树和云杉上，也住在双山、双石和双冰川上”（霍夫曼，1965:5；转引自丹珠昂奔，1990:4）。另一份“赎罪诗”写道：“龙王住在所有河流中，年王住在所有的树上和岩石上，土主住在五种土中，人们说，那里就是土主、龙和年。”据此，丹珠昂奔认为，最初的“鲁”，“不仅仅是蛇、蛙、螃蟹，也不仅仅是鱼、蝌蚪诸物，它实际上是一种可以随时附身或者变为蛇、蛙、鱼、蟹的精灵，并且无时无处不在”。与“念”有“等量齐观的作用”（丹珠昂奔，1990:4—7）。

其后，雪域先民对“鲁”的理解，渐渐出现了人性化的色彩，并有善、恶与善恶参半之分。人们认为，居于东方的鲁名为“嘉让”，它本性善良，是保护人类并赐予福祉的神灵；住在西方的鲁名为莽让，它本性凶恶，会祸害人间，带来瘟疫、疾病和干旱；位于南方的解让、北方的章赛让和中间的得巴让是善恶兼备的神灵，它们既会在人间捣乱施祸，也能给人们带来幸福。

除本性差别之外，众“鲁”开始各司其责，各有使命。恰布等鲁主司打雷下雨和降雪。久旱之后，应向它求雨。僧波等鲁施放各类鲁病。若有生癞子、水痘和疮疱等病者，当求它祛病免灾。却热等鲁主管人间饮食和战争冲突。如遇战乱或饥荒，要向它祈请停止灾荒。此外，还有掌管精神领域的嘎波、宁嘎等鲁，以及专司意外事故、跌打损伤的汤哇等鲁。

“鲁”在人间世界中扮演的角色越来越多样，人们对鲁的献祭也就变得越来越来重要。通常，向鲁献祭的地点会选在临近河、井、池、江、湖的地方。献祭的食物主要是水族类或两栖类嗜好的藏红花、芝麻、畜肉、酥油、奶和芫荽等。献祭时，要将祭品在桑烟中净化后投入水中，或将其直接投入江河湖池。在藏族民间故事中，甚至出现过活人献祭的情形。八大藏戏之一的《顿月顿珠》里，有这样一段情节，“赞普听从巫师的计谋，每年把一个属龙的小伙子扔到湖中去祭龙王，换来国家的安康”（王尧，1980:79）。

信众相信，选择在亲水之处为“鲁”举行献祭仪式，是因为鲁的家在水底，“水底有她居住的五百座龙宫”（刘志群，2000:93）。由此或可推论：倘若传说中的“龙王”还在桑耶，那么他的宫殿很可能会在措姆湖里。

·

“往年这时，佛学院已经开学啦。”次仁拉告诉我。在桑耶，我最不熟悉的地方就是佛学院，那里不许外人进出。

桑耶寺佛学院的全称是“桑耶赤松五明佛学院”（这是我在田野考察期间，佛学院使用的名称），1997 年恢复招生。第一届学经僧有七十多人，约有一半出自桑耶寺，另一半来自藏区的其他寺院。学制七年，封闭式教学。按照次仁拉的比喻，这种“封闭”跟蹲监狱差不多：不能打电话、看电视、听广播或上网。日日与经书为伴，天天与师生为伍。每天的功课异常繁重，此外，还要料理自己的日常生活，必要时，还需参加寺院的法事活动。恢复招生以来，佛学院的大堪布一直是从康区请来的大喇嘛。师生在学期间的衣食用度、所有开销均由寺院供养。上一批学经僧

图 53 右下角的黄色“回”字形建筑就是桑耶赤松五明佛学院（何贝莉摄 /2011 年 9 月）

毕业后，才能招收下一批学经僧，学制与供养一如既往。有些学经僧，修满一届后，还会再修一届。如是，人生的十四年就这样在桑耶寺内的一幢黄房子里度过。

·

雪域先民的“鲁”崇拜，至吐蕃政权以降，逐渐演变成多方文明接触融汇的产物。相较于天神“拉”或中界的“念”与“赞”，下界“鲁”所承载的意象，显得更为复杂。

对此，学者认为，藏族人观念中的“鲁”主要源自三方面的形塑和影响。其一是与中亚渊源颇深的苯教，在苯教的主要经典《黑白花十万鲁经》中，就有许多关于鲁的介绍与解释（参见格勒，2011:454）；其二是源自印度的佛教，佛经或印度的龙，梵语称为“那伽”（Nāga），它“长身、无足，蛇属之长也。八部众之一。有神力，变化云雨”（参见才让，1999:113）。其三是来自内地的神话传说，汉族人认为，龙源于蛇，后成为神，天之涝地之旱均与它相关（参见丹珠昂奔，

1990:9—10）。尽管藏族人习惯将汉族的“龙”译为“珠”，但学者仍然相信，鲁的形态实际上受到过内地的“龙的形体的影响”（参见丹珠昂奔，1990:9；才让，1999:116—117；才让太，2011a:“前言”6）。

佛教扎根雪域后，吐蕃人将佛经中的“那伽”直译为“鲁”。从此，“那伽”不仅与苯教文献中的“鲁”在文字与读音上混为一谈，它们的具体含义也在史诗、传说与民间故事中逐渐混淆，直至“二者融合为一”（才让，1999:115）。可以《格萨尔王传・天岭九藏》的故事为例，说明这一“融合”的情形：

“‘神子布朵噶尔保逃往降毒龙王地方变为一只白蛙藏起来，当莲花生去请的时候，降毒龙王不交出神子，大师变作一只铜喙上有锐利武器，铁爪上火焰燃烧，右翅展开遮印度，左翅展开遮内地，全身能遮盖南瞻部的红大鹏鸟，和降毒龙王展开了激烈的斗争。黑龙魔变为一条长达九由旬的九头黑毒蛇，当红大鹏鸟把蛇头拉到三十三天的时候，蛇身一半还在大海里。……大鹏鸟把毒蛇的身子一节一节地吞下去，逐渐把毒蛇拉向天空，降毒龙王被征服……’这里反映出了印度的那伽和苯教鲁之间的共同点，首先降毒龙王是那伽和鲁的混合体，神子变成白蛙，表明其变成了鲁系神灵，这是苯教的观点，而龙王住于大海，三十三天、莲花生等皆来自于印度。其次，降毒龙王变成九头蛇，表明其与蛇有关，而这又是那伽和苯教鲁所共同具有的特点。再次，莲花生之所以变为大鹏鸟来对付毒蛇，是因佛经中言大鹏鸟经常吞食那伽，而苯教中大鹏鸟也是非常神圣的，也有‘降鲁大鹏神’”（才让，1999:115—116）。

无独有偶，如前文所述，莲花生在降伏桑耶的“龙王”时，两者也是幻化为鹏鸟与蟒蛇，竞相争斗。据《莲花生大师本生传》记载，建寺时，莲花生与龙王一度在青朴山上打得如火如荼；此间，监督建寺的赞普赤松德赞因木料不足，与龙王私作交易。只见，化作鹏鸟的莲花生一口咬住化为蟒蛇的龙王，欲将它吞下肚。眼看败局已定，龙王索性一改敌对之势，请求大师宽宥，并许愿说会“诚心予成就”。莲花生见好便收，放了龙王，还原人形，问道：“你能成就何等善举？”早与龙王立下协定的赞普立刻上前，代为回答：“龙王愿意献上修建寺院所需的木材。”莲花生听后，不禁笑道：“区区木材哪里足够？应将龙王彻底降伏，否则，它们还会祸害人间。”赤松德赞听闻，倍感惭愧，却已于事无补。如是，这位与龙王私定协约的赞普，为解决建寺的耗材，而劝说莲花生放过了龙王（依西措杰伏藏，1990:416-417）。

如上，《莲花生大师本生传》与《格萨尔王传》中的“莲”“龙”大战，分享着同一故事原型：莲花生化身为大鹏鸟，龙王化身为蟒蛇，交相争斗。依照《佛教大辞典》的解释，“大鹏金翅鸟是其（龙）天敌”（任继愈，2002:376）。莲花生与龙王一战，之所以总被描述为大鹏鸟与蟒蛇的斗争，其意不言而喻：莲花生定胜，龙王必败——就像《格萨尔王传》记述的那样。

但在《莲花生大师本生传》中，同样的斗争经历之后，却是不一样的结局。这情形，岂不与故事的原型相悖？回看本生传中“莲”“龙”斗法的描述，字里行间，始终透露出这样的信息：以莲花生的法力必能打败龙王——这一含而不露的结论诚与“莲”“龙”之战的故事原型暗合。最终，莲花生之所以没有战胜龙王，并非能力不够，而为外力所扰。这一外力，正是当时的赞普赤松德赞。

发生在桑耶的“莲”“龙”斗法，虽然秉承着大鹏鸟完胜蟒蛇的故事原型，但却温婉地改写了故事的结局，为不失本性的“鲁”找到留存的理由。正是这场胜负不分的斗法，合理解释了本土的“龙王”为何能在佛教“那伽”传入吐蕃后依然保留其本来面目——莲花生大师并未制伏下界的“鲁”，因而无法彻底祛除其固有的特性。赞普赤松德赞，虽是作为一个尴尬的角色出现在故事中，却以微妙的“消极”作用决定了这场降“鲁”大战的结局。也许，这样的结局正是赤松德赞所期望发生的呢？

·

至今，在藏族人的观念中，下界神灵“鲁”仍然“是给人带来麻风、疥疮等疾病的精怪，或有形或无形，有形时多为蟹、虾、蝌蚪等水中动物之形”（丹珠昂奔，1990:13）。除此以外，藏族人并不拒绝佛教文明与中原文化为“鲁”赋予新的意涵和形象。

体现在文本中，一个明显变化是“鲁”“有固定的形体，可变化，常变化成人到大地上，大多是善良美丽的，或是具备人性的”。在用汉语翻译这一形象的“鲁”时，常将其译为“龙王、龙女”。译者的解读并非没有道理：因为这些“龙王、龙女”的存在，“大多不依赖于泛神论之精灵观念和崇拜，而是依赖于一两个优美动人的神话故事；不依赖于固有观念，而依赖于形象和个性的力量”（丹珠昂奔，1990:13）。

在《莲花生大师本生传》中的另一个故事里，出现了善良的“龙王”与美丽的“龙女”。这则故事，恰好发生在“莲花生与龙王斗法”之后。

话说，桑耶寺修到一半，赞普的国库便告亏空，再也无法提供金子建造寺院。这时，莲花生大师说：“我有办法筹到金子！但在此之前，龙王和人王要先交个朋友，就让我来做这个会盟的见证者吧！”接着，他指引赞普一行人等来到湖边。莲花生将赞普和大臣藏匿在湖边的沟壑里，自己在湖畔支起一个帐篷，坐在里面修行。到了第三天早上，一个美丽女子来到帐篷前，询问大师：“您在这里，所为何事？”莲师答道：“人间的赞普赤松德赞想和水底的龙王交个朋友。现在，赞普修建的佛殿还未完成，特来向龙王要些钱粮资财。”女子听后，便离开了。次日清晨，一条大蛇忽然跃出湖面，向岸边送来一大堆砂金。莲花生赶紧让守候在一旁吐蕃君臣将这些砂金运走。就这样，莲花生与赞普向龙王讨到了建寺所需的资财（参见依西措杰伏藏，1990:417）。

这个故事里，原先被视为“会害人，且会带来麻风病，派遣敌人来扰乱”的龙王形象消失得无影无踪，取而代之，是一个好商量、很善良、并愿与人间赞普为友的新形象。此外，莲花生与龙王的关系也发生了改变，先前剑拔弩张的斗法被此时相敬如宾的商讨所代替。不过，这个故事的主题与前一篇相近，都是向龙王索要钱财。只是在此篇，莲花生成为“盟会”的主导者，代表赞普与龙王协商；不像前一篇，赞普只能背着莲花生与龙王交涉。由此，莲花生成为赞普与龙王的关系建构者，他一再强调：“龙王人王要交友”；但在前一篇，他还说：“须要彻底降龙王”（参见依西措杰伏藏，1990:417，416）。

以上故事中，莲花生对待龙王的态度转变之大可谓判若两人。究竟是何原因，让莲师发生如此改变？或许，可从“龙”的佛教意涵出发，探究一二：

梵文Nāga，汉文音译“那伽”，藏文klu。佛经中译为“龙”，但与中国传统的“龙”的概念不完全相同。有善良的，也有恶毒的。麻疯、疥疮等皮肤病据说皆因龙毒所致。

大鹏金翅鸟是其天敌。其中威德特胜者为龙王，归化于佛，成为守护佛法的“八部众”之一，住于诸佛之受用土，能兴云布雨，消灭众生之热恼，为吉祥与威严的象征。（任继愈，2002:376）

若以佛经中的“龙”诠释吐蕃之“鲁”，那么，“鲁”不再是需要降伏的凶恶精怪，而是吉祥威严的护法神灵。若从“鲁”的佛教象征意义来看，莲花生想要赞普与龙王交友的心态，则不难理解。但接踵而来的疑问是：莲花生为何要赞普与“鲁”交友？

对“鲁”与赞普的关系作以考察的学者，往往会留意到《贤者喜宴》中的两句话：“‘五赞（btsan-lnga）’之首是多日隆赞（to-re-long-btsan），其母为聂尊芒玛杰（nye-btsan-mang-ma-rje）。……此以上这诸母乃神女及龙女。据谓王妃（btsun-mo）住处无光，（死后）无尸，故称彼等所生子女为‘拉塞（lha-sras）’，意为‘神子’或‘天子’‘代塞（lde-sras）’”（巴卧·祖拉陈瓦，2010:11）。由此可见，下界鲁族与人间赞普原本有联姻关系，这种赞普娶“鲁”为妻的模式维系至“八代王”以后，方才改变：吐蕃赞普开始娶属民之女为妻。这一变化，是否意味着鲁族与赞普的联姻关系从此不复存在？——似乎并不竟然。

《贤者喜宴》中，还有另一则故事。“八代王”后的赞普世系为“五赞”，“五赞”以后的赞普是拉托托日年赞，他的孙子名为仲年代如。仲年代如娶了一个名为琛萨路杰的美女为妃。不知何故，自从来到吐蕃，这位王妃变得越来越丑陋。仲年代如问其原因，王妃答道：“在家乡，我会经常吃一种这里没有的食物。也许是因为我吃不到此物，才会变得难看。”于是，赞普遣人取之。王妃的女仆将这些食物油烹后存入库房，供王妃秘密食用。王妃吃后果然恢复了往日容貌。其实，琛萨路杰吃的食物就是吐蕃人供奉给“鲁”的献祭物——青蛙。赞普并不知这种食物是什么，但见王妃越来越美，便想：这么好的东西，我也吃吃看吧！他打开库房门，赫然见到满屋的青蛙肉。赞普心里陡升疑虑，遂染疾病；或也有说，是得了麻风病（参加萨迦·索南坚赞，1985:49；巴卧·祖拉陈瓦，2010:13）。

记载这则故事的藏文史籍与后世的研究者大抵认为，王妃琛萨路杰是一位“龙女”（萨迦·索南坚赞，1985:48；刘志群，2000:48；周锡银、望潮，1999:61—

62）。仅此一例，足够说明：即便从“五赞”开始，赞普娶属民之女为妻；可赞普与下界“鲁”的联姻关系，也并未终止。甚有可能的情形是：吐蕃史上，赞普的两种联姻模式——与“上”“下”两界的神灵通婚，与吐蕃属民之女结合——并存了一段时间。虽说如此，“拉、鲁、念”之间亲缘联系仍在逐渐淡化，此后，统治人间的赞普该如何重构或理解宇宙三界之间的关系？

倘若随着佛教的传入，吐蕃既有的宇宙三界观从此被佛教宇宙观取代，逐渐退出人们的观念世界，那么以上问题自然无需再提。但从《莲花生大师本生传》的两则“龙王”故事来看，吐蕃人对“鲁”的观念不仅没有消失，反而因莲花生的参与变得更为复杂。简言之，赤松德赞时期的“鲁”具有看似相悖的两种特点：一是其固有的特性，如施放祸端、导致疾病等；二是佛教化的特征，且为护法的八大部众之一。

或因如此，莲花生对待中下两界神灵精怪的方式也不尽相同。对于吐蕃的“念”“赞”，莲花生先用法力降伏，再将其收为护法——“念”“赞”与佛教的关系，随着佛教传入吐蕃的进程而逐步建立起来。但对于桑耶的龙王，莲花生既与之斗法，又与之交好。莲师的作为，仿佛有意要给吐蕃人留下这样一种印象：“鲁”与佛教的联系，在佛教扎根吐蕃之前既已存在。用“朋友”会盟取代原初的“夫妻”关系，或也意味着莲花生试图让崇尚佛法的吐蕃统治者重新界定赞普世系与下界“鲁”的关系。

《莲花生大师本生传》中的两篇“龙王”传说，在藏族民间并不流行。传说中的“龙王”，鲜见于记载，甚至没有自己的名字。然而，正是这两则故事说明藏族人观念中的“鲁”曾发生过一次关键性变化：以赞普赤松德赞为代表的吐蕃人，在接受“鲁”的佛教式新形象“那伽”时，并未放弃“鲁”的本初特征。简言之，藏族先民用“叠加”而非“替换”的方式将三界宇宙观中的“鲁”与佛教宇宙论中“那伽”合为一体，加以理解。

·

话说回来，吐蕃第二十九代赞普仲年代如之所以患病，是因为他的冒然行动触犯了下界神灵“鲁”。他得的病，是一种“鲁”病。

至今，藏族人仍相信“鲁”是许多恶疾的致病源头。无独有偶，“鲁”自己也很容易生病，环境不洁就会使“鲁”致病。《格萨尔王传·天岭九藏》中写道，

“妖魔把吃人剩下的血肉秽物抛向十八大海，下界龙海的顶宝龙王等身患重病，龙的世界也濒临毁灭的险境。于是众龙王托请神马白翼哈霞飞往天界，请求天神降伏妖魔”（才让，1999:115）。相较于“拉”与“念”，“鲁”是一种特别嗜好洁净的神灵。因此，“鲁”的所在地，如亲水之地、自家灶边、老树根下等，一定要保持清洁。藏族人在日常生活中，不会随意动土或铲除树根，尤其忌讳在泉水边或老树下大小便。这样的举动会触怒“鲁”，使自己或牲口受灾得病；同时，“鲁”也因沾染了人的污秽物而生病——人与“鲁”，由于人类的不洁之举而共同承受着病痛（参见万代吉，2019:97）。

换言之，“鲁病”是一种征兆，是人类世界与神灵世界间出现不良问题时的征兆。藏族人之所以“把人和牲畜的所有病原都归于鲁的作用”（万代吉，2019:97），其实也意味着病患者的某些行为扰乱了自己与神灵世界之间的关系。一旦出现这样的情况，始作俑者必然承受相应的代价和惩罚，吐蕃赞普也不例外。文献记载，因无意间触动“鲁”的献祭物而身患“鲁病”的赞普仲年代如，只能与王妃、大臣一起生活在坟墓中，与世隔绝，聊度残生（参见巴卧·祖拉陈瓦，2010:13—14）。

纵观“拉、鲁、念”，若说上界“拉”是以绝对的神圣至上获得人们的崇拜，中界“念”“赞”多以胜人一筹的强力赢得人们的敬畏；那么，下界“鲁”与人类世界之间所独有的一荣俱荣一损俱损的关联性——使人们对“鲁”有一种自然的亲近感。三界神灵中，唯有“鲁”与人间生活最密切，甚至每一户人家都有它的居处。“每逢藏历新年，藏家都要在灶后被烟熏黑的墙上，用糌粑面点画一只蝎子和一个雍仲符号‘卍’，在其旁边还要点画上酒壶或茶壶以及供奉食品，以祭龙之财神”（刘志群，2000:93）。

这种亲近感，也与“鲁”特有的母性象征交相呼应。在藏族的神话传说中，“龙女”的形象并不少见。赞普娶“鲁”为妻，便是一例。苯教文献《黑白花十万鲁经》中，就有“与‘地母生万物’相类似的‘母龙生万物’的神话”（刘志群，2000:93）。

据丹珠昂奔分析，“龙王龙女等神话传说在藏族人中的传播，大约始于吐蕃政权兴盛时期，尤其是自桑耶寺修成后建立大规模的译经场，大规模的译经给此类神话的传播提供了良好条件。当然我们也不能忽视从汉地传进此类神话传说的

图 54 桑耶寺附近的措姆湖（何贝莉摄 /2011 年 9 月）

可能性”（丹珠昂奔，1990:13）。若依此言，我们如今所知关于“鲁”的种种理解与想象，大致定型于桑耶寺建寺以降。

湖畔祈雨

雨季说停就停。若空中连续七日不现雨云，人们便知：今年的雨季已近尾声。此前，西藏和平解放 60 周年的大型庆典已于 7 月 29 日圆满完成，桑耶赤松五明佛学院终于举行完姗姗来迟的开学典礼。只是，我再也没有听到“川菜一绝”的老板提起那场充满神奇色彩的祈雨仪式。每当我打趣他，问：“那位康区大喇嘛还没来吗？”小老板便笑着顾左右而言他。

一天中午，忽然接到次仁拉的电话。他问：“您在哪里？”“在寺院里。”“湖边去！念经有撒。”“哦，湖在哪里？”“西南边撒。”

——还是这个莫名其妙的答案。但与以往不同，得知寺院在湖边举行法会，我决定去试试运气，找找看。

寺院的西南边有一条土路。沿此路，一直往南，过康松桑康林，进入浓密的柳林，心想：既然有路，定是通向某处。途中，遇见放羊的阿妈。我指着南边，问她："措，措？"阿妈明白，我想去措姆湖。但她摇摇头，随即领我往回走了一段，之后，伸手指向西边。循她所指的方向望去，眼前只有一片草场和零星几棵柳树，不见路径。那时，除了听从阿妈的建议，我已别无选择。于是谢过阿妈，独自向西进发。

穿过草场，望见柳树间隐约有一座白色小型建筑。便往建筑物的方向走去，几分钟后，抵达一座拉康，它看上去更像是一处尚未收尾的工地。拉康的边玛檐墙明显翻新过，墙壁内侧没有绘制壁画，殿堂中亦未供奉佛像，殿前的地面沟壑纵深，尚待平整。记得达杰曾告诉我，工程队修复过康松桑康林西边的一座拉康。想来，就是眼前这座。

离开拉康，继续往西，我四处张望寻找湖水的踪迹，却看见林间闪现出僧衣特有的喇嘛红。追随喇嘛红的方向，不久，星星点点的红影汇聚成一片红色波浪——只见在新植的柳林中，一群僧人席地而坐。领诵师是不久前刚举行堪布坐床仪式的久米仁青拉。如今，他已是桑耶赤松五明佛学院里的大堪布——这是20世纪70年代以来，桑耶寺的僧人首次坐上佛学院大堪布的法位；此前，这一职务均由从康区请来的大喇嘛担任。见他便知，这群僧人是佛学院里的学经僧。

除了诵经的行列，学经僧另外分出两群，聚在附近。一群人搭灶架锅，生起柴火，熬制甜茶。另一群人围着几只木盆和铁桶，侍弄一种肉色圆丸。

但我还是没有见到措姆湖。我问在熬制甜茶的学经僧："这里有没有湖？"

"湖？措……旁边的是撒。"僧人指了指身后一人多高的砖砌围墙。

原来，措姆湖被一圈围墙围着，难怪墙外人见不到它的踪迹——此番情景，与我印象中的西藏湖泊实在大相径庭。我又问："可以进去吗？"

"可以！有门撒，你这样的去。"他示意我沿着围墙外的土路一直绕过去。

脚下的土路，宽窄不一，高低不平，道路两边，一侧是围墙，一侧是水沟。雨季时，湖水满溢，溢出的水会从围墙下的出水孔流出，流到沟壑中。想必是供水充沛，沟壑附近林木葱郁，除了人工种植的柳树和白桦，还有自然生长的小型灌木。走到北面的围墙，路过几栋废弃的夯土房，可见围院正门。两扇大铁门敞开着，我径自走了进去。

首先跃入眼帘的，是几排长势喜人的柳树，树丛中，牵牵绕绕系满经幡。树后是一湾青水。这片水域，若以规模论，至多称得上是一个水潭：一眼望得到边，面积只有数百平方米，小得出乎意料。但桑耶僧俗却称其为“湖”，《吉祥桑耶寺略志》中所说的措姆湖。此番景象，倒应了唐朝文人刘禹锡的名句：水不在深，有龙则灵。

相传，初建桑耶寺时，“龙王”就是通过这面湖水源源不断送来建寺所需的木材和砂金。只是，地方传说与伏藏记述之间似有误差。依《莲花生大师本生传》所言，“龙王”涉及的地方，共有三处，分别为：“青木普山”“索普江琼林”和“墨竹”（依西措杰伏藏，1990:416—417）；显然没有“措姆”之名。桑耶人为何且如何将发生在别处的“龙王”传说归为这片水域——个中缘由，已似空白。

不规则的湖水呈现出幽暗的墨绿色，仿佛被刻意蒙上一层厚幕，让人看不见水下情形。此间，有许多微细的水泡不断析出水面，宛若水下生灵的吐纳呼吸。湖岸边，生长着浮萍、茅草，以及其他不知名的湿地植物。长长的经幡，忽闪着越过湖面，从彼岸延伸至此岸。

湖对岸，建有一座康布孜巴[1]。在“鲁”的祭祀地，常会见到这种高约两米的方形石塔。这时，有两位中年僧人通过搭在墙上的木梯，进入湖区。他们手捧经文，走到湖边，席地而坐，合声诵经。庄严而高亢的声音，滑过平静的湖面，传入耳际。当年，莲花生大师在湖边修行打坐三日，是为请出湖中“龙王”赠予赞普建寺资财；如今，桑耶寺的学经僧也在湖边兴师动众地举行法会。倘若这场法会也是为湖中“龙王”举行的祭祀仪式，那么此番祈求，所为何物？

我习惯性地拿出相机拍照。不久，对岸的诵经声戛然而止，换成标准普通话，大声说：“不许拍照！”左右四顾，别无旁人，警告的对象只有我。于是收起相机，心想：对方一定不是桑耶寺的僧人。经过半年多的交往，寺院僧人早已对我的相机司空见惯。

---

1. 与巨形佛塔形成鲜明对比的是建造在农牧区山脚、村边，高约两米左右的方形建筑，它也属于佛塔类，但不在佛八行塔造型之列。这种小型塔在藏语中称“康布孜巴”塔，其意为方屋叠层，显然是根据其形状起的名。也许这才是西藏土生土长的“土著”塔。佛教传入西藏以后，渐渐代替了西藏原有的宗教，成为主流宗教。而原有宗教要想保存自己，必须适应发展的形势，从形式到内容向主流宗教靠拢方能生存。“康布孜巴”塔恰恰是这个转型期的产物之一。它既具备了佛八行塔设计元素，又与佛八行塔原形有较大的差距。这是偏僻农村中老年人们进行朝拜转经的简易宗教场所，是他们虔诚崇拜的对象。

我在湖边溜达，发现一个有趣的现象。僧人在湖畔诵经时，不时有年轻的学经僧提着沉重的铁桶，越过木梯，来到湖边，将桶中之物洒入水中。他们脚步轻快，动作敏捷，铁桶倒空，原路返回。但很快又会拎着沉重的铁桶走进湖区，如是往复不止。只因远观，始终看不清桶中装的是什么，便决定跟随他们去墙外一探究竟。原来，这些空铁桶最终会回到做肉色圆丸的学经僧手中。

肉色圆丸是事先做好的，盛在宽约一米长约两米的铁皮盆子里。这些丸子不能直接送到湖里，先要与一种加入藏红花的白色液体混合。学经僧的工作就是将丸子装在铜质平盘里，用白色液体浇灌，直至完全混合，再装进铁桶，由专人运至湖边。只见，一个学经僧席地而坐，右手拿着铜壶，往圆丸上倾倒浆液，左手握本经书，凝视经文，念念有词。我在旁边看了一会儿，仍是不明就里：不知法会所为何事，不知圆丸作何用途。

如是消磨了三四个小时，只见头上烈日渐渐隐入云端。南边的云朵越积越多，且由白转乌，几近墨色。此时，山谷中刮起强劲的南风，风助云势，层层叠叠的雨云铺天盖地，翻滚扑腾着似要奔向措姆湖——一场暴雨在所难免。

眼前是电闪雷鸣风云突变，耳边的诵经声则一如既往庄严有序。我开始坐立不安，心想：若在此遇上暴雨，无遮无拦，人和相机都会浇成落汤鸡。自忖片刻，决定返回寺院。

“喂……甜茶的喝撒！”一个认识我的学经僧喊道。

“不了，回去了撒！”我谢过他，背起摄影包，往回走。这场法会尚未结束，我便提前离席了。

距离寺院餐厅仅剩十步之遥，豆大的雨点劈头盖脸砸下来。路上行人如惊弓之鸟，飞快地窜到屋檐下。我奔进寺院餐厅，正欲上楼，却听见身后有人喊道：“哦……您回来了撒。”

循声往去，是次仁拉。他正坐在餐厅里悠闲喝茶。见我回头，便指了指对面的座位，示意过来坐下。“念经，看到了撒？”他问。

“是，在湖边。后来要下雨，就回来了。”我不由望了一眼窗外，雨如珠帘，挡住视线。庆幸自己及时赶回的同时，又不免有些担心：湖边的学经僧一定被淋得够呛。不由感叹，“雨季都过了，没想到还能下这么大的雨。”

“没事的……”次仁拉气定神闲地说，“每年都是这样的。”

“都这样？”我不解地问，“只要念经，就会下雨？”

“就是！”他笑道，“只要佛学院的学生在湖边念经，雨肯定会下的撒。今年晚了一点，没有办法，佛学院开学晚了撒——”

次仁拉的话让我大吃一惊：原来，刚才见到的那场法会就是桑耶的祈雨仪式。

·

下界之“鲁”究竟从何时开始与天气——尤其是降雨——联系在一起，如今已不得而知。但藏族人普遍相信，这些下界神灵若被人类的不洁行为冒犯，就会使天空无雨（参见勒内·德·内贝斯基·沃杰科维茨，1993:553）。据说，有位名为“恰布”的鲁主司下雨、降雪与打雷，“若遇久旱不雨，当求它降雨”（丹珠昂奔，1990:6）。在苯教文献中，亦有明晰的观念，认为“鲁”是“土地和雨水的主宰者”（才让，1999:114）。

由此，藏族人对“鲁”的祭祀仪式不再是简单的个人行为，比如向江河湖海抛洒“鲁”喜爱的食物；而是将对“鲁”的献祭纳入苯教的祭祀仪轨中，由苯教巫师主持，譬如祈雨仪式。后一种形式的祭祀，更具社会性与公共性。主宰土地和雨水的下界神灵“鲁”，不止关系到个人的病痛与财富，更涉及社区或村落的旱涝安危。

据周锡银、望潮著述的《西藏原始宗教》记载，苯教巫师主持的祭“鲁”求雨仪式是这样的：

求雨的苯教巫师，身着蓝色法衣，手拿蓝色法幢，两腿也要染成蓝色，然后献上蓝色的供品。据说，管理闪电、雷鸣、降雨的龙神恰帕等生活在蓝色的江河与大海中，喜欢蓝色。开始求雨时，巫师从龙居住的泉水中取出九勺水，分别放入九个蓝色的瓶中，将瓶放在泉水的四周，然后开始煨桑。当桑烟滚滚升起之时，巫师手拿龙神最喜爱的黑、白芥子，呼唤龙神的名讳。这里被呼唤降临的龙神，据称都是藏区分管雨水的龙神，所以他们的名讳都与降雨有关。如叫朱扎的龙神，有“雷鸣”之义；叫罗几的龙神，有“闪电”之义；叫曲吉的龙神，有“涨水”之义；叫恰白的龙神，有“降雨”之义。巫师呼叫完这些龙神的名讳后，便跪下分别向东、南、西、北四方叩头和吹气。叩完头，

图 55 湖畔诵经（何贝莉摄 /2011 年 9 月）

巫师立起身来，随即把白、黑二种芥子撒入泉中，并把那放于泉旁的九个瓶子所盛之水，全部泼倾于泉中。据说这种祭祀龙神的仪式举行以后，便会立即召来大量的雨水。（周锡银、望潮，1999:66—67）

同为祈雨，苯教巫师的求雨仪式与桑耶寺的祈雨仪式，确是有所不同。

初建桑耶寺时，“鲁”的传说多与财富相关，很少涉及雨水。至格鲁派宗喀巴大师驻世期间，他“在改革了一些旧的传统之后，用涉及印度水神及其伴神的仪式来替代了龙崇拜仪式的一部分”（勒内・德・内贝斯基・沃杰科维茨，1993:553）。

宗喀巴之举，无疑将佛教中关于“鲁”的仪式仪轨进一步规范化。[1] 虽难考证，佛教僧人的祭“鲁”仪式最初起于何时。但至今日，在藏族民间，无论是苯教巫师还是佛教僧人，都会举行祭鲁祈雨的法事活动。“念诵有关经文、咒语，并在泉水中施放龙食子，向鲁神求雨”（才让，1999:114）。

1. 据沃杰科维茨所记，“宗喀巴也声称自己是一份旨在求雨的天气仪式书的作者。在这个最好由格鲁巴法师主持的仪式中，祈请的神灵不是古代西藏的精怪神，而是印度的水神及其伴属神，仪式也只是在星象出现下雨的征兆时、或者是在天气出现合适的征兆时才进行”（勒内・德・内贝斯基・沃杰科维茨，1993:564）。由此可见，宗喀巴大师也许曾试图用印度的外来神祇取代本土神灵“鲁”的降雨功用。但实际上，这样的观念并没有为藏族人所普遍承认或接受。人们在谈及祈雨仪式时，所言对象仍是“ཀླུ”，并未另立名目。换言之，即便在某些佛教僧侣举行的祈雨仪式中，祈请对象为印度水神，但这些神祇无论在发音上还是在字形上，均已被西藏的下界神灵“鲁”所同化。

图 56 佛学院的学经僧在湖边的柳林里诵经（何贝莉摄 /2011 年 9 月）

图 57 另一些学经僧在制作“龙食子”（何贝莉摄 /2011 年 9 月）

所谓“龙食子”，就是在桑耶祈雨仪式中不断出现的肉色圆丸。制作原料主要有“三白”“三甜”。“三白”指奶、酥油（奶酪）和酸奶，“三甜”指砂糖（冰糖）、蜂蜜和蔗糖（参见孙林，2010:376）。此外，食子中还有别的添加物，食子的做法亦有详细规定。龙食子，是祭“鲁”祈雨的主要供品。

·

那场祈雨仪式过后，桑耶一带断断续续下了三天四夜的大雨。每次走在雨中，我便会不由得心生疑惑：这场雨，真的是学经僧念经做法向“鲁”求来的吗？

十一、王妃的殿堂

札玛止桑与金城公主

札玛止桑，一个如今在《西藏旅游手册》中难觅踪迹的地点，曾作为吐蕃政权的政治中心显赫于世。传说当年，唐朝的金城公主就是在这里生下王子赤松德赞。成年后的王子，继续以札玛止桑为行宫，指点江山，兴建佛寺。

一日傍晚，次仁拉请司机驾着寺院的皮卡带我们前往扎玛止桑。三人坐定，皮卡一溜烟儿似的驶出寺院北门。藏族人开车如同驾马，喜欢上下起落的颠簸感，喜欢看身后扬起的滚滚浓尘，喜欢听脑壳撞击汽车顶时发出“嘭嘭”响及随之而来的尖叫声。

驶出小镇，水泥路随即变成了土石路。镇外，村舍毗邻，农田相接，田里的青稞收割大半。蜿蜒而过的道路将良田一分为二，路边的灌木与柳树，形成一道道天然篱笆。这番景色，看上去自然而然，好似由来已久。千年前，往返于札玛止桑和桑耶之间的赞普与众臣，是否也走过这同一条道路？

一刻钟后，皮卡在一处山岗前停下。此岗背倚大山，面朝谷地，山坡和缓，岗上平整，整个地势明显比周边的良田高出许多。

站在坡下，往上看，风景一目了然。坡上有一座小巧精致的拉康。岗上有一幢没有屋顶的石砌房屋。石屋的正门前，长着一棵枝繁叶茂的桃树，东北角上，有一棵早已凋敝的松柏。石屋的南面，有一片房舍，屋顶上炊烟缭绕，有人居住。

当年，金城公主不远万里从故都长安跋涉入藏，最终抵达的地方，就是这里。

据《敦煌本吐蕃历史文书·大事纪年》记载：

P.T.1288/61. 及至狗年（睿宗景云元年，庚戌，公元 710 年）

赞普驻于跋布川。祖母驻于“准”。于赤帕塘集会议盟，征派赞蒙公主来蕃之物事，以尚·赞咄热拉金等为迎婚使。赞蒙金城公主至逻些之鹿苑。冬，赞普及眷属驻于札玛。祖母驻于来岗园。……

P.T.1288/90. 及至兔年（玄宗开元二十七年，己卯，公元 739 年）

夏，赞普以政事巡临“毕”地，王子拉本驻于“准”，猝然薨逝，赞普父王东返至蕃地，赞蒙金城公主薨逝。是为一年。

P.T.1288/92. 及至蛇年（玄宗开元二十九年，辛巳，公元 741 年）

夏，赞普以政务出巡临边。陷唐之城堡达化县。晓顿尚氏园中，于赞普驾前，征军政之大料集。冬，赞普牙帐自边地还至札玛。没庐·谐曲攻铁刃城，克之。为赞普王子拉本，及赞蒙公主二人举行葬礼。是为一年。（王尧、陈践，2008:93，97）

来自唐王朝的金城公主，在吐蕃历史文书中，只留下这三段文字。她的一生，被了无细节地概括为：“至逻些”，“驻札玛”，“薨逝”与“葬礼”。难道，西藏历史对这位唐朝和亲公主的记忆，只有这些？

来到废弃石屋的下方，距离面西的正门，还有一段狭长石梯。老桃树的根茎撬开垒砌楼梯的石板，顽固地裸露在外。硕大的树冠，肆意铺张，几乎挡住整扇大门和门前台阶。面对满目零落的石块，一时分不清哪些已松动，哪些还能落脚。于是，跟随司机，紧贴石墙，从正门的左边绕了进去。

跨过第一道门槛。驻足处，是石屋的门廊。门廊两侧，本有石墙；如今，只有左边的那一堵还算完整。廊顶漏光，大门洞开，谷间山风呼啸而过，感觉阵阵清冷。向内张望，石屋空空如也——除四面残墙、几个柱基、十四根木柱和残损的屋顶以外。

眼前景象，与资料记载的并不一样。20 世纪 80 年代，西藏文物普查时，札玛止桑宫如是：“宫殿建筑面积不大，仅 200 余平方米。大门向西，设于南侧。

图 58 札玛止桑宫的外景（何贝莉摄 /2011 年 9 月）

进大门是一个小庭院，庭院后部较高，形成一个二层台面。左边有厕所，后面有两间住房，两边的房间较大，东边的房间较小。墙壁全用大石块夹薄石板垒砌而成。十分整齐，反映了早期宫殿结构简单、构造讲究的特点，可惜已成废墟”（何周德、索朗旺堆，1987:58）。

我没有见到“小庭院”，也没发现“二层台面”。石屋内，只有一个大开间，分不出哪里是厕所哪里是房间。不过，墙上确有一片烟熏火燎的明显痕迹，那里可能搭过灶台，做过厨房。这时，次仁拉从另一个门洞探身进来。原来，除正门以外，这座石屋还有一扇新开的侧门，正对旁边的那处宅院。

“这座札玛止桑宫，为什么和资料上介绍的不一样？” 我问。

“就是不一样撒……以前，中间还有一层楼，不是现在这样。”次仁拉走到石屋正中，如今，那里看上去像一处天井。他俯身指着地上的四个石柱基，说：“这里的柱子有两层楼高，所以，那上面……”他昂首指着头顶上的一方天空，继续说：“还有一层楼。二楼有窗户，上面有大顶。”

听上去，完整的札玛止桑宫应是一座立面为“凸”字形的建筑。

图 59 札玛止桑宫的内景（何贝莉摄 /2011 年 9 月）

“以前……里面不是空的，”次仁拉在空荡荡的石屋中缓慢踱步，然后站在一堵残墙前。他用脚蹭了蹭地面，说：“这里有一座很高很大的赤松德赞的像，现在也没有了——您看到的这些，都不是老的撒，”次仁拉所说的“老”是指“文物”。“我以前来札玛止桑，就有这个房子。也不知道它是什么时候盖的——反正，不是老的，也不是新的。本来，寺院想把它修好——应该修好的撒，但那户人家不同意搬走，寺院也没有办法了撒。”

这时，天空飘起细雨。我拿出记事本，打算画一张石屋的平面图。见我不想离开，次仁拉背起我的摄影包，说：“我帮您拿包，在下面等着。”他指了指半坡处的那间小拉康。

札玛止桑宫，忽然变得安静了。想来，这里的绝大部分时间，都是空无一人。我坐在石基上，打开记事本，一群鸽子扑腾而过，旁若无人地歇在屋脊上。

次仁拉的叙述，为我提供了第三幅札玛止桑宫的“画像”。此前一幅，是我亲眼目睹的情景。还有一幅，是《桑耶寺简志》的描述。这三幅画像的间隔时间，仅有三十多年，形貌之变，却是分明。

不过，相较于建筑形制的改变，桑耶僧俗似乎更关心这座宫殿的“存在感”：札玛止桑宫一直就在，且会永在——无论它以何面目出现、抑或充当哪种角色，均是可以接受的。

·

札玛止桑宫，由三个词组成：札玛、止桑、宫。“札玛”是一个地名，“止桑”是一个建筑名，“宫”为“宫殿”的意思。藏文中，通常只言“札玛止桑”，鲜见“宫”字。

根据《敦煌本吐蕃历史文书·大事纪年》的记载，早在公元695年，札玛一地就已成为赞普王室的冬季牙帐之所。公元697年的冬天，赞普驻于札玛宫的后苑。十年以后，吐蕃赞普第三次驻于札玛，从此以往，几乎每一年冬天，赞普及其眷属均在札玛设立牙帐。公元710年，金城公主入藏后，定居于此，在这里度过了近三十年的光阴，直至去世。赞普赤松德赞出生于札玛，并在此度过自己的童年。有史可考，赞普世系冬驻札玛的传统，一直持续到公元747年。公元756年始，赞普的冬季牙帐之所换为松噶、堆之江浦、甲尔之江浦、辗噶尔等地，其中，尤以甲尔之江浦居多（参见王尧、陈践，2008:91—100）。

虽知公元707—747年间札玛一直是吐蕃赞普的冬季居住地，但对札玛当时的宫苑设置或建筑形貌，却无从知晓。文献中偶尔会提到一两个字眼，如札玛的“后苑”或“上首园”（王尧、陈践，2008:91，96），不过，也仅止于名称。

据载，是赤松德赞的父王赤德祖赞首度在札玛建造了“止桑”[1]。这位“胡须如老翁”的赞普[2]在吐蕃史上的确有特别之处：公元704年，赤德祖赞一岁时登基，他的祖母没庐墀玛蕾辅政，这在吐蕃史上可谓空前绝后。赤德祖赞于公元755年薨逝，在位时间长达52年，是吐蕃历任赞普中执政时间最长的一位（参见林冠群，1989:141）。

比较札玛作为赞普冬季牙帐的时间和赤德祖赞的在位年限，可见，这位赞普一生中的52个冬天，大部分在札玛度过。那么，他为何要在札玛修建止桑？

---

1. 或译为“枕桑”（拔塞囊，1990:1）或“珍桑”（巴卧·祖拉陈瓦，2010:111）。

2. “都松芒杰之子墀德祖丹（khri-lde-gtsug-brtan 即墀德祖赞），于阳铁龙 (lcags-pho-vbrug) 年生于丹嘎宫 (pho-brang-ldan-dkar)，其妃为南诏女墀尊 (btsun-mo-ljang-mo-khri-btsun)。贝·杰桑东赞 (sbas-skyes-bzang-stong-btsan)、綝·杰斯秀丁 (mchims-rgyal-gzigs-shu-ting) 即没卢·邱桑俄玛 (vbro-chu-bzang-vod-ma) 三人为大臣。因其胡须如老翁，故称其为梅阿聪（rgyal-po-mes-ag-tshoms 意为胡须先祖王）。”（巴卧·祖拉陈瓦，2010:110—111）

相传，在青朴的王库中，赤德祖赞见到先祖松赞干布留下的遗训文书。文书写道：“当我之孙名为墀与德（khri-dang-lde）时，佛教将出现，随如来佛出家、落发、赤足、穿黄色袈裟的僧人会有很多，他们是王族与百姓的供养处。由此，我等自身及他人，可获得今生来世的转生善趣，可得到解脱等一切安乐。所以，我祖孙王臣等应在生活上给以供养，治下百姓也要对其恭敬奉养，将之当作赐予我等福报的最高供养处来看待。”（巴卧·祖拉陈瓦，2010:111；拔塞囊，1990:1）赤德祖赞读完此文，心想：“文书中说到的这个‘王孙’，就是我呀！”于是，他派遣两人去印度求取佛法。这两人虽未能请来印度的班智达，却将班智达亲述的几部经文带了回来，献给这位吐蕃赞普。为了供奉这些经书，赤德祖赞命人在各处建造了五座神殿，分别为：逻些的卡尔扎、青朴的囊热、梅龚的吉内，及札玛的噶如和止桑。[1] 所以，札玛止桑，原本是一座供奉佛教经书的拉康，而非供人居住的宫殿。

此间，远在千里之外的长安城内，唐朝皇帝[2] 和他的臣子们又在忙些什么？

汉史记载，唐中宗神龙三年春，公元 707 年，吐蕃赞普遣大臣悉董热来唐献方物，为赞普请婚。同年四月，唐朝以嗣雍王受礼女为金城公主[3]，远嫁于吐蕃赞普（参见陈燮章等，1982:19）。

景龙三年十一月，公元 709 年，吐蕃赞普遣大臣尚赞咄等千余人，来唐迎娶公主（参见陈燮章等，1982:255—256；苏晋仁，1982:55；王忠，1958:60；苏晋仁、萧鍊子，1981:86—87）。景龙四年正月[4]，公元 710 年，金城公主一行，

1. 据《贤者喜宴——吐蕃史译注》的译者黄颢、周润年考证，赤德祖赞建寺的记载，藏族史籍中不太一致。如《布顿佛教史》记为八座寺院，《拉达克王系》记为六座寺院，又《拔协》称梅恭为“ma-sa-gong”，称囊热为“na-ral”。不过，各类藏族史籍对于札玛止桑的记载，几近相同（参见巴卧·祖拉陈瓦，2010:115）。

2. 公元 7 世纪末至 8 世纪初，唐朝皇帝为中宗李显。“帝名显，高宗第七子。显庆元年生，二年封周王。仪凤二年从封英王，改名哲。永隆元年八月立为皇太子，宏道元年十二月即位。嗣圣元年，武后废帝为庐陵王，房州安置。圣历元年，复立为皇太子，仍名显。神龙元年正月复辟。……立二年被废，复位四年，年五十五，……庙号中宗。……集四十卷。（全唐文卷十六）唐显庆元年（六五六）十一月初五日生，景云元年（七一〇）六月初二日卒，终年五十六岁”（陈家琎，1988:277—278）。

3. “金城公主是雍王李守礼之女。李守礼为唐高宗第 6 子章怀太子贤之子，于中宗为侄。守礼女于中宗为侄孙女。章怀太子曾被武后废为庶人：‘章怀太子贤，字明允，高宗第六子也。……调露二年，崇俨为盗所杀，则天疑贤所为。……於东宫马坊搜得皁甲数百领，乃废贤为庶人，幽于别所。’金城公主则随守礼被托养在宫中。中宗是高宗第 7 子，睿宗是第 8 子。因公主是中宗、睿宗的侄孙女，二者对金城公主均厚爱。神龙二年 (706) 闰正月一日，当太平、长宁、安乐公主等敕置官属，仪比亲王之时，公主亦与妃所生之宜诚、新都、安定公主等同时被进封，‘金城公主以出降吐蕃，特宜置司马。’睿宗嗣立后的景元二年 (711)，册封其为长女，封号仍为金城公主。”（何耀华，1998:50）

4. 另据《资治通鉴》所记，为“景云元年（庚戌，七一〇）”，实为同一年，盖因中宗驾崩，年号更迭所致（苏晋仁，1982:55）。

踏上赴藏之路（参见陈燮章等，1982:19；苏晋仁，1982:55；苏晋仁、萧鍊子，1981:89）。其月，“帝幸始平县以送公主，设帐殿于百顷泊侧，引王公宰相及吐蕃使入宴中坐。酒阑，命吐蕃使进前，谕公主孩幼，割慈远嫁之旨。上悲泣歔欷久之。因命从臣赋诗饯别，曲赦始平县大辟罪以下，百姓给复一年，改始平县为金城县，又改其地为凤池乡，怆别里”（王忠，1958:61）。至此一别，竟成诀别。送走公主约半年后，唐中宗驾崩，终年56岁。

此番和亲，虽缘于吐蕃赞普的请婚，但在唐皇帝及其臣子看来，则是为了帝国的“边土宁晏，兵役服息”。《旧唐书·吐蕃传》中的一段文字，把唐中宗嫁女的动机写得一目了然：

> 圣人布化，用百姓为心；王者垂仁，以八荒无外。故能光宅遐迩，裁成品物。由是隆周理历，恢柔远之图；强汉乘时，建和亲之议。斯盖御宇长策，经邦茂范。朕受命上灵，克纂洪业，庶几前烈，永致和平。睠彼吐蕃，僻在西服，皇运之始，早申朝贡。太宗文武圣皇帝德侔覆载，情深亿兆，思偃兵甲，遂通姻好，数十年间，一方清净。自文成公主化往其国，因多变革，我之边隅，亟兴师旅，彼之蕃落，颇闻彫弊。顷者赞普及祖母可敦、酋长等，屡披诚款，积有岁时，思託旧亲，请崇新好。金城公主，朕之少女，岂不钟念，但为人父母，志息黎元，若允乃诚祈，更敦和好，则边土宁晏，兵役服息。遂割深慈，为国大计，筑兹外馆，聿膺嘉礼，降彼吐蕃赞普，即以今月进发，朕亲自送于郊外。（陈燮章等，1982:255）

金城公主前往吐蕃，由长安入青海，经西宁、玉树，沿昔日文成公主的进藏路线而行。吐蕃为迎金城公主，在越过悉结罗岭的地方凿石通车，开了一条新路。唐臣刘元鼎进藏会盟，过悉结罗岭时，谓之：“逆金城公主道也”（何耀华，1998:51）。

“公主既至吐蕃，别筑一城以居之”（陈燮章等，1982:256）。从此，这位和亲公主远在雪域蕃地的生平事迹，便很少能传入唐朝史官的耳际。至唐玄宗开元二十九年春，公元741年，中原史官为这名远嫁的帝王女记下最后一段文字：

“金城公主薨，吐蕃遣使来告哀，仍请和，上不许之。使到数月后，始为公主举哀于光顺门外，辍朝三日”（陈燮章等，1982:262）。

图 60 札玛止桑宫旁边的民宅（何贝莉摄 /2011 年 9 月）

雨，越下越大，我躲到残存的屋檐下。当年，金城公主就是住在这里？——看上去，似乎太小了些。

《桑耶寺简志》记："在宫殿南面，还有大片废墟，据当地人讲，这些废墟与宫殿同时。我们认为，作为赞普赤德祖赞、金城公主的宫殿之一，赤松德赞的出生地，小小的札玛止桑是容纳不下的，附近大片的废墟，就是当年宫殿群体建筑的一部分"（何周德、索朗旺堆，1987:59）。《桑耶寺简志》中提到的"废墟"，就是如今见到的那处民宅，它的存在，已彻底改变了废墟的形制与布局。不过，即使废墟被原样保留下来，也很难断定，那就是千年之前的形貌。

唐朝的金城公主一旦踏上西征的旅程，那么，接下来发生在她身上的故事，便要由西藏的历史史籍与民间故事来续写了。[1] 话说，赤德祖赞的南诏妃子墀尊，诞下一名貌若天神的王子。他高鼻梁、宽额头，长得英俊秀美。贵戚大臣见后，无

1. 关于金城公主在藏的生平事迹，主要参考以下文献：《拔协（增补本）译注》（拔塞囊，1990:2—5）、《贤者喜宴——吐蕃史译注》（巴卧·祖拉陈瓦，2010:111—112，118—120）、《王统世系明鉴》（萨迦·索南坚赞，1985:159—163）、《西藏民间故事》（第七集）（李学琴、鄢玉兰，1993:44—48）。

不交耳称赞，说：“此子非人，乃是天神之孙呀！”故取名为姜擦拉温，即天神的子孙。王子长到适婚年龄时，赞普与众臣商量道：“我们的王子乃是天神后裔，若给他娶一个猕猴和岩魔女所生的吐蕃人做妃子，肯定不合适。应该效法先祖松赞干布之规，娶唐朝皇帝李氏家的金城公主为妃！”商议妥当，赞普派出一名婚使带领三十个随从前往内地。到了京城长安，婚使向皇帝献上请婚信函，奉上贡品宝物，请求将金城公主许配给吐蕃王子姜擦拉温。唐朝皇帝答应赐婚，吐蕃赞普如愿以偿。

金城公主得知自己要远嫁吐蕃，便打开一面随身收藏的宝镜，向镜中观看。这不是一面普通的镜子，据说能照见三界的万事万物，还能预知未来。宝镜所现，公主的终身伴侣在吐蕃，吐蕃雅隆高山大河风景优美，未来的夫君拉温王子英俊威武。由此，年幼的公主欣然同意远嫁他邦。

公主一行，跋山涉水，车马劳顿，终于来到吐蕃与唐朝的交界地。此时，远在卫藏腹地的拉温王子，于夜间遛马时，不幸中了咒师施放的咒箭，堕马而亡（参见巴卧·祖拉陈瓦，2010:112）。在王子离世的那一刻，金城公主顿觉悲从心来。她甚感不安，又拿出宝镜观看。谁知，镜中那位如神仙般可爱的王子不见了，取而代之是一个满脸胡须模样老成的赞普。公主心中好生困惑，不知是面容混淆了，还是宝镜弄错了，不禁终日以琵琶丝竹伴唱郁悒之歌：

观此镜中之征兆，使我心痛如刀割。欲返故乡路途遥，又失父兄之怜爱。

欲往蕃地山崖裂，蕃地大臣实凶恶。漂泊流落陌生地，业缘宝镜实欺我。（萨迦·索南坚赞，1985:160）

歌毕，金城公主奋力将宝镜掷到地上。“于是，宝镜裂成两半，一半变成日山，一半变成月山，合在一起就是日月山。你们来西藏，是从青海过来的吧？那两座山就在青海，不信可以去看看……”金城公主与宝镜，是导游米玛最爱讲的故事之一。我虽然没有在藏文史籍中见到这段内容[1]，但却时常从桑耶人的口中听到这则传说。略有常识的人大概都不会相信：日月山是由金城公主的一面镜子变成。但这个地方，的确与金城公主有关。

开元十五年，公元727年，唐凉州都督王君贪功邀战，挑起唐蕃战事，以致战争连绵不断。吐蕃备受损失，于是频频遣使请和。如此情形下，唐玄宗遂令皇

1.《王统世系明鉴》中略有一笔，为：“说毕，公主将镜打碎，抱头痛哭。”并未言及宝镜变成日月山之事（萨迦·索南坚赞，1985:160）。

甫惟明和内侍张元方出使吐蕃。赤德祖赞和金城公主随即派名悉猎随皇甫惟明前往唐都，上表愿盟誓修好。之后，金城公主又向唐朝进献金鹅、盘盏等物。唐蕃两地，以金城公主之名，重修旧好。至开元二十一年，公元733年，金城公主趁唐蕃关系和缓时，上书唐玄宗，请求在当年九月一日树碑于赤岭，定蕃汉两界。唐玄宗同意，并派左金吾将军李佺于赤岭和吐蕃分界立碑。《册府元龟》记载："及树之日，诏张守珪、李行祎与吐蕃使莽布支同观树焉。既树，吐蕃遣其臣随汉使分往剑南及河西碛西，历告边州。使曰：'两国和好，无相侵掠。'汉使随蕃使入蕃，告亦如之"（苏晋仁、萧鍊子，1981:135）。[1]汉文文献所记，唐蕃分界之赤岭，就是导游米玛所讲位于青海省湟源县的日月山。[2]如是，宝镜一分为二的传说与赤岭一碑两界的史实之间，竟颇有些神似。

·

在藏史记载的金城公主入藏一事中，最令人疑惑的是史籍无一例外地强调：金城公主的未婚夫拉温王子"不像人间凡夫生的而像天神的子孙"（拔塞囊，1990:2）。正因拉温王子"容颜妙好，身如天神"（萨迦·索南坚赞，1985:159），王公贵臣才会萌生如此念头：吐蕃女子配不上天神之孙，需要效法先祖松赞干布遣使纳聘于李唐。换言之，金城公主远嫁，与拉温王子"身如天神"有直接关系。

藏族人从古至今讲述着拉温王子与金城公主之间那段令人遗憾的婚事。而史学界则对西藏历史上是否存在过拉温王子（参见石硕，2000b）及他与金城公主的关系到底为何（参见石硕，2002），提出了种种质疑。——坦率地说，我并不知道藏族人会如何回应那些颇具有颠覆性的史学推断；但我能感受到：在藏族人的心目中，拉温王子与金城公主无疑是最匹配的一对。人们之所以会如此设想，或许是因为王子与公主的结合最符合吐蕃赞普的联姻观。

藏族人相信，吐蕃政权的第一位赞普聂赤赞普，以天神之子自居，下凡入住人间；此外，聂赤赞普还娶了一名天神谱系的女子纳木穆穆（亦称穆措氏）为妻

1. 关于赤岭设界的这段历史，学界多有研究。参见论文"唐、蕃和盟关系研究"（刘小兵，1989），"金城公主与汉藏关系"（崔明德，1990），"'唐蕃八次和盟'概述"（张积诚，1980），"金城公主对发展唐蕃关系的贡献——读汉籍吐蕃文献札记"（吴逢箴，1985）。

2. "khri-lin 指今日月山，在青海湟源县以西，以土石为赤色，故名赤岭。"（恰白·次旦平措等，2004:132）

（参见恰白・次旦平措等，2004:23）。这位同样是天神的赞蒙[1]，仙逝时，会归天，不留尸体于人间。赞普与赞蒙所生的儿子，即下一代赞普，因自己的父母均出自天神谱系，而被称为“神子”或“天子”（参见巴卧・祖拉陈瓦，2010:11）。

据石泰安考证，如此情形一直持续到“八德”赞普世系的末期。其间，经历有“七赤”[2]、“一丁”（或“二丁”）[3]和“六列”[4]，以及“八德”[5]共22位赞普。以上赞普的妻子“乃神女及龙女”（巴卧・祖拉陈瓦，2010:11）。丹珠昂奔的研究，则将这一时间下限推后至“五赞”[6]赞普世系的末期。亦如敦煌古藏文文献记载，“至拉托托日弄赞，在此王之前皆与神女和龙女婚配，自此王起，才与臣民通婚”（丹珠昂奔，1990:7）。这意味着在第27代赞普拉托托日年赞以前，吐蕃赞普的婚配对象只能是上界“拉”或下界“鲁”，绝无可能是中界的凡人女子。

由此可见，在雪域先民的观念中，赞普统治的神圣性原本有两个来源：其一，源自于赞普本身的神性，他们出自天神谱系，来之于天且回归于天；其二，得益于赞普与“拉”女或“鲁”女的结合，即源自于母系一方的神性。

但在第七代赞普止贡赞普时期，这位赞普在武斗中斩断了连接自己与上天的木神之绳，成为第一个把肉身留在人间的赞普。此举意味着后世的吐蕃赞普再也无法与天界互通，因而失去了自身的神圣来源。尽管传说并未言明，此举是否还

---

1. “赞蒙：བཙན་མོ།，见李肇《国史补》：‘吐蕃呼赞普之妻为朱蒙’。赞蒙即朱蒙。《新唐书・吐蕃传》：‘赞普妻曰末蒙’，朱、末形近而讹。”（王尧、陈践，2008:127）

2. 即聂赤赞普、穆赤赞普（mu–khri–btsan–po）、丁赤赞普（ding–khri–btsan–po）、索赤赞普（so–khri–btsan–po）、梅赤赞普（mer–khri–btsan–po）、达赤赞普（bdags–khri–btsan–po）和瑟赤赞普（sibs–khri—btsan–po），合称天赤七王（gnam–la–khri–bdun）（巴卧・祖拉陈瓦，2010:7）；或有说，聂赤赞普、牟赤赞普（即穆赤赞普）、索赤赞普、德赤赞普（即达赤赞普）、赤白（khri–yer）赞普、止贡赞普合称为天赤七王（王尧、陈践，2008:125）。

3. “一丁”即止贡赞普的次子，名为娘赤（nya–khri），“止贡赞普共有三子，此子娘赤放逐波沃，有人说他是上丁王，茹勒杰把他请回来。尊为布德贡杰王”（恰白・次旦平措等，2004:25）。或也有说“二丁”，即止贡赞普与布德贡杰（巴卧・祖拉陈瓦，2010:10）。

4. “六列”即第九代赞普至十四代赞普，艾肖列赞普（ae–sho–legs–btsan–po）、肖列赞普（sho–legs–btsan–po）、果茹列赞普（go–ru–legs–btsan–po）、仲协列赞普（vbrong–zhi–legs–btsan–po）、提肖列赞普（thi–sho–legs–btsan–po）、伊肖列赞普（ai–sho–legs–btsan–po）（恰白・次旦平措等，2004:33—34）。赞普名的拼写方式在不同的藏族典籍中或有差别，在此仅选其一而录。

5. “八德”即第十五代赞普至第二十二代赞普，他们的陵墓建在河流中央。萨南森德（za–gnam–zin–lde）、德楚波南木雄赞（lde–vphrul–po–nam–zhung–btsan）、塞诺南木德（se–snol–nam–lde）、德廓（lde–gol）、南木德诺纳（gnam–lde–rnol–nam）、塞德诺波（bse–lde–rnol–po）、德杰波（lde–rgyal–po）、嘉森赞（rgyal–srin–btsan）（恰白・次旦平措等，2004:34—35）。赞普名的拼写方式在不同的藏族典籍中或有差别，在此仅选其一而录。

6. “五赞”即杰多日隆赞（rgyal–to–re–longs–btsan）、赤赞南木（khri–btsan–nam）、赤扎邦赞（khri–sgra–sbang–btsan）、赤脱赞（khri–thog–btsan）（恰白・次旦平措等，2004:35）。赞普名的拼写方式在不同的藏族典籍中或有差别，在此仅选其一而录。

意味着止贡赞普也同时斩断了后世赞普与“拉”女之间固有的联姻关系。但从“鲁”女也成为赞普的联姻对象可推论：吐蕃赞普特有的“拉—拉结合”（神婚）联姻观，在木神之绳被斩断后，确实有所变化。这或许是因为，在赞普自身所有的神圣来源被不可逆转地切断后，母系所具有的神性或灵力对于维护赞普的统治力而言，就显得弥足珍贵了。

聂赤赞普以降，至“五赞”世系之前，那些神圣赞普的特点在于“王子们的名字就是以这些母亲的名字命名的”（巴卧・祖拉陈瓦，2010:7）。只要母系一方仍具有神性或为非人，那么，赞普所独有的凌驾于凡人之上的神圣性就依然存在。

无论如何，选择具有神圣血统的女子为赞蒙——无论她来自上界或下界，对吐蕃赞普而言，至关重要。这种联姻观，也许在无形中给藏族人留下了如此印象：赞蒙，总是一位来自遥远异域的“他者”。

赤松德赞的生母

金城公主乃是一凡间女子，既非“拉”女，亦非“鲁”女。发觉自己未来的夫君并非心里的意中人后，公主也曾痛哭流涕，甚至悲天悯人。

这时，赞普赤德祖赞派来的信使到了，他向公主传达赞普的口谕说：“公主，我那犹如天神、配你为夫的王子已不幸身死。如今，卿是否愿见我，来去凭你心意。”金城公主答道：“女子主意，唯有一次，无论苦乐，当归蕃地。”公主如约至逻些（拉萨），奉为赤德祖赞的王妃。随后，与赞普同行，迁居至札玛。从此，一位唐朝和亲公主的后半生，便在这空山幽谷中度过。

画完石屋的平面图，我起身从侧门离开。走到这座建筑的背后，只见，来时的小路绕过这片山岗，沿着山脚，蜿蜒向前，一直延伸到靛青色的山谷中，望不到尽头。平整的谷地，被辟为良田。青稞已收割，黄色草垛整齐地码放在田间地头，如一座座零星点缀的毡房。

在石屋的西北角，有株早已枯死的松柏，屹立不倒。朽枝之间，挂满白哈达，桑耶人虽说不清这棵古树的来历，却将之视为神树，虔诚供奉。雨越下越大，我沿着山坡往下走，远远看见次仁拉坐在小拉康的门前，等我——想必是担心我会错过，特意在雨中做“路标”。

后来，我才知道，这座看似不起眼的小拉康，收藏着一个鲜为人知的宝贝。

图 61 站在札玛止桑宫外，见到的山谷景色（何贝莉摄 /2011 年 9 月）

据《王统世系明鉴》记载，金城公主安居札玛，在铁阳马年生下一名王子[1]。当时，赤德祖赞住在札玛的温甫才宫堡，得到使臣的禀报，赞普立刻启程，前去公主处观瞻母子二人。然而，初生的王子已被赞普的另一个妃子那囊妃西丁设计夺去。

那囊妃不仅夺走王子，还撒赖说：“这个王子是我所生！”金城公主无奈之下，只好以淌着奶汁的乳房示人，证明自己才是孩子的生母。谁知，那囊妃在自己的乳房上敷了药，也有乳汁流出。众臣见状，颇感疑惑，难辨真伪（参见萨迦·索南坚赞，1985:161）。

“这就是西藏历史上有名的‘狸猫换太子’的故事！我知道，你们汉族人也有一个狸猫换太子的故事！”导游米玛喜欢用“狸猫换太子”的典故来比拟汉藏两妃的夺子之争，他觉得，这样讲解会让汉族游客更易理解。米玛接着说道：“大家知道这个‘太子’是谁吗？他就是兴建桑耶寺的吐蕃法王赤松德赞！”

1. 或也有说是安居在“雅隆旁塘（ཡར་ལུང་འཕང་ཐང་།）”，于“兔年”生下王子。（拔塞囊，1990:4）。

图 62 札玛止桑宫下面的一座小拉康（何贝莉摄 /2011 年 9 月）

为调查二母夺子之事，大臣们决定，把王子放在平坝上的洞穴中，规定谁先抱到孩子谁就是孩子的母亲。只见金城公主抢先握住了孩子，那囊妃心想："反正是死"，干脆上前竭力争夺。公主见状，害怕孩子在撕扯中受伤死去，只好松开手，悲叹道："孩子是我生的！你这魔妇，你拿走吧……"于是，群臣将孩子判给了那囊妃。不过，经由此事，人们心知肚明王子乃金城公主之子（参见拔塞囊，1990:4—5）。

赤松德赞是否为金城公主亲生，这在史学家看来并不是一两个传奇故事就能判别的。通过文献爬梳，推理分析，学界更倾向于认为："水马年（公元 742 年），赤德祖赞和那囊氏芒波杰之子赤松德赞生于札玛，这是确实可信的"（恰白·次旦平措等，2004:136）。

然而，在札玛止桑的那座小拉康里，我却见到了一件在当地人看来能够证明赤松德赞为金城公主之子的物件。

图 63 相传由赤松德赞的脐带血落在地上生出的红、白檀木（何贝莉摄 /2011 年 9 月）

司机从民宅里请出一位老奶奶。老人躬身驼背，颤颤巍巍走下山坡。她打开拉康的木门，顺手拾起撂在门旁的扫帚，开始打扫地面。拉康仅有一个开间，十来平方米，里面供奉着“师君三尊”像。

“看这里！”次仁拉走到造像跟前，对我说。那里有一个黑洞洞的地穴。洞口处，挂满白色哈达。“里面有两块木头，”次仁拉解释道，“一块白檀木，一块红檀木。”以前，金城公主在这里分娩，诞下赤松德赞王子时，脐带血落在了地上。于是，在落血的地方长出两棵树：一棵白檀，一棵红檀。两棵檀树死掉后，人们便把剩下的木头供奉在此。

“这两块木头就是证明金城公主生下赤松德赞王子的‘物证’吗？”听罢，我吃惊地反问道。“不用证明，本来就是撒。”次仁拉笑着说。在一旁的司机听见这段对话，也笑了。他们觉得我这个所谓的研究者实在缺乏“常识”。

“看得见吗？”次仁拉关切地问。我摇摇头，穴内光线暗淡，又有哈达遮挡，实在看不出所以然。于是，司机与次仁拉低声交谈了几句，两人上前，把悬挂在洞口的哈达收拾到一旁，然后又找来木棍，在地穴里一通拨弄。次仁拉对我说：“拍一张照片看看！”按下快门后，三人赶紧凑在一起看回放。终于看见传说中的“滴血成木”了。司机指着影像中的木头，兴奋的嚷着：“啊呀——呀！就是……就是……”次仁拉露出含蓄的笑容，频频点头。始终在一旁忙碌的老奶奶，忍不住走到近前，看着照片，连连感叹。

与次仁拉、老奶奶和司机不同，初见檀木的那一刻，我竟然在想：这木头会不会是某人在某时从某处搬到这里，然后伪称“滴血成木”的？但我很快意识到，这种猜忌，毫无意义——即便我的想法更接近“史实”；可在当地人的观念中，这样的“史实”又有多少真实可言？相反，他们更愿意相信这两块木头以及诞生传说“金城产子、滴血生木”的真实性。这种“真实”，犹如神话走进了现实，看似截然不同的两个世界由此神奇般地合二为一。

——也许，这就是桑耶人的日常所见：神话、历史与现实，三者水乳交融，从未独自存在过。

·

倘若丹珠昂奔的考证无误，吐蕃赞普“至拉托托日弄赞，在此王之前皆与神女和龙女婚配，自此王起，才与臣民通婚”（丹珠昂奔，1990:7）。那么，吐蕃的联姻观在拉托托日年赞时期发生的这一转变，可谓关键。然而，藏文史籍对此鲜少着墨，至多不过写下这位凡人赞蒙的名字：诺氏芒姆杰吉桂（参见恰白·次旦平措等，2004:36）[1]。但吊诡的是，这些史籍却无一例外记载了同时期发生的另一件大事：天降经书与宝物，佛教初传至吐蕃。

无独有偶，发生在拉托托日年赞时期的两件大事，均围绕吐蕃赞普的神圣性而来：一方面是取消与“神女和龙女”的婚配规则，转与“臣民通婚”；一方面是“从天空中降下《宝箧经》《六字大明心经》《百拜忏悔经》，一肘高的金塔、赞达宝刻嘛呢泥塔、木叉手印”等物，“预示佛教将在西藏弘传”（萨迦·索南坚赞，1985:48）。

前一事件，通过改变联姻对象，取缔了赞普世系建立在母系之上的神圣来源。从此，吐蕃赞普不再因母亲的神性而为“天神之子”并获得具有统治力的神圣性。

---

1. 或为“娜萨芒嘎（rno-za-mang-dgar）”（巴卧·祖拉陈瓦，2010:13）。

在止贡赞普砍断木神之绳，失去自身的神圣来源后，拉托托日年赞又放弃了通过联姻而得到的神圣来源，这对于维护赞普的统治力而言，无疑岌岌可危——除非，赞普世系已找到更好的替代方案。

这一替代方案，倘若存在，就很可能与后一个事件相关。如前文所言，通过天降经文与宝物，吐蕃赞普再度看到与天界相通的可能性。毕竟，与其将自己的神圣来源依附于母系外力，倒不如重新建构自身的神圣来源。只不过，赞普此次显现的圣相，不是天神“拉”的面目，而是佛菩萨的化身。由此，赞蒙是否为“拉”或“鲁”，对于自身已拥有神圣来源的赞普而言，就显得不那么重要了。

或应指出，尽管自拉托托日年赞始，赞普的联姻对象中开始出现臣民的女子；但赞普的联姻观并未因此而彻底改变，后世的赞普仍会娶“鲁”女为妻。譬如，第二十九代赞普仲年德茹便是娶“鲁”女琛氏鲁杰恩姆措为赞蒙（参见恰白·次旦平措等，2004:37；丹珠昂奔，1990:7）。

这一联姻观，于后世慢慢发展出一种变体：尚娶异族、异域的女子为妻——人们依然注重赞蒙的“外在性”。赞蒙即便不是来自上界的“拉”或下界的“鲁”，也应是来自中界的遥远异地。最为藏族人熟知的两位异族王妃，莫过于松赞干布的赞蒙：尼泊尔赤尊公主和唐朝文成公主，她们各带来一尊释迦牟尼佛等身像，又分别修建了供佛的大、小昭寺——两位异族公主的到来，极大地促进了吐蕃的兴佛事业。在藏族人看来，其地位之殊胜，几可与法王松赞干布并肩齐坐，尽享后世信众的顶礼膜拜。

所以，当赤德祖赞得到一个宛若天神的王子擦本拉温时，赞普首先想到的是：这样一位天神子孙可不能娶一个吐蕃女子为妻，而应效法松赞干布迎娶李唐帝国的公主。如是，传统的赞普联姻观，远在千里之外既已决定金城公主的命运。

金城公主入吐蕃后，像她的“祖奶奶”（拔塞囊，1990:3）文成公主一样，做了许多弘法利生之事。她找出尘封在大昭寺暗室中的释迦牟尼佛等身像，为佛像建立拜谒之供养（拔塞囊，1990:3—4；萨迦·索南坚赞，1985:160—161）。当时，吐蕃本土尚无出家僧尼，她便将于阗、安西、疏勒、勃律、克什米尔等地的众多僧伽召请至吐蕃，安置在寺庙中，好好供养了三四年（参见德吉卓玛，2003:32）。

不过，金城公主嫁给赤德祖赞后，所做的最重要的事莫过于为赞普世系诞下一名王子。[1]

王子满一周岁时，按照吐蕃惯例，要举行“驻足”庆宴。赞普请汉妃的亲属和那囊氏的家眷一同参加宴会。赤德祖赞坐在宫中的黄金宝座上，那囊人坐在右侧，汉族人坐在左侧。这时，赞普命人把盛装打扮的王子叫上前，将一只盛满米酒的金杯交到王子手中，并说：“两位母亲都说生了你这儿子，你身体幼小但聪慧如同天神，这只盛满美酒的酒杯，愿儿献给你的亲舅，以此辨认谁是你的亲生母亲。”

说完，赞普放开刚能行走的王子。只见王子踉跄举步，那囊家的人不停用鲜花美物招引他。王子没有去那囊人那里，而是走到汉族人跟前，将金杯交给汉族人，说：“我赤松德赞是汉族人的外甥，那囊家岂能是我的阿舅家。”言毕，王子投入汉族人阿舅的怀中。金城公主见状，心中不胜欢喜。众人确知，这个自己取名为“赤松德赞”的王子实为汉妃所生，更是盛宴庆贺（参见萨迦・索南坚赞，1985:161—163）。

王子长到五岁时，母后金城公主逝世。赞普派使臣前往唐朝廷报丧，如此，方才在唐史中为这位在吐蕃生活了三十余年的和亲公主记下最后一笔。

后来，王子尚未成年，其父赤德祖赞巡临羊卓（今山南浪卡子县），在札蔡，因坐骑受惊，被摔至薨逝（参见拔塞囊，1990:8）；或也有说，他是被大臣大论末・东则布和朗・迈色二人合谋害死的（参见王尧、陈践，1980:119；王尧，1982:84）。总之，意图弘扬佛法的赤德祖赞死于非命，趁机独掌朝政的舅臣玛尚仲巴杰实行禁佛。

这个崇尚苯教的母舅大臣认为：“国王所以短命而死，都是奉行佛法的报应，实在不吉祥。佛法说来世可以转生，乃是骗人的谎言。为了消除今生灾难，应该信奉苯波教。谁若再行佛法，定将他孤零零地一个人流放到边荒地区去！从今以后，除苯波教外，一律不准信奉其他教派。”不仅如此，扬苯抑佛的大臣们还将释迦牟尼佛像埋在沙洞中，将大昭寺改作屠宰场，并且彻底捣毁了札玛宫和止桑拉康（参见拔塞囊，1990:8—9）。

如是所记，早在公元8世纪中叶，札玛止桑神殿就已不复存在——这处用来供奉经书的神殿，大约只存在了半个世纪。

---

1. 在藏族史籍中，还记载过金城公主的另一则故事，因与札玛止桑宫没有直接关联，所以未在正文中引述。这则故事讲述了金城公主在吐蕃倡兴“七日祭”之事（拔塞囊，1990:4；巴卧・祖拉陈瓦，2010:112）。

·

据《桑耶寺简志》的笼统考证，“后来，人们为了纪念这些著名历史人物，又把它维修起来，供上赤德祖赞、赤松德赞等人的塑像。从此，札玛止桑失去了宫殿的性质，而变成一座小庙。本世纪（20 世纪）50 年代，因无专人管理、常年失修，这座小庙也逐渐被废弃”（何周德、索朗旺堆，1987:59）。如今所见的废弃石屋，即后世维修的产物。所谓的早期遗存，即赤德祖赞时期兴建的止桑神殿，早已荡然无存。

不过，《桑耶寺简志》认为札玛止桑原是一座宫殿的论点，则有待商榷。在《拔协》《王统世系明鉴》《贤者喜宴》等记载札玛止桑的藏文史籍中，没有一处文字写道它曾充当过宫殿。实际上，自一开始，札玛止桑就是作为拉康而建造。至于后世，人们将它“改建”成一座“小庙”，不过是还原其本来的功用罢了。

但令人深味的是，藏文史籍中言之凿凿的拉康札玛止桑，为何会在漫长的西藏历史中演变成当地人观念中的宫殿？之所以如此，或许是为了强调这座建筑与吐蕃赞普的密切关联——因为赞普的活动场所多是宫殿。

其实，人们不仅将拉康“置换”成宫殿，还将札玛止桑宫理解成：赤德祖赞与金城公主的宫殿、法王赤松德赞的诞生地、莲花生大师在桑耶的住所、桑耶寺蓝图的酝酿之地，及建造桑耶寺的“总指挥部”（何周德、索朗旺堆，1987:58）。——如果说这些地点分散在札玛一带，也许更符合实际情况。可是，在当地人的观念中，札玛止桑宫俨然已成为这些地点的“象征”，成为亲历唐蕃联姻、金城产子、莲师入藏，及兴建桑耶寺的“物证”。

在桑耶人的世界里，这件浓缩式的标志性“物证”之所以重要，就在于它如时间隧道一般，打通了神话、历史与现实的界限，并使三者融为一体。在朝圣札玛止桑宫的过程中，人们很容易感受到这样一个事实：那些悠远的神话传说，能真实到触手可及的地步。

·

望着看似普通的檀木，我不禁联想起金城公主在此辛苦分娩的那一幕。与当地人发自内心的相信不同，我只能选择相信：札玛止桑宫就是金城公主生下王子赤松德赞的地方——这个观念一旦在心里生根，眼前的景象便与先前所见的全然不同。这里留有金城公主生活的印记，拥有王子赤松德赞的童年时光，还有莲花生大师的庄严法相，及上师君臣谋划如何修建桑耶寺的情形——视线所及，不再是一座残破的废弃石屋，而是一处遍布圣迹的朝圣之地。

走出拉康，才发觉先前的阵雨已销声匿迹，温润的空气里弥漫着泥土的芳香，令人神清气爽。告别老奶奶，三人一路小跑奔下山坡，坐上皮卡，向寺院驶去。次仁拉与司机在愉快地交谈；而我仍在回味：住在札玛止桑宫的金城公主，虽是李唐和亲政策的产物，却因赞普的联姻观使然，而拥有了远胜于个人经历的人生意义。

——藏族人不仅将法王赤松德赞生母的头衔赋予这位汉族王妃，时至今日，桑耶人依然在追忆这位远道而来的异域公主，津津乐道于她的西藏故事。

“王妃三殿”

第一次看见康松桑康林，是在 2005 年的夏天。

那日清早，我和朋友爬上哈布日，想拍摄寺院全景。结果意外地发现，在桑耶寺的南边，竟有一座残损的方形建筑，体量略小于乌孜大殿。它藏身于密林，唯有登高远眺，方可见其真容。

这座突兀的建筑，如古堡一般，悄然耸立，墙内空无人烟，墙外碧树连天。那情形，与遗弃在雨林深处的玛雅遗址颇有些神似。整座建筑，体量庞大、造型规整，显然不是一个临时性的工程。然而，它若是一座特意修葺的高楼，又为何会弃于柳林？这座孤楼，茕茕孑立，仿佛与周遭世界毫无关联。它若是一座凭空而来的建筑，人们为何要建它，建它何用？

带着诸多困惑回到旅馆，我仔细查阅了《吉祥桑耶寺略志》。在这本由寺院编辑发行的手册中，没有这座建筑物的介绍；难道，它与桑耶寺并无直接关联？可它又分明出现在这座寺院的附近。

六年后，在准备田野考察的资料时，我恰巧读到这样一段文字：“此寺位于桑耶寺西南侧郁郁葱葱的树林之中，是吐蕃赞普赤松德赞的一位王妃，按照桑耶寺‘乌孜’大殿的式样修建而成，与桑耶寺有着密切关系。据《贤者喜宴》记载：

‘王妃蔡邦·美多纯因有子，他以父王（按：指赤松德赞）之屋顶为模式，兴建了康松桑康林’。由此可知康松桑康林创建于公元八世纪晚期，较桑耶寺稍晚一些”（何周德、索朗旺堆，1987:53）。

文中所记，这座名为康松桑康林的佛殿，身处树林之中，它的位置与我六年前见到的那座废楼完全吻合，且都是方形建筑。难道，先前见到的残损废楼，就是这座仿桑耶寺乌孜大殿而建的康松桑康林？

·

2011 年初春，重返桑耶。那时，连接桑耶与泽当的大桥正在翻修，司机格桑为了避免绕道桑日县，选择走雅鲁藏布江北岸的一条故道。如此，我们不用过江，只要一路向东，便可抵达桑耶。但这条近路并不好走，一路都是碎石铺地，偶尔，还要经过沙丘，翻越垭口。我们在一刻不歇地颠簸中，度过了四个小时。终于，格桑告诉我，再拐过一个山脚，就能看到桑耶寺了。当下，已能远远望见哈布日，扑面而来的山坡上，密密匝匝布满经幡。

顺着山坡往下看，树丛中，大殿金顶傲然屹立，高过周边的一切建筑与树木——但奇怪的是，“金顶的颜色，为什么不是金色，而是琉璃瓦的青绿色？”我不禁嘟囔了一句。格桑听后哈哈大笑，说：“你以为是乌孜大殿的金顶？这明明是康松桑康林的金顶嘛！”

“哦……除了颜色不同，与乌孜大殿的金顶还真像！”我感叹道。

“就是……就是，”格桑点头附和道，“本来就是照着乌孜大殿的金顶盖的嘛。以前没有的。后来，好像有个内地大老板，出钱修的撒。”

司机格桑，桑耶镇人，小我几岁，曾在桑耶寺出家，师从次仁拉。家里兄弟姐妹虽多，但出家的男孩就他一个。做了八九年的僧人后，他出人意料地还了俗，娶了老婆，有了孩子。现在，在拉萨朋友开的公司里打工。虽然口里说着“遗憾……遗憾，不该出来……”但见他哼小曲开汽车的开心样儿，我倒觉得，世俗生活也许更合他意。

我与格桑仅有一面之缘。在桑耶寺分开后，我们再未见过面。后来，他的拉萨朋友说：格桑带着老婆孩子去后藏开餐馆了，自己当老板总比替人打工好撒！

有人还俗，就得先有人出家。

据藏族史籍记载，西藏本土最早的一批僧人，是在桑耶寺受戒出家的，人称“七觉士”或“六试人”——不同的藏文典籍对第一批藏族僧人的介绍并不相同；甚至，对人数、人名，及出家时间和过程的描述，还会相互抵牾。巴卧·祖拉陈瓦在《贤者喜宴》“藏人受戒出家”篇中，征引《拔协》《布顿佛教史》《唐益》《广史》等古籍中的不同记述，并作辨析（参见巴卧·祖拉陈瓦，2010:166—169）。在此，仅以《拔协》为例，说明第一批藏族出家人的由来。

相传，桑耶寺建成后，吐蕃属民在赞普赤松德赞的主持下，举行了一场盛大的开光喜宴，众人日日歌舞，长达一年之久。此间，桑耶寺的佛殿既无供奉亦无管理，逐渐成为老鼠的乐园。赞普见状，心生不安，于是请寂护大师为吐蕃民众宣讲佛法。为了让吐蕃人能够听懂佛经的内容，羊年三月，寂护从印度请来十二个比丘，让他们先学习吐蕃语，以便日后能用此语宣讲佛经。

赞普见到比丘后，便询问寂护：“大师！吐蕃人没有一个是比丘，我的臣子可做比丘吗？”大师答道：“能不能做比丘，先需试试看！”于是，让笃信佛教的拔·赤思出家为僧。拔·赤思刚一成为僧人，便具有神通。赞普大喜，赐名为拔·诺登，即梵语“宝贝”的意思。

赞普接着对大师说：“请让我的其他大臣们也出家吧！”大师答道：“那就再试试看吧！”大师让拔塞囊、贝若遮那、恩兰·杰瓦却央等六人出家为僧，始有“六试人”之说。

赞普仍嫌不足，又说：“若要修习佛法，需先出家为僧。那么，就让没有子嗣的王妃和尚论的具信子侄们统统出家学佛吧！”大臣听闻，一阵惶恐，说道：“倘若出家，今后的生计来源就没有了！”赞普回答：“由我来供给出家人的生活。”大臣又说：“出家后，如果不支兵差，不纳税，会受惩罚吧？”赞普回答：“对于出家人，我赐予他们豁免这些义务的权力。”大臣还说：“三藏经典太多，没法全部都学。”赞普回答：“向出家人宣讲善行，只要努力去做就是了。”

赞普赤松德赞主意已定，摆出盛大的律藏供养，以拔·诺登为阿阇黎（亲教师），让王妃没卢氏赤杰芒姆赞和苏赞莫杰等人率众出家。一时间，共有三百余

图 64 桑耶寺的左侧，柳林中的方形白色建筑即康松桑康林（何贝莉摄 /2005 年）

人成为僧尼。接着，赞普命人将桑耶寺主殿的飞檐和四方大佛塔的顶端用铁链串联起来，在铁链上遍挂经幡。空中飘满彩旗经幡，地上摆满金碗银盏，作为供养。此外，赞普还制定并颁布尊佛律令，要求吐蕃属民都听从赞普的指令，尊重僧人，将其作为顶礼和供养的对象（参见拔塞囊，1990:45—46）。为奉行此命，特建兴佛盟誓碑。此碑至今依然屹立在乌孜大殿的正门南侧（参见巴卧·祖拉陈瓦，2010:169）。碑上文字，汉译如下：

逻些（拉萨）及扎玛之诸神殿建立三宝所依处，奉行缘觉之教法。此事，无论何时，均不离不弃。所供养之资具，均不得减少，不得匮乏。今迩后，每一代子孙，均需按照赞普父子所作之盟誓，发愿。其咒誓书词不得弃置，不得变更。祈请一切诸天、神祇、非人，来做盟证。赞普父子与小邦王子，诸论臣工，与盟申誓。此诏敕盟书之详细节目文字正本，存之于别室。（王尧，1982:169）

如是，吐蕃民众无论甘愿与否，都要奉行佛法。“这在当时似乎成为了一种时尚”（德吉卓玛，2003:45）。

历代藏文史籍，多是对西藏本土第一批出家为僧的男子详加记述，辨析人名，陈其事迹，使“七觉士”的故事源远流长延存至今。其实，西藏本土第一批出家为尼的女子，也出现在同一时期。但藏族史学家对吐蕃首批出家尼众的记载，远不及前者；学者们甚至没有完整记录下她们的名号、数量和人生经历。

所幸，史籍《拔协》记载有两位率先出家为尼的藏族女子的名字，她们都是赤松德赞的王妃：一位是大王妃卓萨赤杰姆尊，一位是波雍琼萨杰姆尊。[1] 这两位吐蕃王妃，不仅皈依佛门出家为尼，还在桑耶寺附近各自建造了一座佛殿。

·

王妃卓萨赤杰姆尊，膝下无子，随汉僧大乘和尚摩诃衍出家为尼，赐法名绛求洁赞。她在青朴山下修建了格吉协玛拉康，即善兴沙洲，或称遍净殿（参见巴卧•祖拉陈瓦，2010:157；拔塞囊，1990:42；何周德、索朗旺堆，1987:35）。

绛求洁赞的娘家距离桑耶十分遥远。她想：此殿虽能建成，但日后恐怕不会有人来替我修葺供养，所以，一定要把这座佛殿建得越坚固越好。王妃请人在上部阿里依照佛教规制用铜铸成无量光佛主眷九尊佛像。在回运途中，有两尊眷属造像不慎落入河中。余下七尊，运回桑耶，供奉在格吉殿。建殿时，王妃命人用砖砌好佛殿的墙体，再用铅水灌注缝隙，力求严丝合缝。随后，造了一座铜屋顶覆盖在大殿上，挖了一口旃檀井以取供佛之水，又在主供佛像的眉宇间镶嵌自然发光的珠宝，作殿内照明之用。王妃接着吩咐：“把能发出绝妙声响的那口铜钟，送到这座佛殿里来做乐器吧”（拔塞囊，1990:42）。这口铜钟，如今悬挂在乌孜大殿正门的门廊下。

王妃琼萨杰姆尊有女无子，赞普准许她修建两层佛殿，即状如金刚界坛城的浦泽塞康多吉英坛城，或称哦采金洲殿、布察金殿。

建造这座佛殿时，王妃为每一个工匠提供了十三种食物，于是，工匠特意建造了十三种建筑物。“该寺上殿，其外无墙；其内无柱，以黄铜为基；玉梁之上，

1.《拔协》记载，是寂护大师告诉赞普赤松德赞，苏赞莫杰是他母后的转世，赞普遂将她娶为妃子，以报母恩（参见拔塞囊，1990:42）。但《莲花生大师本生传》中记，是莲花生大师告诉赞普，苏赞莫杰是他前世母亲的转世（参见依西措杰伏藏，1990:418）。

饰以奔驰之金马；金梁之上玉龙盘绕；蓝色屋顶可内外观赏；所有之水汇集之后，经狮子之口流到龟蚨之背后；另有白旃檀之门，该门启闭之后，则可发出小金鼠之鸣声；殿内之诸天众佛像，其顶部各有伞盖一个，并为每尊像特遮伞盖一个；又，在廊后处浮雕着十二种佛事；用二十八个星宿天女像支撑神殿之屋顶；在殿内之四角处，有八个金狮子及小羊；在屋顶的流苏上浮现着二十八位供养天女；另有天神童子祈请以大鹏卵中之甘露水沐浴图像等。总之，共十三种特殊建筑，颇为罕见稀有”（巴卧·祖拉陈瓦，2010:157）。

这两座王妃捐建的佛殿，留存至晚近代，后被毁（参见何周德、索朗旺堆，1987:“引言”6）。古建队的监理达杰告诉我，哦采金洲殿的遗址在如今的镇小学内，格吉殿则已毁坏殆尽。

“有可能恢复格吉殿吗？”我问他。

“怎么可能！”达杰答道，“连一个柱基都找不到。上面给我们古建队的要求是：只要还有遗存——墙、柱子什么的，就可以在那个基础上进行修复。可是，格吉殿已经拆得什么都没有了，现在，连确定它的具体位置和实际面积都很困难。我们没法修，要修也不叫‘修复’，叫‘重建’。上面不允许……旧的可以修复，新的一个都不许建撒。”

见我无语，达杰接着说：“要不……过几天去看看康松桑康林！它也是一座妃子殿，现在锁了门，不开放，等我们做修复的时候，你可以进去。里面有好看的壁画！”

据当地人回忆，康松桑康林如果不是当年被自治区农垦厅农场占用为仓库和宿舍，恐怕也会落得与另两座妃子殿同样的下场。尽管侥幸存留，但康松桑康林的大金顶仍然被拆毁。

格吉殿、哦采金洲殿和三界铜洲殿（康松桑康林）都是赞普赤松德赞的吐蕃王妃捐资兴建的，在历史上统称为“王妃三殿（园）”（德吉卓玛，2003:42）。

建造康松桑康林的王妃蔡邦·美多纯，与前两位王妃不同，她为赤松德赞生下四个儿子，且是继任赞普牟尼赞普的生母。所以，蔡邦氏没有出家为尼，并被准许以赤松德赞兴建的桑耶寺正殿乌孜大殿为式样，捐造一座殿堂。

图 65 维修中的康松桑康林的主殿（何贝莉摄 /2011 年 7 月）

相较于前两座妃子殿，以《贤者喜宴》为代表的藏族史籍对康松桑康林的介绍很简略，几乎一笔带过："该寺下殿内之栋柱，均以铜包裹"（巴卧·祖拉陈瓦，2010:157）。据《莲花生大师本生传》的描述，此殿的规模略小于乌孜大殿，但式样陈设全都一样，大殿共分三层，内部设有佛堂，墙上绘满壁画。其中，最引人入胜的是一幅描绘桑耶寺开光庆典的壁画："开光之景况，君臣朝议之盛况，唱歌、魔幻、力士赛，以及红岩措姆湖生出莲花宝树之景观，天下闻所未闻之物事，吐蕃千奇百怪之情状，十二年载歌载舞的情况"（依西措杰伏藏，1990:553—555），悉数绘于图中。遗憾的是，这幅壁画现已不存。

如今，还能在这座几兴几废的殿堂里看见什么呢？除了残损的墙体和新造的屋顶，我对这座硕果仅存的妃子殿知之甚少。按照达杰的建议，当我听见从康松桑康林里传来只有在打阿嘎土时才会唱响的歌声时，动身前往妃子殿。

寺院僧人告诉我，有条"大路"通往康松桑康林的正门。我在桑耶寺外转经道的西北角找到了这条土路的起点，沿此路，径自往南，步行约一刻钟，便可抵达。道路两旁，多有树木，远远望去，这座佛殿与外界相连的通道就悄然隐匿在绿荫之中。

与乌孜大殿的朝向恰好相反，康松桑康林的正门面朝西方。正门未开，从墙内传出的歌声不绝于耳。绕殿而行，只见佛殿的东门虚掩着；推门而入，眼前是一片空地，地面用卵石铺成。整座佛殿分为内外两个部分，占地面积约四千平方米。大殿位于正中，有四层（新盖的屋顶也算作一层）。大殿四周，是一圈两层楼高的僧舍，围成“回”字形，四面居中处各设一座大门。僧舍的外墙也是康松桑康林的外墙，僧舍的大门通往殿外。

一群藏族青年，几乎是肩并肩地站在一间僧舍里，每人手提一根细杆，竿头有块盘状夯石，众人且歌且作，时进时退，有节奏地夯打地面。抬眼望去，如行歌舞之乐，实是在用西藏传统的建筑工艺整修这间僧舍的地面。

我在人群中找到达杰，他领我爬上中层殿。此殿仅有一座佛堂，没有经堂。佛殿四周，有一圈转经回廊，回廊西北面的墙壁上，有幅桑耶寺全景图——这是据我所见最大的一幅寺院全景图，有一人多高，几乎占去墙壁三分之二的面积。

“就是这幅壁画？”我不禁感叹。达杰得意地问：“好看吧？”我点点头。“你要好好拍，多拍几张。”他嘱咐着。“为什么？”“你没看见墙壁上已经裂了一道缝嘛？现在只能用木柱、钢管搭支架把它撑住，以后还要做加固。不过，加固的时候可能会损害壁画……哎呀，你就多多地拍！”眼前的这道裂缝，穿过壁画，从墙顶一直延伸到墙脚。裂缝最宽的地方，能伸进一根小拇指。

据《桑耶寺简志》介绍，这幅壁画“绘有桑耶寺失火后重建竣工时的欢庆场面，穷结、乃东等地派代表前来恭贺，载歌载舞，热闹非凡。同时，从画面上也可看出桑耶寺当时的建筑布局和今天大致一样”（何周德、索朗旺堆，1987:54）。

相较于壁画的内容，我更好奇：这样一幅规模宏大的桑耶寺全景图为何出现在康松桑康林中层殿的墙壁上？换言之，康松桑康林与桑耶寺究竟有何关系——是一个整体，还是彼此独立？

吐蕃王妃的圣俗生活

起初，出于对桑耶寺外围墙的直观印象，我想当然地把桑耶空间分为两部分：围墙以内，是寺院，它的建筑形制和布局完整地呈现出佛教宇宙图式；围墙以外，有山、湖、宫殿、石塔、佛殿和修行地——这些均在佛教宇宙图式之外。简言之，我以寺院外围墙为界，将桑耶的仪式空间一分为二：“内”与“外”。

照此逻辑，康松桑康林和另两座妃子殿均在寺院围墙的外面——这是否意味着“王妃三殿”不是桑耶寺的一部分，且被排除在佛教宇宙图式之外？

史籍《拔协》是这样介绍桑耶寺的：

首先，是乌孜大殿的形制和布局，及所供佛像的名号与来由。接着，是以东胜身三洲为模型修筑的三座半月形佛殿，依南瞻部三洲的样子建成的三座扇形佛殿，以西牛贺三洲为蓝本修建的三座圆形佛殿，依北俱卢三洲的形制建造的三座方形佛殿。然后，是状如大菩提塔的白色佛塔，形如法轮的红色佛塔，依独觉佛之规制修筑的黑色佛塔，及按照如来佛之规矩建造的绿色佛塔。再后，才是四座护法神殿和多角曲折的金刚围墙。最后，《拔协》总结道：“吉祥扎玛尔桑耶天成寺，寺宇宽广、殿堂巍峨、料佳工巧，有如白螺碗里盛满玛瑙是君王的本尊和全体百姓的供养处”（拔塞囊，1990:42）。言毕，这本史籍另起一行，介绍赞普的三位王妃兴建的三座神奇佛殿。可见，《拔协》既未把“后妃三殿”算在桑耶寺的整体建制之中，也未将其写入桑耶寺志。后世的藏文史籍，多沿用此说。

然而，《莲花生大师本生传》对桑耶寺的介绍，却与《拔协》的有所不同：

“建成宏伟桑耶寺”一篇，首先介绍赞普赤松德赞亲自督建的建筑，包括乌孜大殿、日月神殿、四大洲殿、八小洲殿及黑色围墙。接着描写三位王妃出资建成的三座佛殿，分别是琼萨杰姆尊建的哦采金洲殿、蔡邦·美多纯造的三界铜洲殿和卓萨赤杰姆尊修的格吉殿。随后记述大臣捐资修筑的四座佛塔，依次是“肖布·巴吉森格资助建白塔”“嘉察·拉昂出资修红塔”“达拉鲁贡出资建黑塔”“多杰哲强出资建蓝塔”。最后，此篇在结束时写道：“周围筑黑墙，洞开四大门，分设四座护法神大殿，门口矗立四块大石碑，墙头建塔一千零八座，四块碑顶各有一铜狗，虎年奠基马年竣，前后一共五年整”（依西措杰伏藏，1990:415—

419）。如此撰文，仿佛在说：王妃三殿也在桑耶寺的黑色外围墙之内。或说，王妃三殿也是桑耶寺主体建筑的一部分。

不过，本生传“吐蕃桑耶寺院志”一篇，又对上述内容有所修正。该篇介绍的桑耶寺主体建筑依次是：乌孜大殿、日月二殿、四大洲殿、八小洲殿、白红黑蓝四座宝塔、黑围墙四门四神殿。言毕，文章总结道：“四大门里有根大碑柱，昭刻译师、班智达、国王、大臣光辉之业绩。”之后，才对王妃三殿详加描述。可见，王妃三殿被明确划分在黑色外围墙以外，王妃们的建寺功绩也没有昭刻在石碑之上。此篇虽将王妃三殿纳入“吐蕃桑耶寺院志”，却并不承认这三座殿堂是桑耶寺主体建筑的一部分。如今由桑耶寺僧众编辑出版的《吉祥桑耶寺略志》，也秉承相同的观点，没有在简介中介绍康松桑康林。

以上三种记述的细微差别，似乎表明：桑耶僧俗对桑耶寺与王妃三殿之关系的认知，较为含混。所幸的是，这种“含混”并非无章可循。

“建成宏伟桑耶寺”一篇，将桑耶寺的主体建筑按照兴建人的不同进行分类。首先是赞普赤松德赞，他兴建了桑耶寺的主体建筑；其次是赞普的王妃，她们捐资修盖了三座殿堂；最后是赞普的大臣，他们出资建造了四座宝塔。如是，寂护大师意图展现的佛教宇宙图式，已由赞普主持兴建的乌孜大殿、日月神殿、四大洲殿、八小洲殿和黑色围墙完整再现。王妃与大臣捐资兴建的宗教建筑，更多是附和赞普建寺之举的结果。

以上诸种建筑，在建成之初，均作为桑耶寺整体建筑的一部分，加以颂扬。正如赞普在寺院开光喜宴中的唱颂：“我之大顶三层殿，五种珍宝所建成，并非人造乃天成……仿此东胜身洲形，建造东面三神殿……仿此南瞻部洲形，建造南面三神殿……仿此西牛贺洲形，建造西面三神殿……仿此北俱卢洲形，建造北面三神殿……我之上下亚夏殿，形如空中之日月；我之后妃三神殿，犹如供奉玉坛城。我之白色大佛塔，犹如右旋白海螺，我之红色大佛塔，犹如火舌窜空中；我之蓝色大佛塔，犹如玉柱顶天立；我之黑色大佛塔，犹如铁橛钉地上……”（萨迦·索南坚赞，1985:173—175）赞普的歌词，条理清晰地赞美了自己兴建的主体建筑、王妃三殿与大臣四塔。而且，桑耶寺的开光大典也是在以上三类建筑全部完工后，才一同举行。

由此可见，初建桑耶寺时，吐蕃人并未把佛教宇宙图式作为建寺的唯一准绳，而是在此基础上，按照自己的理解，添加了王妃捐建的佛殿和大臣捐筑的佛塔，以强调赞普、王妃和大臣共同参与了建寺工程。这意味着，桑耶寺的整体建筑是由三者合力完成的。其中，以赞普的地位最高，他主持兴建的是寺院中最重要的那一部分：象征佛教宇宙观的各类建筑。

后弘期以降，王妃三殿与大臣四塔在桑耶寺中的处境日渐尴尬。它们的存在，实际“破坏”了桑耶寺建筑布局与佛教宇宙图式之间的对应性。所以，后世大德力求在佛教宇宙观或佛教经论中，为这些“多余”的建筑寻找可供象征的对象，以便将其纳入佛教的解释体系。由此才出现大臣四塔象征四大天王或是象征佛陀一生中四个重要时期的诠释。那么，王妃三殿是否也应被赋予相应的佛教解释？有趣的是，桑耶寺外围墙的圈定，似乎消解了这一难题。王妃三殿无一例外都在寺院的围墙之外，“在桑耶寺整体模式的佛殿建筑中相对独立，故此，又被称为‘特别三洲（园）’”（德吉卓玛，2003:44）。由此而来的“外在性”，使王妃三殿不再是桑耶寺的主体建筑。

总之，王妃三殿与桑耶寺的关系，经历过一段“由内而外”的微妙转变。

建寺时，王妃三殿作为桑耶寺的主体建筑之一，纳入建造规划之中；因此，它们与寺院的其他建筑毫无内外之别，构成一个整体。也许正是基于此想，王妃三殿的建造者才未顾虑距离的远近，将三座佛殿修在较远的地方。

后世，由于王妃三殿与桑耶寺的其他建筑相距甚远，以致难以将其圈入寺院的外围墙内；渐渐地，王妃三殿被排除在桑耶寺的整体格局以外。从此，象征佛教宇宙图式的桑耶寺与“相对独立”的王妃三殿，有了内外之别。

·

只不过，桑耶寺与王妃三殿之间，从无内外之别到有内外之分的变化，仅仅是因为两者的现实距离太远？也许，与其说是实际的距离所致，倒不如认为是理解“距离”的观念发生了改变。

桑耶寺的建成，固然有寂护堪布或莲花生大师指引的印度飞行寺为蓝图，有佛教的宇宙图式为模型；但除此之外，也有吐蕃赞普及其王妃、臣民对这座赞普寺院的期许与想象。

桑耶寺最初的建筑形制，实际是两种观念交织融汇的产物：一是印度传来的佛教宇宙观，二是吐蕃本土的君臣政治观。前者以赞普主建的乌孜大殿、日月神殿、四大洲殿、八小洲殿和寺院外墙为象征，后者由赞普兴建的以上建筑、王妃捐造的三座殿堂和大臣修筑的四座宝塔共同构成。因此，除了象征佛教的宇宙观，桑耶寺的最初建制还呈现出吐蕃政权的政治观：既强调赞普、王妃与大臣三者的整体性，又区分出赞普与王妃、大臣之间的等级性。

毕竟，在赤松德赞时期，初入雪域的佛教需倚靠吐蕃君臣贵戚的信仰与支撑，民间信徒少之又少（参见王森，2002:21—22）。赞普及其贤智不遗余力地兴佛弘法，势必有其统治述求：如何将佛教信仰与赞普神权融为一体，并作用于吐蕃政权的统治？最初的桑耶寺建制，或许就是一个隐晦的答案——吐蕃君臣试图以寺院建筑的形式表达出他们设想的政教关系。这种政教关系，通过赞普、王妃与大臣在政、教中各自具有的双重关系得以实现。

在王朝政治中，赞普、王妃与大臣三者的关系，可以“君臣”关系相论：君，即君主集权；臣，即官僚体系（参见林冠群，2006:65—114）。两者之间，又以联姻为纽带。在佛教信仰中，以上三者的关系，是在赞普赤松德赞的极力推动和倡议下刻意形成的，或可称为“菩萨与僧尼”的关系。赤松德赞是文殊菩萨的化身，现身吐蕃，统治臣民；同时，他要求自己的王妃、大臣及其子嗣出家为僧尼，学习经论，信仰佛菩萨。由此可见，赞普、王妃和大臣兼具政治与宗教的“双重性”身份：赞普既是君主亦是菩萨化身，王妃和大臣既是臣民也是信仰佛菩萨的僧尼。

——赞普赤松德赞建构的政教“双重性”，不同于南传佛教国家的“国王与比丘”，也不同于西藏后弘期时形成的“政教合一”制度。

关于“国王与比丘”，人类学家谭拜尔（S.J. Tambiah，1929—2014）的解释是：“他们都是领袖。”国王是世俗社会秩序的建构人，比丘是世出与世间的中介者。依照“国王与比丘”之关系建构的佛教国家，是一种二元结构的对立统一体：是佛陀（比丘）与转轮王（国王）作为绝对真理的两只车轮之间，僧伽组织与世俗政体之间，此生幸福与彼世追求之间的关系（参见Tambiah，1976:15）。

与之相对，“政教合一”是世俗国王与宗教领袖由一人同时担任的政教制度。

政教合一制度中的“国王”与“比丘”，不是二元结构的对立统一体，而是水乳交融合二为一。“西藏政教合一制度发展的最高峰是一些宗教上层人士直接掌握政权，它开始于萨迦派，其后帕竹噶举教派、噶玛噶举教派以及最后的格鲁派都依次掌握过西藏地方的政权”（东嘎・洛桑赤列，2001:74）。

无论是“国王与比丘”还是“政教合一”，所言之政教关系，看似建立在政治与宗教的二元结构之上：强调神圣与世俗的对立、出世与入世的对立、来世与今生的对立。而同时，也建立在对宗教的政治性解读之上：当以“领袖”称呼佛教的灵魂人物时，实际已为其赋予了政治意涵。

但在赞普赤松德赞想来，佛教的灵魂人物似乎并不是那些可等视为“领袖”的大阇黎、堪布，或任何在僧伽组织中承担首要管理角色的僧尼，而是那些信众永世崇敬的修成佛菩萨或成为菩萨化身的人物。唯有这类人物，才是佛教信徒发自内心的信仰所在——也许，赤松德赞自我期许的就是这样一种角色：成为臣民信众心目中的菩萨化身；他设想的君、妃、臣之间的宗教关系，就是信仰对象（佛菩萨）与信仰者（四众弟子）之间的关系。简言之，这位赞普希望信众崇信他犹如崇信佛菩萨。

赤松德赞之所以如是设想，绝非空穴来风。自古以来，在吐蕃民众的心目中，历任赞普的政治身份均由他们的宗教角色决定。君主的统治权源自于上界“拉”的神圣性。可以说，在雪域先民的传统观念中，宗教信仰总是先于政治统治。因此，以赞普赤松德赞的视角来看，信众崇信自己如同崇信佛菩萨与先祖赞普时期信众崇信赞普如同崇信天神，实是殊途同归。尽管赤松德赞以前所未有之势抑苯扬佛，看似选择了一种与先祖赞普截然相悖的宗教信仰（参见土观・罗桑却季尼玛，1985:186—187；巴卧・祖拉陈瓦，2010:10）；但其行事背后的观念和意图，却与他的先祖如出一辙——通过建构自身在民众信仰中的无上身份，以获取政治统治的神圣性。

或因如此，在根据佛教宇宙图式建造的桑耶寺中，赞普赤松德赞才会微妙地加入自己对政教关系的理解。佛教宇宙观中，铁围山围成的封闭空间被打破，寺院外围墙之“无”便能说明这一点。佛教宇宙图式中本来没有的元素，也因赞普的政治需要而附加上去，如王妃三殿和大臣四塔。

图 66 空无一物的康松桑康林中层殿佛堂（何贝莉摄 /2011 年 7 月）

只是，赞普赤松德赞最初为桑耶寺赋予的政治意涵，在吐蕃政权覆灭后，却成为藏族僧众试图抹去的“印记”。唯有如此，桑耶寺的建筑布局才更符合佛教宇宙图式的规制。于是，王妃三殿排除在寺院主体建筑之外——表面上，是现实距离所致；实际上，是人们看待“距离”的观念变了：赤松德赞时期的政教关系最终让渡于后弘期以降的佛教史观。

至此，与佛教宇宙图式严格对应的桑耶寺建筑群，最终以壁画的形式，绘制在康松桑康林中层殿的墙壁上。图中，象征世界中心的乌孜大殿被夸张地放大，四方的十二洲殿相形见绌。白色的圆形外围墙，如一圈皎洁的光环，环绕寺院。外墙之外，是王妃三殿。这些殿堂，象征性地出现在与桑耶寺主体建筑仅有一墙之隔的地方。恰是这一墙之隔，让人清楚地意识到桑耶寺与妃子殿的内外之别。

拍完壁画，我在中层殿的回廊里转了一圈。北墙濒危，内外支满钢架，因而成了鸽子歇脚的好去处。地面布满干燥的鸽子粪，踩上去“沙沙”作响。转经道

图 67 康松桑康林中层殿内的桑耶寺壁画（何贝莉摄 /2011 年 7 月）

的墙壁上绘有壁画：释迦牟尼佛像、无量寿佛、无量光佛、菩萨、罗汉和涅槃像等。壁画色泽亮丽，线条舒展流畅，人物风姿绰约不失庄严，花草鱼鸟仿佛呼之欲出。后来，我把这些壁画的照片拿给色拉寺的强巴喇嘛看。他告诉我，这些壁画是用纯天然的矿物颜料绘成，历经百年，依然光泽如鲜。

中层殿的佛堂，面阔、进深各三间，第一、二排柱子几乎并立。正面墙壁为朱红色，中央有一个长方形内龛。这里本该供奉佛像，时至今日，仍是空空如也。两侧墙壁上绘满壁画，主体造像姿态生动，花鸟配饰小巧精致。只是，在那些伸手可及的壁画上，造像的眼睛多被人为地抠掉了。

中层殿的外面，有一方长形露台。站在露台上，眼前风景一览无余，视线所及，除了青山绿柳，便是蓝天白云。望不到一丝人烟，听不见一声人语。不知何时，就连劳作的歌声也停止了。这座空荡荡的妃子殿，顿显静寞。

·

相传，赞普赤松德赞共有五位王妃，每位都是土生土长的吐蕃女子。前文曾言，自先祖聂赤赞普入主人间至“五赞”之前，历代赞普均以上界“拉”女或下界“鲁”女为赞蒙。从“五赞”时期开始，才有吐蕃臣民的女子作赞蒙。进入历史时代后，“吐蕃赞普们的征服活动往往伴随着联姻关系”。[1] 从松赞干布到赤德祖赞，这五代赞普的王妃中，多有来自异域的外族女子。[2] 总之，无论是娶“拉”女或“鲁”女为赞蒙，还是以外族女子为王妃，在赤松德赞之前，赞普世系的联姻多是为了寻求外在于吐蕃的神圣性。

但在赤松德赞及其后世，赞普的王妃都是吐蕃贵族之女（参见何贝莉，2010:224）。赤松德赞的次子牟尼赞普继位后，遵照父王的临终嘱托，娶父王妃琼萨杰姆尊为赞蒙。后来，牟尼赞普遇害，赤松德赞的幼子赤德松赞继位，娶没卢氏、琛氏和觉热氏三妃。赤德松赞之子赤祖德赞（即赤热巴巾）继位后，娶五位吐蕃贵族之女为妃。[3] 最后，吐蕃的末代赞普朗达玛继位，娶潘氏为赞蒙。

藏学家石泰安认为，在这一时期，通过嫁女与赞普建立联姻关系的吐蕃贵族“负责向吐蕃宫廷推举大相。但是，赞普家族及其联姻亲属之间的竞争、各位夫人及其家族间各为其儿子继承权的斗争，更导致了政权的极大不稳定性”（石泰安，2005:52）。吐蕃史上，素来不乏母系干政导致赞普的统治力被架空的情形（林冠群，2006:76—79）。可是，既然存在显而易见的政治隐患，赤松德赞以降的几任赞普为何还要娶吐蕃望族之女为妻？

赤松德赞娶了五个吐蕃女子为妃——这是前代历任赞普从未做过的事。这位在雪域蕃地建立首座“佛、法、僧”三宝具备之寺院的法王，将吐蕃政权营造为亚洲首强之境的赞普（参见林冠群，1989），在处理自己的婚姻时，选择了一种有违传统联姻观的做法，这或许就是为了解决以往崇尚母系家族而导致的政治隐患。

赤松德赞的联姻观与其试图建构的政教观，实是连为一系。在宗教层面上，赤松德赞为文殊菩萨的化身，其下臣民包括王妃与权臣，均是自己的信众。由此，

---

1. 年代清楚的吐蕃历史开始于松赞干布时代的公元 600 年左右，至此，西藏开始进入有史可考的历史时代（参见石泰安，2005:41—51）。

2. 例如，松赞干布除汉妃文成公主和尼妃赤尊公主之外，还以象雄公主和嘉绒女子为妃；他的儿子贡松贡赞（གུང་སྲོང་གུང་བཙན）娶了吐谷浑女子为赞蒙。此外，赤德祖赞则有两位异族王妃，分别是唐朝金城公主和一名南诏女子。

3. 分别是觉热氏、琛氏、那囊氏、蔡邦氏和拉隆氏。五位王妃均无生子。

在赞普与王妃、臣民之间，确立起一种无以僭越的信仰关系。并以此为基础，在政治层面上建构出赞普与王妃、臣民之间无法逾越的等级性。如是，在政权的制高点上，如今仅有赞普世系独享神圣的统治地位，“去神圣性”的本土赞蒙自然不再能与之平起平坐，更何况其他人等。

总之，倘若赞普赤松德赞试图通过建构“佛菩萨与信众”的信仰关系来解决现实的政治危机；那么，传统的赞普联姻观，也不得不随之而改变。

如是，在要求寂护堪布将吐蕃臣民剃度为比丘的同时，赤松德赞还要求将没有子嗣的王妃剃度为比丘尼。从此，赞普的王妃们被自己的夫君简单分成两类：有子嗣的，可继续享受世俗的宫廷生活；无子嗣的，要出家为尼或出资供养佛、法、僧。桑耶寺附近的“王妃三殿”便是在此番境遇下建成的。王妃皈依，绝非一己之事。每个王妃的背后，都有一个庞大的家族集团；王妃的信仰一旦确立，势必会影响到同族人的信仰与观念。所谓纲举目张的连带效应，即是如此。

不过，赤松德赞共有五位王妃，却为何只有三人捐资造殿？对此，藏文史籍解释道：“赞普所娶五位妃子中，琛木妃拉姆赞和喀钦妃错杰二人，因修习悉地，无新修建”（拔塞囊，1990:42）。据《底吴宗教源流》记载，莲花生大师进藏后，先为赞普赤松德赞、王妃喀钦错杰及其他三名迎请使者授予灌顶。大师认为，喀钦错杰具足空行母的相好，为她做了三天的色究竟天行仪。赞普见状，便将王妃喀钦错杰连同五种顺缘物，一起奉献给莲花生大师。喀钦错杰从莲师剃度出家，为莲师的心传弟子和业印母，法名益西错（措）杰（或“移喜措嘉”）（参见给哇蒋秋，2005；德吉卓玛，2003:45—46）。

所以，除《拔协》记载的卓萨赤杰姆尊与琼萨杰姆尊以外，吐蕃史上，还有另外两位最早出家的女子：琛拉姆赞和喀钦错杰。据说，喀钦错杰的出家时间比卓萨赤杰姆尊更早一些（参见德吉卓玛，2003:61）。就这样，两位王妃建造佛殿研习显宗，两位王妃追随上师修炼密法，可谓显密皆有。依照赤松德赞的安排，五位王妃无一闲职。唯一没有出家的蔡邦氏也出资修造了一座殿堂：康松桑康林。

母以子贵，康松桑康林能以乌孜大殿的式样为范本而建，或许就是这一观念使然。康松桑康林虽然看上去貌似乌孜大殿，身居其中时，却能明显感受到两者的不同。

图 68 在康松桑康林的殿顶望见的桑耶寺景象（何贝莉摄 /2011 年 7 月）

在中层殿回廊的西南角，有一段木梯，通往康松桑康林的上层殿：护法神殿。这座神殿的建筑风格很是别致。围绕神殿，有一圈转经回廊，“回廊外墙每壁各设两口小窗，神殿四壁又各有一门，南北或东西两两相对，神殿除西壁有两口大窗外，在四壁顶部，每面还各有两口小窗”。据文物考察者分析，如此设计，大抵有四种用途：其一，与神殿性质有关，信众在回廊转经时，会从四门中不断见到殿内的可怖塑像，进而产生神圣畏怖的情绪；其二，可通风采光，防潮防蛀；其三，是为高台，可做瞭望之用；其四，可减轻建筑自身的重量（参见何周德、索朗旺堆，1987:54—55）。如今，这些窗户的最大用途是方便鸽子的进出。神殿内，满是钢管搭建的框架。那些面目阴森的护法神像，早已荡然无存。唯有遍地鸽粪，令人无处驻足。

眼前景象，虽然凌乱，但依然无法掩饰这座神殿的美丽。其中，最引人注目的是殿顶的木质结构。据《桑耶寺简志》介绍：

（殿内）四根方柱立于中部，面阔、进深各三间。柱头雕饰华丽，有莲花、宝珠及垂草纹等。同时，柱头顶部雕有假斗，斗上是具有地方特色的十字形华拱，斗拱上同样有繁缛的雕刻绘画装饰。在神殿四面墙壁内上部，每面各伸出三道长短两层昂，短昂居下，长昂居上。长短昂上各置一排横拱（均三拱），即所谓“出跳”。其上是井口枋，以承托天花板。……在神殿四角还各有一根角柱，角柱由墙角斜向伸出。角柱雕刻精细，似宝瓶状，其上亦为长短昂、出跳等。在四根方柱顶部，有一块方形藻井，中心有一圆形彩绘“曼陀罗”图案。同时，枋上还书写着梵文佛教咒语。……在神殿四根方柱之间，有佛座（台）的痕迹。（何周德、索朗旺堆，1987:55）

上层殿的楼梯通往殿顶，楼梯窄小，需手脚并用，才能爬上去。身处殿顶，感觉豁然开朗，四周景色，扑面而来。向北望，密林背后的乌孜大殿宛若伫立在碧涛之上。千百年来，赞普的乌孜大殿与蔡邦氏的康松桑康林，就这样相视无语、默默呼应着对方。

·

赤松德赞要求自己的王妃们皈依佛门，重构信仰，其后，这五位吐蕃女子的心智与命运将何去何从？

依止莲花生大师，修习密法的王妃依西措杰，应是这五位王妃中最有名望的一位比丘尼。她是“藏传佛教史上获得成就的第一位女密宗大师。她与莲花生、曼达拉，被藏传佛教宁玛派同称为‘祖师、佛母三尊’，是宁玛派的祖师佛母之一，同时也是宁玛派和噶举派的伏藏大师。……她的一生，是作为吐蕃赞普的王妃，虔诚的苦行僧，吐蕃密教大师和主要传承者，吐蕃著名的女佛教领袖而载入藏传佛教史册。后人将她视为金刚亥母佛母、妙音天女和智慧空行母等的化身而加以崇拜，并亲切地称她‘空行母’益西措杰”（德吉卓玛，2003:60）。

建造格吉殿的大王妃卓萨赤杰姆尊，师从汉地禅师摩诃衍那剃度受戒，修习禅宗。她不仅建造佛殿广说禅法，铸造铜钟供养佛法；还著书立说，其专著《女尼菩提愿文》已收入藏文《大藏经》。渐顿之争时（巴卧·祖拉陈瓦，2010:201，203—205），她作为顿门一方的代表参与辩论，辩护禅宗。更重要的是，拔·诺登在桑耶寺任亲教师时，卓萨赤杰姆尊等百名吐蕃女子剃度出家为尼，并在桑耶寺建立比丘尼教团组织——这是藏传佛教史上的第一个尼僧教团组织，桑耶寺则是雪域藏地最早的女众道场（参见德吉卓玛，2003:47—49）。

藏传佛教史上，尼僧显、密修行的两大传统，均由赤松德赞的王妃开启。在赞普决定的方向上，依西措杰和卓萨赤杰姆尊最终成就了自己的修行之路。

王妃波雍琼萨杰姆尊，虽出家为尼，却未遁世修行。赤松德赞对波雍氏爱慕良深，临终之际将她托付给王子牟尼赞普，命王子娶其为妃。早已嫉恨在心的蔡邦氏，待赤松德赞逝后，前去谋害波雍氏，恰巧碰见波雍氏刚洗完头发未戴头饰。于是，蔡邦氏以此为由，举刀刺杀波雍氏，闻讯赶来的牟尼赞普便把波雍氏保护起来。这位新任赞普，遵从父命，娶波雍氏为赞蒙，对其疼爱有加。蔡邦氏甚为恼怒，命人在牟尼赞普的食物里下毒，将自己的亲儿毒死。是时，这位赞普执掌国政只有十七个月，年仅十七岁（参见拔塞囊，1990:58）。[1]之后，“才绷王后（即蔡邦氏）以刀刺伤波雍妃子头部。医生虽为她医治伤处，但是，才绷每天都痛骂她一通，并且用指甲从她身上掐下一两肉来。因此，波雍妃子也死了。”人生无常，集两任赞普宠爱于一身的波雍氏，最终殒命于蔡邦氏的残害下。

吊诡的是，康松桑康林——这座由性情暴虐、没有出家的王妃蔡邦氏所捐资兴建的殿堂，竟成为如今硕果仅存的一座妃子殿。在这座殿堂的满墙壁画中，我没有见到蔡邦氏的身影。身为康松桑康林的创造者，且为赞普生育四子的王妃，这位吐蕃女子却连自己的一幅肖像也未留下——看上去，这座佛殿似乎不想与她有何关联。[2]

1. 此说见于拔塞囊的《拔协》，而据《贤者喜宴——吐蕃史译注》记载，牟尼赞普死时二十四岁，执政一年九个月（参见巴卧·祖拉陈瓦，2010:242）。

2. 究其缘由，或许与蔡邦氏的个人信仰有关。据苯教文献记载：“次朋妃是三子之母，因为喜欢苯教，故被国王冷落而权势小，佛教僧人对次朋妃也多有诋毁之词”（夏杂·扎西坚参，2012:109）。

十二、莲花生圣迹

青朴山的隐修者

临近中午，朝圣者开始向桑耶寺客运站聚集，那里停着几辆要去青朴修行地的中巴车。我从寺院出来，在车站门口遇见从康区来桑耶朝圣的巴巴师父。师父问我："要去哪里？"未等我回答，他便自问自答道："哦——去青朴？我也要去，你来得巧，赶紧买票去……"师父的语气热情而坚定，我想，既然没有什么安排，就随师父去一趟青朴吧。

客车驶出车站，一路向东，奔出小镇，穿过门楼，向左拐，踏上颠簸的土路。几排新造的藏式民宅沿着道路依次排开，其后，是一片人工种植的沙柳林，柳林的尽头是山脚下的乱石滩。迎面而来的山坡上，有一道明黄色的沙丘——六年前，这片鲜亮的黄色尚不起眼；如今，沙漠化的迹象已是触目惊心。

不久，车头左转，驶上蜿蜒崎岖的盘山公路。多有塌陷的路况令人提心吊胆，时时出现的急转弯让人惊叫不止，车厢里充满了孩子们的啼哭声……这时，一位大叔晃动手中的转经筒，高声念道："嗡啊吽！班扎古鲁白玛斯德吽——嗡啊吽！班扎古鲁白玛斯德吽……"如是反复不停地念诵莲花生心咒。接着，他身边的姑娘开始用温柔的腔调念诵，巴巴师父开始用经院特有的声调念诵，阿妈们捻着佛珠轻声念诵，哭闹的孩子哽咽着用稚嫩的童音念诵，我随大家的声调慢慢念诵……渐渐地，不同的声音各异的腔调逐渐汇成一股强劲的合声："嗡啊吽！班扎古鲁白玛斯德吽……"诵经声飘出窗外，唤醒了在路边发呆的野兔。再也没有惶恐的呼叫与儿童的哭喊，朝圣者的心神，不约而同地凝聚到念诵之中。扰人心智的一切，见此情形，便悄无声息地隐退了。

顺利到达半坡上的停车场，朝圣者蜂拥而出，欢呼着奔向青朴。近观修行地，除了几间白色小屋和一座金塔，满眼尽是青翠欲滴的灌木丛林，干净而简单。没有光怪陆离的景观，也没有奇异的物什，白日之下的青朴山修行地，平淡闲适得简直让人有些失望。《莲花生大师本生传》云："青木普沟活像盛开的莲花"（依

图 69 俯瞰青朴山修行地（何贝莉摄 /2005 年）

西措杰伏藏，1990:380）。外观看似莲花盛开的地形，“内意是金刚亥母之法基具三秘密的金刚亥母‘巴噶’相”（迦造喇嘛，2003:81）。我试图将文字与实景相联系，却仍是看不出所以然。

进山前，据同行的巴巴师父介绍：青朴山最有名的圣迹，莫过于修行地中央的札玛格仓。相传，圣地中央有一座犹如宝幢的山峰，其颈处有一个珍贵石窟，此窟即为红岩扎玛格仓。窟中有一块神奇岩石，石上有真实可见的天然生成的坛城。洞中圣迹，在修行者与信众看来，拥有非比寻常的神圣性与加持力。大多数朝圣者在上青朴修行地之前，既已熟知：这处自然生成的圣迹，源自莲花生大师的功德。

公元 8 世纪，在红岩扎玛格仓中，莲花生大师为吐蕃有缘者君臣八人“开启‘如来集’的坛城之面目并灌顶，当时王臣各自投一两黄金曼扎花，法王的花落在中部大黑如噶，因此定本尊而修了一刹那就得到三摩地，高登地速证道，著了《正教量论》。其他各个都获得殊胜成就并得到奇特的神通。降临智慧本尊时，大地震动，一岩石自然形成了忿怒本尊相，智慧轮融入上方岩石上，形成了无数个实体化身相，

（莲师）为有缘王臣们在此圣地转了三年半法轮”（迦造喇嘛，2003:81—82）。如是有云：

桑耶青朴扎玛格仓内，设为八大行法密坛城，成熟有缘法王及臣民，宏传密宗果乘之法门。

若说桑耶寺代表的是寂护堪布初创的经院教学式的显宗传统；那么，青朴山则象征着莲花生大师实践的遁世修行式的密宗传承。[1]在信众的心目中，桑耶寺与青朴山的关系，犹如显密二宗，圆通如一整体：

青朴位于桑耶寺东北15里的纳瑞山腰，海拔4300米。“青”指当时这里的青氏家族，“朴”是山沟上部的意思。青朴所在的山沟呈“n”字形，三面环山，前面（南面）是逐渐开阔的山间斜坡地和水域辽阔的雅鲁藏布江。因莲花生、赤松德赞、白若扎那等吐蕃时期的著名历史人物最先在这里修行，加之此地环境幽静典雅，曾有不少名僧大师修行于此地，所以，青朴与桑耶寺同负盛名。人们认为到了桑耶不去青朴，就等于未到桑耶。（索朗旺堆、何周德，1986:237）

沿羊肠小径下行，越过谷底的草甸溪流，再一路向上，可达一处相对平坦的高台。台上碧草连片，牦牛成群，带刺的灌木已有一人多高。连片的尼僧房舍，院院相通，户户相邻，但见桑烟不闻人烟。其间，有座小巧精致的寺院：尼姑寺文则拉康。文则，即藏语“寂静地”的意思。

通常，朝圣者会先到文则拉康转寺朝圣，或在此喝茶用餐、购买补给。除了商店，拉康还设有餐厅和旅馆，为往来众生提供简单食宿。文则拉康的附近，“有嘉瓦却央修行洞，主供弥勒佛像，三间受用马头明王像一庹高”。据载，文则拉康原名青普那拉殿，是赤松德赞的父亲、金城公主的夫君赞普赤德祖赞主持建造。“后

1. “寺庙道场和圣地道场得以被分别建立，并不仅仅是关乎寺庙形式的问题——从前弘期佛教经典的翻译，被划分为法相宗和续部两类；修行者有出家人和在家人两类，修行方式有经典学习和密乘修行两类等等来看，寺庙道场和修行处的区别也成为在所难免的，这一体制一直延续到后弘期。……最终在前弘期展现出两类佛弟子：其一，在寺庙居住的出家人，主要随静命大师 (Shantarakshita) 等学习经典；其二，居住于修行地专事密教修行，当然修行密法的弟子们中有出家人也有在家人。在后一类弟子中，修行人追随获成就之上师而聚集在修行地修行，这是非常典型的一种修学方式。”（段晶晶，2013:158—159）

来修桑耶寺时，重建的黄殿内主供佛祖罗汉岩石等。还有王臣二十五岩石等精美的工艺。青普花供是初十法会时请降临阿妈持明母等”（迦造喇嘛，2003:94）。

2005年，我和同伴初访青朴，当时，文则拉康的主殿正在翻修。如今，高达三层的拉康主殿已然完工。一楼分为三部分，前面有经堂，中间是佛殿，后为护法殿。二楼正中，是一圈明窗，供楼下经堂采光用，明窗四周有回廊，回廊外侧设有房间。三楼有一间佛殿，内供大幻化坛城，朝圣者绕转至此，方才下楼。

这座尼姑寺的主持是一位僧人，人称丹增拉，来自青海果洛。未曾到过青朴的人，也能通过温普林的《苦修者的圣地》和马丽华的《灵魂像风》了解丹增拉的故事：

> 人的幸福不在于财富的积累，而在于心灵的丰富。年龄的增长也让我对世俗的生活厌倦了。虽说生活不错，但总缺少精神的寄托。大约在四十岁时，我决定不管一切，抛开凡俗生活，出家为僧，念点经。……朝拜了各处的圣地，米拉日巴的修行地等等，包括印度。然后就上了青朴，我想这是圣地中最重要的，因为这是莲花生大师亲自创建的，是圣地的中心。感觉也是我们自己的终点。（温普林，2003:96—97）

在丹增拉看来，青朴山修行地之所以是“最重要的”，“是圣地的中心”，就在于它是莲花生大师亲自创建的修行地。

然而，在久远以前，每当言及山、川、湖、海，雪域先民的第一反应恐怕是将这些地景与宇宙三界“拉、鲁、念”联系在一起。后来，莲花生来到高原蕃地，以自己的身体力行，在这里的山河湖海中留下无以计数的隐修之所和显圣印迹。由此，藏族人对山、川、湖、海的理解，便又多了一层含义：这层意义，不再以宇宙三界的“拉、鲁、念”为主导，而是由莲花生的行迹与圣物来决定。于是，朝圣者对这类山川的绕转与膜拜，不再只是出于对宇宙三界神灵的敬畏，而更多是源于对“莲花生圣迹”的信仰。丹增拉所理解的青朴修行地，诚是藏传佛教“圣地”观念的一个缩影或一种象征。

修行圣地的确立，并非凭空而来。朝圣者追寻并遵循的修行地，最初缘自于莲花生的授记。《莲花生大师本生传》的“指点未来修行地”篇中记载：

莲花生大师指明了修行地，一切修行场地的圣地王，不修行也有空行母们荟集地。

化身僻静地是扎吉扬宗，语僻静地是桑耶青普，意僻静地是洛扎卡曲，功德僻静地是雅尔隆玻璃岩洞，事业僻静地是门卡狮子宗。雅尔隆玻璃岩洞和青普山，相似于印度寒林坟。五沟一洲三地二十一雪山，中间香吉桑普沟，东部贡布地方有卷巴沟，南边门隅阴山沟，西边桂吉帕里沟，北有吉杰郭玛沟，东南方有白玛洲，西南哲孟雄处女地，西北堪巴君处女地，东北陇松君处女地。念青唐古拉、冈底斯、芒克、吾利、达尔固、泡玛、夸利、多尔杰、觉茂卡拉、桑丹冈桑、孜东、拉西、才仁、那南、德卓、吾德公杰、先包、沙吉、哈吾、冈桑、扎日阿里雪山。凡我踏过的这些地方，都是修行的殊胜圣地。

修行弟子分高、中、下。高徒修行的地方是桑耶青普山、雅尔隆玻璃洞、叶瓦达哇洞这三圣地。桑耶的昌珠、拉萨的大昭寺，同样是修行神圣地。这些都是无上之圣地，三个圣地中哪里修行都很好，没有一处不能得成就，触及这些地方也算持明者。这些地方的修行者，死后能进空行刹土中。（依西措杰伏藏，1990:625—627）

此文所示，莲花生大师开启的修行地大致可分为两类。

一类修行地，即扎吉扬宗、桑耶青普、洛扎卡曲、雅尔隆玻璃岩洞和门卡狮子宗，分别对应“身、语、意、功德和事业”。其中，以“雅尔隆玻璃岩洞和青普山”最殊胜。或由此因，藏族信众将青朴山修行地誉为西藏三大修行圣地——“身、语、意”三圣地中的“语圣地”（迦造喇嘛，2003:80）。

另一类修行地，是“五沟一洲三地二十一雪山”，与密宗坛城的空间结构相对应。“西藏藏经，翻译曼荼罗为‘恺恩可尔’（Dkyil—vkhor）。此乃环绕中心之物，即周圆（Circle）之义，与《大日经疏》第四所云‘漫荼罗是轮圆之义’正为同义”（栂尾祥云，2011:6）。曼荼罗，即坛城，对其形制细致描述是：“坛城是一个中心点，由带4门的一道围墙环绕，4门形成了一个定向四边形，而这个四边形本身又由多道环形围墙环抱”（罗伯尔·萨耶，2000:191）。如莲花生授记，坛城的“中心点”是香吉桑普沟。香吉桑普沟的东、南、西、北分别是贡布卷巴沟、门隅阴山沟、桂吉帕里沟和吉杰郭玛沟。如是四沟，恰似四方围墙“中间圈”的四门。同时，在东南、西南、东北、西北四处各有白玛洲、哲孟雄处女地、堪巴君处女地和陇松君处女地，以上“一洲三地”，犹如四方围墙“中间圈”的四角。其外，“二十一雪山”是宛若坛城的“最外圈”。在这些雪山中，有西藏四大“念”之一的念青唐古拉，也有苯教徒和印度教徒心目中的“世界中心”冈底斯。莲花生虽将这些备受外道敬仰且为神灵居所的雪山悉数列入修行圣地的名录中，但他认为，这些地方虽具功德，但却远不及青朴、聂玛隆等地，因而只适用于中等徒弟或一般的修行者。

莲花生描绘的这张西藏修行圣迹志，是出自他本人的精密构思，还是成于后世者的附会杜撰，如今已不得而知。自从雅尔杰·尔金林巴于 14 世纪启出伏藏经典《莲花生大师本生传》后，信众对传记的内容深信无疑，其中，自然也包括莲花生对未来修行地的授记与指点。更微妙的是，本生传中的记述与修行地中的圣迹之间，往往存在清晰可见的对应关系——如此情形，倒像是信众对莲花生的信仰与追随为雪域蕃地的修行圣迹提供了“真实性”和“存在感”。

无独有偶，正如桑耶寺的建筑布局象征佛教宇宙图式、“照密宗说是坛城”（依西措杰伏藏，1990:544）一般，莲花生指点的“未来修行地”，也同样呈现出密宗坛城的空间结构。只是，构成空间的要素不再是人神共造的佛殿、佛塔，而是雪域蕃地的山、川、湖、海。换言之，莲花生通过授记“未来修行地”的方式，在藏族人既有的山川观念之上，增添了一份系统的佛教化的“再诠释”。由此，佛教宇宙图式或密宗坛城的展现，不再局限于一座赞普寺院桑耶寺的建筑布局；而是通过莲花生的行踪事迹与西藏的山水风物融为一体。正如莲花生所言：“凡我踏过的这些地方，都是修行的殊胜圣地”（依西措杰伏藏，1990:626）。

殊胜之中，犹有最胜，青朴山修行地便是其中之一。丹增拉将青朴山修行地视为“圣地中心”——所言之“中心”，也许并不是实际的地理位置，而是强调青朴山在众多修行地中，意义非凡。

·

告别文则拉康，出寺院后门，重返山路。因脚力不同，一行人自然分成了几组。巴巴师父与青年们走在前面，一对从安多来的老夫妇和我落在最后。登山良久，气喘吁吁，途中既无风景亦没人影，看不见一个修行洞，枯燥的行程让人不由感觉时间与山路像是一根被无限拉长的猴皮筋，了无尽头，先前的兴奋逐渐让位于倦怠。

终于，我们遇到了第一个修行洞。柴扉紧闭，悄无声响，门旁的煤炉安静地吐着一缕缕青烟。继续往前，碰到一位背柴禾上山的老尼。与我同行的阿妈赶忙上前，与她寒暄几句，并奉上两毛钱。老尼合掌，立在道旁的树丛下，腾出窄路让我们先过去。再往上走，沿途的修行洞渐渐多了起来，简直让人有些目不暇接。谁能想到，在这方寸之地，竟能汇集这么多的修行洞。有些只是在洞口岩缝处立一扇小门，门框与洞口之间的缝隙用木头或塑料布填塞；有的则在洞外搭出半间小屋，进屋后才发现里面连着山洞；也有人在空地上垒出一间小屋，有屋顶、有墙壁，甚至还有院落。至简的情形，是一个塑料窝棚或一顶低矮的帐篷。无论格局如何，除了佛龛，屋内陈设都很简单，甚至，用“简陋”形容亦不过分。

身为修行者，一个人的日常所需，无非就是这些：几个铁桶盛水，一只煤炉生火；一条卡垫铺在地上，白天当椅，夜晚作床；一盏油灯或几根蜡烛，包经布或夹经板里的佛学典籍、念诵仪轨；老旧的转经筒，圆润的念珠，条件好些的会有一只储物柜。无一例外的陈设是七只净水碗和一盏长明灯；最为珍贵的宝贝，是造型各异的佛菩萨像和隐匿在洞中的圣迹。

即便在白天，修行洞内仍是光线幽暗，藏在崖壁犄角旮旯处的造像或自生像（藏族人称为“然炯”），十之八九就是千年以前自莲花生入藏而流传至今的圣迹。此外，显露在光天化日下的圣迹[1]亦为数不少。

早时，已有高僧噶陀斯度为青朴圣迹详作明细“桑耶青普圣地之三依”。现抄录如下：

在扎玛格仓莲师修行洞内，有贝若杂那和它米贡真二位塑造的萨霍相莲师像，是“阿仲沙”质的一尺高和二位空行母的塑像。无垢光塑造的印度相莲师降魔像，曾经说：“我之所化桑耶青朴也。”因此就请到此道场。贡阿泼请来莲师镇伏情器相，此像也曾说过话，这二尊像都有一尺高。治乱石而造的印度相降魔莲师像，弥阿仓法王的意依赤金六头文殊忿怒像一尺高一尊。赤松德赞法王的意依黄铜质无垢莲花佛一尊，牟赤赞波王子的意依东印度相“耳石盎甲”度母铜像一尊，政府为桑耶寺维修白塔时建造的莲师镇伏情器相一箭高泥塑像。一尊莲师铜质鎏金像一尺高，弥勒佛铜质鎏金

1.《扎囊县文物志》将其中的一些定义为“摩崖造像”（索朗旺堆、何周德，1986:208—209）。

像一尊，药师佛黄铜站立像两尊，黄铜质很精美工艺的五世达赖像，从布达拉宫请到此圣地时下了花雨，他到曲可杰去时，没能前来圣地朝拜，把此像作为代表。

格桑嘉措、江巴嘉措和赤诚嘉措各为铜质鎏金像一箭高。遍知者无垢光转法轮相塑像一尊，苏噶伏藏大师大乐洲八岁时印的足迹。洞的上面有八大行法坛城自然相，九尊黑如噶相和文殊菩萨等自然相，还有“嗡啊吽”折叠等自然相很多，左面有食肉空行母的圣相等，后面宝殿内有根桑德钦杰波的灵塔银质一箭多高。卓贡旺都宁波的手塑莲师镇伏情器相一尺高。桑耶寺供养土所造的莲师等三尊像一人高，伽供的莲师降魔相号称为“卫则梅西”一人高。

古伽堪布根桑曲扎维修桑耶寺时供养的莲师镇伏情器印度相一人高。噶玛巴让琼多吉塑造的铜质鎏金释迦牟尼佛像一人多高。新造法、报、化三身和莲师相等四尊和大乐空行母塑像一箭高。红藏巴拉泥塑像一人高，赤松德赞的意依般若十万颂，由政府皮箱装封印的四卷。《萨迦全集》等二十多卷。般若十万颂是德格印经院供养给无畏洲的一套。

左边上楼梯处就有贝若杂那修行洞，洞内有贝若杂那塑像，莲师三尊等泥塑一箭高。

大雄宝殿内主供的弥阿仓法王建造的青朴那拉殿的主供卡萨巴里像一箭高。

洞门口还有安放白玛色公主的遗体处自然显现出来头和脚印的一块石板。

措杰空行母修行洞内有很明显的足印，莲师三尊泥塑像一尺高。

下面玛陀仁青食石时的手指印等圣迹。莲花生大师为白玛色公主消障而造的佛像一百尊，六字真言一百个和塔子一百个等用手指写在石头上。

一块大石头上有莲师的脚迹二庹大小的。

后面有莲师传上师意集时以神通磊砌的三块大石宝座。

下面有白玛色的身迹“伏藏石”。

意集洞内有自然的石像，上“良普”洞内有莲师足迹一尺高。用于指写的“嗡阿吽”。

下面有“良普”又叫松牵麦多普（大密花洞）内，莲师的足印一庹长。

莲师洞的左侧有长寿殿，殿内主供莲师三尊镇压情器相有一层半楼高，是由政府免战而请勒则杂塑造请无畏洲和苏噶伏藏大师智弥开光，据说当时佛像跳了一尺高。莲师镇压魔军相一人多高泥塑古像，此像很有加持力，面上从来不挨尘的。

噶玛巴让琼多吉的灵塔，一楼高铜质鎏金古像，一个噶当派塔子一楼高，巴如喇

图 70 青朴山修行地中供奉的祖师（莲花生大师）、
佛母（依西措杰佛母和曼达拉佛母）三尊像（何贝莉摄 /2005 年）

嘛仁青赤勒郎杰塑像和灵塔一堆泥土。永生金刚修延寿相铜质鎏金像一箭高。金刚萨埵铜质鎏金一箭高等。

下面苏仁波切的修行堂内有苏噶伏藏大师的伏藏品、很奇特的莲师像。

康尼扎的伏藏品莲师萨霍相一尊。

下面遍知无垢光的灵塔。

上面有据说是遍知者亲造的莲师忿怒相和灵塔泥堆。

下面的石塔是噶玛巴建造的。

此地下方有莲花生大师降龙大鹏金翅鸟洞，上方有“吽”字自然相，此地左方有长寿宝瓶岩、长寿水、长寿树等。

下方有莲师的“足迹一百”印在一块大石上。

上方山上是杂麻吽扎（卵石“吽”字相）。

青普的岩石顶上有莲师修行洞和王臣诸修行洞。

图 71 散见于青朴山中的简易“修行洞”（何贝莉摄 /2005 年）

山顶上乐青古噶普（大臣白帐篷洞）和王臣诸修行洞大部分都有。

山后面有措杰修行洞和龙钦法苑、无垢光东修行洞等。

卫杂有嘉瓦却央修行洞，主供弥勒佛像，三间受用马头明王像一庹高。

古时叫青普那拉殿后来修桑耶寺时重建的黄殿内主供佛祖罗汉岩石等。还有王臣二十五岩石等精美的工艺。青普花供是初十法会时请降临阿妈持明母等。（迦造喇嘛，2003:88—94）

正如莲花生大师按照坛城的空间要素，授记“五沟一洲三地二十一雪山”等各处修行地，噶陀斯度对青朴圣迹的介绍，或也同样遵循坛城的空间布局。噶陀斯度写道，莲花生大师的修行洞红岩扎玛格仓，是青朴山修行地的中心。洞中圣迹，最为丰富也最负盛名。随后，以扎玛格仓为原点，由内向外，分上下、左右、前后依次介绍莲花生修行洞周围的圣迹：塑像、足迹、自然像、灵塔、手印、伏藏石……凡此种种，仿佛共同组成了一圈又一圈绕转扎玛格仓的圆周。然而，身

图 72 在青朴山中独自修行的尼姑（何贝莉摄 /2005 年）

处修行地时，便会发现，圣迹的实际分布因客观地理环境的制约，很难严格对应经论规制的坛城图式。噶陀斯度笔下的圣迹图，与其说是一份真实地景，倒不如看作是一幅文字描述的“观念”地图。因此，由青朴圣迹组出的“坛城”，诚为“写意”之形。

虽说圣迹的由来，始于莲花生大师，但在信众的观念中，能留下圣迹的却非莲花生一位——历代高僧大德的行迹、神通、供养、捐造、衣钵、灵塔几乎都能奉为圣迹，顶礼膜拜。由噶陀斯度罗列的青朴圣迹名录可知：这一传统，似乎在莲花生大师入蕃弘法之初，即已开始。藏族首批出家人“七觉士”之一的贝若遮那塑造的莲师像和西藏“三大法王”之一的赞普赤松德赞塑造的莲花佛，均是与莲花生授记同样殊胜的圣迹。此外，后世大德如宁玛派高僧无垢光尊者、萨迦法王卓贡旺都宁波、噶玛巴让琼多吉、格鲁派五世达赖喇嘛都在青朴山留下过圣迹。有趣的是，其中甚至还有因“政府”供养而得来的圣迹：莲师镇伏情器相和政府皮箱装盛封印的诸多经卷。

圣迹所在之处，多与修行洞有关。那些自生佛像和自然字相，或是隐于洞穴深处，或是出现在修行洞附近，日日与洞中隐士随形相伴。这个看似天然的联系，实际出自于苦修者的一种信念：选择亲近圣迹的地方遁世修行，能使自己的修行获得成倍的加持力。朝圣者在顶礼膜拜圣迹的同时，也会对洞修者怀以崇拜恭敬之心——这些长年隐居的修行者仿佛也如修行洞一般，成为圣迹的一部分。

·

“什么时候上来的？”

“哪里人啊？”

“生活的怎么样？”

“打算什么时候下山？”

同行的阿妈，如记者一般，每每遇见修行人，就会问出这四个问题。他们用藏语一问一答，精通汉语的大叔在一旁做翻译，讲给我听。这里的修行者，如今多由桑耶寺提供给养，此外，还有家人的资助和朝圣者的捐赠。按照规定，修行者在上青朴山隐居之前，需先到桑耶寺登记造册。名册所载，青朴的隐修者约有两三百人；但大家认为，实际人数已超过四百人。至于具体数目，谁也说不清楚。那些未经造册独自上山隐居在偏远僻静地的苦修士，大有人在。

在青朴，外在的物质丰裕引不起丝毫的优越感，一位擦肩而过的老尼姑不禁用同情的目光望着我：风尘仆仆而来，走得上气不接下气，还带着一身铅华与疲惫。也许，世俗生活的境遇早已淡出了修行者的视野。当他们看见我们的时候，就像是发现了另一个世界。

有时，修行人会邀请朝圣者进洞坐坐。我们只能一个接一个进去，洞内空间实在太小，一个人或许还能转身，两个人便只好面面相觑。这时，修行人会拿出一个老旧的可乐瓶子，里面装着用甘露泡制的甘露水。每次只倒出一点点，我们用手掌接住，喝下去，剩下的则抹在头顶上。

走进红岩扎玛格仓，才算抵达青朴山修行地的核心。这里是莲花生大师的修行洞，如今已翻盖得颇具规模。里面的僧人正在诵经，明亮的阳光透过橙色窗帘，给僧侣的袈裟镀上一层耀眼的金色。阿妈在修行洞前磕长头。大叔带我爬上屋顶。极目远眺，林木葱郁，河滩灰黄，江面水雾如黛，对岸远山似青，加之瞬间幻化的行云，真实如梦幻泡影。

佛殿前，有人在煨桑，紫色桑烟扶摇直上，若与天接。站在屋顶平台上，我们把隆达高高地抛向天空，看那薄薄纸片随风起落。白房子的后面有一大片经幡，新新旧旧连缀到山顶，我把自己带来的风马幡也系在上面。在莲花生到来之前，人们用煨桑、撒隆达、挂幡旗的方式祭祀以“拉、鲁、念”为代表的三界神灵；莲花生到来以后，人们又用同样的方法供养诸佛菩萨与上师圣迹。

在莲师修行洞的前方，有一处隆起的山崖，其上缀满经幡。信众相信，那里是莲花生大师的居住地“让朵华日”，即“铜色山”。据说，莲花生离开雪域吐蕃后，便驻留于此。“让朵华日”，从此成为莲花生“乌金刹土”的象征，成为修行者发愿向往的净土之一。

离开“让朵华日”，经过一个大石下的修行洞。洞中老僧对阿妈讲了几句，阿妈兴冲冲地奔到石头背后，过了一会儿，走回来说：“你们也去摸摸撒，那是莲花生大师的脚印！”我小心翼翼地过去，看了良久，无甚发现。“什么也没有。”我回来说。“看见那块金色的吗？”阿妈问道。“是啊，看见了。”“那就是嘛！”我又回身仔细看，才逐渐分辨出脚掌和脚趾。这脚印实在太大，把手摊开放进去，尚不及它的五分之一。“这还是人的脚印吗？”这一闪念，让我顿觉自己的可笑。虽然，莲花生确有其人，但却早已不是我等意义上的同类了。

我们走过一个又一个修行洞，在一处偏僻山角，遇到一位老尼姑，她是阿妈的同乡。两人相见，寥寥数语后，竟对视而泣。老尼姑拉着阿妈的手，把我们带进她的修行洞。此处洞口敞亮，夕阳透过繁密的灌木，斜斜地照进来，石头和器皿静静地沐浴在温暖的阳光中。她俩盘腿而坐，聊了很久。大叔蹲在洞口的石头上，抽着烟；我坐在她们的旁边，喝茶。不知何故，老尼姑的几句话，忽然令阿妈失声痛哭。老尼姑既不安慰，亦无悲伤，她平静地掏出一个小塑料包，从里面取出些黑色丸粒，扯下一块塑料布，裹好递给阿妈。阿妈恭敬地接过。随后，老尼姑又要掏一些丸粒给我。我慌忙示意：不用了。当时，我既未信仰三宝，也不知那些丸粒能作何用——如此珍贵的东西，于我而言，不具意义。但大叔走来告诉我：“收下吧……孩子，这是甘露。”我只好默默接住。离开时，留给老人一些钱。

老尼姑送我们下山，阿妈一直紧紧握着她的手。绕过山腰，我们不让对方再送，她这把年纪，一下一上会很辛苦。于是，老人就站在路边，目送我们离开。走了很久，回头再望，还能依稀看见树影间立着一个人影。

我悄悄问大叔：阿妈刚才为什么哭？

他告诉我：老尼姑说，她在这里生活了二十多年，不打算再回去。请阿妈不要告诉自己的家人她在青朴。因为，她想安静地死在这里。

老人的抉择，令我愕然。长久以来，我所理解的人生便是：出生始，有家人；长大时，在学校；毕业后，有工作；其后，又有家庭，轮回伊始——说是来来去去一个人，但又有多少光阴属于自己？而在西藏，确有一些佛教派系，如宁玛、噶举和觉囊派，他们的传承与追求更多体现为个体的遁世修行。是历史的演进也好，是初创者的建构也罢，终究形成了一种与集体性的僧伽制度迥然不同的修习之路。青朴山上，来来往往的苦修者，用自己的生命将遁世修行的传承延续千年，所佐证的，或许只是某种个体意志的超脱与决绝。在这里，终老的苦修者，会虹化而去，还是会被天葬——又有何重要？

宁玛派著名的佛学家无垢光尊者，32 岁上青朴，其后的大部分时间便在青朴的修行洞中度过。在此，他亲见三根本诸本尊像芝麻盒打开一样显现奇特圣相，并获得大圆满龙钦心髓的窍诀。待到事业圆满时，他说："在别处活着，还不如在此圣地死去。"言毕圆寂，享年 56 岁（迦造喇嘛，2003:85；杨贵明、马吉祥，1992:38）。

赞普与莲花生的初遇

公元 8 世纪，堪布寂护在吐蕃弘传佛法，屡遭挫折，想是"温和办法难调伏"，便建议赞普赤松德赞请莲花生入藏，降妖伏魔，为雪域兴佛扫除障碍。赞普担心自己请不来这位高人，可寂护坚持认为"能请来"，并对赞普讲了一个故事：

帝释天王有个名为冈强玛的女儿，她因偷窃天界的鲜花而触犯天条，贬降至人间，转生为牧鸡人莎莉的女儿，取名德木却吉。德木却吉与四个下等族人交媾，生了四个儿子。靠放牧得来的收入，一家人日渐富足，于是集资修造夏茸卡肖塔。"佛塔宝瓶到瓶台，每方各有九步宽。"可惜，宝瓶部分尚未建成，德木却吉便辞世归天。四个儿子协商说：宝瓶以上的部分，就由我们续建吧！佛塔竣工后，四子各做祈祷。长子祈祷说：修建塔瓶之功德使我转生为黑头人之王。这个人现在就是赞普你！次子祈祷说：修建塔瓶之功德使我成为心净持明的密宗师，化生后能够调伏神鬼人。此人就是莲花生！三子祈祷说：修建塔瓶之功德使我再生为佛教基础僧伽。此人便是寂护我！幼子祈祷说：兄长护持佛教，我以修建塔瓶之功德，愿来世成为兄长的使臣（参见依西措杰伏藏，1990:386—389）。

四子建塔的故事讲完，寂护说：有此前缘，一定能请来莲花生。于是，赞普立刻派三批使者前往印度的菩提伽耶，向莲花生大师献金。当时，莲师已知晓“国王将会成为自己之施主”。但他还是耐心听完吐蕃使者的话，“吐蕃赤松德赞王，为给佛教发展打基础，想要建立一座庙。修建工程已开始，但是屡遭妖魔毁。为了给予土地以加持，佛殿顺利开光明，捍卫发展佛教法，特邀大师来吐蕃。请予恩准赐功德！”正如寂护的预言，莲师欣然接受了邀请（依西措杰伏藏，1990:391）。

莲花生与吐蕃使者一同出发，首先来到尼泊尔，在此，兵分两路。使者拿着莲花生分发的护身符走在前面，莲花生则在尼泊尔住了三个月，为众生做善事，并埋下一千多伏藏。随后，莲师沿着使者走过的路，飞身来到吐蕃的芒域。在此等待莲师的，除了赞普使臣以外，还有雪域蕃地“中”“下”两界的神灵精怪：如象雄山神、永宁地母、念青唐古拉山神、八曜星神、居士神、仙女神、龙王、罗刹鬼……这些土著神怪蠢蠢欲动，欲与莲师一比高低。就这样，从芒域至桑耶的漫长旅途，成为莲花生降魔收徒的奇异之旅（参见依西措杰伏藏，1990:390—403）。旅途的辛苦劳顿，似乎并没有折损莲师的心情：

> 莲花生高高兴兴赴拉萨，途中抵达一地名堆龙。国王时在洛合达，安营河畔相伫候。派遣拉桑鲁巴为使臣，率领五百骑士去迎接。在堆龙雄哇沟口接见时，未能找到烧茶水，莲花生大师用拐杖，插在堆龙东巴之地方，让拉桑鲁巴用槽来接水，以后此泉名叫槽泉水。（依西措杰伏藏，1990:404）

如今，莲师用过的这根拐杖，就陈放在桑耶寺乌孜大殿底层隔间的珍宝馆中。在布达拉宫以西约 15 公里处的雄巴拉曲，有一汪清泉在默默喷涌。民间传说，当年，迎接莲花生的使臣在此与大师汇合，并将此地缺水的情况告知对方。莲师闻讯，立即举起手中禅杖，凿开一个桶状石块，霎时间，七股神泉破石而出，注满人们的锅碗瓢盆。此后，当地百姓坐拥泉水，再也不用为吃水、灌溉而犯愁。此地亦得名“雄巴拉曲”，即桶状石块中涌出的神泉（参见群培，2010:223）。

后世为保持泉眼的洁净，在水边筑起一圈木栅栏，栏中长有一棵大树，树上缀满经幡。泉水清澈见底，池底不时有细小气泡析出水面。在泉水中自然生长的鱼群悠游嬉戏。此泉冬暖夏凉，且不结冰，据说，有神奇的治病保健之效。许多朝圣者千里迢迢而来，除了瞻仰莲师圣迹，还为带一壶泉水回家。

莲花生做完利他之事后，与前来迎接的数百人众一同奔往桑耶；与此同时，赞普赤松德赞正在桑耶西南边的松嘎尔安营扎寨，等待莲花生的到来。

·

2011年5月的一个清晨，我从拉萨的北郊花园出发，前往田野点：桑耶寺。

藏族司机格桑驾车飞驰在民宅林立的街巷中。转过一道急弯，忽见布达拉宫的巍峨身影伫立在眼前，它像一个毋庸置疑的存在，瞬间占领了整个视野。绕过布达拉宫，一路向西，出拉萨城，沿拉萨河顺流而下，走上去贡嘎机场的要道。过拉萨河大桥，出嘎拉山隧道，与机场路分道扬镳。向左，驶上一条单车道的土路，路口立有一块褐色路牌，“桑耶寺，162公里”。

我们行驶在雅鲁藏布江北岸，左侧依山，右边临江。溯流而上，只见遥遥相对的两条山脉将大江合围其间，江面宽阔，流水蜿蜒，如无数小径分叉、交汇于河谷中。眼下是枯水季，但凡河水隐遁的地方，就有滩地的踪迹，有的在岸边，有的在江心。滩上长着一丛丛柳树和沙棘。这些植被，稀薄得可怜。途经一地，黄沙从路旁的山坡倾泻而下，一路狂奔，涌向河谷，所到之处，不留一物。格桑说，冬天刮风时，这一段路会被流沙掩埋，无法行车。谈话间，迎面飞来一只灰色水鸟，如奇迹般惊鸿一瞥。不知当年，莲花生、赞普的使臣和气势雄壮的五百骑兵前往桑耶时，是否走的是这同一条路。

颠簸了三个小时后，在荒芜的山坡上，渐次出现五座白色石塔。

五座石塔，依山而建，大小不一，间隔不等。据说，它们是由整块巨石雕刻而成（参见索朗旺堆、何周德，1986:190）。前往桑耶寺的故道，沿着山脚线，绕塔而过。乍眼望去，除了五座白色石塔，这一带看似平淡无奇。青灰色的山体，

图 73 松嘎尔五石塔处（何贝莉摄 /2013 年 9 月）

约成半角陡坡，山上植被稀疏乱石嶙峋，山下是一片未经开垦的土地。早年，这里可能是一处河滩；如今，江水再也无法漫溢至此。在已显沙化的褐色土地上，有一片自然生成的柳林。迎风招展的树枝筑成一道灰色幕墙，挡住了视线。

在洛合达河畔松卡尔，吐蕃赞普受接见，赞普由男性勇士相簇拥，白色的鸽群一样涌来了，两位王妃则由女流护卫着，花花绿绿如锦缎，歌声起来乐器响，狮舞伴随假面舞。（依西措杰伏藏，1990:404—405）

当年，赤松德赞选择在松嘎尔为莲花生大师接风洗尘的缘由，今已无从知晓。据《莲花生大师本生传》记载，赞普很重视与莲花生的初次会面。他估算好日期，提前守候在松嘎尔。当五百骑兵由远及近驰骋而归时，马蹄扬起的沙尘飞腾至半空，如烽烟一般提醒驻扎在松嘎尔的赞普人等：莲花生即将到此！于是，赞普与王妃起身走出帐房，披挂白色战袍的勇士簇拥着赞普，身着五彩盛装的女眷陪伴着王妃，随行臣民不计其数。参加欢迎仪式的人群，井然有序，排列成行，静待莲花生的到来。

终于，待尘烟散尽，人们见到一张陌生的异族面孔。“头发美如黑蜂和乌巴拉花，天庭饱满形如月，双目黑长如明星，眉毛宛如鲲鹏展翅飞，睫毛恰像鹞翅膀，两耳弯如桦树皮，鼻梁美丽看不足，嘴唇就像莲花瓣，长而软的舌头荷花样红，牙齿白如海螺与雪山，……脸色明净下巴凸而显，……胡须墨黑很好看”（依西措杰伏藏，1990:656—657）。有人说，莲花生是随五百骑兵一同抵达松嘎尔的；也有人说，莲花生是骑乘大鹏金翅鸟从空中飞至松嘎尔的。无论怎样，人们都相信：赤松德赞与莲花生初次见面的地方是松嘎尔。

就像事先排演的那样，当莲花生如约出现在松嘎尔时，举行欢迎仪式的仪仗队立刻唱响迎宾曲，奏响所有乐器，扮作雄狮的舞者跳起狮子舞，戴着面具的表演者舞出假面舞——霎时间，松嘎尔变成了一片歌舞欢腾的海洋，众人热情高涨，犹如节庆一般。

就在众人欢欣雀跃时，唯有两人表情严肃四目相对。他们屏气凝神地打量着对方，各自暗暗揣度：该以何种方式、何种态度对待眼前的这位人物？

莲花生大师心里想：我非胎生是化生，王乃胎生不如我，乌仗那法王掌国政，吐蕃罪王虽高贵，二人相比他愚蠢。我是精通五明之学者，业已成佛超越生与死，赞普需要才请我，赞普自应先顶礼。然而是否须回礼，大师心中思忖道：如是我要致顶礼，佛教形象会损害，如果干脆不回礼，他是赞普会生气，赞普虽然称高贵，但我不能致顶礼。（依西措杰伏藏，1990:405）

莲花生决定，既不先向吐蕃赞普行礼，也不会因为赞普的顶礼而向对方回礼。如是，莲花生站定如松柏，傲然等待着赤松德赞的反应。

国王赤松德赞想：我是吐蕃黑头主，菩提萨埵堪布曾敬礼，莲花生大师会倒头拜。（依西措杰伏藏，1990:405）

赞普的想法并非一厢情愿。早先，堪布寂护抵达吐蕃，赤松德赞在青朴会见大师，但未举办隆重的欢迎仪式。见面后，寂护向赞普顶礼，并授其优波婆娑戒。《莲花生大师本生传》将那次会面说成“上师和施主见了面”（依西措杰伏藏，

1990:384）。接着，寂护在青朴住了四个月，“宣讲一些适应统治者需要的所谓基本‘道德’规条和佛家的一些基本‘理论’”。期间，恰逢藏地发生饥馑、疾疫流行。反对佛法的人遂以此为由，说这是寂护入藏弘法导致蕃地神祇不满而引发的恶果。于是，赞普被迫将寂护遣回尼泊尔。正是在如此情形下，寂护建议赞普请莲花生入藏降妖伏魔（参见王森，2002:8—9）。为此，他向赤松德赞讲述了“四子建塔”的故事。

故事中，四子的构成颇为巧妙。赞普赤松德赞的前世为长子，莲花生大师的前世为次子，寂护大师的前世为三子，先为大臣后为“七觉士”之一的雅龙·巴梅赤谢尔的前世为幼子。若以长幼为序，赞普位列其首，莲花生屈居第二，寂护甘愿第三，大臣排在最末。莲师与寂护，均列赞普之下、大臣之上。由这四人组成的上下结构，犹如一幅宗教信仰与世俗政治融为一体的权力图式。

也许，在赤松德赞看来，赞普前世居于“长子”之位，兼具宗教信仰与世俗政治的双重至高点，因而欣然接受此说。讲述“四子建塔”的寂护，想必也认同长幼四子象征的上下关系，才会说与赞普听。但吊诡的是，寂护好像没有与莲花生沟通过这个前世的故事；以至于在面对赞普时，莲花生会有无论如何都不能向赞普行礼的想法。莲花生的举动，似已超出赤松德赞的预期。当时，吐蕃赞普或许会感到奇怪——为何眼前来客不按事先写好的剧本唱戏？就这样，赞普赤松德赞与莲花生大师：

> 为致顶礼互不让。（依西措杰伏藏，1990:406）

顶礼仪式之重要，就在于这个看似简单的“行礼”被视为仪式双方的关系约定：顶礼对象的地位高于顶礼者——这种上下关系，一旦在世人面前确立下来，从此便难以更改。或由此因，僧俗二人才会久久站立，谁也不愿成为屈尊降位的顶礼者。

那么，是否存在某种可能，让赞普与莲花生确立一种平等而非上下的二元关系——在代表世俗权力的赞普与象征宗教信仰的比丘之间，建立对等的二元关系。人类学家谭拜尔认为，信仰小乘佛教的泰国就是这样一种二元结构的对立统一体，国王与比丘“都是领袖”（Tambiah，1976:15）。

只是，赤松德赞是否会认同这样一种二元关系呢？从他渴望莲花生低头叩拜在自己脚下的心态来看，吐蕃赞普好像并不想与莲花生建立对等的二元关系。反观莲花生，他似乎知道“国王与比丘”可以建立二元对等的关系，所以才会考虑行礼与回礼的问题——对立统一的二元关系能通过行礼与回礼之仪式体现出来。然而，莲花生虽知道这一模式，却也弃之一旁，并暗下决心：即便赞普先行顶礼，自己也断然不会回礼。与吐蕃赞普心中盘算的一样，莲花生期许的也是一种上下秩序分明的二元关系；只不过，“上”“下”的主体，或有不同。

·

眼见双方僵持不下，莲花生便唱起“自傲歌”（依西措杰伏藏，1990:406—411），先来一番自我介绍。在歌中，他将自己比作七类人。

首先，莲花生是“佛祖”“佛法”与“僧伽”。三者合称“三宝”。[1]莲花生大师称自己是“三宝”，即表明自己象征并代表佛教。

其二，莲花生是“上师”“善知识”“堪布”“修行者”与“密宗师”。“上师”即“喇嘛”，意为“具足德学修证、能传佛法的高僧”（任继愈，2002:165，1172）。“佛教是皈依三宝，而在喇嘛教中，加上喇嘛宝，就成了对四宝的皈依。于是，喇嘛教中的喇嘛就成了三宝与信徒之间的中介而备受崇拜，如果没有作为‘师’的喇嘛的话，被作为终极真理看待的‘法’也就不可能与信徒相结合”（矢崎正见，1990:9）。而莲花生是“佛、法、僧”三宝兼“上师”一宝的“四宝”——四位一体的统一体，即为莲花生的宗教身份与意义。

其三，莲花生是“数学家”“医生”“画家”和“书法家”。莲花生对算数、医术、绘画和书写的造诣颇深。这四种技艺，同属于佛教的学问体系，是“五明”

1.“‘佛’是‘佛陀’的简称。佛陀是Buddha的音译，其义为‘觉醒者’或‘觉知’。‘觉知’是从虚妄颠倒的迷梦中觉醒和觉知一切事物现象和本质的意思。其中包括‘破妄’和‘知真’的双重含义。”“‘法’是dharma的译名。佛教中对‘法’的含义有许多种解释，但最主要的有以下几种含义：（一）存在、事物、所知对象；（二）道路、悟境；（三）文化、生活习俗、生活方式；（四）慈善行为，纯洁高尚的德性；（五）教义、教言、修道行为，等等。”“‘僧’是古印度语‘僧伽’的简称。‘僧伽’Samgha其义为‘向善’，通常是指出家的‘僧众’或四位比丘以上的‘僧人团体’。僧人分沙弥、沙弥尼、比丘、比丘尼。”“佛教由佛、法、僧三要素组成，佛、法、僧‘三宝’是佛教三位一体的具体表现。”（多识仁波切，2002:79，139—140，165，60）

中的工巧明和医方明。[1]

其四，莲花生是“占卜者”[2]“放咒师”与“苯布教徒”（即苯教徒）。相对而言，令人较为费解的是，莲花生自称是苯布教徒——依藏文史籍所述，苯教徒乃是佛教徒的对立面和竞争者。莲花生为何会以“敌人”的身份自居？

莲花生在此所说的苯教徒，是这样一群人：他们“有消灭五毒的教诲”，能“不弃五欲而利用，实行五种智慧”（依西措杰伏藏，1990:408）。“五欲”与“五智”均为佛教教义名数，前者是梵文 Pañca—kāmāh 的意译，后者是梵文 Pañca—jñāna 的意译；前者“指能引起众生情欲的色、声、香、味、触等五境”或“指财欲、色欲、饮食欲、名欲、睡眠欲”，后者“为密教所说，大日如来有五种智慧”，即“法界体性智”“大圆镜智”“平等性智”“妙观察智”和“成所作智”（任继愈，2002:256）。莲花生用这类概念定义苯教徒，似乎想说：苯教徒并不是佛教徒的竞争对手，两者更像是一群志同道合者。

实际上，《莲花生大师本生传》对佛苯关系的诠释，始终存在两种看似相悖的观点。一种观点认为“勿将苯教当外道”，此说出现在“赤松德赞订法律”篇；不仅如此，吐蕃时代的藏族佛教徒大译师“毗茹札那译佛经又译苯布经”。但另一种观点认为“苯布教和佛教历来是天敌，谁也不肯承认谁”，此说出现在“迎请大德灭苯布”篇（依西措杰伏藏，1990:437，526，510）。以上两种观念，在本生传中的出现频次着实难分伯仲。但在后世，信众似乎更广泛地接受或承认了“苯布教和佛教历来是天敌”的观念，并引以为信史，记载流传。

无论后世史籍如何强化佛苯之别、之争，但在“自傲歌”中，在莲花生看来：两者并无绝然之别。

其五，莲花生是“国王”“大臣”“王后”“首领”和“英雄”。之前列举

---

1. 五明“又名五明处。‘明’，是梵文 Vidyā 的意译，原意为学问，来源于古印度佛教，是教授学徒时所用的各种学问。印度古代教授学徒时，有两种学问系统，一种为大五明（rig-gnas-che-ba-lnga），包括声明、工巧明、医方明、因明、内明 5 种学问。声明系指声韵学和语文学；工巧明包括工艺、技术、历算等学问；医方明即医药学，论述所治疗的疾病、治病的药物、治疗方法和手段，并包括治病的医生在内；因明则是逻辑学的学问；内明即佛学。古代尚有小五明之学，系指修辞学、辞藻学、韵律学、戏剧学和星象学等内容。藏族学者沿用此说，13 世纪起，即称精通五明之学者为 mkhas-pa”（王尧、陈庆英，1998:271）。

2. 莲花生自称是占卜者，这在《莲花生大师本生传》中多有印证。受赤松德赞所托，莲花生曾占卜幼年早逝的公主白玛赛的前世今生；曾在人群中认出赤松德赞前世生母的转世琼萨杰姆尊；曾为安慰赤松德赞而预言三位藏族大译师的生平（参见依西措杰伏藏，1990:581—585，418，441—444）。

的四类“自称”，均属于宗教或巫术范畴；此处罗列的五种角色，则是世俗领域里的称谓，是世俗权力的象征与代表。

“首领”一词，实指在西藏古昔各地的小邦之主。[1]在众多的小邦首领中，终以雅隆河谷一带的鹘提悉补野“位势莫敌、最为崇高”（王尧、陈践，2008:125），成为吐蕃政权的缔造者。那些昔日小邦的首领，多以贵族或王臣的身份继续在雪域高原中占有一席之地，并对吐蕃王室施加影响。[2]吐蕃政权中，“赞普”“大臣”与“王后”是建构核心政权的三大要素，政权的盛衰往往取决于三者的关系是否稳固。[3]

简言之，莲花生自称“国王”“大臣”“王后”“首领”和“英雄”，是将自己等视为世俗权力的最高象征。

其六，莲花生是“老翁”“老妪”“勇士”“少女”“童子”与“儿子”。以上六种“人”，均为统称，在此合为一个整体性的概念，即生活在南瞻部洲或居于中界的男女老幼芸芸众生。莲花生做此言，是将自己比作世间凡人。

其七，莲花生是“脱离生死者”“无病无死者”“不老的人”和“无病的健康者”。这四种“人”，是为一类：脱离生死，无病、无死、无老的健康者。这类“人”，早已超出世间凡人的范畴，成为佛教徒毕生追求的目标：超脱六道轮回，再无生老病死，并得彻底解脱。在此，莲花生将自己视为区别于凡人的得解脱者。

莲花生大师在“自傲歌”中唱出的七类人，大致构成了三组对立的二元关系：佛教与苯教、宗教信仰与世俗统治、解脱者与平常人。

佛苯之争，前文多有涉及，此处不再赘言。或需补充的是，在吐蕃政权时期，佛苯的矛盾冲突虽已是不可规避的事实，但如何理解这种斗争，众人的观念却是不一而足。在松嘎尔，莲花生唱说自己是“苯布教徒”，无疑是向吐蕃上下宣称：

1. 据《敦煌本吐蕃历史文书》P.T.1286“小邦邦伯家臣及赞普世系”所记，“十二地域加上北方南木结。共为十三，所谓九大王加上翱氏共为十王，九大家臣加上琛氏即为十大家臣也。在此之前状况，当初分散（不统一）局面即如此说，古昔各地小邦王子及其家臣应世而出，众人之主宰，掌一大地面之首领”（王尧、陈践，2008:124—125）。

2. “赞普与大家族以至小邦仍然维持一种联盟关系，这种关系是靠不断猛士活动来体现的。《新唐书·吐蕃传》曰‘赞普与其臣岁一小盟……三岁一大盟。’”（王尧、陈践，2008:129）

3. 首先，在赤松德赞统治吐蕃之前，赞普的王后们，或出自天界与下界，或来自异域或外族。在吐蕃的政治结构中，王后是与“外界”互通的纽带。其次，吐蕃政权的贵族、大臣，源自于与鹘提悉补野部并立的各地小邦，与赞普世系共同分享统辖雪域的政治权力。在吐蕃的政治结构中，贵族与大臣负责建构或维系对内关系。最后，吐蕃政权的赞普世系，通过联姻，建立对外关系；通过会盟，稳固对内关系，因而是架通内外关系的节点。由此，吐蕃的赞普、贵臣与王后，共同组成相互依存又相互制约的“政治三角”关系。

看似对立的佛教与苯教应是合为一体——但这个“统一体”，既不是亦佛亦苯，也不是非佛非苯，更不是兴佛废苯或扬苯抑佛，而是莲花生自己。

宗教信仰与世俗统治，这组二元关系常被化约为“神圣与世俗”，伊利亚德认为：“神圣与世俗从本质上说即是人类生命存在的两种基本样式或者方式”（米尔恰·伊利亚德，2002：“中译本序”2—3）。在佛教地区，“神圣与世俗”往往形象地表现为谭拜尔概括的“比丘与国王”关系。集“四宝”于一体的莲花生本属于“比丘”一方。但在“自傲歌”中，莲花生又声称自己是国王、王后、大臣、首领与英雄——这意味着他也属于“国王”一方。谭拜尔笔下，“比丘与国王”这组不可化约的二元关系，在莲花生看来，却能统合为一体——但这个“统一体”，既不是亦圣亦俗，也不是非圣非俗，更不是亦圣非俗或非圣亦俗，而是莲花生自己。

解脱者与平常人，这组二元关系的微妙之处在于两者不可通约：成为解脱者的，势必不再是平常人；身为平常人的，则不会在得解脱的境界。若以六道轮回或生老病死而论，解脱者就是脱离六道轮回、超越生老病死之“人”；而平常人则是深陷六道轮回、遍尝生老病死的人。但在莲花生的“自傲歌”中，这对非此即彼的二元关系却能统合为一体——但这个“统一体”，既不是兼具解脱与非解脱，也不是弃一方又存一方，而是莲花生自己。

作为“统一体”[1]的莲花生，主导着这三组对立的二元关系：既整合外来的印度佛教与吐蕃的本土信仰，又统摄僧伽的遁世修行与赞普的政治统治，并指引吐蕃信众踏上解脱之路。莲花生之所以在“自傲歌”中自诩为“佛、法、僧”三宝、“上师”一宝、苯布教徒、王臣首领、男女老幼和得解脱者——也许并非实指自己即为以上诸类人等，而是强调：自己就是集各类人、物、关系于一身的统一体。这种“统一”，诚以博大的包容性和强大的统摄力为前提。

·

做完洋洋洒洒的自我介绍后，莲花生对眼前的赞普与王妃做了一番评论。莲师认为，雪域蕃地实乃一片“凶恶之地”，此地的君主由一群粗暴者和罗刹环绕，

1. 关于二元对立统一的形式的分析，在此参考庞朴著书《一分为三论》中的观点。庞朴言及：“对立的统一，或对立者统合而为一物，也有三种形式。它们分别是：包、超、导。所谓包，是说对立着的两个方面（A，B），以肯定的方式统合为一，组成一个新的有异于对立二者的统一体（亦A亦B）。……如果对立着的两个方面，以否定的形式统合为一，构成一个新的统一体（非A非B），那便是超，超越对立双方而成的统一。……对立统一的第三种形式是导，统一者主导着对立的两个方面（A统ab）”（庞朴，2003:9—13）。

此地的民众备受饥苦难得欢喜。这次之所以来到吐蕃腹地，只因与此地有缘。

接着，莲花生特别指出：赤松德赞的“后妃是罗刹女，而以人身现于世”（依西措杰伏藏，1990:410—411）。赤松德赞的王妃均是吐蕃女子。莲花生称其为“罗刹女”，确是暗合藏族人的起源传说[1]。在莲花生看来，这些衣着妖艳披金戴银的王妃想必属于“岩妖魔女”一类，因此“见面不仅不高兴，反而使人生厌恶”（依西措杰伏藏，1990:411）。

赞普赤松德赞虽然“傲慢又无礼”（依西措杰伏藏，1990:411），莲花生却对此次会面感到十分欣喜，并为赞普的威严倍觉欣慰。但无论如何，莲花生都不会向赞普先致顶礼，于是：

> 言讫举手作手势，法火烧毁王衮服，君臣觳觫难忍受，势如墙倒致顶礼（依西措杰伏藏，1990:411）。

在莲花生与赤松德赞初次相遇的过程中，终于出现了最戏剧性的一幕：这位被奉为贵宾的异族人，竟操纵法术火烧华服。赞普与随行大臣忽见衣物蹿出火苗，立刻本能地扑倒在地，以求熄灭身上的火势。就这样，君臣众人在情非得已间，向莲花生行了五体投拜的顶礼。

这幅出人意料的画面，定格在桑耶寺乌孜大殿二层明廊的墙壁上，以壁画的形式呈现给往来众生。莲花生与赤松德赞的对峙，最终以赞普向莲花生致顶礼而告终——戏剧化的情节，产生了一个决定性的结局：通过行礼，莲花生与赞普的上下关系得以确立。从此往后，吐蕃政权的赞普赤松德赞不再是至高无上的，在其之上，有一位“上师”存在——他便是莲花生大师。

就这样，西藏文明的洪流，如突遇拐点一般，在松嘎尔五石塔处发生了一次微妙而剧烈的转折：莲花生以其宽容而强势的态度和方法，作用于吐蕃政权的命运；以其强大的整合力与统摄力，深深影响着西藏宗教的经验与心态。

---

1. 据成书于11世纪的《国王遗教》记载，“观世音菩萨化身的父亲猕猴菩提萨埵与度母化身的母亲罗刹女结合为夫妻，生下六个猴崽，俟后小猴崽繁衍，分成四部，即赛、穆、顿、董四个氏族，从此发展成为藏族人。”喇嘛丹巴在《王统世系明鉴》中对这个起源传说的叙述略有不同：作为父亲的猕猴是由观世音菩萨神变示现，身为母亲的罗刹女是“被业力所驱使的岩妖魔女”——这一形象与“度母化身”的说法相异。除此以外，西藏还流传着其他的藏族人起源的传说故事，亦如“西羌说”或“印度说”（参见恰白·次旦平措等，2004:9，13—14；萨迦·索南坚赞，1985:40）。

——在遇见莲花生之前，雪域蕃地的芸芸众生也许从未想过会发生这一幕；然而一旦遇见，吐蕃先民便会亦步亦趋地承认并接受——在信众的观念中：这一切，就是莲花生大师与自己的因缘。

归去来兮莲花生

凌晨四点，我被一阵敲门声惊醒，央宗在门外喊："阿姨，起床！车要走了。""哦——"我含混应答，翻身下床，穿好衣裤，拎起背包，开门出来。央宗还站在门口，告诉我："格桑的车在停车场。""好，知道了……多谢！你赶紧去睡吧。"

央宗的男友格桑，是一个司机，他筹钱买了一辆面包车，跑长途客运。随着朝圣季的到来，格桑的生意越来越好。这次，镇上的几个阿妈租了格桑的面包车，去拉萨附近的几座寺院朝圣。我正巧要去拉萨，央宗和格桑便决定捎我一程。

"出发了撒！"格桑跃上驾驶座，笑着对我说。

此时，小镇宁静。发动机的噪音吓醒了路边的野狗，它们好奇地跟着疾驰而过的面包车跑了几步，方才悻悻离开。比肩接踵的房舍中，有几扇窗透出微微光亮，每扇明窗的背后，也许就有一位准备出发的朝圣者。格桑在岔道口停下，看了看四周，街角路口空无一人。稍事片刻，格桑忽然按响喇叭。刺耳的"嘀——嘀——"声瞬间传遍整个桑耶镇。几分钟后，脚步声、谈笑声、窸窸窣窣的摩擦声渐行渐近。一群不知从哪里冒出来的朝圣者兴高采烈地围住面包车，他们鱼贯而入，用行囊和酒壶将车厢塞得满满当当。

清点完人数，格桑回到驾驶室，调转车头，向桑耶寺的西南方驶去。这条通往拉萨的路，会经过松嘎尔五石塔。

不久，我们便离开桑耶镇，驶入昏暗幽静的山谷。窗外的景象，如同在蓝靛浓浆中浸染过一般。白天平淡无奇的柳林此刻变成青黑色的剪影，铺陈在灰蓝色的荒漠之中。树影背后，是幽蓝色的远山，山峦起伏跌宕，犹如静默凝固的波浪；波浪上方，悬有一轮明月，皎洁里透着一丝嫩芽黄。当晚，月光如此明亮，竟在靛青色的天空中画出一圈宝蓝色的光环……

图 74 乌孜大殿二层明廊处的壁画，描绘出赤松德赞率领众人向莲花生大师致顶礼的情景

（何贝莉摄 /2011 年 9 月）

颠簸晃动的面包车如摇篮般唤起沉沉睡意，早起的朝圣者，彼此依偎着渐入梦乡。不知过了多久，车内忽然响起的一阵骚动，邻座的阿妈提醒我："路边是松嘎尔五石塔！"赶路的面包车没有在圣迹前停下脚步，人们只好在车内祈祷，念诵莲花生大师心咒。"我知道，"我对阿妈说，"这里是莲花生大师和赤松德赞初次见面的地方。"

当年，莲花生与赤松德赞在此初遇，赞普的傲慢无礼致使莲花生火烧华服。赤松德赞由此意识到自己没有向应受敬重的人表达尊敬，倍觉羞愧，向莲花生正式顶礼后，问道："我如何才能除去这冒犯之行所带来的罪过？"莲花生回答："吐蕃赞普听着，对身的渝盟行为，修建五座石头塔，才能除却罪与过。"如此，在会面处建造了五座石塔，塔身遍布莲纹，大师在此伏藏（依西措杰伏藏，1990:412）。或也有说，这五座石塔是"印度高僧寂护主持雕造的"（索朗旺堆、何周德，1986:190）。尽管人们对五石塔的建造缘由和建造者的说法各不相同；

但却无一例外地认为，石塔所在处，就是赞普赤松德赞与莲花生大师第一次相见的地方。

“嘿嘿！”阿妈轻笑两声，“这里也是莲花生大师在离开吐蕃之前，跟大家说‘再见’的地方……”

·

如今，人们虽有共识：莲花生初遇赞普与临行告别的地点均在松嘎尔；但对大师在西藏生活的时长——却众说纷纭。两种迥然不同的观点分别来自《拔协》和《莲花生大师本生传》。前者认为，莲花生在桑耶待的时间很短，迫于吐蕃大臣的阻挠，在兴建桑耶寺之前，就已离开西藏（参见拔塞囊，1990:21—25）。后者认为，莲花生在吐蕃的驻留时间长达一百零九年，其间历经三任赞普执政，参与兴建桑耶寺、培养译师、翻译佛经、建立寺院僧伽制度、开创伏藏与修行等事业（参见依西措杰伏藏，1990:642）。

面对这两种相悖的观点，许多后世的藏族史学家试图通过补充性的解释将之连为一系。夏鲁派创始人布顿·仁钦珠在《布顿佛教史》中写道：莲花生将沙漠变成草原，江河导入地穴，他的种种神迹引来大臣搬弄是非；后来，莲花生被送返回印度。那时，莲花生已完成建寺大业，方才离开（参见布顿·仁钦珠，1986:172—175）。在《西藏王统记》中，萨迦法王喇嘛丹巴认为，《拔协》虽有请莲花生返邬坚之语，“然与王计议，仍留师住于咱日等处，追诛除马向春巴吉后，始重返桑耶云”（索南坚赞，2000:121）。此外，噶玛噶举派活佛巴卧·祖拉臣瓦在《贤者喜宴》中说：“《拔协》记载，在桑耶寺未奠寺基之时，阿阇黎似已达到罗刹地区，想来可能是将莲花生的各种历史混为一谈的写法。在桑耶寺开光时，莲花生确实存在，这在巡礼道上的图画里是清楚的。”至于莲花生离藏的“真实”历史，《贤者喜宴》遵循《莲花生大师本生传》的记载，“（莲花生）便前往西南方之遮末罗洲镇压夜叉，继而莲花生乃入涅槃境界”（巴卧·祖拉陈瓦，2010:143，202）。在《汉藏史集》中，达仓宗巴·班觉桑布认为：“白玛迥乃大师一共在吐蕃地方居住了五十四年。”然后沿用《莲花生大师本生传》的说法：“白玛迥乃大师在吐蕃弘传密法之后前往西南方的拂尘洲，……，前往铜色吉祥山上的无量宫，至今白玛迥乃大师还在那里镇压妖魔，修炼不死智慧”（达仓宗巴·班觉桑布，1986:99—100）。以上四位大德，在专著中几乎都沿用了本生传中的记述；同时，他们也不否认《拔协》的记载。布顿大师与喇嘛丹巴通过补充一些情节，将《拔协》与本生传中的不同说法前后串联起来。但巴卧·祖拉臣瓦认为，《拔协》的“失误”不在于记述失真而在于理解有错。

五世达赖喇嘛的观点与巴卧·祖拉臣瓦的比较接近。这位格鲁派活佛在《西藏王臣记》中引用白玛噶布的一段话，说：“应知莲花生大师是有神变者，能于同一时间，显现各种不同种变之身，因此不需有时间先后次序，亦难以因明之理证成”（五世达赖喇嘛，2000:39）。此言旨在说明，辩论或考证莲花生在藏驻锡的时间或许根本没有意义，因为他的神变之能无需时间和先后次序。虽有五世达赖喇嘛的判词，但对莲花生驻藏时间的争论却并未止息。松巴堪钦·益西班觉在完成于1748年的藏文史籍《如意宝树史》中，征引《拔协》所记，写道：莲花生示现各种神变之后，众臣对其更生嫉妒疑惑，这使赞普感到不安。可莲花生认为“赞普之口由臣转”，于是决定返回印度。“有人说他去了罗刹之地，实际上可能去了印度”（松巴堪钦·益西班觉，1994:291）。据此，松巴堪布推测：“‘真正’的莲花生可能在吐蕃居留了很久，为调服妖魔和地方神而奔波操劳；‘虚构’的莲花生只不过是泥婆罗的一位通灵人，可能在吐蕃只停留了很短时间”（石泰安，2005:55）。

莲花生究竟在西藏停留了多久——仍是一个悬而未决的问题。历代高僧大德虽对此多有考证，却始终未能达成一致结论。尽管人们似乎更认同《莲花生大师本生传》的记述，但这种认同乃是建立在遵从《拔协》史事的基础上。或应说明，在处理《莲花生大师本生传》与《拔协》的不同观点时，藏族佛学史家的方式，着实令人深味：相较于判断两个不同版本的是非对错，他们似乎更愿意将看似矛盾的两份记述调和为一个整体——对于莫衷一是的两本史籍，学者注重“综合”，而非“解析”。

就像莲花生驻藏时间的长短难以确定一样，藏文史籍对莲花生离藏缘由的记述，也不尽相同。通常，有两种观点：一种认为莲花生是被遣走的，另一种认为莲花生是主动离开的。前者以《拔协》为代表（拔塞囊，1990:25—27），后者以《莲花生大师本生传》为典型。但就后世大德的论著而言，多是引用《拔协》的观点。

在《布顿佛教史》《西藏王统记》《贤者喜宴》和《如意宝树史》中，均有这样的记述：在西藏，莲花生施展种种神变，将沙漠变为草原，把江河导入地穴，取天露之水为赞普洗头。如此神力，令吐蕃群臣倍感恐慌。他们担心，莲花生会危害吐蕃政权的统治，于是要求赞普遣返莲花生。赤松德赞只好顺势而为，送走了莲花生。[1]此外，《贤者喜宴》还记有一事。据说，莲花生为赞普灌顶后，赤松德赞将王妃依西措杰作为报酬，献给莲花生。此事令众臣不悦，他们说："莲花生先是夺走了王妃，现在就真的要夺取政权了。"说罢，便前去与赤松德赞商议，最终决定，"将莲花生迎请到吐蕃的咱日扎及卡曲河等等地方，或者迎到岩山、雪山等等诸非人之地，在这里主要从事非人做之事。然后再回到桑耶"（巴卧·祖拉陈瓦，2010:143，147）。另据《如意宝树史》记载，赤松德赞的态度也是导致莲花生离藏的原因之一。[2]以上叙述，言简意赅地表达出吐蕃权臣对莲花生的猜忌、不满、忌恨或恐慌。由此，或可推论：莲花生即便没有觊觎王权的野心（他若真有此野心，想必也不会轻易离开），可他的行为确已给吐蕃王臣留下了种种"不良"印象。

另一方面，宣称莲花生是主动离藏的《莲花生大师本生传》写道：在一次欢庆藏历新年的赛马会上，赤松德赞因受箭伤染病身亡。当时，并未公开这一消息，而由莲花生理政十四年。之后，宣布赞普的丧事，由牟尼赞普继位；再后，牟德赞普继位。牟德赞普在位期间，莲花生又驻留了一段时间，才离开吐蕃（参见依西措杰伏藏，1990:592—601）。据学者郭元兴考证，莲花生大师于784至797年在吐蕃摄政，803至804年离藏赴印度，约于816年赴罗刹岛（参见白玛措，2008:26）。

——无论是作为政权的威胁被遣送出藏，还是在摄政十四年后主动离开吐蕃；莲花生在藏地的所作所为，都间接或直接地与吐蕃政权发生了关联。

那么，莲花生究竟在西藏做过些什么，使吐蕃王臣对他的态度会有如此之大

1. "阿阇黎莲花生将'昂学'沙漠变成草原，将江河导入地穴中；将银瓶抛向空中，取来满盛乳色的天露，以作藏王洗发之用。由于大臣们拨弄是非，后来送莲花生返回印度。"（布顿·仁钦珠，1986:174）
"阿阇黎又许王将昂雪沙漠，改为草原，诸权臣复潜于王曰：'大阿阇黎仅施幻术，必不久长，切不可改，请王勿允其请。'王遂未请改之。惧阿阇黎神变力大，危害王朝，遂请阇梨仍驾返故乡。"（索南坚赞，2000:120）
"赞普将王妃卡茜萨措杰作为灌顶的报酬献给了（莲花生）。对此，众大臣不悦，说道：'（阿阇黎）先夺走王妃，现在就真的要夺取政权了。'说罢，便前去商议。"（脚注补充：这种舆论压力很大，最后莲花生被迫返回天竺）（巴卧·祖拉陈瓦，2010:143，146）

2. 松巴堪钦·益西班觉写道：莲花生示现各种神变之后，众臣对他更加嫉恨。大师与权臣之间的紧张气氛令赞普非常不安，他试图从中调解，却被莲花生认为"赞普之口由臣转"。众臣的猜忌是赞普心态的反应。最终，莲花生决定离开西藏（松巴堪钦·益西班觉，1994:291）。

的转变。初入蕃地时，莲花生沿途调伏妖魔收服神怪，令吐蕃人称奇叫好。接着，莲花生开始改造山川，意图让自然环境更宜居——这种行为却令吐蕃大臣感到恐慌，甚至连赞普也动了送客之心。也许在莲花生看来，前后施展神变之术的目标并未改变：无论降妖伏魔，还是改造自然，均是为了吐蕃信众的福祉。可是，当莲花生的行事对象从三界的神怪妖魔变为人间的自然物事时，在吐蕃王臣的心目中，莲花生神变的性质可能就发生了改变：从“无涉王权”转向“危及王权”。所以，遣走这样一个危险人物，也是自然而然的事。

总之，作为与神魔共生的莲花生，吐蕃政权接受并欢迎；作为涉足现实生活的莲花生，吐蕃君臣则不能容忍。即便是记有莲花生摄政的《莲花生大师本生传》，也秉持着这一态度。在这本传记中，除“莲花生大师理政十四年”一句之外，再未言及莲花生所做的任何现实之事。

·

话说回来，在这些概而述之的史籍中，很难见到莲花生自己的经验与心态。在吐蕃人看来，莲花生的神力足以震摄王权；但其行迹所示，这位大师却仿佛是一个召之即来挥之即去的“人”。被迎请时，他来到吐蕃；被遣走时，他离开西藏；被挽留时，他也依然选择了离开。不过，此次离别，更像是为莲花生的归来埋下伏笔——至少藏族信众相信：莲花生离去之后，还会归来。

《莲花生大师本生传》记载，完成桑耶寺的开光典礼后，莲花生与寂护心生去意，想返回印度。两位大师对赞普说：

> 吐蕃赤松德赞王，发了正确菩提心，因为国力很强盛，红山地方吉祥的桑耶寺，虎年奠基马年即竣工，时间用了五年整，既已做了开光，达到了赞普的要求，我们准备返故乡。（依西措杰伏藏，1990:431）

赤松德赞听后，不禁泪流满面。他命人“放置九层锦缎垫，让莲花生坐上首，五层垫上堪布坐”；对莲花生与寂护“再三作恳求”，“顶礼无数合掌道”（依西措杰伏藏，1990:431，433，432）：

> 先前二位导师来，赞普内心很高兴，如今定要离吐蕃，赞普实在难欣慰，不妨首先学读书，学习书写和语法，逐步在此立佛教。（依西措杰伏藏，1990:433）

听赞普这样说，两位大师决定暂时留在吐蕃，为这位黑头人的首领寻觅译师、翻译佛经、宣讲佛法。如是度过许多年。时至“龙年牛月初一日”，王朝上下筹备度新年，桑耶四周人山人海。其间，赞普安排有一场赛马会。莲花生预感到不祥，出面劝阻，“您本人不能去赛马”。但赞普不听建议，跃马飞驰去比赛，结果，身中流箭患热病，无药可医而崩殂（依西措杰伏藏，1990:637，637—638）。

赞普丧事秘未宣，莲花生大师理政十四年，赞普六十九岁虎年时，方才宣布已驾崩。太子牟尼赞普继位后，指责才邦莎太妃被毒死，随又让王子牟德赞普继王位。（依西措杰伏藏，1990:638）

此时，莲花生的心中再生去意。自幼与大师生活在一起的王子牟德赞普，得知莲花生想离开吐蕃，不禁叹气流泪伤心欲绝。一日，莲花生把王子带上哈布日，煨桑后，语重心长地对这位年轻的新任赞普讲：

在吐蕃的调伏已结束，为以往的佛法服了务，显密二宗传播到吐蕃，埋了伏藏作授记，对吐蕃有恩但是人们不知恩。南瞻部洲三角形，尖角一头有五个罗刹国，离乌仗那国很近，中间铜色山，五百罗刹城市相环绕，……倘若不去作调伏，南瞻部洲将被罗刹毁，罗刹吃人人类会灭绝。除了莲花生大师，谁都不敢去调伏，就要调伏罗刹护人类。（依西措杰伏藏，1990:644—645）

当天晚上，王子牟德赞普摆出一个很大的曼荼罗。用银盆盛砂金，金上放着用绸缎包裹的珍贵摩尼宝，将其恭敬地献给莲花生。王子向大师做了许多敬重的顶礼后，强作挽留说：

释迦牟尼和你无两样，三界世界里无第二。除了你的佛法外，我对什么都不信仰。我死以前请居留，调伏罗刹不宜迟，但请至少住一年。（依西措杰伏藏，1990:647）

莲花生大师听完，答道：“一年以后还是难舍离”（依西措杰伏藏，1990:647）。言下之意，现在离开与一年之后离开，又有什么差别？——依旧不忍分别，终究是要离开。牟德赞普闻言，深知莲花生去意已决，急得一口气吐不出来，顿时昏厥过去。慢慢舒醒后，王子不禁悲伤地感叹道：

莲花生大师这一走，再也没有依怙了。像是暖和的皮袄给揭走了，前面依凭的拐杖给拿走了，光灿灿的日月消失了，脸上的眼珠没有了……（依西措杰伏藏，1990:647）

再多的挽留，亦无济于事。眼见行期将至，莲花生大师却一如往昔：向众生宣讲佛法，与弟子修行空乐，为拉杰王子作预言，教导三位女弟子，最后，调伏了曜星和龙神。诸事完毕，莲花生来到桑耶寺殿顶，对牟德赞普与吐蕃信众说：

吐蕃的太阳快要落山了，君民们对此要清醒，对有悲痛心者来说，莲花生并未离左右，莲花生睡在信徒的门口……我莲花生要去西南猫牛洲……莲花生要走留不住……吐蕃不能再居住。这就起程去罗刹国，像鸟儿飞离树枝一样，片刻都不能再滞留。莲花生大师就要离开了，施主和上师都高兴，对不对呀？王子赞普！（依西措杰伏藏，1990:700—701）

莲花生讲了这番看似矛盾的话。他说，对有莲花生信仰、有慈悲心的人而言，自己从未离其左右，就睡在信徒的家门口；同时，他又宣称自己要前往罗刹国，吐蕃不能再居留。此般言语，究竟该如何理解？倘若前一种说法意味着信仰能弥合吐蕃人与莲花生之间的时空距离，是一种“心态”上的亲近；那么后一种说法则表明，“当时”，莲花生真得要离开了——这也许是牟德赞普与吐蕃信众最不愿面对的情形。

王子牟德赞普，在猴年猴月十日，给骏马备了降香鞍，松耳石笼头金嚼子，让莲花生大师来骑乘。在桑耶的苏卡尔林草坪，王子牟德赞普与平民，吐蕃所有男人和女人，为莲花生大师来送行。莲花生大师下了马，坐在石头佛塔前，接受临别赠礼并且作加持。（依西措杰伏藏，1990:702）

在赞普赤松德赞初次迎接莲花生的地方，王子牟德赞普将恭送莲花生离开。听次仁拉说，莲花生的最后驻足之地有一片红色泥土——那里与周边土地的颜色都不一样。我问：可不可以去看看？次仁拉笑道：“您去看什么呢？那里什么也没有，只是一个地方，就在五石塔的附近。”朋友既然这样说，我只好悻悻地点头。也许在次仁拉看来，与其去那里“观光”，倒不如记住一个时间：“十日”。

对于桑耶人而言，松嘎尔五石塔不仅是一个空间概念，更是一个时间节点。“初十吉日”，被尊奉莲花生信仰的藏族人逐渐演绎为缅怀和祈祷莲花生大师的特定吉日。此后，宁玛派乃至萨迦派、噶举派的信众，会在藏历的每月初十举行莲花生大师诵经和会供仪式，并在每年举行一两场盛大的莲花生大师法会，其间有金刚法舞表演。我在桑耶寺亲历的多德大典，就是桑耶信众为纪念莲花生大师而举行的盛大法会。

不过，藏族人为何会为一个“异族人”大兴庆典？当年的牟德赞普早有解说：

> 大师离开吐蕃，君民心里难过，我们向你祈祷信仰你。释迦牟尼不曾来吐蕃，吐蕃的上师是莲花生，吐蕃的神是观世音。请给大众讲佛法，献上金子曼荼罗，同时致顶礼。（依西措杰伏藏，1990:702）

如果一定要为莲花生是“西藏第一上师”的观念找个出处，也许，上述表白可以视为一个缘起——它出自吐蕃政权的统治者牟德赞普之口。此前，莲花生虽在“自傲歌”中说自己是“上师”，但却未将“上师”之名强加给吐蕃人，仅是说明自己具有行使这一角色的资质。真正将莲花生大师奉为“上师”并以“上师”之名建构认知关系的，诚是吐蕃人自己。

莲花生大师临行在即，信众愈发渴望聆听上师的教诲。于是，莲花生对前来送行的人说：

> 对有信仰的男女而言，莲花生大师哪儿也没有去，就睡在自己家门口。信仰莲花生的教义，观点要高尚，行为要彻底，由显密二宗来作证，山滩之间不是修行所，在修过的地方作修行。……我的寿命无生死，每个信仰者前面，就有一个莲花生。（依西措杰伏藏，1990:723—725）

或应留意，莲花生大师在此特别言及修行地。在他看来，那些“自然山滩”、没有“修过的地方”不宜修行。这番话，让人不禁联想起曾与莲花生打过交道的“鲁”“念”“赞”等宇宙三界的神灵精怪。自然山滩本是它们的辖地，莲花生的提醒，似乎在为它们温婉地保存一片“自留地”。此外，莲花生已用自己的“圣迹”为后世修行者辟出足够的修行地，这或许就是隐修者十分注重选择修行地的原因。

在莲花生的“规划”下，西藏山水的功能一分为二，以确保土著神怪与遁世修行者各居其所相安无事。

莲花生大师说完，继续行路。吐蕃信众簇拥着上师，不停地转经、行顶礼，掌心额头都磨破了。众人将珍贵的财宝食物全都献给这位殊胜的大师，并抓住莲花生坐骑的笼头，向他恳求：

> 唉！宝贝的古鲁，您是黑暗吐蕃的一轮太阳，是光芒万丈的明灯。您这是要到哪儿去呢？……吐蕃全体君民们，人人向往大古鲁，两腿颤抖迈不了步，孤悬恶趣的崖岸边，谁来拯救我们呵？别把弟子丢在河滩上，您去了罗刹国，赞普的师傅谁担当？学者们在哪儿荟集呢？大修行师的觉悟向谁禀？修行的障碍由谁来消除？合格的徒弟谁引导？佛教由谁来保护？守盟的弟子集中在何方，七位女子弃别了故乡诞生地，现在向谁靠拢呢？从上面的赞普以下，从下面的乞丐以上，全体吐蕃人信仰谁又皈依谁？宝贵的古鲁！请继续保护吐蕃吧！（依西措杰伏藏，1990:729—731）

信众身心俱疲地跟随莲花生大师，来到贡塘拉卡。只见空中出现五彩祥云、绚烂虹霓，云中腾现出“马中之王”瓦拉哈，它毛色青纯，鞍鞯齐备，两耳尖耸，萧萧嘶鸣，男神女仙簇拥在旁。七政宝、八吉祥、千种音乐，及无数空行母浩浩荡荡前来迎接莲花生。大师跨上神马的降香木鞍，顿时腾空而起，离地有一弓高。君民见状，不禁撕心裂肺地大声哭号（依西措杰伏藏，1990:733—734）。莲花生转过头，对众人说：

> 莲花生就要前往大乐宫，不要送行请返回，此行不会是永诀，大家还能见到我，请从后面看着我。看不见时要静虑，看吧看吧，要反复地看！白天修习观世音，晚上修我莲花生，修佛法不能分心于世务，本生的事情要放弃。（依西措杰伏藏，1990:736）

说完，四个力士牵着莲花生骑乘的宝马，飞入彩云虹光中。立在地上的君民如同游鱼陷入沙漠，寝食俱废地滞留在贡塘山顶。望着渐行渐小的莲花生的背影，吐蕃信众不得不接受这样一个事实：

> 听到嗅到触到的，莲花生大师已赴乌仗那国。吐蕃大地空荡荡……（依西措杰伏藏，1990:738）

随着莲花生大师的离开，这本“民族志”也将渐入尾声。我曾想，若以莲花生大师的离去作结，似乎是一个不错的选择。至少，《莲花生大师本生传》就是这样收尾的——作为一本传记，它的记述对象很特别：是一位无生无死无病无老的得解脱者，拥有了无尽头的生命体验。也许，唯有“离去”能将之告一段落，否则，这部“人生史”是无论如何也写不完的。

《莲花生大师本生传》的后十二章，全都围绕“莲师归去”而展开（第 97 章至 108 章），依西措杰的笔触越来越低沉、莲花生离别的意志越来越决绝、吐蕃信众的心情越来越悲伤——试图挽留上师的种种努力，如水中捞月，终成空。在本生传中，松嘎尔五石塔和“初十”吉日象征的，并不是祥和与欢庆，而是“生死幻灭、缘聚缘散、因果报应、万法皆空”；临别之际，“莲花生讲经说法，指点迷津，方才令人恍然大悟：一切的一切，原来如此！”（依西措杰伏藏，1990:786）。

这部史诗传记，或称佛教经典，若是意图通过莲花生大师的生平呈现“佛的基本精神要领”，那么，它无疑是出色完成了这一使命。

但令人不解的是：像莲花生这样一位拥有神变之力和无数信众的人物，怎会轻易放下一切说走就走，就像天热脱衣一般简单——莲花生大师本可以成为一个“永恒”的“神人”，可他选择放弃，并以自己的离开告知众生：唯一永恒的是没有“永恒”，是“无常”。也许，正是在此意义上，莲师的去留、佛教的盛衰、人类的生死、寺院的兴废……一切的一切都变得容易理解。

然而，当我将“莲师诀别”视作理所当然时，却发现这样的心态与我在桑耶的亲身感受并不相投。在桑耶僧俗的心目中，松嘎尔五石塔和“初十”吉日总是充满欢腾与欣喜，藏历五月举行的多德大典更是一年中最隆重的节日。信众相信，莲花生大师会在“初十”亲临西藏，加持众生。本生传中，莲花生虽对信众承诺，“此行不会是永诀，大家还能见到我”；但“见到”的方式、时间和地点却未授记。这一“缺漏”，由后世之伏藏经典加以弥补。最终，无论民间信众还是寺院僧尼，都深信且传颂着这一种说法：每月初十是莲花生来到藏地加持信众的时间，所以“初十”成为藏族老百姓对莲花生大师祈请供养之吉日。

如是，“初十”在藏族信众的经验与心态中，便有了微妙的转变：它不再是莲花生离别的伤心日，而是莲花生归来的欢庆时。这个从 9 世纪开始发展而来的传统，似乎令后世信众渐渐淡忘了吐蕃君臣惜别莲花生时的悲痛心情，转而形成以法会、羌姆、朝圣、聚众、游商为主要形式的欢庆活动。信众更关注“初十”的“归来”之意而非“离别”之情——虽然，每一次“归来”，总是以“离别”为序。

往复不停地离去与归来，似乎有违本生传的初衷。然而，倘若莲花生大师一去无返，虽会更符合佛教的基本精神要领，但却无法安抚信众渴望亲近上师的心智与情感——既然莲花生的“离去”已势不可挡，那么至少还能“归来”做短暂停留。

或许就是这样：在“无常”与“永恒”之间，桑耶僧俗终以“莲花生的归去来兮”，寻得了某种平衡。

时至今日，在桑耶寺，迎接莲花生大师归来的盛大仪式，仍在一年一度的“多德”大典中，真实上演着……

图 75 莲花生大师“在吐蕃”（何贝莉摄 /2011 年 7 月）

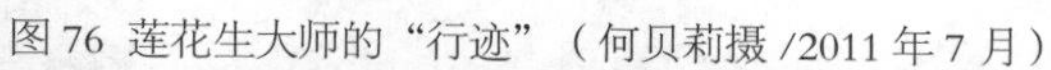

图 76 莲花生大师的“行迹”（何贝莉摄 /2011 年 7 月）

图77 莲花生大师的“离别”（何贝莉摄/2011年7月）

十三、仪式空间与宇宙图式

法会开始的前几天，总是乌孜大殿底层经堂内最忙碌的一段时间。大殿管家与参加仪式的僧人要在最短的时间里布置仪式现场：佛像、唐卡、坛城、朵玛与座次，都需要制作或重新安排，不容有丝毫闪失。

表现在空间上，法会仪式与日常诵经的一个明显区别是法台位置的“迁移”。通常，寺院主持的最高法台设在大经堂的正西面，在隔开经堂与佛堂的中门之前，僧人坐榻的首位。而在仪式期间，仪式主持的法台迁至大经堂的东面，在大经堂正门的入口处，与僧人的坐榻分开，独成一体。随着法台的位置变化，其他僧人的座次也会在仪式期间呈现出一幅与日常空间对称式的“颠倒”布局。吹奏唢呐的僧人平日总是坐在大经堂的正东面，但在举行仪式时，他们会调至大经堂的正西面。通常处于位次末端的执事僧人，在仪式期间，则坐在法台原先的那个位置。即便是级别相当的僧人，他们的座位也会“互换”，形成与日常“对反”的格局。总之，熟悉经堂空间的人，只要望一眼僧人的座次，便知当下是日常诵经还是在举行法会。

除了通过改变座次来规划仪式空间之外，参加仪式的僧人还会通过“行走”来营造仪式空间。在不同的仪式中，似乎总有一个相对固定的环节：僧人在某个特定时间走出大经堂，坐在大经堂正门的外面，念诵佛经、奏响法器、举行仪式。在喜金刚法会和金刚橛法会中，僧人通常于仪式的最后一天在大经堂正门外举行火供仪式。在隆钦心髓法会中，僧人的“行走”是绕转大经堂和莲花生大师像。在多德大典期间，僧人会恭迎莲花生威慑万物像走出乌孜大殿，巡游于殿前广场，接受信众礼赞。仪式中的每一次“行走”，均因循经书仪轨，有其深邃的宗教意涵。由于不懂藏语经文，我无法解析其中的教义主旨；但仍能通过仪式空间的分布，感受到仪式的氛围与效力如水晕一般，层层扩散，从大经堂扩散至经堂外，从经堂外扩散至殿前广场。

——不仅扩散至整座乌孜大殿，还波及到桑耶寺内的其他宗教建筑与圣物。开光大典期间，僧人诵经三日后，会在盛装仪仗队的迎送下，在信众的前呼后拥中，走遍寺院内每一处供有佛像和圣物的建筑，为其开光洗尘。当举行开光仪式的僧人将要抵达某处时，人们会提前在那里煨桑，催生浓烟；立在一旁的仪仗队手执鲜花、旌旗与华盖，奏响小型有柄鼓、海螺、锣等乐器；尾随而至的信众渴望得到宝瓶甘露的灌顶和一些五色青稞，行色匆匆的高僧会尽其所能满足信众的愿望。走入殿堂，僧人立定，念诵开光仪轨，敲击有柄鼓，吹响唢呐，抛撒青稞，播洒甘露，如是完毕，方才依次离殿，在浓烟与法乐的迎送中，不辞辛劳地奔向下一处。出乌孜大殿，首站之地应是东大殿江白林，因在维修，只好先暂时略过；最后一站是女人不得入内的厨房，据说那里供有主司饮食的神像。无论天气阴晴冷暖，这场关涉整座寺院的开光盛典会进行一整日，疲倦与欢喜、慈悲和崇敬则是不约而同地显现在每一个参与者的脸上。

寺院内，在诸多象征性的宗教建筑中，以乌孜大殿和桑耶角在仪式——包括日常诵经与法会庆典——期间发挥的作用最关键。平常，寺院僧人于上午在乌孜大殿底层经堂内诵经，此外，每月还需用三天时间在桑耶角的二层经堂内诵经。桑耶角诵经，有三个时段可供选择：每月的上旬、中旬或下旬，据此，僧人总能避开各种法会庆典来完成这项仪式。三日期内，有一段令人印象深刻的“演奏”：在晚上八九点钟，擅长唢呐和长法号的僧人会来到桑耶角的殿顶，缓缓奏响法乐。低沉似暗流涌动的长法号声与高亢若直抵云霄的唢呐声，一唱一和，交相呼应，如天籁之音传遍每户人家乃至整个山谷。

将乌孜大殿与桑耶角连为一系的法会，是多德大典期间的“大王巡街”仪式。身着盛装的僧俗两界，于仪式当日的清晨，从乌孜大殿出发，在信众的簇拥下，在煨桑烟火的笼罩中，浩浩荡荡前往桑耶角。供奉在护法神殿的一尊白哈尔像被众僧请至殿外的走廊上，五色彩绸制成的华盖遮掩其身形，不露真容。几位高僧为神像诵经后，白哈尔王“起驾”，绕行桑耶角，出二层南门，在僧俗仪仗队的引导下，在盛装歌女的陪伴下，“骑乘”骏马一路南行，经殿前广场，进乌孜大殿的外回廊。在大殿正门前，白哈尔王“请示”上师莲花生，准许自己“巡街”。得到上师的“应允”后，白哈尔王再度“起驾”，在众人的簇拥下走出乌孜大殿，沿顺时针方向绕行大殿外围墙。每至正南、正西、正北各面，白哈尔王会停下来，随行高僧齐声诵经。绕殿完毕，仪仗队恭送白哈尔王由南往北经原路返回桑耶角。护法神像归置原位，僧俗信众方才渐渐散去。

综上，桑耶寺的仪式空间，可谓涉及寺院的各个宗教建筑或地点；但应说明，这些空间在仪式中的效用或意义并不是均质或平等的，其中有强有弱、有主有次。乌孜大殿，在寺院的仪式空间中处于核心地位，正如它是寺院的中心一般。只是，这座中心主殿仍不足以独自承载仪式空间的“总体的社会事实”。比如在开光仪式中，四大洲殿、八小洲殿、日月神殿、四座宝塔、寺院围墙及其他建筑与地点均在仪式空间中占有一席之地。在分布于中心主殿周边的诸多建筑中，以江白林和桑耶角尤为重要。位于寺院正门入口处的江白林，是开光仪式或朝圣路径的首趋之地，只因长年废弃而被迫弱化了它在仪式中的意义。位于寺院北门东侧的桑耶角，是供奉护法神白哈尔和孜玛热的神殿，它在法会仪式中的特殊作用至今依然得见。

由此，我才将寺院内仪式空间的考察对象集中为乌孜大殿、江白林与桑耶角三处。不期面面俱到，但求把握要旨。

田野考察初期，我曾一度满足于将寺院的仪式空间等同为寺内建筑的理解与想象。但在经历过措姆湖边的祈雨仪式后，我开始怀疑这种“想象”的可靠性。祈雨仪式明确无误地发生在寺院外，这意味着，桑耶寺的仪式空间至少还应包括寺外的一片湖水。那么，随之而来的疑问便是：桑耶寺的仪式空间与寺外的自然景观、人文风物之间，是否还有更多的关联或关系？

仔细回顾亲历的各场法会仪式，我意识到，寺外空间与寺院仪式的联系其实颇为紧密。在喜金刚法会和金刚橛法会中，都有制作并销毁沙坛城的仪式，销毁坛城后留下的彩沙，被郑重地装在一个铜盘内。届时，一位头戴黄色僧帽、口遮蓝色哈达的执事僧人会手捧铜盘，在香火的引领下，在唢呐的伴奏中，缓缓走出大经堂，来到外回廊和中回廊之间的一片空地上，那里有一口连通寺外的水井。

执事僧人小心翼翼地将彩沙倒入井中，令其随着井水流出寺外，流向田地。据说，这些具有加持力的彩沙能让土地丰产、五谷丰登。在这两场法会中，参加仪式的高僧大德虽未离开桑耶寺，但仪式的效用却通过流走的彩沙延伸至寺外。换言之，法会的“整体性”仪式空间包括寺内与寺外两个部分。如此情形并非特例，在实际可考的四次法会中，隆钦心髓法会同样有制作并销毁沙坛城的环节，只因时间、人力所限，这项仪式如今暂被取消，代之以一份印有坛城图案的纸张。

无独有偶，将仪式空间延伸至寺外的，还有喜金刚法会、隆钦心髓法会和金刚橛法会中的火供仪式。火供仪式通常在乌孜大殿的外回廊正门处举行，届时，执事僧人会在那里搭一座一平方米大小、坐西朝东的祭坛。其上，先绘制一幅简易的沙坛城；然后，在坛城上砌一座毡房式的牛粪堆。火供仪式的主持身着灌顶服，坐在祭坛西侧。参加仪式的僧人们，在主持的身后席地而坐。仪式开始，主持一边诵经，一边在执事僧人的帮助下将各类祭品依次撒入燃烧的火堆。在火供仪式的尾声，僧人会取出无数张写有藏文名字的纸条，并将这些纸条焚烧殆尽。据说，纸条上写的是亡者之名，通过火供超度，他们能顺畅地进入六道轮回。或由此因，在焚烧纸条时，信众总是流露出百感交集的神情，仿佛透过火光与烟雾，能见到亡者往生的情形。那一刻，桑耶寺的仪式空间似已超越此生，与彼世的时空相叠、相连。

如果说以上仪式过程所表达的只是在实证者看来有些抽象的空间感，尚不足以说明桑耶寺的仪式空间已“关涉”寺外；那么，一年一度的祈雨仪式则以寺院学经僧的身体力行，将仪式空间从寺内扩展至寺外的措姆湖。实际上，祈雨仪式并不是发生在寺外的唯一一场法会。据藏族学者恰白・次旦平措分析，桑耶寺建成后，就有在哈布日山上举行焚香大法会即“世界焚香日”的传统；只是世易时移，朗达玛灭佛后，这一盛大的法会庆典中断了数百年，后来，在五世达赖喇嘛时期迁至拉萨举行（参见恰白・次旦平措，1989:42—43）。

至此，我们从法会的一个侧面——寺院僧众的仪式过程，阐述了桑耶寺的仪式空间实际包括寺内和寺外两处区域。而法会的另一侧面——信众的朝圣实践，则将这两处看似内外有别的区域连为一系。

如郭净所言，西藏的任何一项佛事活动都有一个必不可少的内容：“朝圣”或称“转经”（郭净，1997a:101）。朝圣者多是来自各地的普通信众，但也不乏

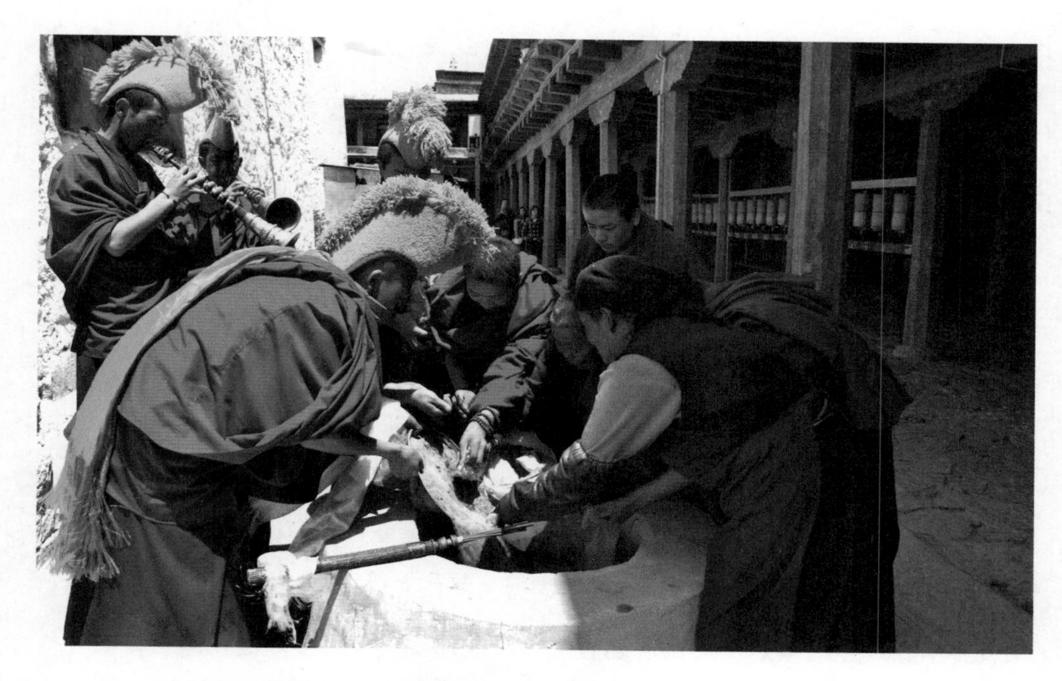

图 78 执事僧人在井口处抛洒制作过坛城的彩沙（何贝莉摄 /2011 年 5 月）

图 79 喜金刚法会期间举行的火供仪式（何贝莉摄 /2011 年 5 月）

身披袈裟的僧侣。信众的朝圣往往与寺院的法会相呼应。平常，人们多是沿着桑耶寺的外围墙绕转寺院；而在法会期间，朝圣者会加快转寺的频次或以磕长头的方式转寺，并绕转哈布日或松嘎尔五石塔，乃至朝圣桑耶寺周边的三处修行圣地。信众之所以选择在法会尤其是大型庆典期间集中进行各种朝圣活动，是因为这些法会的举办日往往是某些殊胜的纪念日，如佛诞日、成道日、涅槃日或莲花生的“初十”吉日——在信众看来，这些特殊时刻异常殊胜，此间修行或朝圣，会得到成倍的功德与加持；因此，随着庆典日趋隆重，信众的朝圣也渐入高潮。

多德大典期间，成千上万名信众从四面八方赶来，如潮水般涌入寺院，朝佛或观看金刚法舞。利用仪式的间隙，信众白天在寺院外的集市上逛街，购物消遣、喝茶打牌；晚上绕寺转经，一圈、三圈、五圈甚至更多。信众还会特意留出半天，成群结队去哈布日转山或到松嘎尔转五石塔，途径柳林时，铺下毡垫，合家野餐，欢度林卡。朝圣的最后一天，清晨五点，信众起身，顶着夜露候在路口，前往修行地聂玛隆的班车大约六点出发。朝圣者摸黑登山，天边泛白时，已转完聂玛隆。在返程中，会顺道朝圣札玛止桑宫。九点左右，回到镇上，人们在客运站附近的餐厅里一边休息用膳，一边等待前往青朴山修行地的班车。班车在十点半钟出发，途经崎岖山路，抵达山腰处的停车场，余下的羊肠小径需由朝圣者徒步完成。通常，绕转青朴山修行地需要四五个小时。待一车人疲惫地赶回桑耶镇，已是下午四五点钟。不过，朝圣桑耶的旅程还未结束。吃完晚餐，信众坐上前往扎央宗的班车，继续赶路。途中恰好经过松嘎尔五石塔，人们在此短暂停留后，继续匆忙赶路。约在日落时分，抵达目的地，朝圣者带着行李背囊，像隐入海水的浪花般消失在村庄里：住进村民自办的家庭旅店，或是住在寺院开设的简易宾馆，安顿妥当后，在扎央宗的山脚下渐入梦乡。人们需要利用这短暂一夜恢复体力，以便次日进山朝洞，顶礼莲花生圣迹。朝圣扎央宗、宗工布和措杰拉措的旅行结束后，远道而来的信众不再返回桑耶寺，而是去往其他寺院和圣迹，或是踏上返乡归途——桑耶的朝圣之行至此结束。

这套传统的朝圣线路何时被固定下来，如今已不得而知，朝圣者约定俗成的“照章行事”，并尽可能走完朝圣线路上的所有地点（空间）。按照地理位置，桑耶的朝圣空间大致可分为三个层次。

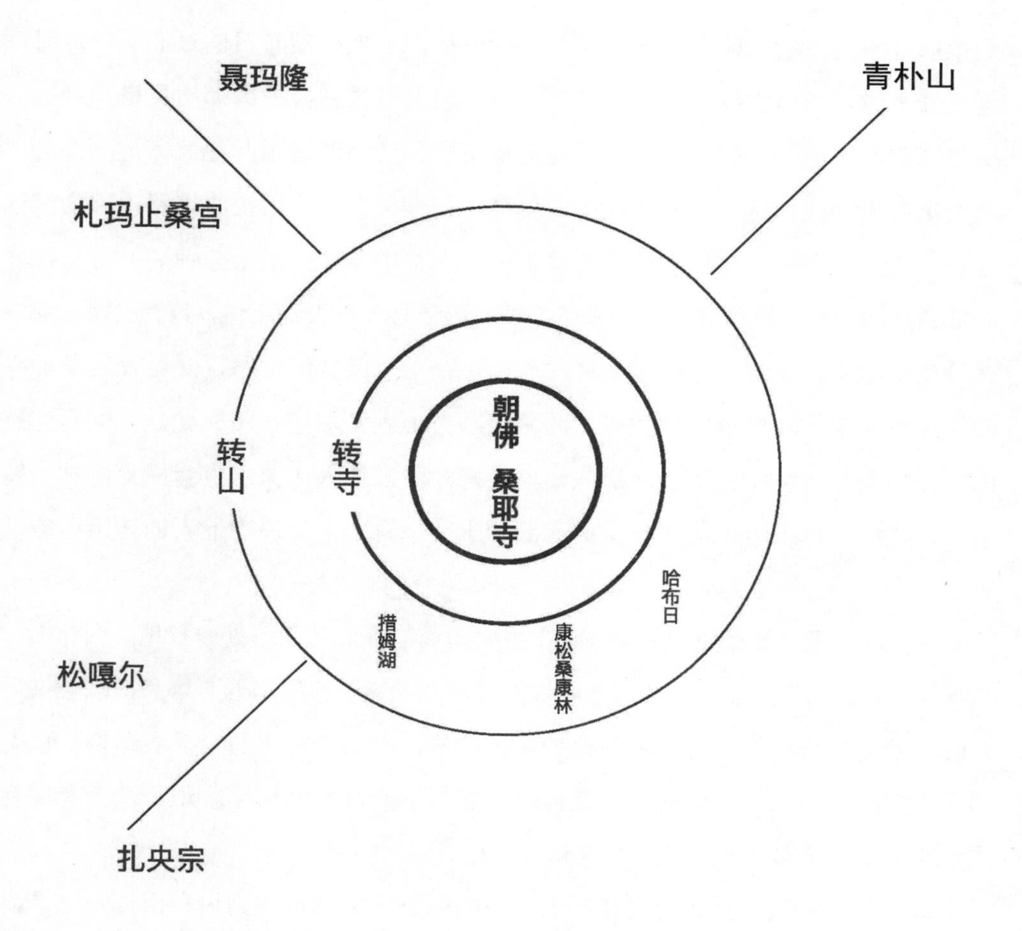

图 80 桑耶寺的仪式空间图（何贝莉手绘）

其一、转寺。转寺朝佛的始发地是桑耶寺的乌孜大殿，随后，朝圣者的行迹会如涟漪般逐步波及大殿周围的十二洲殿、日月神殿和四座宝塔。信众按顺时针方向朝拜每处宗教建筑和圣迹，几乎不用走任何“回头路”。以寺院外围墙为界，有两条转寺路线。围墙之内，有一条断断续续的转经廊，廊内设有一排小型转经筒，沿转经廊绕转寺院，可依次经过十二洲殿的正门。围墙以外，是一圈宽阔的转经道，夜间闭寺后，想来转寺的朝圣者只能走这条寺外的转经道。

其二、转山。名为“转山”，实际还包括两座寺院：桑耶寺和康松桑康林。

沿桑耶寺正门前的马路一直向东走，几分钟后，可抵达哈布日的最北端。这时，需离开主道，顺山脚线南行，途中经过一片玛尼石堆和寂护大师的灵塔。绕过从山顶延绵而下的经幡后，来到哈布日的最南端，转山路线由此往北。走不多远，就要离开山脚线，进入河滩中的一片柳林。白天转山，不用担心迷路，因为沿途都有标识，且有缠绕在树间的幡旗做指引。在林中穿行约二十分钟后，可见柳林北部的边缘线，那里伫立着一座巍峨大殿，形制与乌孜大殿相仿，是“王妃三殿”之一康松桑康林。绕过康松桑康林的西门，踏上一条宽阔土路，此路直通桑耶寺的转经道。走上转经道的朝圣者，通常会顺势走到桑耶寺正门。如是，一圈完整的转山之旅宣告结束。不过，那些知道措姆湖的当地人，偶尔也会横穿柳林绕转圣湖，之后，再折返至康松桑康林西侧的土路。总之，桑耶当地人的转山之旅，实是将山、寺、湖视为一个“整体性”的朝圣空间。

其三、朝圣。此处所说的“圣迹”主要指桑耶寺周边的三处修行地：青朴山、聂玛隆、扎央宗和宗工布，及沿途经过的札玛止桑宫、松嘎尔五石塔和措杰拉措。此时，朝圣的路径不再是一个闭合的环形结构，而是点对点的辐射线结构：以桑耶寺为起点，向三个不同的方向延伸，分别抵达修行地及沿途各地。朝圣者需要不停地往返于桑耶寺和聂玛隆、青朴山、扎央宗之间。

总之，桑耶仪式空间的完整图示，是由两个环形圈从小到大、由近及远、内外相套而成；在此之外，以桑耶寺为起点，还有向东北、西北、西南方向延伸的三条辐射线。

·

在组成桑耶寺仪式空间的三个层次中，以“转山”一环涉及的空间元素最为复杂。在这一环中，有天神赞普赤松德赞与王妃蔡邦氏分别兴建的寺院：桑耶寺和康松桑康林，至今，有些信众依然习惯将供奉在殿堂中的佛像统称为“拉”；也有曾经居住过“念”并显现出释迦牟尼佛石像的哈布日圣山；还有栖息着“鲁”并作为祈雨仪式所在地的措姆湖。由此，桑耶人转山的“总体的社会事实”，实际微妙地涵括着宇宙三界的“拉、鲁、念”。但略有不同的是，宇宙三界多被表述为“上、下、中”三个空间方位的纵向结构；而转山仪式则将这一纵向结构平面化，转换为寺院、圣山、神湖三处的真实地理，并通过转山路径将其整合为一体。

细究之下，不难发现，当地人选择的真实地点与宇宙三界的旨向十分贴切，居于中界的“念”与山联系在一起，位处下界的“鲁”安住在湖里；唯一相悖的是，原本高高在上的“拉”如今却出现在地面而非天空。这的确令人困惑：桑耶人如何能接受上界“拉”与自己同处一个空间的事实？

看似泾渭分明的三个空间层次，在桑耶人的经验中，却能通过“转”的不同方式相互转化。当地人告诉我，绕寺院转三圈与绕哈布日转一圈的作用其实一样：因为绕转需要的时间都差不多，而且绕转所获之功德也大小相当。这一解释，令我颇感费解：桑耶寺的象征意义如何能等同于山、湖蕴含的观念图式？换言之，佛教宇宙观与三界宇宙观这两种不同类型的观念体系，怎么能相互呼应、合为一体？

——无论如何，这就是我在桑耶进行田野考察时体验并感受到的经验事实。这一经验的缘起，或需上溯至千年以前。

兴建桑耶寺时，佛教宇宙观初入吐蕃，雪域先民对“佛”的理解最初建立在对天神“拉”的想象之上，与此同时，“佛”的基本教义又在不断作用于信众对“拉”的理解。“佛”与“拉”，鲜明的不同之处在于两者源出各异，前者是生活在中界的“人”，后者是来自上界的“非人”；但两者又殊途同归，均在宗教信仰中占有至高无上的神圣地位。对于信众而言，这个相同点无疑是至关重要——“神圣性”的存在似乎足以令人将“佛”与“拉”化约而等同视之。因此，当“佛”与“拉”这两种表征“神圣性”的意象，在信众的心目中逐渐合二为一后，出现以“寺院”代替“上界”作为“拉”之居所的观念，也就不难理解了。然而，尽管“佛”与“拉”的基本意涵早已相互渗透进对方的概念中，但教义研究者或宗教学者仍能清楚说明两者的不同；并通过专有词汇，如“桑吉”，进一步将佛教的“佛”与天界的“拉”加以分别。

总之，融合与区别——这看似相悖的两种进程，几乎是在佛教宇宙观和三界宇宙观初次遭遇时，便开始同步进行着。时至今日，这一“双向度”的进程——包括主观历史和客观历史——仍未止歇，仍在共同形塑、参与、指引雪域居民的观念世界与经验生活……

十四、世出的佛与世间的神

或需说明，我在书中总是小心翼翼地避免使用“苯教”一词及其相关概念。之所以如此，主要基于两点考虑：

其一，我在田野考察期间，没有一个当地人跟我讨论地方宗教生活与“苯教”的关系。似乎在当地僧俗的观念里，桑耶寺建立之后，佛教取得“佛苯之争”的“决定性”胜利以后，苯教便慢慢地从此地销声匿迹、退隐他乡了。尽管我时常从寺院的宗教仪式和信众的信仰生活中管窥苯教的“遗存”——实际上，我写的这本民族志主要是在描述苯教“遗存”（如果可以称为“遗存”）于地方生活中的真实性和可感性——但人们不会在现实中承认这些经验和心态其实与苯教有关。因此，为了尊重当地人的说法，我没有将“苯教”及其相关概念强加于我的田野，但这并不意味着地方生活的“潜意识”（参见弗洛伊德，2014:3—4）与“惯习”（参见皮埃尔·布迪厄，2003:114）中，没有苯教的痕迹。

其二，学界对苯教（尤其是早期的或称原始的、前佛教的苯教）的考证仍旧莫衷一是。然而，如何理解苯教（尤其是早期苯教），无疑关系到如何理解苯教与宇宙三界观之关系、苯教的宇宙三界观与佛教的须弥山图式之关系的问题。在未厘清苯教自身的脉络之前，我不敢冒然在文中运用各种与苯教直接关联的学说与概念。可是，倘若出于这种顾虑而回避探究苯教对“须弥山”与“拉、鲁、念”之关系的影响，那么本书的叙述则可能有所偏颇。

所以，我试图在此探讨苯教在“拉、鲁、念”与“须弥山”之关系中的角色与意义。不过，这种尝试并非建立在历史考据的基础上，而更多是生发自人类学的理解与想象。仅供相关读者参详与反思。

·

相较于苯教，佛教——作为一个整体性的宗教系统或文明体，在雪域高原的发展历程，堪称明晰。藏文史籍似已达成共识，认为佛教传入吐蕃政权的历程，主要经历了三个阶段：首先，在第27代赞普“拉托托日年赞王之时，吐蕃开始有了佛教”；其次，第32代赞普松赞干布建立统一的吐蕃政权以后，开始积极弘扬佛法；随后，第38代赞普赤松德赞大力兴佛，并与寂护、莲花生主持兴建桑耶寺，这座“佛、法、僧”三宝具备之佛教寺院的建立，标志着佛教正式扎根于吐蕃政权；赤松德赞组织佛苯辩论，并宣告佛教获胜（参见恰白·次旦平措等，2004:36，92—99，140—148），“苯教前此作为吐蕃‘国教’的地位，从此消失了”（王森，2002:13）。简言之，吐蕃政权的统治者赞普世系，从聂赤赞普延续至末代赞普朗达玛，总共传承有42代。佛教作为赞普推崇的宗教信仰，其地位的确立，其实是晚近之事。在漫长的吐蕃世系里，是苯教主导的宇宙观与信仰体系在建构并维系雪域高原的精神世界。但在此期间乃至更久远时，苯教自身，似乎也发生着变化。

关于苯教的缘起，不妨作此设想：在上古时期[1]，“青藏高原遍布着各种各样的原始信仰”（才让太、顿珠拉杰，2012:50）。这些信仰体系及其仪轨的生成和完善，与雪域先民的现实生活息息相关。当时的青藏高原，“邦国”林立。[2]这些邦国，一方面格外强调自身的“地方性”，每一个邦王都有明确的辖地或势力范围，邦国的领域以及邦王的名号，多以地域之名称呼或说明（参见王尧、陈践，2008:124）；另一方面，邦国与邦国之间、不同地域之间，通过战争（参见次旦扎西、杨永红，2010）、联姻（参见石泰安，1992）、交通（参见张云，1995；平措次仁，2001）与宗教信仰（参见石硕，1994；霍巍，2000）的传播，不断发生密切的联系与交往，很可能在物质、文化与精神层面分享彼此的经验与观念。

当时的雪域先民，虽受制于天然屏障，喜马拉雅山脉“把中亚和南亚地区从地理上隔绝开来”（张云，2005:4），但在更宽泛的地理范围内，高原居民的精神和物质世界与黄河流域文明、印度河流域文明、西亚地区古代文明有着广泛的接触与交融（参见图齐，2004；石泰安，1992；降边嘉措，2001；张云，2005）。公元前1000年前后，南下的雅利安人曾抵达青藏高原，特别是西部边缘地带。“印度西北部地区一直与西藏西部和西北部地区保持着经济、宗教与文化上的相互往来。”“西亚的波斯人建立了阿契美尼德王朝（Achaemenid，公元前

1. 参考张云的总结，“西藏的古代文明大致可以划分为三个大的发展阶段，即前吐蕃时期，也就是我们所说的‘上古时期’或者‘史前时期’；第二个阶段是吐蕃政权时期，大约在公元7世纪至9世纪；第三个阶段是佛教文化时期。上古时期，是西藏文明的孕育期，它是西藏人种的形成与原始氏族部落的发展时期，以及西藏上古文明共性特征的初步形成时期。大致又可以以传说中聂赤赞普的出现为标志划分为前后两个阶段。前期可以说是西藏上古文明的自发性存在时期，后者则可以说是它的初步发展时期”（张云，2005:1—2）。

2. “遍布各地之小邦，各据一堡寨，……十二小邦加上斯日赤共为十三，家臣二十有四，加上江日那共二十五家，堡寨十二，加上崇高中央牙帐共为十三。十二地域加上北方南木结。共为十三，所谓九大王加上翱氏共为十王，九大家臣加上琛氏即为十大家臣也。……古昔各地小邦王子及其家臣应世而出，众人之主宰，掌一大地面之首领，王者威猛相臣贤明，谋略深沉者相互剿灭，并入治下收为编氓，最终，以鹘提悉补野之位势莫敌最为崇高。”（王尧、陈践。2008:124—125）

550—前 330 年，或译作‘阿黑门’）和萨珊王朝（Sassanid，公元 224—651 年）统治的前后两个强大帝国，并把势力伸入到中亚地区，使西亚和中亚地区的文化联系更为增强，而西亚与西藏高原地区的联系也开始进入一个新的阶段。”（张云，2005:6—8）这种广阔的地域联系和交通往来，意味着“西藏不是一个与世界其他地区完全隔绝的孤岛”（图齐，2004:69）。出现在雪域高原的物质文化、生活习俗或民间信仰很可能附着各个“外来者”的形式与意义。

总之，上古时期雪域先民的生活世界——包括物质与精神的方方面面，大概主要由三种因素交融共塑而成：地方性、交互性和外来性。不过，这三种因素对上古雪域世界的影响或效用，则未必是均质或同步的。

在整个青藏高原尚未建立起统一的政权和疆域之前，每个各自为阵的邦国都会自觉或不自觉地建立并维系某种“认同”[1]以凝聚民众稳固人心，这种认同感往往以“地方”为纽带（对内而言）或疆界（对外而言），而“宗教信仰”则以所谓的“原始”面目在其中发挥“驱邪治病、定心安邦”（才让太、顿珠拉杰，2012:50）的作用。

也许，这就是我们在追溯上古时期雪域先民的信仰时，会得出如下结论的原因：这些散布于各个邦国的原始信仰，“它们大多数从教义、仪轨、历史及其社会功能都没有多少内在和横向的联系，互不统属，自成系统。这些内容不同、形式各异的信仰系统及其仪轨和传统都有只属于自己的传承及其社会功能”（才让太、顿珠拉杰，2012:50）。原始信仰在经验或表象上所展现的鲜明的地方性差异，的确令研究者眼花缭乱，因而难以将之视为一个“整体性”的信仰体系。

邦国的建构，需要“自成一体”的信仰做支撑，但邦国的互通往来又在无形中借鉴或分享着某些相通的观念体系，并在更高的精神层面不断强化、达成共识。这种共识——例如运用相同或相近的观念、词汇、符号，则又进一步促进邦国之间的交流与沟通。

作为雪域高原上纷繁芜杂的各种古老信仰的载体，原始先民对“宇宙”——自己设身处地的世界——逐渐形成一种共识：“这就是三界宇宙观。这种宇宙观

1. “宗教上的个人主观经验与集体客观经验经过多方混合，使许多族群与文化得以将人民整合成为一体；但是，同样是拜宗教所赐，族群与族群之间，文化与文化之间，却也形成了严重的区隔与对立。通过宗教信仰，族群存在的意义形成传统，为每个族群的成员提供了强大的黏合作用，按照自己的需要，或恬淡清净或激情狂喜。”（哈罗德·伊罗生，2008:196）

将整个宇宙分为三层，上界为神界（ལྷ），中界为年界（གཉན），下界为鲁界（ཀླུ）。神界就是天界，居住着各种不同的神祇，并有十三层之说；年界就是人间；鲁界是大地底下充满着各种鲁即水系生灵的世界，这些生灵有时候也出现在人间的湖泊、池塘、灌木、树阴之下”（才让太、顿珠拉杰，2012:29）。

传统的“藏史将当时形态各异的原始信仰通称为བོན（苯）”，“‘苯’字具有反复念诵之意，加上几乎所有苯教文献在作为名词时，将‘苯’作为所有原始信仰系统的总称，可以将‘苯’理解为所有原始信仰的代名词。”同时，“在区分这些原始信仰时，在他们的称呼词之后加上‘苯’字，如鲁苯、赞苯、神苯、塞苯、星苯、月苯、药苯等，《无垢光荣经》一次列出34种苯教，以示对它们的区别。”（才让太、顿珠拉杰，2012:50-52）通过使用“苯”一词，雪域先民的各种信仰及其传统，一方面有了整合性的统称，另一方面又保留了这些具体信仰的差异与区分。如上分析，或许是后世苯教史家对苯教的早期特征的某种总结与想象，但不管怎样，这的确能反应出藏族人自身对自己的宗教信仰的认知。

“在བོན后面加上一个主性词པོ就变成བོན་པོ，即苯教师”（才让太、顿珠拉杰，2012:51）在全民信“苯”的上古时代，苯教师是指能举行各种仪式的法师，而非一般信众。苯教师的出现，意味着“苯”已拥有众多专业的执事者，尽管他们操持的仪轨、献祭的对象可能千差万别，他们可能也没有将这些仪轨及其背后的教义、教法加以总结归纳，但传统的苯教史家认为，苯教九乘理论框架中的“四因乘实际上包括了原始苯教的基本内容”，“主要是降魔驱邪、消灾祛病、祈福求安等内容，是追求今生平安的功法和仪式”（才让太、顿珠拉杰，2012:53—61；施奈尔格鲁夫，1989:67—86）。

比较三界宇宙观之“拉、鲁、念”，与众苯之名如“鲁苯”“赞苯”，及四因乘所涉之神灵鬼怪如“拉”“鲁”“念”，我们不难发现其中的关联——这种关联具体表现在神灵鬼怪的名号（或统称）的一致性上。如果系统地比较三界宇宙观、“34种苯教”与四因乘中提及的各类神灵鬼怪的名称，或许还能有更多的发现。无论如何，既有的线索似已在暗示：在上古时代，雪域先民曾一度共享着某种“整体性”的信仰体系：

那些居住在各个高原邦国的先民，在对世界的整体认知上，逐渐形成了趋于一致的宇宙观：三界宇宙观；并有最基本的通用的仪式仪轨：反复念诵；以及专业的执事者：苯教师；乃至初具体系的教法：四因乘。

在看似繁杂的各据一方的信仰经验之上，这种“整体性”的信仰体系，用藏文古籍已使用的词汇来概括，就是“苯”。“传统苯教史家将这些原始苯教统称为世续苯教（སྲིད་པ་རྒྱུད་ཀྱི་བོན་），据《无垢光荣经》解释，སྲིད་པ་为世间或存在之意”。如今，藏族学者普遍认同“世续苯教”是苯教发展的第一个阶段（参见才让太、顿珠拉杰，2012:52，62）。

世续苯教为雪域先民建构的“真实世界”大抵如是：

“人的地位相当不稳定，尽管人类与神灵之间有着天然的联系，人却既不能得罪神，也不能冒犯恶魔。但如果恶魔伤害人，人可以求助于神灵，无论付出怎样的代价，神都必须战胜其对手。由于人降生于神，因此，人自然而然要向神灵寻求保护。但同样，由于人与神之间有着天然的联系，因此，在不代表敌对力量时，神与恶魔之间并没有截然的区别。人天生就具有这两种力量，并为它们所争夺。这两种力量就叫做俱生的神与魔”（桑木旦·G·噶尔梅，2005:141）。在神、人、魔之间进行调和与沟通的，就是苯教师，“他们在人类与诸神之间，人类与自然之间，灵性与理性之间扮演了媒介的作用”（才让太、顿珠拉杰，2012:61），他们用“其简单的禳解法，以煨桑开道迎请神灵，然后焚烧食物，神鬼嗅味而饱之，再不加害于人。若有疑难，以五彩靴带占卜，可知吉凶”。总之，“早期的苯教不信有来世，认为现世人类的疾苦灾难，可由苯教巫师解除”（嘉措顿珠，2011:14）。神灵、妖魔与人类一样，共处现世“世界”之中，各归“三界”之内。

也许，在雪域先民的概念里，那时的“‘人类’并不是代表着现代的人类。他们是现代人类的前辈，既属于神也属于人，既是现代人类的先祖又是居住地的创造者和整治者”（石泰安，2005:270）。“从世界存在以来，从它成为一种存在的形态起，人类就开始干预以创建一种必要的秩序和赋予它一种与生活习惯相适应的形式。因而就导致产生了一种新的形式，它干扰或伤害了直到那时为止一直独占这些特定领域的神灵。人类的活动包括建造房屋、于某一特定地点支起帐篷、于一条河流之上架桥、挖掘土地，所有这一切都意味着入侵另外一种势力的领地并要求以适当的仪轨举行赎罪仪式”（图齐，2005:247）。

换言之，是人类与“世间”神的关系，构成了世续苯教作为一种“整体性”信仰体系的主旨。

·

不过，即便有了统一的名称“苯”与共同信仰的“宇宙三界观”；在相当长的一段时间里，雪域先民的信仰很可能仍以各自为阵的形式在各个邦国内传承与发展——这种发展既非均质亦不同步，就像邦国自身的兴衰存亡。

“在经历小邦时代各小邦之间的长期争战和兼并之后，至迟在公元前4世纪，西藏高原范围内逐渐形成了三个势力较大的部落联盟，它们分别是象雄、吐蕃、苏毗。……它们之中，形成年代最早、历史最古老的要算象雄”（石硕，1994:49）。

关于象雄的地理位置，如今虽未确定，却也能指出其大概轮廓。据苯教学者格桑丹贝坚赞所著之《世界地理概说》记载，象雄由三部分组成：里象雄、中象雄和外象雄。以这位学者的叙述为基础，象雄的地理范围大致为：“象雄最西端是大小勃律(吉尔吉特),即今克什米尔。从勃律向东南方向沿着喜马拉雅山脉延伸，包括今印度和尼泊尔的一小部分领土。北邻葱岭、和田，包括羌塘。但东面的边界就不太清楚”（才让太，2011b:2—3）。据此，以交通而论，“这一带是处于东亚、中亚、西亚以及印度北部地区相互联接和交汇的一个交通要冲之上，从象雄向北可直通今天的新疆和中亚地区；向西可通往印度东北地区及西亚各国；向南则可经由后藏与泥婆罗及南亚地区进行沟通；向东则通过藏北高原与黄河上游的青海、甘肃及川西地区连成一体”。“象雄所处的这种特殊地理位置，使它与外界各周边地区保持了异常发达的交通，同时这种与外界频繁的交流和沟通也反过来大大促成了其文明的发展和繁荣”（平措次仁，2001:169）。

简言之，“西藏最早的文明中心并非出现于自然条件优越的雅隆河谷，而是出现于以象雄为中心的西藏西部和北部高原地区”（石硕，2011:22—25），实非偶然。

随着象雄文明的发展，象雄的宗教——也许它原本只是青藏高原上众多原始信仰中的一支，开始以更清晰的面目出现在雪域先民的眼前。与作为统称的“世续苯教”不同，象雄苯教拥有自己的“教主”（创教者）辛饶弥沃[1]，苯教文献“把辛饶创立的并被认为是正统的苯教叫作雍仲苯教”[2]。

厘清世续苯教与雍仲苯教的承继关系，对于理解苯教的演进及其教义中的“宇宙三界观”尤为重要。也许，我们可以这样假设：在象雄作为雪域文明中心的地位尚未确立时，象雄的地方信仰，一方面与其他邦国的原始信仰共享着某些观念，如宇宙三界观；另一方面又保留着自身的地方性色彩。此间，象雄的地方信仰与其他邦国的原始信仰一样，可统称为“世续苯教”；但同时它又拥有自己的地方性称呼：“杰尔”。

因象雄与周边地域、文明的频繁交往（参见张云，2005:106—109；霍巍，2000:68—75；才让太，2011c:66—79），“杰尔”在教义、教理、仪轨等方面得到不断的充实与发展，最终自然而然地突破了世续苯教的某些范式。例如，世续苯教的“杀生祭祀仪式首先遭到辛饶的反对，并改用动物模型来代替，叫作‘堆’（mdos）或‘耶’（yas）”（才让太，2011b:6）。经过类似的一系列局部调整后，最终发展成一套更为完备的宗教信仰体系，该体系因其宣称有教主：辛饶弥沃，发源地：沃摩隆仁，象征符号：雍仲（参见才让太、顿珠拉杰，2012:63—64，46），系统教义：苯教九乘（参见曲杰·南喀诺布，2014:76）；并且有传播时间、传播地点、传播者和传播路径（参见卡尔梅，1986:280—281；夏扎·扎西坚参，2012:72），而逐渐区别于传统的世续苯教。如果说世续苯教作为一种信仰体系，大多潜存于雪域先民的经验与心态中，彼此之间，至多是“共享”或“分享”某些相通的观念；那么，雍仲苯教则很可能随着象雄文明向周边区域的辐射，以系统宗教（参见才让太、顿珠拉杰，2012:62）的“传教”方式，开始作用于雪域先民的信仰生活。

具体至教义、教理，雍仲苯教似乎是由世续苯教（各类原始苯教之间的交互往来）和外来宗教（象雄外围的各种宗教的传播影响）这两类源出迥异的信仰体系合力建构而成。当时的苯教徒也许“是真诚地想把古老的巫术仪轨与新的道德训戒和禅定法联系起来”（施奈尔格鲁夫，1989:71）。

1.“辛饶并非专指某一个人，而指许许多多具有超常学问和殊胜法力的苯教师。辛饶有很多，但加上弥沃两个字就专指雍仲苯教的祖师一个人了。”“辛饶弥沃也像所有的宗教创始者一样，经历了一个从人到神的演变过程，从敦煌文献、苯教早期的仪轨文献和苯教后弘期伏藏文献中出现的辛饶弥沃的形象完全不同就说明了这一点。”（才让太、顿珠拉杰，2012:63，62）

2. 或需说明，“辛饶的宗教最初并不叫‘苯’，而叫‘杰尔’（gyer），这是个古老的象雄文字，后多译成了藏文的‘苯’”（才让太，2011b:6）。

以苯教九乘为例。“在《赛米》和《无垢光荣经》等苯教传统文献中，九乘是苯教鼻祖辛饶弥沃从一岁开始依次讲授的内容。”“苯教被分成四因乘和五果乘，因乘和果乘的关系其实很明了，”因乘“只能是修行来生的基础和福根，不能成为直接修行来生的功法，故称其为因乘。五果乘才是修行来世的功法并能得到圆满果报”（才让太、顿珠拉杰，2012:53）。总之，四因乘关注现世，与世续苯教对世间“世界”的整体认知相一致。与之相较，五果乘中，教法的鲜明转变，在于对“来世”“轮回”观念及其相关仪轨、修行的认知与强调（参见施奈尔格鲁夫，1989:69—70）。

至此，“苯教中佛教观念俯首皆是：对胜义谛和世俗谛的界说；实现智悲双运的‘圆觉’；整个众生六道轮回的观念；五佛观念以及整个密咒本续理论与实践”（施奈尔格鲁夫，1989:72）。如是，我们几乎可以毫不犹豫地说：苯教的确受到了佛教的深刻影响——就像如今在藏区看到的种种经验事实一样。

然而，或应追问的是，印度佛教对苯教的影响究竟始于何时？通常，按照藏文佛教史籍的记述，直到第27代赞普拉托托日年赞时期，印度佛教才以“天降宝物”的形式出现在吐蕃雪域，苯教与佛教的初次遭遇，似乎应该从这时算起（参见恰白·次旦平措等，2004:36）。但若从苯教九乘中的五果乘分析，雍仲苯教与印度宗教的接触，乃至对佛教的吸收与接纳却是古已有之。“因为从一开始苯教徒就急切想要吸收和改造各种宗教教义和修法，不管是本土的还是外来的”，而且，“我们有足够的理由相信佛瑜伽师和隐修者，并且很可能还有印度教苦修者在佛教被吐蕃法王正式引入西藏之前已经在西藏西部的村民中传播印度的教典和修法，而这种‘非正式’的接触甚至持续了数百年”（施奈尔格鲁夫，1989:84，77）。

尽管学界考证过一些纳入学术研究的苯教史籍（尤其是关于雍仲苯教鼻祖辛饶弥沃的传记）的著述时间，认为这些文献最早不会出现在10世纪以前（参见桑木旦·G·噶尔梅，2005:124—125），因而难以作为考察象雄文明时期（象雄约在公元前4—前1世纪建立，公元7世纪松赞干布时代灭之）雍仲苯教与佛教之关系的论据。但是，若从当时文明接触的历史地理之视角来理解（参见张云，1995:87—126，229—274），若以苯教九乘中四因乘和五果乘的演进关系来推测（参见才让太、顿珠拉杰，2012:53），承认早在吐蕃政权第27代赞普之前，雍仲苯教已开始有对佛教及其教义的接触或吸纳，似乎并不过分。

只是，即便我们承认苯教与佛教的关系可以追溯至象雄文明时期、雍仲苯教形成之时，却也不意味着这一时期的佛苯关系，能用后世总结的“佛苯之争”或“佛苯融合”来形容。事实上，象雄的苯教师在借鉴佛教的某些观念和经验时，是否意识到对方原本是个自成一体的宗教系统，亦尚未可知。

·

倘若在象雄时期，雍仲苯教与佛教的确发生过某种关联，那么这种关联想必会有如下特点：

其一，对于当时的象雄苯教师而言，印度宗教（乃至佛教）的某些观念，只是可供选择或接纳的众多外来宗教中的一种，甚有可能还不是最重要的一种。据张云考证，“在苯教的萌芽阶段，它把三种主要成分参合在一起，其中包括：对国王神性及有关众神的崇拜、伊朗对世界形成的观念和印度深奥的羯磨与转世理论”（张云，2005:125）。

其二，已有自身信仰体系的苯教师，对外来宗教的理解与接受，多是选择性地摘取各类信仰或文化的“素材”，如物件：瑟珠（俗称“天珠”，参见大卫·艾宾豪斯、麦克尔·温斯腾，2005:187—189），符号：雍仲（参见才让太、顿珠拉杰，2012:46），行为习惯：天葬（参见张云，2005:205—206）；或“要素”，如某种观念：轮回转世、二元论（参见张云，2005:192），修法：拜日拜火（参见张云，2005:202—203）、禅定——以补充、更新或修正、完善自身的宗教体系。宗教之间的传播与接纳，仍以世续苯教自身的信仰体系为内核，以它的价值判断来抉择。因此，尽管接受了诸多外来宗教的影响，世续苯教却并未改宗为波斯的祆教（或称琐罗亚斯德教）、印度的湿婆教、耆那教或佛教，而是演进为雍仲苯教。从世续苯教到雍仲苯教，虽在宗教形式上有了诸多变化，但其信仰体系却一脉相承。只不过，为了与其他苯教区别[1]，雍仲苯教徒“坚持说他们的教法来自西部”（施奈尔格鲁夫，1989:76）。

其三，当苯教师将遁世苦行、转世轮回等观念写入自己的经卷中时，他们也许并没有明确意识到这些观念出自于一个完整宗教体系——佛教的教义。之所以如此，一方面是因为大部分印度宗教都具有这些观点，若无清晰考证或详尽了

1. 这种自我宣称的“区别”，恐怕更多是策略性的。在西藏历史上，曾经多次出现。

解，实难将之归类；另一方面，从有限的历史文献来看，在象雄时期，佛教尚未作为一个整体性的宗教体系，以官方“请法”的方式传入雪域。因此，即便苯教师在观念和实践层面已与印度佛教有过实质性接触，他们也未必会将佛教当作竞争对手。这一时期的佛苯关系，谈不上融合，也说不上争斗，至多是苯教师在信仰实践中体悟并运用一些可兹参照的外来观念、仪轨或修行方式（施奈尔格鲁夫，1989:84，76）。

总之，雍仲苯教以相对宽容的方式兼收并蓄，建构出一套完备而复杂的系统宗教。它的完备性，体现在它已具备现代意义上“宗教”应有的主要特征（参见罗纳德·L. 约翰斯通，2012:12—23）。它的复杂性，在于它需要将各种源出不同的外来宗教的影响巧妙地结合成一个自我圆融的有机体。当象雄的地方信仰从“杰尔”演进为“雍仲苯教”时，苯教的宇宙三界观亦随之发生着改变。

世续苯教时期，在雪域先民的信仰体系中，与“宇宙三界观”如影随形的另一种观念是：神山信仰（参见才让太、顿珠拉杰，2012:28）。神山之所以重要，是因为它那巍峨的山体屹立于人间，高耸的山峰能直刺上界（拉界），坚固的山底会深入下界（鲁界），神山贯穿宇宙三界，成为连接“拉、鲁、念”三界的通道。[1] 也许，我们可以这样假设：在上古时代小邦林立时，不同的邦国依据自身居住的地形地貌，而信奉各自的神山。留存至今，我们依然可以说出一些神山的名字，如云南的卡瓦格博、青海的阿尼玛卿、雅隆河谷的雅拉香波，以及西藏阿里的冈底斯。这些神山，几乎可以被视作“宇宙三界观”的具体象征与信仰实践。不过，就像世续苯教中各类苯教的发展并不均衡一样，随着各个邦国的兴亡存废，不同地域信奉的不同神山也开始在信众的心中发挥不同的“效力”——冈底斯，无疑是其中最具影响的一座神山。它对周边地域的摄受力和感召力与象雄文明的兴盛和广泛影响密不可分。总之，“不仅是象雄，它周围的吐蕃、孙波、泥婆罗、天竺、拉达克、克什米尔等地的信民也开始来象雄朝拜冈底斯山，寻觅从此升向天界的穆塔（dmu thag，即天梯）和神牛的遗迹”（才让太，2011c:69）。

1. 雪域先民对神山与宇宙三界之关系的思考，并非孤例，而是涵括在一种广泛分布（早已超出青藏高原的地理范围）的信仰模式之内。“在那些因显圣物的显圣而使宇宙的层次从一个层面到另一个层面突破的地方，也就同时造就了一条通道，这条通道既能上达至神圣世界，也能下达至地下世界即鬼魂的世界。这三种不同的宇宙层次——尘世、天国和地下世界被置于密切的联系中。……与天国的联系通过某些宇宙的模式来表达，这一切都被视为宇宙之轴、即支柱，被视为梯子，被视为山、树、藤蔓等等”（米尔恰·伊利亚德，2002:11—12）。

其后，随着雍仲苯教的兴起与发展，冈底斯作为“沃摩隆仁”的地理图式，与雍仲苯教连为一系。“苯教传说认为，苯教最初起源于一个叫做魏摩隆仁（即沃摩隆仁——作者注）的地方，据说那是大食的一部分。学者将这个所谓的大食确认为波斯。在藏语中魏摩隆仁的含义尚未明确界定”（桑木旦·G·噶尔梅，2005:119）。传统的苯教师认为沃摩隆仁是（雍仲）苯教发源地的原因，在于他们把那里设想为苯教鼻祖辛饶弥沃的诞生地。但实际上，“苯教文献中关于辛饶亲临冈底斯山传统的各种记载之间出入较大，……雍仲丹巴旺杰（g·yung drung bstan pa dpang rgyal）的著名的辛饶本记甚至没提到辛饶路经冈底斯山的传说”（才让太，2011c:69）。不过，“无论情况如何，根据经文对魏摩隆仁境内山川河流的描述，并以现代地理知识为依据，我们可以确定，河流从冈底斯雪山山脚下流过，而这可能就是九迭雍仲山区。……14世纪一部重要的著作《根本论日光明灯》，赞同把魏摩隆仁确定在冈底斯山地区”（桑木旦·G·噶尔梅，2005:122）。

其三，沃摩隆仁的宇宙观产生以后，雍仲符号的寓意和功能得到了极大的更新和强化（参见桑木旦·G·噶尔梅，2005:120）；在“宇宙三界观”中，“中心”的概念与现实的“地理”得以凸显。“在原始苯教的天界、年界和鲁界三界宇宙观中，文明的中心沃摩隆仁就坐落在人界的中心地带，九层雍仲山就是这个文明中心的核心，这个核心山峰有九层，都由雍仲形状的山体组成，其顶端是一块巨型水晶石。雍仲九层山的四周流出四条河流即恒河、印度河、悉达河、傅叉河，恰似雍仲符号的四肢向外伸出。该符号的四个正面方向有四座宫殿，在其外围坐落着许许多多的山峰、绿林，层峦叠嶂，城郭、清池，错落有致，河流、小溪蜿蜒其中，形成沃摩隆仁壮观的自然景色和人文景色。在这样的描述当中，雍仲不仅仅是一个文化符号，而且是处于三界宇宙之中心的核心山峰本身。这样一个神奇的世界并非完全虚无缥缈，四条河流与源自冈底斯山的四条河流形似，山顶的巨型水晶石与常年覆盖冈底斯山顶的皑皑积雪神似，整个沃摩隆仁又与以冈底斯山为中心的古代象雄文明天造人和，融为一体，以九层山峰为核心的沃摩隆仁成为一个巨大的雍仲，成为古代象雄文明一个极其重要的文化地理符号”（才让太、顿珠拉杰，2012:46—47）。

如果说，原初的“宇宙三界观”更多是强调“上、下、中”三界的纵向联系，聚焦于人神之间的关系；那么，雍仲苯教的“宇宙三界观”则在这个纵向维度的基础上，增加了一个横向体系——以立于世界中心的九层雍仲山为圆心、以四条河流为辐射线、以四座宫殿为四方，勾勒出雍仲苯教的世界地理图式，并将当时所知的不同地域、邦国或文明体安居在内（参见丹·马丁，1998:1—38）。“人间”世界的层次感和丰富性，在青藏高原上得到了前所未有的表达，并最终以宗教观念的形式加以留存。[1]

无论这种宇宙观源出如何，或能想见的是，当雍仲苯教将阿里的冈底斯作为现实、现世的世界中心（参见丹·马丁，1998:3）顶礼膜拜并广为传播时，原本多是存在于经验与心态中的“宇宙三界观”则被彻底做实；冈底斯作为世界的中心，在信众的心目中从此具有了不可剥夺或替换的唯一性——这种观念一旦深入人心，便会弱化甚至消解其他邦国的神山作为宇宙三界之通道的宗教合法性。与之相应，雍仲苯教作为一个对当时的“世界”有着整体性理解与描绘的信仰体系，开始突破地方性宗教的范式，成为一个跨文化，乃至跨文明的整体性的系统宗教，并对周边地区、邦国或文明形成强有力的感召与影响（参见才让太、顿珠拉杰，2012:30—40）。这种影响力，终将独立于象雄文明的存亡而源远流长。换言之，雍仲苯教虽然发轫于象雄文明，但最终，它却脱离于该文明的兴衰成败，而拥有了自己的生命轨迹。

所以，当吐蕃政权的第一位赞普聂赤赞普——“‘聂赤’二字可能与当时刚刚传入吐蕃的雍仲苯教的教义有密切关系”——从天界下降入主人间时，受到12位苯教智者的迎请并奉为赞普，绝非偶然。我们或许可以这样假设：通过从象雄传入的雍仲苯教而非雅隆一带的地方苯教，吐蕃政权的赞普世系得以确立起自身统治的合法性（参见才让太、顿珠拉杰，2012:94，95；才让太，2011d:266；石硕，2000a:37—38）。

“自公元前4世纪以来，西藏高原由象雄、雅隆和苏毗三大部落联盟的兴起而逐步形成的三足鼎立局面，最终以雅隆吐蕃部落的日渐强大及其对象雄、苏毗两部落的征服而告结束，从而统一了西藏高原”（石硕，2011:26）。而吊诡的是，

---

1. 尽管如今，我们很难判断：这样一种宇宙观是否出自于雍仲苯教的独到创建；事实上，学者孙林认为，从沃摩隆仁的地理结构图来看，“它与古代西亚和美索不达米亚文明中的轮形地图具有相似的地方。据英国科学史专家李约瑟的研究，古代巴比伦的轮形地图以及巴比伦的环形宇宙观曾经对整个亚洲和欧洲大陆产生影响，他将之称为欧亚宗教圆宇观”（孙林，2011:355）。

雅隆吐蕃对象雄的政治军事征服与雍仲苯教向雅隆的宗教传播，恰巧是相对的两个方向（才让太，2011d:268）。当雅隆部落将雍仲苯教作为自身的主体信仰之后，随着雅隆吐蕃的发展壮大，雍仲苯教在吸收吐蕃本土和其他区域的苯教仪轨的基础上，发展成如今通称的“苯教”（参见才让太、顿珠拉杰，2012:95）。

·

那么，从吐蕃政权的第一位赞普聂赤延续至末代赞普朗达玛，其间，苯教与吐蕃政权赞普世系的关系具体为何？

“《象玛》（བྱམས་མ）中说：‘聂赤赞普时盛行因本“十二智者”。’”[1]当时的吐蕃民众仍然信奉世续苯教的主要内容“四因苯”，“主司原始先民日常生活中的驱邪禳灾等仪式”（才让太，2011d:272）。这些仪式的“实际目的是确保对赞普本人、家族首领和特权家族的保护和庇佑。正如在今天仍是民间宗教中的习惯一样，这种仪轨是指在某些生死攸关和危险时刻消除作恶的神灵”（图齐，2005:237）。

至第二代赞普穆赤，据说他是一位狂热的苯教徒，不仅大力扶持苯教的传播，还从象雄请来百余名苯教大师，并师承象雄的苯教大师南喀囊巴多坚修行密法，成为苯教史上的“十三王统成就者”之一。并且，“从聂赤父子开始，已有了苯教与吐蕃王权的高度结合。这种结合被苯教史家称为‘王辛同治’”（才让太，2011d:269—270）。这种所谓的政教关系，其实与民众对赞普神性的信仰密不可分：“很可能，赞普的神性和他们的神灵（大部分是山神）最初形成了这一信仰的核心。还有祭司，他们主持各种宗教仪式，在特殊场合里，还主持像坐床仪式或签订仪式这样的隆重庆典。……对藏王神性的信奉及仪式构成了宗教的基本内容”（桑木旦·G·噶尔梅，2005:128—129）。

聂赤赞普以降，随后的六代赞普（七位赞普合称“天赤七王”）在位期间，“每一位赞普身边都有一名苯教大师帮他处理日常工作，主要包括宗教事务。这些身份特殊的宗教人士在苯教历史上被称为‘古辛（སྐུ་གཤེན）’，意为‘王室内的辛波’。这里的‘辛’专指从事苯教仪轨的祭祀人员”（才让太、顿珠拉杰，2012:98）。

1. 十二智苯具体有：护佐神苯、招福恰苯、施赂行苯、都尔斯苯、施塞净苯、征除见苯、医病利苯、占卜算苯、九多言苯、面鹿飞苯、预言居头和幻灵行苯（参见夏扎·扎西坚参，2012:77—78；卡尔梅，1986:290—291；才让太，2011d:266）。

后世的佛苯文献不约而同地写道：天赤七王，均是沿着天绳下凡统治人间，完成自己在人间的功业后，就顺着天梯升天，让作为其子的另一位神灵下凡，而不留尸骨在人间。[1]此间，在古辛的提倡与赞普的支持下，王室成员开始争先恐后修建苯教神殿。在苯教文献记载的“三十七处苯教聚集点”中，就有一处是位于山南桑耶寺附近的“黑波扎玛”（才让太、顿珠拉杰，2012:100；夏扎·扎西坚参，2012:83）。这恐怕是桑耶一隅（可能在哈布日附近）被确立为宗教场所的最早记录了。

据说“天赤七王之时，所兴盛的是‘六无上本’”，苯教九乘之四因苯和五果苯此时已有系统的传播。不仅如此，那时的吐蕃王臣对周边文明的基本特点已有了解，文献所记：“那时，印度的佛学、汉地的历算学、冲地的医学、藏地和象雄的雍仲本兴盛”（夏扎·扎西坚参，2012:85—90）。这或许是佛教首次以一个整体性的宗教体系进入吐蕃先民的视野。《苯教史》用“阿孟曲波的故事”描绘出第3代赞普定赤赞普遭遇佛法时的荒诞情形（才让太，2011d:271）。至于佛教与赞普世系的现实接触，则是第27代赞普拉托托日年赞时期发生的事——佛教以“信物”为载体，第一次走进吐蕃赞普的视野与生活。[2]

不过，“王辛同治”的理想状态并未持续多久。《藏族雍仲本教史妙语宝库》记载，在第8代赞普止贡赞普时期，苯教被禁。禁苯的原因，主要是因为“本教地位太高，会影响赞普的权势”，甚或有言：“现在赞普和本波的权力还不相上下，等到子孙之时，王权将被辛窃取”等（夏扎·扎西坚参，2012:92）。而在苯教师看来，是“这三种小力量：大臣们嘴上的诽谤，恶毒的谣言的散布，像往火里添加燃料。于是永恒的苯教被废除了”（卡尔梅，1986:313）。

止贡赞普虽然废苯，却也不是全面废止。“这些权威性典籍指出‘因、果两派之苯’在后藏被废除了，然而在前藏，尽管‘果派之苯’被废除了，但我认为‘因派之苯’的若干部分被保留下来。……《旺钦》说：在金布伦察的请求下，赞普给了他（神圣苯教的四乘）中只与‘因派之苯’有关的一个半乘。这就是说，整个‘全世界之苯’和‘存在之苯’的一半逃脱了被毁灭的灾难。《圆满赛喀》说：

1.“对此，苯教徒有两种解释：一种认为在苯教的三界宇宙观中，天界又可分为十三层，第一层居住着不同种类和层次的神灵，他们靠天梯下凡和升天，七赤天王正是从天界下凡来救度人类的。……另一种解释认为，由于七赤天王均是虔诚的苯教信徒，并是苯教密宗吉邦桑巴的修炼者，因而他们均因苦修而悟真谛，最终皆成虹身而去。”（才让太，2011d:270）

2. 这主要是藏传佛教史籍公认的说法（恰白·次旦平措等，2004:36）。

神圣的‘赞词’的苯没有废除。为世俗用的‘死后召魂’的苯被废除了一半。‘圆满心灵之苯’全部被废除。《南木达》说：伟大的慢颂和全部思想教法的苯都被藏匿起来了”（卡尔梅，1986:311—312）。由此可见，即便是主张废苯的止贡赞普，也仍旧重视或运用关乎现世生活的因苯；相较而言，教义更深、修行更复杂、超越现世涉及轮回的果苯则显得命运多舛（参见图齐，2005:258）。

值得注意的是，《藏族雍仲本教史妙语宝库》中有一段“驳斥别人的论点”的话。“有些‘别人’说：在三十一个王在位期间，那就是上至囊日松赞时代，国家是由苯、仲和岱乌等等支撑着的。预言，现世，幻境和存在的四乘世俗的教法传到了西藏。这就是苯教成为西藏最初的一个教义的经过。我曾见过一本关于西藏苯教教义的史书，它错误地企图证明在三十一王时代‘果派苯教’并没有得到传播”（卡尔梅，1986:292）。这段话，将因苯在吐蕃政权的主导地位延续至松赞干布的父亲囊日松赞时期；并指出，此间，除了苯教，“仲”“岱乌”（或译为“德乌”）[1]也同样关涉政权统治。或应指出，陈述这一观点的“别人”，也许并不是苯教之外的人，而是苯教内部但与著述者观点不同的“教派偏见者”（夏扎·扎西坚参，2012:78）。可见，即便在苯教内部，史家对因苯与果苯在吐蕃政权的早期传播，亦持互有异同的观点——相同的是，四因苯始终在吐蕃政权的信仰体系中居于主导地位；不同的是，果苯在吐蕃政权的传播时间并不一致。

究其原因，或需从雍仲苯教的自身特点探究。尽管雍仲苯教以创教人辛饶弥沃和发源地沃摩隆仁为缘起，整合出自己的宗教史，但其兼收并蓄的风格却使教派的传承和组织变得模糊不清，各类名号的苯与辛，更像是并列关系，而不是时间先后顺序或位次高低关系（图齐，2005:253）。如石泰安总结，“在苯教徒中分别有神仙苯教徒、人间苯教徒、马匹苯教徒、巫师（？）苯教徒、天神苯教徒、生起世界的苯教徒和父亲氏族苯教徒等类型，完全如同各种‘辛’一样，如占卜辛、色界辛、巫术心、生起世界辛和坟墓辛一样。……他们与故事说唱人和歌唱家们共同执政或‘保护社稷’。但他们的团结仅仅是一种表面现象，每种专家都肯定具有他们的历史”（石泰安，2005:256—257）。

1.“‘仲’是一个古藏文词汇，传统上用来指两类叙述形式。第一类涵盖了对古代历史事件的全部叙述，其寓言成分和诗体般的润色使这些历史事件更加丰富、饱满。……第二类仅由神奇、幽默或令人惊叹的故事构成，其讲述形式令人着迷，但缺乏历史依据”；而“‘德乌’运用符号、谜语和神秘语言传递知识、交流信息，藏族文学作品对此有很多纪实性的描述”（曲杰·南喀诺布，2014:13，46）。

据此，我们或可引申：止贡赞普废苯，乃至自断天绳留尸建墓于人间的种种经历，不仅反映出赞普与古辛之间的冲突，更折射出苯教内部的纷争。据说，止贡赞普与罗昂在藏地进行了一场比武，赞普被杀，他的木神之绳被斩断，因此，赞普首次需要在地上修造王陵。“‘墓地的苯教’就是在这个时期由象雄和勃律‘辛’们传入了吐蕃”（石泰安，2005:258）。事实上，我们很难断定，究竟是出于赞普安葬的需要而引进“墓地的苯教”，还是“天神苯教徒”与“墓地的苯教”的权力之争导致了赞普的殡葬仪轨的变革。无论如何，这场争斗的影响是多方面的：对于赞普，失去与天界的联系后，不得不面对要为自身寻求新的“神性”以维护其统治力的窘境；对于古辛，内部竞争带来的宗教转型[1]与维护“王辛同治”的政治格局之间应该如何调和，则是无法规避的问题。

经过一番波折，止贡赞普之子布德贡杰登赞普位，再兴苯教。以苯教为主导的信仰体系，一直持续到第37代赞普赤松德赞时期。“《斯巴续部目录》中说：‘赤德祖赞以前，王政由雍仲苯教辅佐’，‘此前共有三十六代，……，国王的世系具有权势’。到赤松德赞王系共传三十八代，其中松赞干布、赤松德赞两位奉行佛法，如果不计算在内，此前的三十六代国王都皈依苯教，并获得今生的快乐和来世的解脱”（夏扎·扎西坚参，2012:99）。关于这段时期苯教兴传的历史记载并不算多，似乎，各方史家的关注点都已转移到另外两件事情上：吐蕃政权的对外征服与扩张和佛教在吐蕃政权的传播。

藏文史籍所载，吐蕃政权的大规模扩展，始于第31代赞普达布年塞与其子囊日松赞统治之时（石硕，2000a:83—98）。达布年塞“在位期间征服了琛·达波和本巴杰等一些小邦主，成为悉补野王室势力雄强的一代赞普”。囊日松赞即位后，“卫藏大部分地方都纳入了其管辖，统一了雅鲁藏布南北，……疆域不断向东、西、北部等地区扩展”（恰白·次旦平措等，2004:38，44）。囊日松赞的继承人，就是“创立佛法五赞普中的第一位松赞干布，……在其后半生时，从印度传来佛教

1. 苯教的“转型”显然引起过后世佛教史家的注意。“根据史学家各自的理解，分不同的名称，如笃苯、恰尔苯和居尔苯。……佛教史书中最先提出这种观点的是直贡派著作。”苯教发展的“第一阶段叫‘辛饶弥沃之笃苯（གཤེན་རབ་མི་བོའི་རྫོལ་བོན）’，是在吐蕃第一代赞普聂赤赞普到第六代赞普之间在山南市产生的一种宗教，其创始者为辛氏，内容为原始苯教，故称辛饶弥沃之‘笃苯’。第二阶段叫‘接受外道之见的恰尔苯（མུ་སྟེགས་ཀྱི་གྲུབ་མཐའ་ངན་པ་འཁྱར་བའི་འཁྱར་བོན）’，是外道自在天派传播而来的教派，其中包括来自迦湿弥罗、勃律和象雄等地的教派，苯教开始了理论化进程，时间约在吐蕃第八代赞普直贡赞普时期。第三阶段叫‘居尔苯（བསྒྱུར་བོན）’，是改编的苯教。其中也分三个步骤，即第一次改编、第二次改编和第三次改编。”“此后撰写的佛教史书几乎都引用了这个观点。但谁都不提自己的观点引自什么史书。”（才让太、顿珠拉杰，2012:103—104）

的星火”（夏扎・扎西坚参，2012:98）。对此，藏学家噶尔梅评论说：“公元7世纪末期，吐蕃成为亚洲最强大的邦国之一，并为争夺佛教盛行的中亚地区的统治地位而斗争。当疆土置于藏族人统治之下时，控制该地的藏族人显然就会与佛教有直接的接触，而在松赞干布的宫廷里，佛教只不过作为一种新鲜事物被保留下来”（桑木旦・G・噶尔梅，2005:129）。但苯教史家相信，“赞普在信奉苯教的同时，也实修少量佛法，别的教派说松赞干布在藏地建立了佛教制度”（夏扎・扎西坚参，2012:98）。这里所说“别的教派”，显然是指佛教。也许，在苯教史家看来，藏族的佛教史家实际夸大了佛教在松赞干布时期的传播力度。无论怎样，这想必是佛教首次以完整的宗教形态与吐蕃政权进行正式的“官方接触”——以战争（参见白桂思，2012:10—23）与联姻（参见恰白・次旦平措等，2004:86—99）的方式。

公元644年，松赞干布在王妹赛玛噶（她作为和亲公主嫁给象雄王，却遭冷落）的激励下发兵讨伐象雄，“杀了象雄王李聂秀，将一切象雄部落均收为吐蕃治下，列为编氓”（嘉措顿珠，2011:15）。松赞干布虽征服了象雄，但其臣民却并未失信于苯教——这或许能从松赞干布的后事中得知，“因为赞普信奉佛法，其护法神、世间的天龙等嫉妒，拉萨的小城堡被雷击，许多人被雷击而死，出现瘟疫、荒年，赞普也在三十六岁时英年早逝。有一种说法是：此时有一位叫达玛的大臣认为‘此佛法引起不祥之事’，于是灭了佛法”（夏扎・扎西坚参，2012:98—99）。

尽管苯教“是与佛教所拥有的组织相差甚殊的世界，”但“这种宗教统治了整个人类集团，尤其是其首领和国王”（图齐，2005:258）。事实上，这种宗教并不只是统治“整个人类集团”，而是建构并调和着以人、魔、神的关系为中心的“拉、鲁、念”三界宇宙。换言之，即便此时的苯教在教义体系和组织制度上明显逊色于佛教，但因吐蕃臣民的宇宙观仍以宇宙三界为主导，所以，当时的信众对天神、鲁、赞或山神的敬畏远甚于对往生或解脱的追求。一旦天显异象，吐蕃臣民便会毫不犹豫地求助于苯教，进而强化对苯教的信仰。

公元8世纪中叶，赤松德赞时期，吐蕃以一万之军战胜象雄十万之众，彻底消灭了象雄（参见嘉措顿珠，2011:15）。此间，佛教也终于在吐蕃得到一席之地，“佛教跟早期的雍仲苯教一样首先在吐蕃王室成员中赢得支持，包括一些重要大臣在内。跟之前不同的是他们主动邀请了印度佛教高僧到吐蕃来传经讲法”（才让太、顿珠拉杰，2012:107）。无独有偶，象雄文明的灭亡与佛教在吐蕃的立足，几近发生在同时。

此后，“印度佛教大师进藏的主要目的或唯一的任务就是到吐蕃传播佛教。这个任务分两个步骤，即调伏本土鬼神和创建桑耶寺。”“‘调伏’二字的藏文原义……是‘立下誓言’。一般来讲立下誓言意味着双方都要遵循一定的规则或条件。它与彻底无条件打败对方是有着本质上的区别”（才让太、顿珠拉杰，2012:109—110）。整个调伏过程，是通过莲花生大师的入藏之行来完成的。相传，莲师进藏时，一路降妖伏魔，斗智斗法有惊无险（参见依西措杰伏藏，1990:397—403）。之后，莲花生大师抵达桑耶的松嘎尔，与赞普赤松德赞初次见面。接着，在莲花生大师、法王赤松德赞和寂护堪布主持下，建造了西藏历史上第一座“佛、法、僧”三宝齐备的佛教寺院：桑耶寺。“创建桑耶寺标志着佛教在西藏上层统治阶层中正式得到一席之地，并说明佛教在西藏开始立足”（才让太、顿珠拉杰，2012:110），更意味着佛苯之争，在赞普与权臣的主导下，渐渐出现了兴佛抑苯的倾向与走势——显然，这并不只是一场宗教纷争，但却以宗教纷争的形式呈现出来。

苯教史家夏扎·扎西坚参在《藏族雍仲本教史妙语宝库》中，以苯教师镇巴兰卡的经历为例，详叙赤松德赞“灭苯”之事（参见夏扎·扎西坚参，2012:103—104）。文中记载，像镇巴兰卡这样的一批苯教师，之所以皈依佛教，一是出于赞普的压制，二是因为佛教的竞争，而更重要的原因是其自身已证悟空性，认为佛苯无二无别，认为身为苯教师或皈依佛教均是一如，名为改宗实无改宗——这无疑为苯教徒改宗一事，提供了另一种解释。若如前文所言，早在佛教扎根吐蕃雪域之前，苯教师已通过各方渠道了解并习得佛教的某些基本观念与修行方式，那么，在面对佛教的直接冲击时，镇巴兰卡的观点便不难理解。他认为，佛与苯的基本教义的确有许多相通之处，难以将两者截然区分；因此，他只把对方认作一个“偷了我的职位名号”的对手——即苯教内部的相互竞争，而非教派上的水火不容。不过，无论实情如何，这段苯教师的个人经历都表明：赤松德赞时期的佛苯关系远比如今想象的情形更复杂也更为微妙。与此同时，以镇巴兰卡为代表的苯教师也承认，作为一种信仰体系，苯教与赞普世系的依存关系已分崩离析：赞普似乎不再忌惮苯教的离开会影响或弱化自己的“神性”统治，或许，他已找到新的解释体系——佛教——作为建构自身“神性”的信仰基础。事已至此，后世的苯教史籍便毫不犹豫地用“灭苯”二字总结了这段历史。

不过，此次“灭苯”，并不意味着苯教从此覆没；至少，苯教师及其经典还会通过三种渠道得以留存。

与佛教至上而下的系统推广不同，苯教经过了从世续苯教到雍仲苯教的漫长演进，这一信仰体系已深深嵌入雪域先民的生命史中；当人们遭遇危机、灾难或疾病，以及在行事、出门之前，均会本能地问卦占卜或救助于苯教师，以期得到安抚、化解或启示。

对现实世界——确切地说是宇宙三界“拉、鲁、念”——是否有足够的关照与沟通，或许是苯教与佛教在吐蕃雪域相互博弈的症结所在。

每一次禁苯或灭苯，导致的直接结果往往是产生各种灾祸、触怒各类神灵、疾病瘟疫横行。也许，这并不是时间巧合，也不是神灵妖魔故意犯难，而是在以往常相同或相近的频率出现这些现象时，吐蕃臣民未能及时得到苯教师的禳解与安抚，而产生的心理畏惧与精神恐慌；随后，这种恐惧感会驱使民众降罪于无法对这些现象给予合理解释或处理的佛教徒。与之相应，佛教在吐蕃初传时，多将苯教经典化为己用，这种做法诚是佛教进行“本土化”的必由之路。

所以，即便苯教失信于赞普世系，它也仍然在民众中拥有广泛的信仰基础；即便苯教师离开了吐蕃宫廷，他们依然会带着经典远赴边地继续传播信仰；即便佛苯之争在所难免，但苯教师的大量改宗及佛教徒对苯教经典的大量吸纳，也为苯教及其经典的流传发挥着间接作用。

总之，“灭苯”一事，与其说是一个经验事实，倒不如看作是赞普、佛教徒和苯教师共认的官方观点或历史想象。

·

赤松德赞“灭苯”后，佛法弘传之事进展的并不顺利（参见夏扎·扎西坚参，2012:108）。据苯教文献记载，当时的佛教僧人行迹混乱，不会超度，不懂祛病；赞普染疾后，不得不召辛回朝，四辛初见桑耶寺；辛为镇鬼，在桑耶建黑塔，为赞普做仪式，使其病愈；由此，赞普宣称苯教佛法并行，三年后，只奉佛法，未灭苯教。这段记述并非空穴来风，如今在藏文佛教史籍中，仍能找出与之相印证的蛛丝马迹。如史书《拔协》的相关记载（参见拔塞囊，1990:44—45），以及伏藏经典《莲花生大师本生传》中“派五比丘赴印度”“南夸宁葆遭流放”“邀请布马拉米札”和“迎请大德灭苯布”（依西措杰伏藏，1990:490—493，496—501，509—511）这四个篇章中的有关内容。比较佛苯史籍对桑耶寺兴建后的这段历史的记载，便不难发现：这看似相悖却又相关的两种文本，恰如一面镜子的正反两面，以佛教与苯教的各自视角共同构成当时的“整体性”社会事实。拨开教派立场所导致的曲解和误读，我们大致可以了解到如下讯息：

其一，桑耶寺建成后，作为三宝齐备的佛教寺院，它的确荒废良久。这或许与当时所谓之“僧人”的不良行迹有关，或许与“大师”未能及时宣讲佛法有关。事实上，宣讲佛法与翻译经文需要漫长的时间，译师的匮乏也导致弘法工作难以迅速展开。从本生传中可以看到，印度班智达与吐蕃君臣的沟通均需借助翻译，日常交往尚且如此，就更不用说要宣讲那些浩如烟海的经卷了。因此，在佛法还没有系统普及的时候，苯教依旧在吐蕃臣民的信仰体系中承担着重要的角色。这或许也是赞普希望佛教与苯教齐头并行不偏不袒的原因。

其二，改宗的苯教师，是一类值得关注的宗教群体。在苯教文献中，他们以苯教徒的面目出现；在佛教文献中，他们以佛教徒的身份出现。尽管没有确凿的证据表明《北传伏藏法》的“四辛”与《莲花生大师本生传》的“四比丘”是同一组人，但他们的经历却极其相似。他们最初都被迫离开：苯教文献说是“流放”，佛教文献说是“请法”，看似矛盾的记述，却符合文献归属的宗教角色；后因赞普染疾而被召回朝；回到吐蕃，举行宗教仪式，赞普治愈；其中，最精妙的巧合是都有剖开胸腹、示现神佛的一幕。再后，“四辛”的经历不详；“四比丘”则遭流放——这反而更符合人们对当时的苯教徒命运的基本想象。

在此，我无意对这四位“辛”或“比丘”的人生史深加考究，只想借这一例说明：当时，那些身居高位的古辛，很可能是最直接也最系统地接触佛教弘法者及其教义的苯教师。他们以改宗或辩论的方式，不断与各方佛教徒沟通、交流，体悟对方的修行方式和经典教义。他们在宗教层面对佛教的理解，与吐蕃君臣对佛教的想象相较，也许更接近佛教的本来面目。以至于，镇巴兰卡在皈依佛教时会问出“何苦分个你我？分佛苯？”的话。也许，当时的古辛仍然希望用以往的方式解决佛教入蕃弘法所带来的困扰——试图将佛教教义纳入苯教自身既有的体系，而不更改苯教的名号及其作为信仰体系的整体感。这实际是雍仲苯教发展伊始，一直在运用的方式：吸收外来宗教各家之专长并纳为己用。这个办法，曾解决过止贡赞普时期苯教内部的教派之争，或许也能化解此次佛苯之争？

“在西藏，佛教徒称苯教徒为异教徒，因为他们不认为释迦牟尼是他们宗教的创始人。反之，苯教徒却不认为佛教徒是异教徒，因为他们信奉释迦牟尼，只不过是信奉顿巴辛绕的另一个外表罢了。总之，尽管——从苯教徒的观点来看——在西藏听到佛教的任何字眼之前，苯教已以完整的形式存在着了”(噶尔迈•桑木旦，1983:87）。或由此因，苯教徒总是对佛教及其经典表现出异乎寻常的“宽容”（桑木旦•G•噶尔梅，2005:130）。因为“他们反对的不是佛教教义本身，”而是“声称所有这些教义都是由印度的圣人释迦牟尼宣说的这种说法”（施奈尔格鲁夫，1989:84—85）。

其三，赤松德赞虽以佛教“法王”或“灭苯”赞普的面目出现在西藏宗教史的史籍中，但他具体处理佛苯关系的态度和做法，却是一波三折。这位赞普弘扬佛法的立场从未退转，但这并不代表他想要彻底灭苯。至少在主观上，他曾希望“不偏不袒佛教苯布教”，并宣称“苯教佛法并行”；在经验层面上，“留下能除世间障碍者……留下了招神招财三部”，甚至将自己的陵墓建造委托给苯教大臣，因为“佛教中本没有超度仪轨之教法”（才让太、顿珠拉杰，2012:113）。由此可见，赞普在处理世间的人、鬼、神等事务时，他对苯教的依赖与吐蕃的一般民众无二无别。只不过，赞普在试图建构超越“宇宙三界”且对其拥有统治力的“神性”时，苯教的教义理论则显得捉襟见肘，与佛教的辩论均被赞普判为“输方”(参见夏扎•扎西坚参，2012:103—104）。

也许，在赞普及其拥护者想来，最理想的宗教形态是统辖“世间”的苯教与追求“世出”的佛教能各居其责进而融合为一种信仰：既能辅佐赞普处理现实、现世的“三界”关系，也能协助赞普出离现世示现更具超越性的“神性”（如菩萨化身）。对此，赤松德赞至少做过三年的努力；而结果却是：“一种宗教不能有两个创始者，一种宗教不能并存两种观点”。作为拥有完备的教义体系的佛教徒，当时的确很难在理论上接受苯教的一些观念，如“灵魂”[1]；但在实践上，

1. “佛教注重它的空性理论，几乎不承认灵魂不灭论。反过来，苯教强调人去世后的灵魂的去向，随之而来的超度亡灵仪式比较丰富”（才让太、顿珠拉杰，2012:113）。

却又不得不借鉴对方的仪式，如“模仿苯教之超度仪式”（才让太、顿珠拉杰，2012:113）。

无论如何，当赤松德赞试图从印度系统地引进并弘传佛法时，既已无形中将在本土盛行多年的苯教“置于敌对的位置上了”。这种对抗性，至今依然体现在藏传佛教的某些治学传统中。“一般来说，每个格鲁派学者都耻于阅读其他教派的著作，更不用说苯教书籍了”（施奈尔格鲁夫，1989:77，73）。

其四，桑耶寺落成后，苯教师对这座佛教寺院的观感与作为，是当时必定会发生的事，但在藏文佛教史籍中，相关内容寥寥无几。在此，姑且通过《北传伏藏法》的记述管窥一二。如前所述，桑耶寺不仅是一座三宝齐备的佛教寺院，还是一座依据佛教宇宙图式“须弥山”所设计建造的寺院。佛教“世界”中的标志性地景，均以建筑物的形式，再现于桑耶寺：乌孜大殿是世界的中心“须弥山”，十二座洲殿代表四大部洲和八小部洲，日殿与月殿象征日月，寺院外围墙是“铁围山”。就这样，佛教徒眼中的“世界”第一次以寺院建制的形式整体性地伫立在雪域高原。

当时的苯教师，是否意识到这是一个与“宇宙三界”迥然不同的“世界”，今已不得而知。从“四辛”在桑耶寺的经历来看，他们进门后长驱直入，针对各个建筑物发表评论。据《莲花生大师本生传》记，桑耶寺有“黑围墙四门四神殿……四大天王门口站”（依西措杰伏藏，1990:552—553）。库本通札见后，做一弹指法，天王像即刻化为尘土，“所以至今寺院都没有门神”。苯教文献《北传伏藏法》的记述与如今在桑耶寺见到的情形几无二致。可见当时的古辛（或是改宗的古辛）的确“干预”过桑耶寺的形制。甚至“修建”了桑耶寺的某些建筑，“‘为了镇服危害赞普的鬼，要建一座神殿。’就在白噶林建了神殿和本教式的黑塔”（夏扎·扎西坚参，2012:109）。神殿具体为何，今已不知；但藏文史籍多认为，这座“黑塔”就是至今尚存的桑耶寺四塔之一的黑塔，由苯教改宗者恩兰·达扎路恭捐建。

与“四辛”的具体行事相较，他们对桑耶寺的整体格局未置一词，似乎还来不及仔细思量寺院建制所呈现的佛教宇宙观将会对苯教及其“宇宙三界观”产生怎样的影响……

后来，据《藏族雍仲本教史妙语宝库》与《莲花生大师本生传》不约而同的说法，佛苯之争再起，苯教徒再遭流放与驱逐。“苯教历史学家认为，对苯教的迫害发生在牛年，即赤松德赞45岁之时”，“公元785年官方正式废除了苯教”（桑木旦•G•噶尔梅，2005:130）。对此，苯教文献记载：“国王命令只能奉行佛教，但未根除苯教，所以现尚有苯教留存”；而佛教史籍的描述则是“消灭所有作孽之笨徒，留下能除世间障碍者，……留下了招神招财三部，其余全都消灭不留影……”

赤松德赞以后，吐蕃政权又历经三代赞普：牟尼赞普、赤德松赞和赤祖德赞，至末代赞普朗达玛时期。相传，朗达玛“被拥立为王之后，在短时间内仍依佛法治理国政”；但后来，“行恶六个月，阴铁鸡年之后灭佛”（恰白・次旦平措等，2004:195）。由此，对这位执政时间不长的末代赞普，佛苯文献表达出泾渭分明的两种态度。佛教史家将朗达玛视作“魔鬼化身，不信佛法，满怀恶念”（萨迦・索南坚赞，1985:190）。苯教史家则因朗达玛的一则命令：“凡我统治的疆域内，不准诋毁本教，不许抢夺持鼓者的财物”（夏扎・扎西坚参，2012:110），将之奉为兴苯的赞普。

不过，无论史实如何，赞普世系、佛教和苯教，三方似乎都未能在这一时期获得利益。“吐蕃西南部地区逐渐被他人（国）占领。吐蕃中部、后藏和康地内讧不断，重新沦为四分五裂，最终灭亡。”“灭佛开始后，拉萨大昭寺和桑耶寺被作为屠宰场，后来又变成了狐穴和狼窝，其他多座庙也被毁。那些灭佛者把凡是看到的佛典有些焚毁，有些扔进湖水中，有些埋在地下。凡是没有逃走的班智达，有的被流放到门域，……多数僧人逃往比较偏僻的地方，没有来得及逃走的僧人被迫还俗，不听者杀之，还有一部分僧人作王臣的上马台和狩猎者”（恰白•次旦平措等，2004:198，196）。关于苯教，“也有一些历史说，此后在赞普世系继续传承的地方，以本教师为护法的制度也在继续，但不足为信，故未引用”（夏扎•扎西坚参，2012:110）。

除此以外，“我们对公元785—1017年这段时期的情况一无所知，但它对苯教和宁玛派（藏族佛教史家将形成于吐蕃政权时期的佛教称为宁玛派——作者注）的发展至关重要”。“在这个时期，宗教经文（无论苯教或佛教的——作者注）很可能已被埋藏起来。……在以后几个世纪里，两个教派都宣称发现了大量经文，而它们都与公元8世纪所埋藏的经文有关”（桑木旦・G・噶尔梅，2005:130）。由此，形成了藏传佛教和苯教中的一类特殊典籍：藏经文献（或称“伏藏”）。“根据佛苯两教的解释，藏经文献就是曾被埋葬，后来又重新发掘出来的典籍，另外还包括宗教用品如佛像法器等”（才让太、顿珠拉杰，2012:114）。

于是，在宗教活动逐渐恢复的年代，“苯教徒和宁玛派之间存在着友好关系。当苯教徒找到了一部佛教经卷，他就将它交给宁玛派，反过来也一样。他们甚至互相传授经文，每当发现一部新经卷时，这两个教派都认为是极其重要的事。……苯教徒和宁玛派都在忙于整理他们新收集到的经卷，他们把它视如珍宝，因为他们相信经卷是古代师父们藏匿的，师父们的灵魂现在就在他们的身上了。另有一些佛教僧侣则跋涉前往印度去寻求新的真正的佛教经卷和宗教师父，他们从师父那里可以得到亲传的精神指导，而那是从伏藏中不可能得到的”（噶尔迈·桑木旦，1983:89）。凡此种种，或也奠定了苯教与藏传佛教日后演进的基本走势。

“1017 年先钦鲁噶（996—1035 年）重新发现了经文，自此，开始了所谓的‘苯教后弘期’。先钦鲁噶是苯教后期发展的重要人物之一，也是第一位宣称发现大量经文的人，这些伏藏形成了苯教《大藏经》的核心”（桑木旦·G·噶尔梅，2005:130）。“苯教徒后来几乎从不设法争取有权势的人入教，也不冀求得到他们的支持……他们的态度可能是受了遥远的过去发生的事的影响，那时苯教徒参预了政治，结果不得不拼命地拯救他们古老的民族文化和宗教文化”（噶尔迈·桑木旦，1983:88）。

与之相仿，自 978 年始，藏传佛教开始进入后弘期。“10 世纪末至 13 世纪初的 200 多年间，佛教在卫藏地区得到恢复和发展……这个时期，所译佛典被编纂成《藏文大藏经》之《甘珠尔》和《丹珠尔》，总计 4000 多卷。……以密教弘传中的付法传承为根本尺度，先后形成众多派别”（王尧、陈庆英，1998:113—114）。在这众多派别中，唯有宁玛派传承前弘期所译密法，以“九乘三部”为判教标准，以“大圆满法”为其特殊法门。其法统历史渊源早于后弘期出现的其他教派，而与吐蕃时期的佛教有直接传承关系，故称为“古”。换言之，吐蕃时期的佛教，自后弘期以降，不再作为佛教在雪域高原的一个整体性的宗教体系而存在，只是作为藏传佛教的一个派系得以传承。与苯教相仿，宁玛派再也不设法参与或干预政治。

总之，这时的“‘苯’和‘法’是平行发展的，并且苯教徒和佛教徒都在同样的文化氛围中使用同样的文献语言”（施奈尔格鲁夫，1989:85）。当佛教徒正忙于构筑他们的“法”时，苯教师也在忙于建构自己的“苯”。

·

佛教与苯教，并行着，交融着，区别着，结合着……这种复合型的发展态势在吐蕃时即已出现，只是在后弘期才开始“自觉”进行。这便造成后世学者中“有人总要忽视发达繁杂的苯教的重要性，说它只不过是拾佛教之牙慧。但是同样还有些严肃认真的学者反其道而行之，认为西藏的佛教只不过是崇拜鬼神的巫师耍的伎俩”（施奈尔格鲁夫，1989:72）。

最终，从雪域先民的宇宙观的变迁与融合来看，这场发生在青藏高原的宗教竞争中——如果必须用“竞争”一词来形容佛苯之间的现实关系——没有一个胜出者，也没有一个失败者。这番情形，可能是源于高原居民本真的内心需求：生存在严苛的自然环境中，时刻需要与人间世界的万物沟通、调和，以期相安，苯教信奉的世间之神便在现世现实中禳解祛病、求财祈福；与此同时，现实的生活境遇，亦能滋生出渴望逃离此生困苦的心境，这种心境一旦与往生的幸福相结合，信众的宇宙观便被无限放大，放大至通过各种感官也无法感知的宇宙范畴——在人间世界之外，是世出的佛在引领这条解脱之路。

历经千年沿革，关注现世的苯教与追求解脱的佛教，谁都没有彻底占据雪域蕃地的精神世界与经验生活，相反，高原上的苯教师与佛教徒不断在调和这两种诉求不同的宗教，并基于各自的立场，以“相互区别”的融合方式从对方身上得到补充自身的元素。由此，我们能在苯教文献中看到“须弥山”，也能在藏传佛教经典中读到“冈底斯”，能在桑耶寺看见“赞”首孜玛热的神像，也能在冈底斯的转山人群中遇见佛教徒、苯教徒、印度教徒……

也许，我们可以得出这样一个结论：西藏文明的信仰体系，是由佛、苯二教共同构成的“整体性”信仰。这一信仰体系的宇宙观形态，既非“须弥山”，亦非“拉、鲁、念”，而是两者之间历时性的、双向度的互动过程——以“整体性”的融合为基础，以“差序”式的区别与“叠合”式的交融为表征——这一过程，至今犹未止息……

十五、文明人类学之于西藏研究

如今,“文明”的定义已多达千种。这些琳琅满目的定义,从不同角度阐释了“文明”,同时也表达出文明“在一些人的观念中的瑕疵”(Stephan Feuchtwang,2009a:62)。在此,不妨先从某些与“文明”相关或相对的概念入手,通过辨析彼此间的区别与联系,描摹出“文明”概念的大致轮廓。

首先,“文明”是否等同“文化”?

德国社会学家艾利亚斯(Norbert Elias,1897—1990)分析“文明”与“文化”的不同之后,认为“通过‘文化’与‘文明’这两个概念所体现出来的民族意识是很不相同的。德国人自豪地谈论着他们的‘文化’,而法国人和英国人则自豪地联想起他们的‘文明’”(诺贝特·艾利亚斯,2009:3)。以至于,“英、法的‘文明论’,为其各自的人类学风格作了铺垫,而德国的‘文化’概念,也为德—美人类学风格奠定基础。观念差异的典型表现于德国与法国的差异中。”这种差异,源自其不同的“政治文化背景”(王铭铭,2008b:9),甚或“是形成这两个概念的社会,是整个民族”(诺贝特·艾利亚斯,2009:3)。因此,文明或文化,作为概念,均与“民族”一样是为近代的发明。

其次,“文明”的对立面是否是“野蛮”?

文明的概念被“发明”以后,在西方学界大致经历了三个阶段。首先是古典人类学,即“民族中心主义”阶段。当时的“西方学者多数承认‘野蛮人’是‘文明人’的祖先,但也认定,随着人类文化的进步,他们必然会演变成‘文明人’,而‘文明人’则以西方人为典范。”这种观念,集中表现为欧洲中心主义式的进化论思想。随后,一些人类学家开始对文明与野蛮的关系进行反思性的再定义,“将古典人类学时代的‘历史论’改造为相对主义的‘空间论’,在野蛮与文明之间建立一种反民族中心主义的‘思想关系’”。再后,西方人类学家开始“试图比较客观地看问题,认为无论是在西方还是在非西方都存在着文明,世界不能被简单地二分为野蛮与文明的对立”(王铭铭,2008c:201)。正如莫斯于1901年在宗教史的第一次讲座中提出的:“严格地讲,无文明民族是不存在的,只存在不同文明的民族”(路易·迪蒙,2003:162)。

其三，“文明”与“礼仪”有何关系？

在法国，“civilite”原指宫廷生活中高雅的风俗习惯，或称“礼貌”。艾利亚斯认为，“初期以‘Civilite’（礼貌）预先成型者，随着载体的特殊情况而转化，在被称之为‘文明’者，或‘文明化的行为’者中得以扬弃和发扬。于是，从19世纪起，这种文明化的行为方式便传播于西方社会中正在崛起的下层，也传播于殖民国家的各个阶层；而且和与其命运和功能相符合的行为方式相融合”（诺贝特·艾利亚斯，2009:511）。由此，就形成了个性心理与社会制度相互交织依存的“文明的进程”。艾利亚斯将文明视为一个没有起点和终点、却有潮涨与潮落的波浪般的阵发式过程，在整个过程中，“礼仪”发挥着极其重要的作用。对此，王铭铭认为“埃利亚斯从礼仪理论延伸出‘文明理论’”（王铭铭，2008b:8）。

无独有偶，艾利亚斯通过对法国宫廷社会的“礼仪”研究来探讨“文明”的进程；而王斯福眼中的中华“文明”，则是一系列围绕“礼”而展开的结构转型及其结果（Stephan Feuchtwang，2010:144—147）。王斯福认为，在大众文学普及以前，中国人的中心和等级的观念即“文明观”，始终与“礼”相关。如是延续到“19世纪末，即帝制中国的最后一个朝代的最后几年，中国文明的关键词发生了改变。改良派和革命派用‘文化’代替了‘文’和‘礼’，并且，把‘文化’用于指代保护和加强国粹的运动”。接着，“在这个向着相对化、对抗性转变的文化概念之后，用于指代‘civilization’的一个新的、发展性的词汇出现了：文明”。从此，“中华”称为“中国”，“人民”称为“民族”，“作为政府计划的‘文明’则意味着他们的进步”（Stephan Feuchtwang，2008a:122，129，130）。如今，汉语词典中所谓“有教养、讲礼貌、言行不粗野”的“文明”，已与中华帝国的古代礼仪相去甚远；但同时，却又与西方现代化进程中的“civilite”貌合神似。[1]最后，“文明”是否意味着“现代”？

根据《现代汉语规范词典》的注释：文明“旧指带有现代色彩的”（李行健，2004:1365）。所谓“旧指”，即人们曾一度认为“文明”可指称“现代”的事物，而这种“现代”的代表正是前文所言之“西方”。如今，“文明”“现代”与“西

1. 如王铭铭所言：“近代中国舍弃古代礼仪，既等于接受‘civilite’，又等于将一个比近代欧洲模式更宏大的模式套到了国族这个‘小瓶子’里”（王铭铭，2007:270）。

方”的概念性关联已用“旧指”二字人为的淡化。但若撇开政治不谈，“部分借助人类学思想”的中国考古学界仍对古式文明怀有浓厚兴趣。他们认为，文明“多指与古代国家、文字、金属工具、阶级密切相关的文化表现”，是古人过世后，留下的“无生的遗体及其所创造的‘物质文化’”（王铭铭，2008c:202）。于是，中国“文明”便呈现出一副双重面向：是考古学意义上的古式文明，也是政治愿景中的现代文明，更是两者之间剪不断理还乱的关联。前者以“礼仪”为代表，后者以“进步”为象征。如今，两者的关系，看似割裂而对立，但实际上，却从未脱离彼此而单独存在过——这就是将支离破碎的被规范使用的“文明”概念，“组装”在一起后，所呈现的中国“文明”的“总体的社会事实”。

简言之，中西方世界曾经分享过近乎一致的“文明”概念：趋同于法式的civilite，共享对进化论的推崇，以“礼貌”“礼仪”为雏形，均是近代发明的词汇。然而，同中有异，中、西方“文明”概念的区别在于：当我们至今仍在沿用如此定义的“文明”时，西方学界早在20世纪初即已开始对“文明”概念进行颠覆性的反思。但在建构“新”的文明概念之前，学者对文明的反思与文明一词的陷落，几乎是同时进行的。

此番情形，大约持续了半个多世纪，直到涂尔干与莫斯联名发表了一篇名为《关于文明概念的札记》的短文后，才再度唤起人类学、社会学界对“文明”的关注与想象。在以王斯福等一些晚近的人类学家看来，“古典社会学和人类学里最有希望”且“又最不欧洲中心主义的文明概念”，正是由法国年鉴学派的莫斯和他的导师涂尔干共同创立的（Stephan Feuchtwang，2008b:88）。

继1903年发表《原始分类》（爱弥尔·涂尔干、马塞尔·莫斯，2005）后，涂尔干和莫斯于1913年合作发表了一篇短文《关于文明概念的札记》。这篇文章“并非仅仅在探讨文明概念本身，同时也对学科的范围和解释力提出了质疑。在讨论了界限清晰的自然人类群体即为社会（尤其是政治社会）的基础上，作者又触及了超社会现象的存在并指出其社会学意义上的重要性”（马塞尔·莫斯，2010a:36）。

涂尔干与莫斯探讨的文明概念，发轫于对“国族”概念的反思。因为“有些社会现象不那么严格地归属于确定的社会有机体，它们在空间上超越了单一国族的领土范围，在时间上超出了单一社会存在的历史时段。它们的存在方式在某种程度上是超国族的”。技术、审美和语言就是这类社会现象。而且，这类现象“通常都处在一个整合的体系中并相互关联。一种现象通常都暗含着其他现象并表明其他现象的存在”。例如，在澳大利亚的土著人那里，婚姻等级便是一套信仰和实践类型的特征；而讲印欧语的族群，往往分享着一个共通的思想和制度基础。总之，“这些事实体系，拥有自己一体性的独特存在模式，应该被赋予一个特定的名称，对于我们来说，最合适的字眼应该是‘文明’”（马塞尔·莫斯，2010a:37—38）。

在这两位作者看来，“构成一个文明的最本质元素并非由一个国家或者民族所独有，这些文明元素是超越国界的，它们或者通过某些特定中心自身的扩张力量而得到传播，或者作为不同社会之间建立关系的结果，在这种情况下，这些文明元素成为双方共同的产物”（马塞尔·莫斯，2010a:38）。他们甚至提供了一份“文明元素”的清单，其中包括：神话、传说、货币、商业物资、艺术、技术、工具、语言、词汇、科学知识、文学形式和观念。

或是由于“涂尔干和莫斯的社会学及人类学核心概念是‘人观’。人是道德的，在角色与功能的体系中有相应的位置和系列体验，能够以道德的人格包容、学习和实践”（Stephan Feuchtwang，2009a:63）。因此，在对文明的探讨中，同样也涉及对“道德母题”的理解，作者认为“一个文明构成一种道德母题（moral milieu）”。

但随之而来的问题是：为什么在某些情况下，文明元素是流动的；而在另一些情况下，则是静止的？为什么有些文明元素能够在不同的政治、社会间进出，而某些却不能？涂尔干和莫斯认为，仅从民族志的角度来予以解答是不够的，还需引入历史学的研究视角；而且，“任何文明都不过是一种特殊集体生活的表达形式，这种群体生活的基础是由多个相关联、相互动的政治实体构成的”。因此，“理解文明的真正方式，是探寻文明产生的原因，也就是说，文明是多样秩序下群体互动的产物”（马塞尔·莫斯，2010a:39—40）。

继《关于文明概念的札记》之后，在1929—1930年间，莫斯发表了《诸文明：其要素与形式》一文。这篇文章原本是“《社会学年鉴》第二系列，第三卷‘文明的概念’里一个长的方法论注释”（马塞尔·莫斯，2010b:58）。

相较于“札记”，这篇悠长的注释有几点引人瞩目的补充。其一，在阐述了民族志与历史学的密切关联后，莫斯又将地理的视角引入对“文明”概念的探讨。其二，将在札记中提出的“文明元素”，进一步解释为“文明现象（civis，citizen）”：“和专属于特定社会的社会现象相反，文明现象是指在一定程度上相关联的几个社会所共有的那些社会现象，这些社会通过长期接触固定的中介或同世系关系而相互关联”（马塞尔·莫斯，2010b:62）。其三，与“札记”一样，莫斯再度强调“道德和宗教事实”之于“文明”概念的重要性。对此，甚有学者认为“莫斯把宗教文明和其他文明区分开来”（Stephan Feuchtwang，2008b:93）。

基于以上分析，莫斯对“文明”做出了更为详尽的定义：

文明是一个在质量和数量上都足够广阔、大量和重要的文明现象的整合体；它又是表现这些现象的社会群体的一个相当大的社会整合体。换句话说，就是一个能表现和证明一类社会群体的足够大和有特性的整合体。这一类社会还需要其他的事实基础来建构。这些事实本质上既是现有的又是历史的，既是语言学的，又是考古学和人类学的；它们让我们认为它们已经经历了长时间的接触，或者它们彼此本来就息息相关；一个事实的整合体，以及和社会整合体相适应的这些事实的特性的整合体，总而言之，它是一种超社会体系，这才能被称为文明。（马塞尔·莫斯，2010b:63）

莫斯认为，文明“有其止境与界限，有其中心和辐射范围”（马塞尔·莫斯，2012:115）；在“文明”概念的基础上，需强调“文明形式”和“文明区域”。前者指“在一定程度上普遍存在于创建并维持着这种文明的特定社会群体的思想、实践及产物等具体方面的总和”。后者指“被视为此文明标志性特征的普遍现象得以完全传播的地理范围”；“也指由共享构成这一文明遗产的象征、实践和产物的社会所占据的全部地域”（马塞尔·莫斯，2010b:64）。

诚然，“文明形式”与“文明区域”概念，并非莫斯首创，它们曾被德国的两个民族学流派夸张地使用过。一个学派主张以文化圈和文化层的定义为出发点，强调主导性特征的选择，却忽视了主导性特征和其他特征之间的关系。对此，莫斯批判道：“一种文明不是建立在一种特征上，而是在一定数量——一般来说很大数量——的特征上来定义的，或者是不同特征的不同数量”。另一学派被称为文化形态学，其中的一些人主张从多样文化的非洲文明中找回某种纯文化，并识别其特定的形式、材料工具、道德观和历史重要性，另一些人则试图从道德上将文明和国家分出强大的和弱小的、有机的或松散的。对此，莫斯试图从方法论上加以反思：认为民族志和社会学的定义与语言学和考古学“放在一起使用时，有可能产生令人瞩目的结果”（马塞尔·莫斯，2010b:66—67）。

或应说明，经过第一次世界大战的冲击后，莫斯对国族现象展开了更广泛的研究，并进一步阐发了对与之相关的“文明”概念。在整理出版于1953年的《社会学年鉴》第3卷中，莫斯特别论述了事关“文明”的两个概念：“借鉴”[1]与“贸易”[2]（马塞尔·莫斯，2010c:45—47）。

通过上述三篇讨论“文明”概念的文本，莫斯重新定义了“文明”“文明现象”及其相关概念，大致勾勒出他理解的“文明”概念体系，以此澄清其构建的人类学范畴的文明观。不过，“文明”的概念，如同所有社会科学和哲学的概念一样，会随着思想及思想赋予它的特征，在含义上发生广泛而繁复的变化（参见王铭铭，2010b:26）。所以，莫斯的“文明”概念体系既不是一个例外，也不是一个孤例。

事实上，莫斯的文明观自20世纪二三十年代面世以来，迟迟未能得到英语世界的重视。究其原因，王铭铭认为，“这一思想不能满足致力于圈定‘超级微观的世界界限’的英美人类学家的‘理论消费需要’。此外，莫斯的思考与之后形成的某种对文明‘谈虎色变’的人类学观格格不入，这也使它难以得到关注”（王铭铭，2010b:41）。与之相对，在当时的西方思潮中，主要有四种“文明”理论风生水起，以其强势的话语权主导着世人对“文明”的理解与想象——不难想见，当“文明”研究再度深入人心甚至成为时髦的词汇时，莫斯的文明观却似一直在旁边坐着冷板凳。

---

1. 关于“借鉴”，莫斯写道：“在对文明观念的研究中，我们已经说过这一点，社会并不是根据它们的文明来定义自身的；在讨论国族兴起的时候，我们也说到，社会沉浸在文明之中而不自知。每个社会都依靠相互间的借鉴来生存，但它们恰恰是通过否认这种借鉴来定义自身的，而非通过承认这种借鉴。”所以，“对借鉴的否认事实上是一个描述性的社会学、历史社会学，或者心理社会学的话题，因为否认借鉴是某些特定社会中比借鉴本身更具有代表性和更具有解释性的现象”。然而，对于莫斯而言，他却更满足于揭示所有那些可以在国族之间、社会之间相互借鉴的社会性的东西和那些不属于一个社会的构造的东西——换言之，莫斯几乎摈弃了现代人类学意义上的基本概念，即那些否认借鉴的东西，如孤岛一般的“社会”“文化”甚至“国族”；而转向对“文明”及“文明现象”的重视与研究。

2. 关于“贸易”，莫斯认为它“不仅指经济联系，也指各种类型的联系、交换，以及不同社会之间的互惠性往来。然而，我们应该区分社会内部与社会之间的贸易”。社会内部的贸易“是一个社会内部生活的常态，而且在很大程度上正是这些交换创造了社会本身”。而社会之间的贸易，按照当时通行的观念来看，其“交换的范围过去常常被奇怪地限定了，要么是归因于交换物品的数额较小，要么是因为现实中参与交换的人数太少。”……“直到最近，不同国族之间才总体上停止了彼此精神上、物质上的封闭：不再限制交换，相反，增加了交换的数量、机会和强度。”以至于，“就像现在的习惯一样”，把“不同社会之间的关系总是首先被说成是一种贸易”。

这四种“文明”理论具体是：沃勒斯坦（Immanuel Wallerstein，1930—2019）总结的世界体系理论（伊曼纽尔·沃勒斯坦，2008:309）、席穆尔·艾森斯塔特（Shmuel N. Eisenstadt，1923—2010）定义的“轴心”文明（S.N. 艾森斯塔特，2005:240，242，255）、亨廷顿（Samuel P. Huntington，1927—2008）主张的文明冲突论（参见塞缪尔·亨廷顿，2012:7，24—27），及艾利亚斯描绘的文明的进程。沃勒斯坦和艾森斯塔特的文明观虽有不同，但他们都将“文明”视为一个或几类实指的对象。与之相反，亨廷顿和艾利亚斯尽量避免将“文明”概念对象化，而从“关系”或“起源”的角度阐释“文明”。亨廷顿热衷于从国际政治关系的角度来探讨不同文明类型之间的关系（参见塞缪尔·亨廷顿，2012:29，32，297）。在他看来，这种“关系”如今具体表现为“冲突”。艾利亚斯从“心理发生”和“社会发生”两个角度综合论证的“文明”，则是一个“过程”：“今天我们所能说的只是‘文明尚未结束，它还在形成之中’”（诺贝特·艾利亚斯，2009:532）。

以上四种流行于20世纪下半叶的“文明”理论，尽管旨趣各异，但却不约而同地将“文明”置于宏大叙事中加以探讨，就地域而言，“文明”所涉无不遍及四海。[1]这般理论范式，是否意味着“文明”天然具有一种宏观的倾向？那么，如我这般从事区域或地方研究的初学者，自然会问：通过单点式的田野考察，在特定的个案研究中该如何寻求对“文明”的理解？换言之，“文明”的理论范式是否有助于理解微观田野中的“总体的社会事实”？

相较于宏大叙事，莫斯似乎对个案研究更感兴趣。为此，他在《诸文明：其要素与形式》中，详细说明在田野考察时应该如何开展“文明”研究：

> 在特定的个案中，历史的不确定性不可避免，但是这不应该妨碍研究：其普遍的事实仍在。一方面，文明的存在是不可否认的，它们赋予民族类型特征或人类的层次，或两者兼有。另一方面，同样可以确定，每种文明都有自己的“形貌”（aspect），它们的产物都有自己的风格和面貌，且都是可以被解析的——这种解析不是单一的主导性特征为条件而是将所有的特征综合起来。这些特征有一个共同的特质，要求我们把

1. 唯一略显例外的是艾利亚斯，不过，考虑到他并没有将欧洲之外的国家视为文明进程起源中的一环，那么，对于艾氏而言，欧洲“文明的进程”亦即是全球“文明的进程”了。

它们全部考虑进来。这个特质构成它们专有的、确定的、独特的形式，换句话说，也就是文明的类型。在这些情况下，绘制特殊现象的地图、追踪不同模型和制度渗透的途经及其传播方式，都使得定义文明和寻找它们的传播中心甚至是发源地成为可能。最后，我们也可能识别相关的地点、界限、边界、时期等，但这尤其需要考古学和历史学的引导、帮助和支持。（马塞尔·莫斯，2010b:67—68）

莫斯强调，运用“文明”理论研究个案时，需要辩证地对待历史。一方面，应承认田野本身的历史感，在时间中发生的各种不确定性；另一方面，应注意到某些超越时间的普遍事实的存在。这类“普遍的事实”正是莫斯认为的“文明”研究的主题，具体而言，又有两类。一类是“民族或人”，由于文明赋予民族以类型特征，赋予人以不同层次，因此可通过对民族与人的研究来理解当地的“文明”。另一类是“文明的类型”，莫斯认为，每种文明都有着独特的风格和面貌。这些风格面貌看似专有、确定而特别，但实际却是一个综合体或混合体，是由该文明的“所有特征”共同型塑与建构的。换言之，唯有通过解析这些“所有特征”，研究者才能理解“文明的类型”。

至此，莫斯终于谈到在研究“文明”时所使用的最重要也最特别的研究方法，即“这种解析不是（以）单一的主导性特征为条件而是将所有的特征综合起来。这些特征有一个共同的特质，要求我们把它们全部考虑进来”。所谓“全部考虑进来”，即包括田野中可能出现的全部社会现象。尤其是那些由多个社会共同分享的现象：倘若是多部族的，我们便不可化约为一个国族；倘若有文字书写或口述传统，我们便不可形容为无历史；倘若存在发生于社会之间的关系如贸易往来，我们便不可视之为“单一社会”；倘若与周边文化共享着同一种仪式或信仰，我们便不可称其为“单一文化”。总之，莫斯充分尊重“文明”所赋予给特定个案的复杂性、综合性和混融性（王铭铭，2010b:27-28）。

尽管难以断定，莫斯是否在用他的文明理论对话当时占主流地位的人类学、社会学研究范式，但他的确指出了一种新的研究态势——他并未改变人类学一直以来尊崇的研究对象，即田野考察中的具体个案，而是改变了理解这些具体个案的视角与观念。这种改变，得益于“文明”概念的重构与运用。通过这种文明观的折射，那些记录“土著社会”“原始文化”的个案研究俨然具有了“一沙一世界”的气质——也许，这才是其本来面目。

不过，莫斯在躺椅上构建的“文明”理论，仍需通过实际的田野考察加以验证。在此，我想介绍与之相关的三位人类学家及其研究，虽然，他们从未公开宣称自己借鉴或使用过莫斯的“文明”概念。

对“单一社会”研究范式提出质疑的英国人类学家利奇，通过考察中缅边境的克钦山区，得出与莫斯近乎一致的结论：“人类学家们从一开始就一直把‘一个社会’的幻象当作是孤立的事物，所以他们还没有语言来描述既是当代的又是邻近的——实际上相互联系的——多个社会体系。”鉴于此，利奇在民族志《缅甸高地诸政治体系》中对贡萨、贡劳和掸人的组织模式进行了“假设的描述”，以期说明“这些假设的体系在互动时会发生什么事情”（埃德蒙·R·利奇，2010:268—270）。诚然，利奇没有使用“文明”一词来形容他的田野，但他对“多个社会体系”的探讨，已在有意无意间将莫斯的文明观运用于实际的个案研究。

与利奇对“单一社会”研究范式的反思相仿，美国人类学家萨林斯不再将“文化”视为单一而孤立的研究对象。在“综合了美国文化人类学的文化接触理论、法国结构人类学的‘联姻理论’及神话学和历史学的事件与过程研究法”（王铭铭，2010b:19）后，萨林斯重新定义的“文化”是“包含着他者性（alterity）的关系，而这种关系是其内在一致性的存在条件，是它们作为某种实体的地位和它们的认同存在的条件”（Marshall Sahlins，2008:128）。因此，文化不是“内发”的，而是“外生”的（王铭铭，2010b:22）。基于对相互依存的文化（复数的“文化”）的整体关系的研究，萨林斯用“并接结构”（structure of the conjuncture）来定义“在一种具体的历史脉络中，文化范畴在实践上的实现，正如在历史能动者的利益行动中所表达出来的那样，包括关于其相互作用的微观社会学”（马歇尔·萨林斯，2003:11）。对此，王铭铭有一个更形象的说法，并接结构是“文化之间的‘内外关系’与文化内部的‘前后’（历史）、‘左右’（人际关系）、‘上下’（等级尊卑）关系的合一”（王铭铭，2010b:21）。

萨林斯宣称自己的研究是“微观社会学”，但其立论早已突破了传统的“微观”范畴。若定要以“微观”来定义其专著《历史之岛》，则意味着萨林斯完成的是一项地方性研究——就此而言，这位美国学者与20世纪上半叶那些研究“单一文化”的人类学家没有区别，但其理论关怀却透露出莫斯文明观的痕迹。

除了反思当时盛行的“社会”与“文化”概念及其相关的研究范式之外，一些人类学家开始尝试将“文明”与田野考察相结合，并试图用民族志的方法研究文明社会。法国人类学家路易·杜蒙（Louis Dumont，1911—1998）的印度民族志《阶序人》（又译为《等级人》，1966）就是其中的典范之一。

通过对印度社会种姓制度的考察，杜蒙认为，“阶序”或“等级”是“卡斯特社会”的统一原则。这里所言的阶序“不是我们通常所理解的上级与下级的关系，而是上级、下级与制度之间的关系。……不是个人与个人的关系，而是个人与社会的关系。……‘是涵盖与被涵盖之间的关系’。它‘指整体的元素通过与整体的关系排序的原则’”（梁永佳，2008:264）。对此，杜蒙提出了“矛盾涵盖”的阶序理论。同时，杜蒙还注意到，“卡斯特社会最令人惊异的并存现象是此社会里面，就在卡斯特体系的身边，存在着一个全面否定卡斯特体系的制度”。他称之为“遁世修行”。“遁世修行者是那种离弃其社会角色以采取一个同时是普遍性的也是个人性的角色的人；这是关键性的事实，不论是就主观观点或是客观观点都是如此”（杜蒙，1992:354—355）。

在杜蒙看来，“如果我们把社会与遁世修行者并置在一起，结果就是一个含有两个非常不同的事物而彼此平衡的一个整体：在一方面是严格互依的世界，把个人完全忽略，而在另一方面，则是一个中断互依关系，是个人得以存在的制度”（杜蒙，1992:355）。因此，杜蒙将这“一个整体”视为他所理解的印度社会的完整面向。

正如莫斯在半个世纪前设想的那样，杜蒙对印度社会的研究方式是：一方面将印度“文明”的所有特征全部考虑进来，另一方面则将其一一解析并厘清彼此间的关系，进而分析出它们“共同的特质”——印度的文明类型。此外，意图将大文明与人类学相结合的研究作品，还有葛兰言对中国上古文明的思考（葛兰言，2005）和谭拜尔对东南亚小乘佛教国家的研究（S. J. Tambiah，1976）。

莫斯的“文明”概念自面世以来，虽未形成一股强劲的学术主流，但与之相关的经验研究其实并不少见；时至20世纪下半叶，试图将“文明”概念纳入研究视野的民族志更是越来越丰富。对此，王斯福不禁评论：“文明的概念正在以各种方式重新兴起”（Stephan Feuchtwang，2008b:88）。

如果说王斯福感受的多是西方人类学界的一种趋向；那么，对于用汉语写作的中国人类学界而言，“文明”概念的遭遇又是如何？

若要为中国的文明人类学研究梳理出一个“家谱”，那么，首应载入谱系的学者或许应是李安宅（1900—1985）[1]先生。

李安宅试图“客观地将《仪礼》与《礼记》这两部书用社会学的眼光来检讨一下，看看有多少社会学的成分”（李安宅，2005a:1），最终，写成《〈仪礼〉与〈礼记〉之社会学的研究》一书，并于1930年在商务印书馆出版。在他看来，“中国的‘礼’字，好像包括‘民风’（folkways）、‘民仪’（mores）、‘制度’（institution）、‘仪式’和‘政令’等等，所以，在社会学的已在范畴里，‘礼’是没能相当名称的：大而等于‘文化’，小而不过是区区的‘礼节’”。进一步讲，李安宅认为，“‘礼’就是人类学上的‘文化’，包括物质与精神两方面。文化，……是超有机现象的全体，礼节所载的，又不只是节文、制度或态度的单方面，而是各方面的全体，则我们为着便于材料的整理起见，可将礼节的一切材料，穿插在文化之‘普遍型式’（universal pattern）的范畴里”（李安宅，2005a:3，5）。

如今，我们虽难知晓，在李安宅的概念中是否有人类学意义上的“文明”二字；但他试图用人类学、社会学理路来阐释《仪礼》与《礼记》的方法，已不失为一次为西方社会科学增补中国概念的尝试。[2]完成《〈仪礼〉与〈礼记〉之社会学的研究》后，李安宅在其导师吴文藻的安排下赴美深造。留学三年，学成归国。1937年，抗日战争爆发，一年后，北平陷落。“为了‘抗战建国’，摆脱在敌占区（北平）的处境，他接受了陶孟和、顾颉刚两师的建议，以伪教育部边疆视察的身份，赴甘肃兰州，与于式玉一起深入甘南藏族地区拉卜楞，从事藏民文化促进工作和社会人类学实地调查研究”（张庆有，1989:140）。

在边疆，李安宅夫妇一住三年，此间，他“实践了人类学，研究藏族宗教，并至各处参观，成了内地访问喇嘛寺的义务解说员”（李安宅，2005b:“出版前言”3）。根据实地考察，李安宅撰写了大量有关藏族文化、宗教、民俗等方面的学术论文，

1. 李先生于1900年出生于河北省迁安县的一个书香世家，1923年，考入山东齐鲁大学，一年之后，转入燕京大学社会学系的研究生班。1926年，他毕业留校，师从人类学家吴文藻先生，并兼任助教、讲师和国学研究所编译员等职务。

2. 如陈波所总结：《〈仪礼〉与〈礼记〉之社会学的研究》“首先是一部以礼为中心的人类学导论，而他此后的人类学研究则是以礼为中心的人类学，在面对和解释不同的他者过程中，这个礼作为文化/文明的观念始终起着作用。他的祖尼研究、藏族文化/文明研究和回族研究，都可以看出礼作为自我的身影”（陈波，2010:31）。

这些曾发表、散见于各处的文章就是其藏学人类学专著《藏族宗教史之实地研究》[1]的最初内容。

1941年，李安宅夫妇结束考察回到成都，李安宅任教于华西大学社会学系。这位曾接受西方人类学系统教育的中国人类学家，是如何看待自己的藏区考察的呢？在《藏族宗教史之实地研究》的结束语中，他意味深长地写道：

在个人主义和自以为是的世界，分离主义和“纯粹研究”，都是对于真正民主的障碍，因为属于人民，为了人民，就是人民的民主。而只有喇嘛才历来认识到理论自觉在人民一起的必要。他们也不是“纯理论主义者”，他们在自己身上实验，作为人类的一部分，不，作为有生之物或宇宙的一部分，他们与那些代表学术和在心理、物理、文化领域进行实验研究的人是一致的。近代对文化和人格方面的研究通过民族学和心理分析的共同努力，可以即可得到充实和丰富，问题在于只要我们能够认识到（李安宅，2005b:210—211）。

李安宅对藏传佛教的欣赏之情，发自肺腑。在他眼中，拉卜楞寺的喇嘛们与西方世界的知识分子、汉族的文人士大夫之间似乎并无本质不同，甚至可以说是殊途同归。凭借《藏族宗教史之实地研究》一书，这位曾启发过文明人类学研究的前辈，亦是中国藏学人类学领域的开拓者。

对中国古式概念的学术追求与对藏传佛教的实地考察——这看似不相关的两个主题，巧妙地集于李安宅一人之身。究竟是怎样的机缘，使李安宅在动荡的年代里承担起双重的学术使命？无论如何，这位兼受中西方教育的汉族人类学家，在自己的“人生史”中，已然驻足于西方学理、中华文明与西藏田野的融汇之处。

撰写《〈仪礼〉与〈礼记〉之社会学的研究》的李安宅，之所以能再度写出《藏族宗教史之实地研究》，应该不只是一个历史的偶然。

在我想来，李安宅所言：“尽管有许多缺点，藏族文化，自与佛教接触以来，一直是完整的和富于生命的”（李安宅，2005b:211）——这也许就是将藏传佛教

1. 如今的汉文本《藏族宗教史之实地研究》共有四编，分别为：“绪论”“佛教以前的信仰和早期佛教”“格鲁派（黄教）——革新或当权的佛教”和“格鲁派寺院——拉卜楞寺”。从全书的谋篇布局来看，第四编是全书重点所在，这一编所占章目几与前三编平分秋色。这固然得益于李安宅夫妇在拉卜楞长达三年的实地考察，而它的存在，也使这本“藏族宗教史”在诸多同类书籍中，显得格外不同。

理解为“文明”的一种诠释：藏传佛教发轫于文明之间的接触与交流，自成为一个整体性的有机的“超社会体系”。

归根结底，若说莫斯的“文明”概念，为西藏研究提供了一个有理有据的学术语境——这意味着以文明人类学的视角来理解藏文明或进行寺院研究的主张，并非毫无依止的空谈。那么，李安宅的实地考察与著书立说则表明：在这条学术理路上，早有前辈的探索和经验在先。

后　记

时至今日，我依然记得那个下午。推开咖啡馆的门，左右四顾，看见老师坐在一个靠窗的角落里。我走上前，紧张地打招呼，相向而坐。此前，只在照片上见过老师的模样。自我介绍后，我从书包里掏出事先打印好的文本，几篇书评和一篇西藏行记——这些文字并非为此次会面而写，但我实在也拿不出更多。我想请他做个判断：眼前这个已工作七年的人是否适合学习人类学。倘若他说出一个“不”字，我会毫不犹豫地离开，彻底打消求学的念头；然而，他始终没有说“不”，只是一再描绘这个专业的黯淡前景。可我并不是抱着找工作的目的来见他的，对于老师的反应，我理解为是一种“默许”。

之后，事情的发展完全出乎意料。老师会通知我参加饭局、讲座、研习班和夏令营，用命令或请求的口吻。出于礼貌，我不好意思拒绝。这些片段式的经历，的确让我领教到学界的“某种生活”。对此，偶有一刻，我生起退却之心，试图不了了之，用一个电话作结。没想到，老师在电话的另一端建议：“还是见面再说吧。”那日，我去成都出差，老师恰巧在那里开会。于是，我拖着商务旅行箱，从成都武侯祠赶到双流附近的一家宾馆，见面时，他正和几人在凉亭里聊天喝茶。不远处，竹林婆娑，芭蕉摇曳，树影下，摆着四五副竹质桌椅。此情此景，让我无论如何也说不出想要打道回府的话。老师只作无事人，顾左右而言他。

入学，第一次写论文，修改了七八遍之后，我已认不出哪些是自己写的字了。如此磕磕绊绊，度过两年。终于等来博士论文的开题，循着旅行的记忆，我想去西藏的桑耶寺。老师不允，要求改题；于是换作家乡研究，他仍不许；三度改题，计划去西藏做土陶研究，这次总算是勉强通过。暑假，老师带着家人到西藏旅游，说是“顺便”去了趟我的田野点和桑耶寺。回京后，他找我谈话，问我是否愿意把课题重新改回桑耶寺研究。老师的建议，令我喜出望外。然而，在我将要去做田野时，却意外地发现自己怀孕了。就此耽搁一年。此间，我和老师的关系几乎降至冰点，直到我们在拉萨遇见，情况才略有改善。

田野期间，老师在西藏大学授课，我便去拉萨拜访他。想不到，老师已帮我订好宾馆并预付了房钱，随后又说有家不错的餐厅，想请我吃饭。这番礼遇，着实令人受宠若惊。可接下来的事就不那么美妙了，他正襟危坐，掏出纸笔，一脸认真地说："给我讲讲你的田野吧。"由于毫无准备，便信马由缰地陈述了一堆细节。"我要听的不是这个，你明天再说吧。"次日，同样的时间，同样的地点，面对同样的人，我做了一次田野报告。如今，早已忘记自己讲过些什么，只记得老师说："看来，还是认真做过田野的。"虽不知他如何得出这个结论，但听他这般判断，顿觉轻松许多。几天后，我告别老师，返回桑耶寺。

无论在学校，还是在田野，这些年，仿佛只是为了完成这篇博士论文而度过。论文答辩的那天，大家如同在履行一个心照不宣的仪式。仪式的最后，即最重要的一刻，是"答谢"。然而，望着老师，我却一句话也说不出，只有眼泪簌簌而下。此前，我从未在他面前哭过，但这一次，却全然无法自已。潘蛟老师在一旁安慰道："实在说不出，就不说了，老师的心里都知道……"我只好沉默着，把手里的花束献给老师。

弹指间，距离初见老师，已十年有余。借由此书，向自己的恩师王铭铭教授致以最诚挚的感谢。

·

2011年春。第一次见到桑耶寺的次仁拉，是在他的僧舍里。昏暗的灯光下，坐着一个身形瘦削、面色黝黑的中年僧人，他正在翻看一份文件，察觉我们入屋，便抬起头，微笑着说了声"您好"。我小心翼翼地向这位寺院管理者说明来意，希望能得到他的允许，在寺院做考察。事实上，我并不知道该如何在短短的十几分钟里证明自己的诚意。等我讲完，次仁拉笑道："我知道您。"我顿时愣住了。对方解释说："去年，您的老师来过，他提起过您。……我不太懂您要做什么，但没关系，按您想做的做吧。需要帮助的时候，告诉我。"

不久，桑耶寺的居民都知道我是"次仁拉的朋友"，至于我是谁，来这里做什么，反而不那么重要了。因为是“次仁拉的朋友”，大家会尽可能的予我方便。那些平常不让进的地方、不能碰的物什，悉得亲历。若非次仁拉在当地的威望与诚信，我是断然无法在田野中获此便利的。

大家告诉我，次仁拉原本体格魁梧，只因七八年前突发胃癌，他不得不接受手术，切除大半个胃，从此，食欲不振，日渐消瘦。即便如此，他仍旧继续操持寺院的各种世俗性工作，甚至很少参加法会。一次，我与他开玩笑；“哪有身为僧人却不去大殿念经的？这样的话，僧人的功德从哪里来？”对方却一本正经地说：“护持寺院，也是功德。我的上师阿旺杰布希望我这样做，我就这样做。”

结束在桑耶寺的田野考察后，我回到北京，撰写论文，准备答辩，忙于毕业。此间，次仁拉的病情每况愈下，需在成都做化疗。一次，我们约在武侯祠附近的茶馆里见面，于陌生的环境里，喝着毫无滋味的甜茶，望着对方沉默良久，终于问候道：“您瘦了……”对方笑答：“您也瘦了……”

2013 年夏。多德大典前夕，我重返桑耶，做田野回访。这时，次仁拉已无法像往常那样在寺院内外随意走动了。僧舍里，他勉强直起身，端坐于床，接待络绎不绝的访客。一旦客人离开，次仁拉便如泄了气的皮球，瘫倒在榻上。“我吃不下东西。”他说。“无论如何，也要吃一点。”我建议，“为什么不住院？”对方望着窗外，“我不想住院。在那里，什么也做不了。你帮我看看这个，我不懂。”他递给我一叠诊断书，诊断结果不容乐观。“怎样？”他问。“不太好，但也没到最糟糕的地步。一定要吃东西，要多休息，别太累。”对方点点头，却是做不到。在多德大典的接待现场，不停出现次仁拉忙碌的身影。为了不让自己显得过于清瘦，他在烈日下穿着两件厚棉衣。

次仁拉的僧舍外，有一方小院，院里种满鲜花。偶尔，这位癌症复发的病人会坐在花间晒太阳。“想给您做一份口述访谈。”我说。“那是什么？”对方问。“希望您讲讲自己的生平故事。”“没什么好讲，也没什么故事……”次仁拉拒绝了，我理解他的顾虑。“要不……拍几张照片？”我又建议。“好！把我和花拍在一起。”次仁拉知道我擅长拍照，这个建议似乎让他很开心，而我却怎么也高兴不起来。几天后，伴着离别的忧伤，我走出了桑耶寺。

2014 年春。次仁拉的侄女发来短信，问我何时能回寺院。此间，我正忙于博士后进站。一个月后，启程之时，方从觉海堪布那里获知，次仁拉已经圆寂了。据说，他走得很安详。这时，我才记起那条短信：也许是次仁拉想见我，却又不愿耽误我的工作，而委婉地询问归期。

但因自己的疏忽，错过与挚友做最后的告别，甚至未能向对方郑重地说一声“谢谢”……所有一切，令我悔不堪言。

如今，唯有将此书作为共同的记忆与经历，献给桑耶寺的次仁拉——这本书，但凡有纤毫的荣光或价值，皆属于这位桑耶寺的僧人。

·

需要感谢的，还有诸多帮助、陪伴、激励我前行的师长、亲朋与友人。天津的赵芳和西安的王敬艳最早鼓励我重拾学业。北京的汪若菡、廖冬、罗怡和上海的赵向辉、温州的帅弘毅始终支持我追寻梦想。理想国的刘瑞林老师、曾在广西贝贝特工作的萧恩明和龚风光助我打开求学之门。北京大学社会学系人类学所的朱晓阳老师、蔡华老师等人的悉心教授，刘爱玉老师、于小萍老师的严格督导，助我顺利完成学业。中央民族大学的王尧老师、潘蛟老师、王建民老师、才让太老师和丁宏老师对我的研究提出了许多宝贵意见。师兄梁永佳一再强调田野考察的重要性，师兄赵丙祥和张亚辉则在课堂上讲授神话人类学。师姐陈乃华为我能进入田野而牵线搭桥。师姐舒瑜、刘琪、伍婷婷、曾穷石、杨清媚和罗杨是难得的学术益友。同门刘雪婷、张帆、王博、李金花、张友庭、徐振燕、李伟华和吴银铃等与我相伴求学，共度数年时光。还有北京大学蒙养山人类学学社的各位成员，恕我不能一一提及你们的名字，但大家的关心与帮助，我铭记在心。

田野考察期间，始终有一本书伴我左右，那是在定题之初，王老师送给我的《西藏山南扎囊县桑耶寺多德大典》。这本书的存在，意味着在我之前，至少有位学者曾以人类学仪式研究的路径，探寻过这座古老的寺院。甚或，他就是第一位以汉语写作、进行桑耶寺研究的人类学家。由此因缘，在我心中，便不知不觉与这位学者“亲近”起来。如“亲人”一般，在陌生的田野之地，无言守望。尽管那时，彼此从未谋面，亦未有任何联系。后来，我发现他还写有另一本关于桑耶寺的田野笔记：《幻面》。其实，我更喜欢这本个人色彩浓烈的小书。直到2019年底，我才见到这位身居云南的前辈郭净老师。此间，他的兴趣点已然转向影视人类学研究，而我也已在中央美术学院任教。然而，关于桑耶的记忆，却在相遇时被再度唤起；如是，便有了当下所见的这篇序言。

此外，还要感谢李永适老师和老友杨菲朵，他们宽容了我的任性和不告而别。感谢西安交通大学的张蓉老师和李红老师以及本科同学杨亚萍、郑宁莉、陈静、李宁为我践行。感谢西安的刘哥送我去火车站。感谢曾在青海生活的陈小桦夫妇，为我提供免费食宿。感谢北大师兄昝涛和好友苗毅、叶子姐、妙音居士、妙德居士、燕飞等人在田野期间的陪伴与鼓励。感谢北大同学王晓慧和胡伟对这篇论文提出的中肯意见。感谢宋明师兄的帮助。感谢于文江提供自己的住所，让我安心写作。感谢张松林为我手绘 3 张独具风格的地图。感谢亦师亦友亦同事的郑伟、陈奇、陈玥和李红立，在我写作期间，特来相聚；尤其感谢陈玥和她的老师陈伟烈为我在桑耶寺拍摄的植物核实名称。感谢伊大伟和李国琛为本书设计的封面。感谢西藏藏文古籍出版社的郭晓斐老师、马道旦老师和各位编辑老师为出版本书而付出的辛劳。

在此，我要将最浓厚的情谊与谢意送给我的藏族朋友。我要感谢桑耶寺的每一位友人，特别是久美仁青上师、塔青拉、差堆和丹增土克等人，是他们的友善与关照让我顺利完成田野考察，虽然无法逐一写出每位僧人的名字，但大家的帮扶，我没齿难忘。我还要感谢青朴山文则拉康的丹增拉和阿尼们，谢谢你们无私地提供房间，许我隐居数日。我应感谢措杰拉措的桑木旦拉和阿尼们，谢谢你们让我亲历尼姑寺的生活。我要感谢色拉寺的强巴喇嘛，他总是耐心解答我的各种疑问。感谢青海红科寺的觉海堪布，在我需要时，他总是尽可能地予以帮助。还应感谢卓玛央宗、格桑和白玛姐妹的悉心照顾，让我在田野中有了家的感觉；感谢原工程监理达杰，为我提供寺院修缮的各种信息；感谢前任导游米玛，领我走访寺院；感谢在桑耶镇遇见的每一个人。此外，还要特别感谢拉萨的二毛师兄，让我住在他家学习藏语；感谢我的第一任藏语文老师贡布次仁；感谢加洋加对这篇论文提出的宝贵建议；感谢罗林藏家的曲央阿姨治好了我的晒伤；感谢格桑和华锐白玛驱车送我去桑耶寺；感谢师妹益西曲珍的款待；感谢最值得信赖的朋友加措，每次进藏，均承蒙照顾。

最后，我要将最深沉的感激留给我的家人。若非公公陈贤楠、婆婆李爱秀的理解，丈夫陈宁的支持，和父亲何文唐、母亲齐宝艳的倾力帮助，我根本不可能走出家庭，进入田野，完成研究。求学以来，我长期过着两点一线的生活，从校园到家庭，或从藏区到北京……家人也不得不慢慢适应这若即若离的生活模式。其中，令我倍感愧疚的是与小儿嘉和的分离。在他幼年的成长经历中，母亲多半是缺席的。坦率地说，我不知该如何弥补这一切，亦不奢望能得到其谅解，唯愿日后，这本书会告诉他：

当妈妈不在身边的时候，她在做些什么……

初稿于 2012 年冬

修订于 2014 年夏

定稿于 2021 年秋

参考文献

汉文文献

A

A. 麦克唐纳．2010.《敦煌吐蕃历史文书考释》．耿昇译．西宁：青海人民出版社

阿底峡尊者发掘．2010.《柱间史——松赞干布的遗训》．卢亚军译注．北京：中国藏学出版社

阿旺贡噶索南．2002.《萨迦世系史》．陈庆英、高禾福、周润年译注．拉萨：西藏人民出版社

埃德蒙·R. 利奇．2010.《缅甸高地诸政治体系——对克钦社会结构的一项研究》．杨春宇、周歆红译．北京：商务印书馆

埃里克·沃尔夫．2006.《欧洲与没有历史的人民》．赵丙祥、刘传珠、杨玉静译．上海：世纪出版集团、上海人民出版社

爱德华·泰勒．2005.《原始文化——神话、哲学、宗教、语言和习俗发展之研究》．谢继胜、尹虎彬、姜德顺译．桂林：广西师范大学出版社

爱弥尔·涂尔干、马塞尔·莫斯．2005.《原始分类》．汲喆译．上海：世纪出版集团、上海人民出版社

爱弥尔·涂尔干．2006.《宗教生活的基本形式》．渠东、汲喆译．上海：世纪出版集团、上海人民出版社

安应民．1989.《吐蕃史》．银川：宁夏人民出版社

B

巴卧·祖拉陈瓦.2010.《贤者喜宴——吐蕃史译注》.黄颢、周润年译注.北京：中央民族大学出版社

拔塞囊著.1990.《拔协（增补本）译注》.佟锦华、黄布凡译注.成都：四川民族出版社

白桂思.2012.《吐蕃在中亚：中古早期吐蕃、突厥、大食、唐朝争夺史》.付建河译.乌鲁木齐：新疆人民出版社

白玛措.2008.《藏传佛教的莲花生信仰》.北京：中国藏学出版社

白日·洛桑扎西.2004."桑耶寺强久斯玛吉林殿壁画考".载《中国藏学》2004年第1期

班班多杰.1992.《藏传佛教思想史纲》.上海：上海三联书店

包尔丹.2005.《宗教的七种理论》.陶飞亚、刘义、钮圣妮译.上海：上海古籍出版社

保罗·拉比诺.2008.《摩洛哥田野作业反思》.高丙中、康敏译.北京：商务印书馆

贝尔（H.A.Bear）.1989."人类学中的各种文明概念".载《现代外国哲学社会科学文摘》.秦东晓译.1989年第2期

布顿·仁钦珠.1986.《佛教史大宝藏论》.郭和卿译.北京：民族出版社

C

才贝.2012.《阿尼玛卿山神研究》.北京：民族出版社

才让.1992."青海藏族的射箭活动及其文化背景".载《西北民族研究》1992年第1期.总第10期

才让.1999.《藏传佛教信仰与民俗》.北京：民族出版社

才让．2007.《吐蕃史稿》．兰州：甘肃人民出版社

才让太、顿珠拉杰．2012.《苯教史纲要》．北京：中国藏学出版社

才让太．2011a.“前言”，载才让太主编：《苯教研究论文选集》（第一辑）．北京：中国藏学出版社

才让太．2011b.“古老的象雄文明”．载才让太主编：《苯教研究论文选集》（第一辑）．北京：中国藏学出版社

才让太．2011c.“冈底斯神山崇拜及其周边的古代文化”．载才让太主编：《苯教研究论文选集》（第一辑）．北京：中国藏学出版社

才让太．2011d.“七赤天王时期的吐蕃苯教”．载才让太主编：《苯教研究论文选集》（第一辑）．北京：中国藏学出版社

才让太主编．2011.《苯教研究论文选集》（第一辑）．北京：中国藏学出版社

陈波．2010.《李安宅与华西学派人类学》．成都：四川出版集团巴蜀书社

陈波．2016.“以藏文明为中心看中国”．载《文化纵横》2016 年 5 期

陈波．2020.“藏学人类学的多文明学脉：从李安宅范式出发”．载王铭铭主编：《跨越界限的实践——藏学人类学的追寻》．成都：四川民族出版社

陈观胜、安才旦主编．2004.《常见藏语人名地名词典》．北京：外文出版社

陈家琎主编．1988.《全唐文全唐诗吐蕃史料》．拉萨：西藏人民出版社

陈庆英、陈立键．2010.《活佛转世及其历史定制》．北京：中国藏学出版社

陈庆英．2006.《陈庆英藏学论文集》（上）．北京：中国藏学出版社

陈燮章、索文清、陈乃文编．1982.《藏族史料集》（一）．成都：四川民族出版社

池田大作、木口胜义、志村荣一．1997.《佛法与宇宙》．王洪波、李力译．北京：经济日报出版社

次旦扎西、杨永红编．2010.《西藏古近代军事史研究资料选辑》．拉萨：西藏人民出版社

崔明德．1990.“金城公主与汉藏关系”．载《历史研究》1990 年第 8 期

D

达仓宗巴·班觉桑布.1986.《汉藏史集》.陈庆英译.拉萨：西藏人民出版社

达哇才让.2012.“藏族翻译史概述”.载《民族翻译》2012年第1期

大卫·艾宾豪斯、麦克尔·温斯腾.2005.“藏族的瑟珠”.载图齐等著《喜马拉雅的人与神》.向红笳译.北京：中国藏学出版社

大卫·费特曼.2007.《民族志：步步深入》.龚建华译.重庆：重庆大学出版社

丹·马丁.1998.“沃摩隆仁——苯教的发源圣地”.载陈庆英、耿昇、向红笳、褚俊杰、冯良主编：《国外藏学研究译文集》（第十四辑）.陈立健译.拉萨：西藏人民出版社

丹珠昂奔.1990.《藏族神灵论》.北京：中国社会科学出版社

德吉卓玛.2003.《藏传佛教出家女性研究》.北京：社会科学文献出版社

德里克·弗里曼.2008.《玛格丽特·米德与萨摩亚——一个人类学神话的形成与破灭》.夏循祥、徐豪译.北京：商务印书馆

德庆多吉译.2008.《西藏苯教经文集》.拉萨：西藏人民出版社

丁玲辉、扎西卓玛.1998.“西藏的古代健身体育”.载《中国藏学》1998年第4期

丁玲辉.2003.“西藏古代的杂技百戏”.载《中国西藏》2003年第3期

丁玲辉.2009.“西藏古代的射箭运动”.载《西藏研究》2009年8月.第4期

东嘎·洛桑赤列.2001.《论西藏政教合一制度藏文文献目录学》.陈庆英译.北京：中国藏学出版社

杜继文.2008.《汉译佛教经典哲学》（上卷）.南京：凤凰出版传媒集团

杜蒙.1992.《阶序人：卡斯特体系及其衍生现象》（卷2）.王志明译.台北：远流出版事业股份有限公司

端索智.2006.“藏族信仰崇拜中的山神体系及其地域社会象征——以热贡藏区的田野研究为例”.载《思想战线》2006年第2期

段晶晶.2013.《藏传佛教宁玛派圣迹文化研究》.成都：四川民族出版社

多识仁波切.2002.《佛教三宝原理奥义解》.兰州：甘肃民族出版社

多识仁波切.2009.《藏传佛教常识300题》.兰州：甘肃民族出版社

E

E.E. 埃文斯—普理查德 . 2001.《原始宗教理论》. 孙尚扬译 . 北京：商务印书馆

E.E. 埃文斯—普理查德 . 2006.《阿赞德人的巫术、神谕和魔法》. 覃俐俐译 . 北京：商务印书馆

二世嘉木样・久美昂波 . 2008.《西藏的佛教》. 杨世宏译 . 兰州：甘肃人民出版社

F

范艳辉、赵晓 . 2011. “浅析中国古代宇宙观对建筑群体布局的影响”. 载《华中建筑》2011 年第 12 期

费孝通 . 2004.《论人类学与文化自觉》. 北京：华夏出版社

费孝通 . 2006.《乡土中国》. 上海：上海人民出版社

佛陀耶舍、竺佛念译 . 2008.《长阿含经》（全一册）. 福建：福建莆田广化寺

弗雷德里克・巴特、安德烈・金格里希、罗伯特・帕金、西德尔・西尔弗曼 . 2008.《人类学的四大传统——英国、德国、法国和美国的人类学》. 高丙中、王晓燕、欧阳敏、王玉珏译 . 北京：商务印书馆

弗洛伊德 . 2014.《精神分析引论》. 高觉敷译 . 北京：商务印书馆

G

嘎・达哇才仁主编 . 2007.《藏传佛教活佛转世制度研究论文集》. 北京：中国藏学出版社

噶尔迈·桑木旦.1983.《苯教史·导论》.载王尧主编:《国外藏学研究选译》.王尧、陈观胜译.兰州:甘肃民族出版社

尕藏加.2007.《吐蕃佛教——宁玛派前史与密宗传承研究》.北京:社会科学文献出版社

高丙中.2006."《写文化》与民族志发展的三个时代".载詹姆斯·克利福德、乔治·E·马库斯编:《写文化——民族志的诗学与政治学》.高丙中、吴晓黎、李霞等译.北京:商务印书馆

格勒.2011."论藏族苯教的神".载才让太主编:《苯教研究论文选集》(第一辑).北京:中国藏学出版社

格曲.2003."桑耶寺康松桑康林白面具藏戏壁画绘制年代与内容考辨".载《西藏艺术研究》2003年第4期

格桑更堆.2012."试析桑耶译经院对西藏翻译事业的贡献".载《西藏科技》2012年第9期

葛兰言.2005.《古代中国的节庆与歌谣》.赵丙祥、张宏明译.桂林:广西师范大学出版社

古塔·弗格森编著.2005.《人类学定位——田野科学的界限与技术》.骆建建、袁同凯、郭立新译.北京:华夏出版社

顾颉刚.2003."与钱玄同先生论古史书".顾颉刚:《古史辨自序》.石家庄:河北教育出版社

顾颉刚.2003.《古史辨自序》.石家庄:河北教育出版社

郭净.1996a."藏传佛教寺院'羌姆'祭典中的三类角色".载《中国藏学》1996年第1期

郭净.1996b."论西藏寺院神舞'羌姆'的起源".载《文艺研究》1996年第2期

郭净.1997a.《西藏山南扎囊县桑耶寺多德大典》.台北:财团法人施民俗文化基金会

郭净.1997b."多重意义的祭祀空间——以西藏桑耶寺仪式表演为例".载《思想战线》1997年第3期

郭净.1998."西藏桑耶寺神舞'羌姆'的实地考察".载《文艺研究》1998年第1期

郭净 . 1999.《幻面》. 深圳：海天出版社、南昌：江西教育出版社

郭良鋆 . 2011.《佛陀和原始佛教思想》. 北京：中国社会科学出版社

国家文物局主编 . 2010.《中国文物地图集》（西藏自治区分册）. 北京：文物出版社

H

哈罗德·伊罗生 . 2008.《群氓之族：群体认同与政治变迁》. 邓伯宸译 . 桂林：广西师范大学出版社

何贝莉 . 2010.“从赞普的神话时代到历史时代——读石泰安《西藏的文明》”. 载《西北民族研究》2010 年 1 期

何耀华 . 1998.“论金城公主入藏”. 载《云南社会科学》1998 年第 4 期

何周德、索朗旺堆编著 . 1987.《桑耶寺简志》. 拉萨：西藏人民出版社

何周德 . 1988a.“桑耶寺综述（上）”. 载《西藏研究》1988 年第 3 期

何周德 . 1988b.“桑耶寺综述（下）”. 载《西藏研究》1988 年第 4 期

亨利·海登、西泽·考森 . 2002.《在西藏高原的狩猎与旅行：西藏地质探险日志》. 周国炎，邵鸿译 . 成都：四川民族出版社，北京：中国社会科学出版社

黄布凡、马德 . 2000.《敦煌藏文吐蕃史文献译注》. 兰州：甘肃教育出版社

黄明信 . 2007.《黄明信藏学文集》. 北京：中国藏学出版社

黄维忠 . 2007.《8—9 世纪藏文发愿文研究——以敦煌藏文发愿文为中心》. 北京：民族出版社

霍布斯鲍姆 . 2002.《史学家：历史神话的终结者》. 马俊亚等译 . 上海：上海人民出版社

霍夫曼 . 2003.“西藏的宗教”，载格勒、张江华编：《李有义与藏学研究——李有义教授九十诞辰纪念文集》. 李有义译 . 北京：中国藏学出版社

霍巍、李永宪 . 1990.“西藏壁画中的藏族古代体育史料”. 载《文史杂志》1990 年第 6 期

霍巍 . 2000.《西藏西部佛教文明》. 成都：四川人民出版社

J

J.G.•弗雷泽．2006.《金枝》．徐育新、汪培基、张泽石译．北京：新世界出版社

吉尔兹．2004.《地方性知识——阐释人类学论文集》．王海龙、张家瑄译．北京：中央编译出版社

嘉措顿珠．2011.“漫话苯教文化之源——象雄”．载才让太主编：《苯教研究论文选集》（第一辑）．北京：中国藏学出版社

姜春爱．1996.“藏传佛教桑耶羌姆考察报告”.载《戏剧(中央戏剧学院学报)》.1996年第1期

降边嘉措．2001.《环绕喜马拉雅山的旅行》．北京：中国电影出版社

杰克•古迪．2009.《偷窃历史》．张正萍译．杭州：浙江大学出版社

金克木．1983.“谈《文明与野蛮》和人类学的发展”．载《读书》1983年第11期

久美却吉多杰．2004.《藏传佛教神明大全》（上部）．曲甘•完玛多杰译．西宁：青海民族出版社

久美意希多吉造、万果译．2001.“乌体坚空行财神所依物一宝瓶制作法”．载万果编译：《藏传佛教典籍精选精译》．北京：民族出版社

久米德庆．1987.《汤东杰布传》．德庆卓嘎、张学仁译．拉萨：西藏人民出版社

K

卡尔•波兰尼．2007.《大转型：我们时代的政治与经济起源》．冯钢、刘阳译．杭州：浙江人民出版社

卡尔梅．1986.“《苯教史》（嘉言宝藏）选译（一）”．载王尧主编：《国外藏学研究译文集》（第一辑）．王尧、陈观胜译．拉萨：西藏人民出版社

卡尔•雅斯贝斯．1989.《历史的起源与目标》．魏楚雄、俞新天译．北京：华夏出版社

卡洛斯·卡斯塔尼达.1997.《巫师唐望的世界》.鲁宓译.台北：张老师文化事业股份有限公司

康缠·卓美泽仁、正刚.2011.“‘苯’‘巫’同源考”.载才让太主编：《苯教研究论文选集》（第一辑）.北京：中国藏学出版社

克莱门茨·R·马克姆编著.2002.《叩响雪域高原的门扉——乔治·波格尔西藏见闻及托马斯·曼宁拉萨之行纪实》.张皓、姚乐野译.成都：四川民族出版社、北京：中国社会科学出版社

克利福德·格尔茨.1999.《尼加拉：十九世纪巴厘剧场国家》.赵丙祥译.上海：上海人民出版社

克利福德·格尔茨.1999.《文化的解释》.韩莉译.上海：译林出版社

L

拉巴次仁.2010.“苯教神学研究：苯教神祇体系及特征分析”.载《西藏大学学报》（社会科学版）2010年第3期

拉铁摩尔.2008.《中国的亚洲内陆边疆》.唐晓峰译.南京：江苏人民出版社

蓝吉富.2011.《佛教史料学》.台北：东大图书股份有限公司

勒内·德·内贝斯基·沃杰科维茨.1993.《西藏的神灵和鬼怪》.谢继胜译.拉萨：西藏人民出版社

勒艳.2000.“桑耶寺、吐蕃道与中印佛教文化交流”.载《兰州大学学报（社会科学版）》2000年第4期

李安宅.2005a.《〈仪礼〉与〈礼记〉之社会学的研究》.上海：世纪出版集团、上海人民出版社

李安宅.2005b.《藏族宗教史之实地研究》.上海：世纪出版集团、上海人民出版社

李行健.2004.《现代汉语规范词典》.北京：外语教学与研究出版社

李家平.1989.“桑耶寺‘羌姆’源流考”.载《西藏艺术研究》，1989年第4期

李绍明 . 1990. “评李安宅遗著《藏族宗教史之实地研究》”. 载《中国藏学》1990 年第 1 期

李伟华 . 2012. “他者与面具——人类学家郭净访谈录”. 载王铭铭主编:《中国人类学评论》(第 21 辑). 北京:世界图书出版公司

李卫 . 1998. “西藏第一座正规寺庙——桑耶寺”. 载《百科知识》1998 年第 4 期

李学琴、鄢玉兰翻译整理 . 1993. 《西藏民间故事》(第七集). 拉萨:西藏人民出版社

莲华生 . 1995. 《西藏度亡经》. 徐进夫译 . 北京:宗教文化出版社

梁成秀 . 2012. “试论藏传佛教寺院翻译活动中的编辑学价值”. 载《西藏民族学院学报(哲学社会科学版)》2012 年第 3 期

梁永佳 . 2008. “《等级人》(1966)”. 载王铭铭主编:《20 世纪西方人类学主要著作指南》. 北京:世界图书出版公司

廖杨 . 2009. “人类学视阈中的‘文化’与‘文明’综论——兼论全球化场景下的文明冲突与文化交融”. 载《江西社会科学》2009 年第 4 期

列维—布留尔 . 2004. 《原始思维》. 丁由译 . 北京:商务印书馆

林冠群 . 1989. 《吐蕃赞普墀松德赞研究》. 台北:台湾商务印书馆股份有限公司

林冠群 . 2006. 《唐代吐蕃史论集》. 北京:中国藏学出版社

林哈达、曹余章 . 1980. 《上下五千年》. 北京:少年儿童出版社

林继富 . 2002. “碧波荡漾闪灵光——藏族湖神信仰”. 载《西藏艺术研究》2002 年第 1 期

林继富 . 2003. “论西藏的天神信仰”. 载《民族文学研究》2003 年第 3 期

凌纯声、林耀华等 . 2004. 《20 世纪中国人类学民族学研究方法与方法论》. 北京:民族出版社

刘琪 . 2011. 《命以载史——20 世纪前期德钦政治的历史民族志》. 北京:世界图书出版公司

刘文明 . 2008. “自我、他者与欧洲“文明”观念的建构——对 16 ~ 19 世纪欧洲‘文明’观念演变的历史人类学反思”. 载《江海学刊》2008 年第 3 期

刘小兵 . 1989. “唐、蕃和盟关系研究”. 载《云南社会科学》1989 年第 5 期

刘志群 . 2000. 《西藏祭祀艺术》. 拉萨:西藏人民出版社

鲁道夫·奥托 . 1995. 《论“神圣”》. 成穷、周邦宪译 . 成都:四川人民出版社

路易·迪蒙（即杜蒙）. 2003.《论个体主义：对现代意识形态的人类学观点》. 谷方译 . 上海：上海人民出版社

罗兰 . 2008. “从民族学到物质文化（再到民族学）”. 载王铭铭主编：《中国人类学评论》（第 5 辑）. 梁永佳译 . 北京：世界图书出版公司

罗伯尔·萨耶 . 2000.《印度—西藏的佛教密宗》. 耿昇译 . 北京：中国藏学出版社

罗伯特·比尔 . 2007.《藏传佛教象征符号与器物图解》. 向红笳译 . 北京：中国藏学出版社

罗伯特·芮德菲尔德 . 2013.《农民社会与文化》. 王莹译 . 北京：中国社会科学出版社

罗纳德·L. 约翰斯通 . 2012.《社会中的宗教——一种宗教社会学》（第八版）. 袁亚愚、钟玉英译 . 成都：四川出版集团、四川人民出版社

M

Marshall Sahlins. 2008. “整体即部分：秩序与变迁的跨文化政治”. 载王铭铭主编：《中国人类学评论》（第 9 辑）. 刘永华译 . 北京：世界图书出版公司

Micheal Rowlands. 2008. “长时段过去和断裂”. 载王铭铭主编：《中国人类学评论》（第 5 辑）. 阿嘎佐诗译 . 北京：世界图书出版公司

Micheal Rowlands. 2008. “从民族学到物质文化（再到民族学）”. 载王铭铭主编：《中国人类学评论》（第 5 辑）. 梁永佳译 . 北京：世界图书出版公司

Micheal Rowlands. 2008. “文明作为对照的宇宙秩序——西非与中国”. 载王铭铭主编：《中国人类学评论》（第 15 辑）. 张帆、汤芸译 . 北京：世界图书出版公司

玛格丽特·米德 . 2008.《萨摩亚人的成年：为西方文明所作的原始人类的青年心理研究》. 周晓红等译 . 北京：商务印书馆

马丽华 . 2002.《灵魂像风》. 北京：中国社会科学出版社

马林 . 1994. “白哈尔王考略”. 载《西藏研究》1994 年第 4 期

马凌诺斯基 . 2002.《西太平洋的航海者》. 梁永佳、李绍明译 . 北京：华夏出版社

马克斯·韦伯 . 2004.《支配社会学》. 康乐、简惠美译桂林：广西师范大学出版社

马克斯·韦伯 . 2004.《中国的宗教；宗教与世界》. 康乐、简惠美译 . 桂林：广西师范大学出版社

马克斯·韦伯 . 2005.《印度的宗教——印度教与佛教》. 康乐、简惠美译 . 桂林：广西师范大学出版社

马克斯·韦伯 . 2005.《宗教社会学》. 康乐、简惠美译 . 桂林：广西师范大学出版社

马塞尔·莫斯 . 2005.《礼物：古式社会中交换的形式与理由》. 汲喆译 . 上海：世纪出版集团、上海人民出版社

马塞尔·莫斯 . 2010a. "关于文明概念的札记". 载马塞尔·莫斯、爱弥尔·涂尔干、亨利·于贝尔：《论技术、技艺与文明》，张帆译 . 北京：世界图书出版公司

马塞尔·莫斯 . 2010b. "诸文明：其要素与形式（1929/1930）". 载马塞尔·莫斯、爱弥尔·涂尔干、亨利·于贝尔：《论技术、技艺与文明》，卞思梅译 . 北京：世界图书出版公司

马塞尔·莫斯 . 2010c. "国族（1920/1953，摘录）". 载马塞尔·莫斯、爱弥尔·涂尔干、亨利·于贝尔：《论技术、技艺与文明》. 舒瑜译 . 北京：世界图书出版公司

马塞尔·莫斯 . 2012. "文明的要素及其形态". 载王铭铭主编:《中国人类学评论》（第 21 辑）. 巫能昌译。北京：世界图书出版公司

马塞尔·莫斯、昂利·于贝尔 . 2007.《巫术的一般理论献祭的性质与功能》. 杨渝东、梁永佳、赵丙祥译 . 桂林：广西师范大学出版社

马塞尔·莫斯、爱弥尔·涂尔干、亨利·于贝尔 . 2010.《论技术、技艺与文明》. 蒙养山人译 . 北京：世界图书出版公司

马歇尔·萨林斯 . 2003. "历史的隐喻与神话的现实——桑威奇群岛王国早期历史中的结构". 载马歇尔·萨林斯 .《历史之岛》. 蓝达居、张宏明、黄向春、刘永华译 . 上海：上海人民出版社

梅·戈尔斯坦 . 2005.《喇嘛王国的覆灭》. 杜永彬译 . 北京：中国藏学出版社

梅尾祥云 . 2011.《曼荼罗之研究》（上）. 北京：中国藏学出版社

米尔恰·伊利亚德（Mircea Eliade）. 2000.《宇宙与历史——永恒回归的神话》. 杨儒宾译 . 台北：联经出版事业公司

米尔恰·伊利亚德 . 2002.《神圣与世俗》. 王建光译 . 北京：华夏出版社

米歇尔·泰勒 . 2005.《发现西藏》. 耿昇译 . 北京：中国藏学出版社

N

奈杰尔·巴利 . 2003.《天真的人类学家——小泥屋日记》. 何颖怡译 . 上海：上海人民出版社

南文渊 . 2000. “藏族神山崇拜观念浅述”. 载《西藏研究》，2000 年第 2 期

南文渊 . 2001. “古代藏族关于自然崇拜的观念及其功能”. 载《青海民族研究》（社会科学版）第 12 卷第 2 期

诺贝特·艾利亚斯 . 2009.《文明的进程——文明的社会起源和心理起源的研究》. 王佩莉、袁志英译 . 上海：上海译文出版社

P

庞朴 . 2003.《一分为三论》. 上海：上海古籍出版社

皮埃尔·布迪厄 . 2003.《实践感》. 蒋梓骅译 . 上海：译林出版社

平措次仁 . 2001.《西藏古近代交通史》. 北京：人民交通出版社

Q

恰白·次旦平措．1989．“论藏族的焚香祭神习俗”．载《中国藏学》．达瓦次仁译．1989年第4期

恰白·次旦平措、诺章·吴坚、平措次仁．2004．《西藏通史——松石宝串》（上）．陈庆英、格桑益西、何宗英、许德存译．拉萨：西藏社会科学院、北京：中国西藏杂志社、拉萨：西藏古籍出版社

强巴次仁、卓玛、丹巴旺久、多布杰、王飞．2009．“桑耶寺：西藏第一座寺庙”．载《中国文化遗产》2009年第6期

钦则旺布．2000．《卫藏道场胜迹志》．刘立千译注．北京：民族出版社

曲杰·南喀诺布．2014．《苯教与西藏神话的起源——“仲”“德乌”和“苯”》．向红笳、才让太译．北京：中国藏学出版社

群培．2010．《拉萨市藏传佛教寺院》．罗旦译注．拉萨：西藏人民出版社

R

R. J. 约翰斯顿主编．2005．《人文地理学词典》．柴彦威等译．北京：商务印书馆

任继愈主编．2002．《佛教大辞典》．南京：江苏古籍出版社

S

S.N. 艾森斯塔特．2005.“轴心时代的突破——轴心时代的特征与起源”．载苏国勋、刘小枫主编：《社会理论的诸理论》．沈原译．上海：上海三联书店

Stephan Feuchtwang. 2008a.“中国作为帝国与文明”．载王铭铭主编：《中国人类学评论》（第 5 辑）．刘琪译．北京：世界图书出版公司

Stephan Feuchtwang. 2008b.“文明的概念”．载王铭铭主编：《中国人类学评论》（第 5 辑），郑少雄译．北京：世界图书出版公司

Stephan Feuchtwang. 2009a.“文明的比较”．载王铭铭主编：《中国人类学评论》（第 12 辑）．刘源、尼玛扎西译．北京：世界图书出版公司

Stephan Feuchtwang. 2009b.“文明之间——对话的一方”．载王铭铭主编：《中国人类学评论》（第 9 辑）．梁中桂译．北京：世界图书出版公司

Stephan Feuchtwang. 2010.“文明的概念与中国的文明”．载王铭铭主编：《中国人类学评论》（第 17 辑）．北京：世界图书出版公司

萨拉特・钱德拉・达斯．2006《拉萨及西藏中部旅行记》．W.W. 罗克希尔编．陈观胜、李培茱译．北京：中国藏学出版社

萨迦・索南坚赞．1985.《王统世系明鉴》．陈庆英、仁庆扎西译注．沈阳：辽宁人民出版社

塞缪尔・亨廷顿．2012.《文明的冲突与世界秩序的重建》．周琪、刘绯、张立平、王圆译．北京：新华出版社

桑吉扎西．2009.“西藏桑耶寺的造像与壁画艺术”．载《法音》2009 年第 1 期

桑木丹・噶尔梅．1989.“赞普天神之子达磨及其后裔之王统世系述略”．载王尧主编：《国外藏学研究译文集》（第五辑）．米松译．拉萨：西藏人民出版社

桑木旦・G・噶尔梅．2005.“概述苯教的历史及教义”．载图齐等著：《喜马拉雅的人与神》．向红笳译．北京：中国藏学出版社

山南市地方志编纂委员会编．2009.《山南地区志（上）》．北京：中华书局

施奈尔格鲁夫．1989.“《苯教九乘》导论”．载王尧主编：《国外藏学研究译文集》（第六集）．褚俊杰译．拉萨：西藏人民出版社

石硕 . 1994.《西藏文明东向发展史》. 成都：四川人民出版社

石硕 . 2000a.《吐蕃政教关系史》. 成都：四川人民出版社

石硕 . 2000b.“关于金城公主入藏及出嫁对象等相关史实的考订”. 载《民族研究》2000 年第 4 期

石硕 . 2002.“金城公主事迹中一个疑案的研究——关于金城公主在吐蕃是否生子问题的考证”. 载《四川大学学报（哲学社会科学版）》2002 年第 2 期

石硕 . 2011.“关于唐以前西藏文明若干问题的探讨”. 载才让太主编：《苯教研究论文选集》（第一辑）. 北京：中国藏学出版社

石泰安 . 1992.《川甘青藏走廊古部落》. 耿昇译 . 成都：四川人民出版社

石泰安 . 2005.《西藏的文明》. 耿昇译 . 北京：中国藏学出版社

石泰安 . 2010.“‘祖拉’与吐蕃巫教”. 载 A• 麦克唐纳：《敦煌吐蕃历史文书考释》. 耿昇译 . 西宁：青海人民出版社

矢崎正见 . 1990.《西藏佛教史考》. 石硕、张建世译 . 拉萨：西藏人民出版社

释迦仁钦德 . 2002.《雅隆尊者教法史》. 汤池安译 . 拉萨：西藏人民出版社

释妙舟 . 2009.《蒙藏佛教史》. 扬州：广陵书社

释印顺 . 2011.《原始佛教圣典之集成》. 北京：中华书局

舒瑜 . 2010.《微“盐”大义——云南诺邓盐业的历史人类学考察》. 北京：世界图书出版公司

松巴堪钦 • 益西班觉 . 1994.《如意宝树史》. 蒲文成、才让译 . 兰州：甘肃民族出版社

苏国勋、刘小枫主编 . 2005.《社会理论的诸理论》. 上海：上海三联书店

苏晋仁编 . 1982.《通鉴吐蕃史料》. 拉萨：西藏人民出版社

苏晋仁、萧錬子校证 . 1981.《〈册府元龟〉吐蕃史料校证》. 成都：四川民族出版社

宿白 . 1996.《藏传佛教寺院考古》. 北京：文物出版社

孙林 . 2006.《藏族史学发展史纲要》. 北京：中国藏学出版社

孙林 . 2009.“敦煌吐蕃文献中的早期苯教神灵体系”. 载《西北民族大学学报》（哲学社会科学版）2009 年第 2 期

孙林 . 2010.《西藏中部农区民间宗教的信仰类型与祭祀仪式》. 北京：中国藏学出版社

孙林．2011．“沃摩隆仁与古尔”．载才让太主编《苯教研究论文选集》（第一辑）．北京：中国藏学出版社

索昂绛粲．1949．《西藏王统记》．王沂暖译．上海：商务印书馆，

索朗仁青、郭净．1995．“桑耶寺经藏大会供羌姆节目单”．载《西藏艺术研究》1995年第1期

索朗旺堆、何周德主编．1986．《扎囊县文物志》．拉萨：西藏自治区文物管理委员会

索南坚赞．2000．《西藏王统记》．刘立千译．北京：民族出版社

T

汤芸．2008．《以山川为盟：黔中文化接触中的地景、传闻与历史感》．北京：民族出版社

唐纳德·小罗佩兹．2002．“西方人心目中的喇嘛教”．载王尧、王启龙主编：《国外藏学研究译文集》（第十六辑）．杜永彬译．拉萨：西藏人民出版社

土观·罗桑却季尼玛．1985．《土观宗派源流》．刘立千译注．拉萨：西藏人民出版社

图齐．2004．《西藏考古》．向红笳译．拉萨：西藏人民出版社

图齐．2005．《西藏宗教之旅》．耿昇译．北京：中国藏学出版社

图齐．2009．《梵天佛地》（第一卷西北印度和西藏西部的塔和擦擦——试论藏族宗教艺术及其意义）．魏正中、萨尔吉主编．上海古籍出版社

图齐等．2005．《喜马拉雅的人与神》．向红笳译．北京：中国藏学出版社

托马斯·库恩．2003．《科学革命的结构》．金吾伦、胡新和译．北京：北京大学出版社

W

万代吉 . 2009.“苯教祭祀文化初探”. 载《西北民族大学学报(哲学社会科学版)》2009 年第 6 期

万代吉 . 2019.《藏族民间祭祀文化研究》. 北京：民族出版社

万果编译 . 2001.《藏传佛教典籍精选精译》. 北京：民族出版社

王辅仁编著 . 2005.《西藏佛教史略》. 青海人民出版社

王铭铭 . 2006.“从埃利亚斯的文明论看西方人类学的‘学派’”. 载《西北民族研究》2006 年第 4 期

王铭铭主编 . 2006.《西方人类学名著提要》. 南昌：江西人民出版社

王铭铭 . 2007.《经验与心态》. 桂林：广西师范大学出版社

王铭铭 . 2008a.《中间圈：“藏彝走廊”与人类学的再构思》. 北京：社会科学文献出版社

王铭铭 . 2008b.“人类学——历史的另一种构思”. 载王铭铭主编：《中国人类学评论》(第 9 辑). 北京：世界图书出版公司

王铭铭 . 2008c.“‘文明的人类学探究强化讲习班’纪要”. 载王铭铭主编：《中国人类学评论》(第 5 辑). 北京：世界图书出版公司

王铭铭 . 2010a.《人生史与人类学》. 北京：生活・读书・新知三联书店

王铭铭 . 2010b.“超社会体系——对文明人类学的初步思考”. 载王铭铭主编：《中国人类学评论》(第 15 辑). 北京：世界图书出版公司

王铭铭等 . 2010c.“学术讨论实录——‘跨社会体系：历史与社会科学叙述中的区域、民族与文明’研讨会”. 载王铭铭主编：《中国人类学评论》(第 15 辑). 北京：世界图书出版公司

王铭铭 . 2011a.“超社会体系——文明人类学”. 载王铭铭：《人类学讲义稿》. 北京：世界图书出版公司

王铭铭 . 2011b.“我所了解的历史人类学”. 载王铭铭：《人类学讲义稿》. 北京：世界图书出版公司

王铭铭 . 2011c.“从‘当地知识’到‘世界思想’——对民族志知识的反思”. 载王铭铭：《人类学讲义稿》. 北京：世界图书出版公司

王铭铭 . 2011d. “口述史、口承传统与人生史”. 载王铭铭：《人类学讲义稿》. 北京：世界图书出版公司

王璞 . 2008. 《藏族史学思想论纲》. 北京：中国社会科学出版社

王森 . 2002. 《西藏佛教发展史略》. 北京：中国藏学出版社

王斯福 . 2008. “文明的概念”. 载王铭铭：《中国人类学评论》（第 5 辑）. 梁永佳译 . 北京：世界图书出版公司

王文锦译解 . 2001. 《礼记译解》（上）. 北京：中华书局

王希华 . 2001. “桑耶寺羌姆略述”. 载《西藏艺术研究》2001 年第 3 期

王尧、陈践译注 . 1980. 《敦煌本吐蕃历史文书》. 北京：民族出版社

王尧、陈践译注 . 2008. 《敦煌古藏文文献探索集》. 上海：上海古籍出版社

王尧、陈庆英主编 . 1998. 《西藏历史文化辞典》. 拉萨：西藏人民出版社

王尧 . 1989. 《吐蕃文化》. 吉林：吉林教育出版社

王尧编著 . 1982. 《吐蕃金石录》. 北京：文物出版社

王尧译述 . 1980. 《藏剧故事集》. 拉萨：西藏人民出版社

王忠 . 1958. 《新唐书吐蕃传笺证》. 北京：科学出版社

旺堆 . 1987. “西藏第一古刹——桑耶寺”. 载《民族团结》1987 年第 9 期

维克多•特纳 . 2006. 《仪式过程——结构与反结构》. 黄剑波、刘博赟译 . 北京：中国人民大学出版社

魏强 . 2010. “论藏族山神崇拜习俗”. 载《中央民族大学学报》（哲学社会科学版）2010 年第 6 期

温普林 . 2003. 《苦修者的圣地》. 拉萨：西藏人民出版社

渥德尔 . 1987. 《印度佛教史》. 王世安译 . 北京：商务印书馆

吴逢箴 . 1985. “金城公主对发展唐蕃关系的贡献——读汉籍吐蕃文献札记”. 载《西藏民族学院学报》1985 年第 3 期

吴健礼 . 2011. “试探巫文化和道教文化在青藏高原的足迹”. 载才让太主编：《苯教研究论文选集》（第一辑）. 北京：中国藏学出版社

吴文藻 . 1990. 《吴文藻人类学社会学研究文集》. 北京：民族出版社

吴信如编著 . 2008. 《佛教世界观》. 北京：中国藏学出版社

五世达赖喇嘛 . 2000. 《西藏王臣记》. 刘立千译注 . 北京：民族出版社

X

西格蒙特·弗洛伊德 . 1999.《一个幻觉的未来》. 杨韶钢译 . 北京：华夏出版社

西晋三藏竺法护译 . 2005.《佛说本生经》. 吕有祥译注 . 北京：宗教文化出版社

西敏司 . 2010.《甜与权力——糖在近代历史上的地位》. 王超、朱健刚译 . 北京：商务印书馆

西藏拉萨古艺建筑美术研究所 . 2007.《西藏藏式建筑总览》. 成都：四川出版集团，四川美术出版社

西藏人民出版社、民族出版社、青海民族出版社、四川民族出版社、甘肃民族出版社、云南民族出版社协作编纂组 . 1991.《汉藏对照词典》. 北京：民族出版社

西藏自治区交通厅、西藏社会科学院编 . 2001.《西藏古近代交通史》. 北京：人民交通出版社

夏杂·扎西坚参 . 2012.《藏族雍仲本教史妙语宝库》. 刘勇译注 . 北京：民族出版社

效若 . 1985. "桑耶寺的创建与佛教在西藏的传播". 载《思想战线》1985 年第 3 期

谢继胜 . 1988. "藏族的山神神话及其特征". 载《西藏研究》1988 年第 4 期

谢继胜 . 1989. "藏族神话的分类、特征及其演变". 载《民族文学研究》. 1989 年第 5 期

谢继胜 . 1989. "藏族土地神的变迁与方位神的形成". 载《青海社会科学》1989 年第 1 期

谢继胜 . 1991. "战神杂考——据格萨尔史诗和战神祀文对战神、威尔玛、十三战神和风马的研究". 载《中国藏学》. 1991 年第 4 期

谢继胜 . 1996.《风马考》. 台北：唐山出版社

谢继胜 . 2011. "藏族萨满教的三界宇宙结构与灵魂观念的发展". 载才让太主编：《苯教研究论文选集》（第一辑）. 北京：中国藏学出版社

谢启晃、李双剑、丹珠昂奔 . 1993.《藏族传统文化辞典》. 兰州：甘肃人民出版社

徐华鑫编著 . 1986.《西藏自治区地理》. 拉萨：西藏人民出版社

许德存 . 2003. "试析桑耶寺僧诤的焦点". 载《西藏研究》2003 年第 4 期

Y

亚历山德莉亚·大卫—妮尔.2002.《一个巴黎女子的拉萨历险记》.耿昇译.北京:东方出版社

戴密微.2001.《吐蕃僧诤记》.耿昇译.拉萨:西藏人民出版社

杨贵明、马吉祥编译.1992.《藏传佛教高僧传略》.西宁:青海人民出版社

杨清媚.2012.“从‘双重宗教’看西双版纳傣族社会的双重性——一项基于神话与仪式的宗教人类学考察”.载《云南民族大学学报》(哲学社会科学版)2012年第4期

叶舒宪、彭兆荣、纳日碧力戈.2006.《人类学关键词》.桂林:广西师范大学出版社

叶舒宪.2002.“文明/野蛮——人类学关键词与现代性反思”.载《文艺理论与批评》2002年第6期

叶舒宪.2012.“人类学时代的文明反思——再谈当代思想史的人类学转向”.载《杭州师范大学学报》(社会科学版)2012年第1期

一直.2002.《藏地牛皮书》.北京:中国青年出版社

依波利多·德西迪利.2004.《德西迪利西藏纪行》.菲利普·费立比编.杨民译.拉萨:西藏人民出版社

伊曼纽尔·沃勒斯坦.2008.《否思社会科学——19世纪范式的局限》.刘琦岩、叶萌芽译.北京:生活·读书·新知三联书店

依西措杰伏藏.雅尔杰·尔金林巴掘藏.1990.《莲花生大师本生传》.洛珠加措、俄东瓦拉译.西宁:青海人民出版社

以利亚德.2001.《不死与自由——瑜伽实践的西方阐释》.武锡申译.北京:中国致公出版社

尹邦志、张炜明.2008.“桑耶寺的香火——《禅定目炬》和《拔协》对吐蕃宗论起因的不同叙述”.载《西南民族大学学报(人文社科版)》2008年第12期

约翰·麦格雷格.1985.《西藏探险》.向红笳译.西藏人民出版社

Z

藏族简史编写组 . 1985.《西藏简史》. 拉萨：西藏人民出版社

扎雅 . 1989.《西藏宗教艺术》. 谢继胜译 . 拉萨：西藏人民出版社

詹姆斯·克利福德、乔治·E·马库斯编 . 2006.《写文化——民族志的诗学与政治学》. 高丙中、吴晓黎、李霞等译 . 北京：商务印书馆

张国云 . 2000. "探访高原第一古刹". 载《中国西藏》2000 年第 3 期

张积诚 . 1980. "'唐蕃八次和盟'概述". 载《西藏民族学院学报》1980 年第 3 期

张庆有 . 1989. "记中国藏学前辈——李安宅、于式玉教授在拉卜楞的岁月". 载《西藏研究》1989 年第 1 期

张涛、赵嘉编 . 2003.《藏羚羊自助游：西藏》. 北京：中国大百科全书出版社

张涛 . 1989. "桑耶寺体育壁画". 载《体育文史》. 1989 年第 1 期

张怡荪主编 . 1993.《藏汉大辞典》. 北京：民族出版社

张原 . 2008.《在文明与乡野之间：贵州屯堡礼俗生活与历史感的人类学考察》. 北京：民族出版社

张云、杜恩社 . 2007. "藏传佛教活佛管理的历史定制与制度创新". 载嘎·达哇才仁主编：《藏传佛教活佛转世制度研究论文集》. 北京：中国藏学出版社

张云 . 1995.《丝路文化吐蕃卷》. 杭州：浙江人民出版社

张云 . 2004.《唐代吐蕃史与西北民族史研究》. 北京：中国藏学出版社

张云 . 2005.《上古西藏与波斯文明》. 北京：中国藏学出版社

张云 . 2011. "论苯教在吐蕃政权时期的地位". 载才让太主编：《苯教研究论文选集》（第一辑）. 北京：中国藏学出版社

赵旭东 . 2006. "《缅甸高地的政治体制》". 载王铭铭主编：《西方人类学名著提要》. 南昌：江西人民出版社

郑少雄 . 2008. "《上缅甸诸政治体制》（1954）". 载王铭铭主编：《20 世纪西方人类学主要著作指南》. 北京：世界图书出版公司

郑少雄 . 2008a. "如何批评利奇——评《上缅甸诸政治体制》". 载王铭铭主编：《中国人类学评论》（第 8 辑）. 北京：世界图书出版公司

中华人民共和国国务院新闻办公室.2011.《西藏和平解放60年(2011年7月)》.北京:人民出版社

周拉.2006."略论藏族神山崇拜的文化特征及功能".载《中央民族大学学报》(哲学社会科学版)2006年第4期

周锡银主编.1991.《藏族原始宗教》.成都:四川藏学研究所

周锡银、望潮.1999.《藏族原始宗教》.成都:四川人民出版社

祝启源.1988.《唃厮啰——宋代藏族政权》.西宁:青海人民出版社

英文文献

Burkert, Walter. 1988. "The Temple in Classical Greece", in *Temple in Society*, Michael V. Fox, ed. Winona Lake, Ind.: Eisenbaruns

Davis, Winston. 1988. "Temples and Shrines in Japan", in *Temple in Society*, Michael V. Fox, ed. Winona Lake, Ind.: Eisenbaruns

Evans—Pritchard, E. E. 1956. *Nuer Religion*. Oxford, England: Clarendon Press

Feinman, Gary M. 1988. "Mesoamerican Temples", in *Temple in Society*, Michael V. Fox, ed. Winona Lake, Ind.: Eisenbaruns

Fuller, C. J. 1988. "The Hindu Temples and Indian Society", in *Temple in Society*, Michael V. Fox, ed. Winona Lake, Ind.: Eisenbaruns

Geertz, Clifford. 1960. *The Religion of Java*. Glencoe. Illinois: The Free Press

Haran, Menahem. 1988. "Temple and Community in Ancient Israel", in *Temple in Society*, Michael V. Fox, ed. Winona Lake, Ind.: Eisenbaruns

Knipe, David M. 1988. "The Temple in Image and Reality", in *Temple in Society*, Michael V. Fox, ed. Winona Lake, Ind.: Eisenbaruns

Kramer, Samuel Noah. 1988. "The Temple in Sumerian Literature", Michael V. Fox, in *Temple in Society*, Winona Lake, Ind.: Eisenbaruns, 1988

Moctezuma, Eduardo Matos. 1984. "The Great Temple of Tenochtitlan: Economics and Idoeology", in *Ritual Human Sacrifice in Mesoamerica*, ed. E. H. Boone. Washington, D. C.: Dumbarton Oaks

Tambiah, S. J. 1976. *World Conqueror and World Renouncer*. New York: Cambridge University Press

汉藏专有名词对照表

汉文	藏文
阿达赤巴	མངའ་བདག་ཁྲི་པ།
阿底峡尊者	ཨ་ཏི་ཤ
阿旺贡噶仁钦	སྔགས་འཆང་ངག་དབང་ཀུན་དགའ་རིན་ཆེན།
阿旺杰布	ངག་དབང་རྒྱལ་པོ།
阿旺罗桑嘉措	རྒྱལ་དབང་ལྔ་པ་ངག་དབང་བློ་བཟང་རྒྱ་མཚོ།
阿雅巴律林	ཨརྱ་པ་ལོའི་གླིང་།
爱慧莲师	གུ་རུ་བློ་ལྡན་མཆོག་སྲེད།
艾肖列赞普	ཨེ་ཤོ་ལེགས།
安多政教史——奇异大海	མདོ་སྨད་ཆོས་འབྱུང་ངོ་མཚར་རྒྱ་མཚོ།
巴洞	བ་སྟོང་།
拔塞囊	སྦ་གསལ་སྣང་།
八思巴	འགྲོ་མགོན་ཆོས་རྒྱལ་འཕགས་པ།
巴卧·祖拉陈瓦	དཔའ་བོ་གཙུག་ལག་ཕྲེང་བ།
拔协	སྦ་བཞེད།
白玛	པདྨ།
白梵天王	ཚངས་པ་དཀར་པོ།
白嘎尔	དཔེ་ཀར།

白嘎钦保	པེ་དཀར་ཆེན་པོ།
白哈尔（白哈尔王）	རྒྱལ་པོ་བྱེ་ཆས། པེ་ཧར། དཔེ་ཧ་ལ། པེ་ཧ་ལ། དཔེ་ཀར། ཕེ་དཀར། སྤེ་དཀར། དཔེ་དཀར། པེ་དཀར།
白哈尔贡则林	པེ་ཧར་དཀོར་མཛོད་གླིང་།
白哈拉	དཔེ་ཧ་ལ།
白命主	སྲོག་དབང་དཀར་པོ།
白·吉桑东赞	འབལ་ལྡོང་ཙབ།
白玛白塘	དཔལ་མ་དཔལ་ཐང་།
白史	དེབ་ཐེར་དཀར་པོ།
班钦索南查巴	པཎ་ཆེན་བསོད་ནམས་གྲགས་པ།
班玛托创匝	གུ་རུ་པདྨ་ཐོད་ཕྲེང་རྩལ།
贝若遮那	བཻ་རོ་ཙ་ན།
苯（苯教）	བོན། བོན་པོ།
波雍琼萨杰姆尊	ཕོ་ཡོངས་བཟའ་རྒྱལ་མོ་བཙུན།
布顿·仁钦珠	བུ་སྟོན་རིན་ཆེན་གྲུབ།
蔡巴·贡噶多吉	ཚལ་པ་ཀུན་དགའ་རྡོ་རྗེ།
蔡公堂／公堂寺	ཚལ་གུང་ཐང་། གུང་ཐང་དགོན།
长寿五姊妹	ལྷ་མོ་ཚེ་རིང་མཆེད་ལྔ།
琛木·耶协周琼	རྡོ་རྗེ་སྤྲེའུ་ཆུང་།
琛萨路杰	མཆིམས་བཟའ་ཀླུ་རྒྱལ།
琛尚野息	མཆིམས་ཞངས་རྒྱལ་ཟིགས
琛氏鲁杰恩姆措	མཆིམས་ཀླུ་རྒྱལ་གནན་མོ་མཚོ།
墀	ཁྲི།
赤白	ཁྲི་ཡེར།

赤德松赞	ཁྲི་ལྡེ་སྲོང་བཙན།
墀玛蕾	ཁྲི་མ་ལོད།
赤松德赞	ཁྲི་སྲོང་ལྡེ་བཙན།
赤脱赞	ཁྲི་ཐོག་བཙན།
赤赞南木	ཁྲི་བཙན་ནམ།
赤扎邦赞	ཁྲི་སྒྲ་དཔུང་བཙན།
赤祖德赞／赤热巴巾	ཁྲི་གཙུག་ལྡེ་བཙན།
初十吉日	ཚེས་བཅུའི་དུས་ཆེན།
楚布寺	མཚུར་ཕུ་དགོན་པ།
“次旧”大典（全称“十日及与之相关的经藏会供羌姆舞蹈”）	ཚེས་བཅུ་དང་འབྲེལ་བའི་མདོ་སྡེའི་གར་འཆམ།
次仁	ཚེ་རིང་།
次仁加措（才仁吉村）	ཚེ་རིང་རྒྱ་མཚོ།
措	མཚོ།
措美	མཚོ་སྨད།
措姆湖	མཚོ་མོ་མགུལ།
达仓宗巴 · 班觉桑布	སྟག་ཚང་རྫོང་པ་དཔལ་འབྱོར་བཟང་པོ།
达赤赞普	གདགས་ཁྲི་བཙན་པོ།
大黑天神	མགོན་པོ་མ་ནིང་ནག་པོ།
达杰	དར་རྒྱས།
达觉参玛林	བཛ་སྦྱོར་ཚངས་མང་གླིང་།
大善知识李杂启（或称“无垢称”）	དགེ་བཤེས་ལི་ཙྪ་བི་སྤྱི་དྲི་མེད་གྲགས་པ།
大昭寺	ལྷ་ལྡན་གཙུག་ལག་ཁང་།
达孜	སྟག་རྩེ།
代言神巫	སྐུ་ཁོག

代塞	ལྡེ་སྲས།
丹珠尔	བསྟན་འགྱུར།
丹增	བསྟན་འཛིན།
德	ལྡེ།
得巴让	གདོལ་པའི་རིགས།
德楚波南木雄赞	ལྡེ་འཕྲུལ་པོ་ནམ་ཞུང་བཙན།
德杰波	ལྡེ་རྒྱལ་པོ།
德廓	ལྡེ་གོལ།
第巴（第悉、第巴、第斯、牒巴）	སྡེ་སྲིད། སྡེ་པ།
第巴雄	སྡེ་པ་གཞུང་།
第模 · 德列加措	དེ་མོ་འཕྲིན་ལས་རྒྱ་མཚོ།
丁赤赞普	དིང་ཁྲི་བཙན་པོ།
都松芒波杰	འདུས་སྲོང་མང་པོ་རྗེ།
顿单阿巴林	བདུད་འདུལ་སྔགས་པ་གླིང་།
“多德”大典（全称“经藏会供及与之相关的十日羌姆舞蹈”）	མདོ་སྡེ་དང་འབྲེལ་བའི་ཚེས་བཅུའི་གར་འཆམ།
多吉查巴	རྡོ་རྗེ་གྲགས་པ།
多罗那他	ཏཱ་ར་ན་ཐ།
多玛（朵玛）	གཏོར་མ།
多日隆赞	ཏོ་རི་ལོང་བཙན།
俄 · 雷必喜饶	རྔོག་ལེགས་པའི་ཤེས་རབ།
俄松	འོད་སྲུང་།
恩兰 · 达扎路恭	སྟག་སྒྲ་ཀླུ་ཁོང་།
恩兰 · 杰瓦却央	རྒྱལ་བ་མཆོག་དབྱངས།
恩兰氏	ངན་ལམ་ཏུས།

忿怒不动明王	ཁྲོ་བོ་མི་གཡོ་བ།
忿怒金刚	རྡོ་རྗེ་ཁྲོ་བོ།
忿怒三逃圣解	ཁྲོ་བོ་ཁམས་གསུམ་རྣམ་རྒྱལ།
佛教史大宝藏论（布顿佛教史）	བུ་སྟོན་ཆོས་འབྱུང་།
伏藏	གཏེར་མ།
嘎保日	དཀར་པོ་རི།
噶当派	བཀའ་གདམས་པ།
噶玛拔希	ཀརྨ་པཀྴི།
噶玛噶举	ཀརྨ་བཀའ་བརྒྱུད།
噶瓦拜则	སྐ་བ་དཔལ་བརྩེགས།
甘丹寺	དགའ་ལྡན་དགོན་པ།
格贵（铁棒喇嘛）	དགེ་བསྐོས།
格吉协玛拉康	དགེ་རྒྱས་ཀྱི་གཙུག་ལག་ཁང་།
格鲁派	དགེ་ལུགས་པ།
格桑	སྐལ་བཟང་།
更敦群培	དགེ་འདུན་ཆོས་འཕེལ།
贡巴	དགོན་པ།
贡布	མགོན་པོ།
贡布日	མགོན་པོ་རི།
贡嘎	གོང་དཀར།
贡噶仁钦	ཀུན་དགའ་རིན་ཆེན།
贡松贡赞	གུང་སྲོང་གུང་བཙན།
贡泽林	དཀོར་མཛོད་གླིང་།
古鲁	གུ་རུ།
古鲁仁波切	གུ་རུ་རིན་པོ་ཆེ།

鹘提悉补野	འོ་ལྡེ་སྤུ་རྒྱལ།
唃厮啰	རྒྱལ་སྲས།
古索	སྐུ་བསོད།
广史	ལོ་རྒྱུས་ཆེན་པོ།
鬼王	ནམ་མཁའི་སྤྲིན་འབྱུང་།
桂译师循努贝	འགོས་ལོ་གཞོན་ནུ་དཔལ།
果茹列赞普	གོ་རུ་ལེགས།
国王	རྒྱལ་པོ།
国王遗教	རྒྱལ་པོའི་བཀའ་ཐེམས།
郭扎	ཀོ་བྲག
哈布日	ཧས་པོ་རི།
汉藏史集——贤者喜乐瞻部洲明鉴	རྒྱ་བོད་ཡིག་ཚང་མཁས་པ་དགའ་བྱེད་ཆེན་མོ་ འཛམ་གླིང་གསལ་བའི་མེ་ལོང་།
黑白花十万鲁经	ཀླུ་འབུམ།
红史	དེབ་ཐེར་དམར་པོ།
后弘期	བསྟན་པ་ཕྱི་དར།
后藏志	མྱང་སྟོད་སྨད་བར་གསུམ་གྱི་ངོ་མཚར་གཏམ་གྱི་ ལེགས་བཤད་མཁས་པའི་འཇུག་ངོགས།
霍尔	ཧོར།
霍尔黄帐部落 （撒里畏吾尔、班达霍尔、霍屯）	ཧོར་གྱི་གུར་སེར། （ཤ་ར་ཡུ་གུར། འབན་ད་ཧོར། ཧོར་ཐོན།）
活佛	སྤྲུལ་སྐུ།
火神七兄弟	བཙན་རྒོད་འབར་བ་སྤུན་བདུན།
寂护	མཁན་ཆེན་ཞི་བ་འཚོ།
吉祥天母	དཔལ་ལྡན་ལྷ་མོ།

嘉让	རྒྱལ་རིགས།
嘉森赞	རྒྱལ་སྲིན་བཙན།
江白林	འཇམ་དཔལ་གླིང་།
江白央	འཇམ་དཔལ་དབྱངས།
姜擦拉温	འཇང་ཚ་ལྷ་དབོན།
绛求洁赞	བྱང་ཆུབ་རྒྱལ་མཚན།
绛央·钦则旺布	འཇམ་དབྱངས་མཁྱེན་བརྩེ་དབང་པོ།
焦若·鲁坚赞	ཅོག་རོ་ཀླུའི་རྒྱལ་མཚན།
杰多日隆赞	རྒྱལ་ཧོ་རེ་ལོང་བཙན།
解让	རྗེ་རིགས།
金刚法舞	རྡོ་རྗེ་གར།
金刚橛	རྡོ་རྗེ་ཕུར་པ།
金刚橛法会	ཕུར་པའི་སྒྲུབ་མཆོད།
觉囊派	ཇོ་ནང་།
觉宇	གཙོད་ཡུལ། སྤྱོད་ཡུས།
堪布	མཁན་པོ།
康布孜巴	ཁང་བུ་བརྩེགས་པ།
康松桑康林	ཁམས་གསུམ་ཟངས་ཁང་གླིང་།
库拉卡日	སྐུ་ལྷ་གེར་འཇོ།
拉	ལྷ།
拉康	ལྷ་ཁང་།
拉隆·贝吉多吉	ལྷ་ལུང་དཔལ་གྱི་རྡོ་རྗེ།
喇嘛	བླ་མ།
喇嘛丹巴	བླ་མ་བསྟན་པ།
拉萨	ལྷ་ས།

拉塞	ལྷ་སྲས།
拉托托日年赞	ལྷ་ཐོ་ཐོ་རི་གཉན་བཙན།
拉则	ལ་བཙས། ལ་རྩེ།
朗达参康林	རྣམ་དག་ཁྲིམས་ཁང་གླིང་།
朗达玛	གླང་དར་མ།
朗卡宁布	ནམ་མཁའི་སྙིང་པོ།
浪卡子	སྣ་དཀར་རྩེ།
朗 · 迈色	ལང་མྱེས་ཟིག
朗 · 弥素	ལངས་མྱེས་གཟིགས།
朗赛林	རྣམ་སྲས་གླིང་།
朗氏家族史	རླངས་ཀྱི་པོ་ཏི་བསེ་རུ་རྒྱས་པ།
利美运动	རིས་མེད།
莲花生大师	སློབ་དཔོན་པདྨ་འབྱུང་གནས།
莲花生大师本生传	པདྨ་བཀའ་ཐང་།
莲花王	པདྨ་རྒྱལ་པོ།
莲师八变	གུ་རུ་མཚན་བརྒྱད།
林卡	གླིང་ཁ།
灵魂	བླ།
隆达	རླུང་རྟ།
隆丹白扎林	ལུང་བསྟན་པེ་ཙ་གླིང་།
隆朵嘉措	ལུང་རྟོགས་རྒྱ་མཚོ།
隆钦饶绛巴	ཀློང་ཆེན་རབ་འབྱམས་པ།
隆钦师尊三人	ཀུན་མཁྱེན་ཡབ་སྲས་གསུམ།
隆钦心髓法会	ཀློང་ཆེན་སྙིང་ཐིག་གི་སྒྲུབ་མཆོད།
鲁	ཀླུ།

鲁贡	སླུད་འགོང་།
鲁梅	ཀླུ་མེས་ཚུལ་ཁྲིམས་ཤེས་རབ།
罗昂	ལོ་ངམ།
罗布	ནོར་བུ།
罗刹地区	སྲིན་ཡུལ།
洛喀基巧	ལྕོ་ཁ་སྐྱི་ཁྲབ།
洛桑却吉尼玛	བློ་བཟང་ཆོས་ཀྱི་ཉི་མ།
逻些卡尔扎	ལྷ་ས་མཁར་བྲག
洛扎瓦	ལྕོ་བྲག་བ།
玛尔巴	མར་པ།
玛祥仲巴杰	མ་ཞང་གྲོམ་པ་སྐྱེས།
莽让	དམངས་རིགས།
梅赤赞普	མེར་ཁྲི་བཙན་པོ།
梅龚吉内	མས་གོང་གི་གནས།
米解浩日	ཤུད་བུ་དཔལ་སེང་།
秘书	དྲུང་ཡིག
米哟桑丹林	མི་གཡོ་བསམ་གཏན་གླིང་།
末・东则布	འབལ་སྐྱོང་ཅབ།
没庐墀玛蕾	འབྲོ་བཟའ་ཁྲི་མ་ལོད།
没卢氏赤杰芒姆赞	འབྲོ་བཟའ་ཁྲི་རྒྱལ་བཙན།
墨竹工卡	མལ་གྲོ་གུང་དཀར།
牟尼赞普	མུ་ནེ་བཙན་པོ།
牟迪赞普	མུ་ཏིག་བཙན་པོ།
穆赤赞普	མུ་ཁྲི་བཙན་པོ།
穆神（木神）	དམུ་ལྷ།

纳木穆穆（穆措氏）	གནམ་ མུག་མུག མུ་ཚོ་བཟའ།
那囊妃西丁	མཆོད་རྗེན་དྲིས་ཐག་ཅན།
纳囊 · 甲擦拉囊	རྒྱལ་ཚ་ལྷ་གནང་།
娜萨芒嘎	རྣོ་ཟ་མང་དཀར།
奈巴教法史——古谭花鬘	ནེལ་པ་ཆོས་འབྱུང་སྔོན་གྱི་གཏམ་མེ་ཏོག་ཕྲེང་བ།
乃东	སྣེ་གདོང་།
乃穷	གནས་ཆུང་།
南木德诺纳	གནམ་ལྡེ་རྣོལ་ནམ།
囊日松赞	གནམ་རི་སྲོང་བཙན།
念	གཉན།
念青唐古拉	གཉན་ཆེན་ཐང་ལྷ།
娘赤	ཉ་ཁྲི།
聂玛隆	གཉའ་མ་ལུང་།
聂赤赞普	གཉའ་ཁྲི་བཙན་པོ།
聂尊芒玛杰	ཉེ་བཙུན་མང་མ་རྗེ།
宁玛派	རྙིང་མ་པ།
诺吉康桑（沃德巩甲）	གནོད་སྦྱིན་གང་བཟང་།
诺氏芒姆杰吉桂	རྣོ་བཟའ་མང་མོ་སྐྱིད་དཀར།
帕竹	ཕག་གྲུ།
潘氏	བཙན་མོ་འཕན།
浦泽塞康多吉英坛城 （哦采金洲殿、布察金殿）	བུ་ཚལ་གསེར་ཁང་རྡོ་རྗེ་དབྱིངས་ཀྱི་དཀྱིལ་འཁོར།
气袋	དབུགས་རྒྱལ།
气室	དབུགས་ཁང་།
气息（呼吸）	དབུགས།

恰神	ཕྱྭ་ལྷ།
前弘期	བསྟན་པ་སྔ་དར།
强巴	བྱམས་པ།
强巴林	བྱམས་པ་གླིང་།
羌姆	འཆམ།
青朴	མཆིམས་ཕུ།
青朴囊热	མཆིམས་ཕུ་ནམ་རལ།
青史	དེབ་ཐེར་སྔོན་པོ།
琼结	འཕྱོངས་རྒྱས།
却奔	ཆོས་དཔོན།
让朵华日	ཟངས་མདོག་དཔལ་རི།
攘迥多吉	རང་བྱུང་རྡོ་རྗེ།
热译师多吉查巴	རྭ་ལོ་ཙཱ་བ་རྡོ་རྗེ་གྲགས་པ།
仁钦那措林	རིན་ཆེན་སྣ་ཚོགས་གླིང་།
人死赞生	མི་ཤི་བཙན་སྐྱེས།
日光莲师	གུ་རུ་ཉི་མ་འོད་ཟེར།
茹拉杰	རུ་ལས་སྐྱེས།
印度、中原、藏区、蒙古等地之正法源流史·如意宝树史（如意宝树史）	འཕགས་ཡུལ་རྒྱ་ནག་ཆེན་པོ་བོད་དང་སོག་ཡུལ་དུ་དམ་པའི་ཆོས་འབྱུང་ཚུལ་དཔག་བསམ་ལྗོན་བཟང་ཞེས་བྱ་བ་བཞུགས་སོ།། (ཆོས་འབྱུང་དཔག་བསམ་ལྗོན་པ།)
萨班·贡噶坚赞	ས་པཎ་ཀུན་དགའ་རྒྱལ་མཚན།
萨噶达娃	ས་ག་ཟླ་བ།
萨迦派	ས་སྐྱ་པ།
萨迦·索南坚赞	ས་སྐྱ་བསོད་ནམས་རྒྱལ་མཚན།

萨南森德	ས་གནམ་ཟིན་ལྡེ།
塞德诺波	བསེ་ལྡེ་རྣོལ་པོ།
塞诺南木德	སེ་སྣོལ་གནམ་ལྡེ།
桑吉	སངས་རྒྱས།
桑结林	སེམས་བསྐྱེད་གླིང་།
桑希	སང་ཞི
桑耶	བསམ་ཡས།
桑耶角	བསམ་ཡས་ལྷོག
桑耶三种式样不变自然成就神殿	བསམ་ཡས་ལུགས་གསུམ་མི་འགྱུར་ལྷུན་གྱིས་གྲུབ་པའི་གཙུག་ལག་ཁང་།
桑耶寺	བསམ་ཡས་དགོན།
桑耶宗	བསམ་ཡས་རྫོང་།
瑟赤赞普	སྲིབ་ཁྲི་བཙན་པོ།
色拉寺	སེ་ར་དགོན་པ།
生命（命）	སྲོག
圣神赞普	འཕྲུལ་གྱི་ལྷ་བཙན་པོ།
十二丹玛地母	བརྟན་མ་བཅུ་གཉིས།
狮吼莲师	གུ་རུ་སེང་གེ་སྒྲ་སྒྲོགས།
释迦仁钦德	ཤཱཀྱ་རིན་ཆེན་ལྡེ།
释迦狮子	ཤཱཀྱ་སེང་གེ།
师君三尊	མཁན་སློབ་ཆོས་གསུམ།
十万龙经（黑白花十万鲁经）	ཀླུ་འབུམ། ཀླུ་འབུམ་དཀར་ནག་ཁྲ་གསུམ།
识藏	དགོངས་གཏེར།
神巫	སྐུ་ཁོག
书藏	དཔེ་གཏེར།

松巴堪布 · 益西班觉 （松巴堪钦 · 益西班觉）	སུམ་པ་མཁན་ཆེན་ཡེ་ཤེས་དཔལ་འབྱོར་དཔལ་བཟང་པོ།
松嘎尔	ཟུར་མཁར།
松赞干布	སྲོང་བཙན་སྒམ་པོ།
苏普阿巴	ཟུར་ཕུད་ལྔ་པ།
苏赞莫杰	སྲུ་བཙན་མོ་རྒྱལ།
肃州城	རྒྱའི་སུ་གྲུ་མཁར།
索赤赞普	སོ་ཁྲི་བཙན་པོ།
索朗	བསོད་ནམས།
索南坚赞	བསོད་ནམས་རྒྱལ་མཚན།
塔青	མཐར་ཕྱིན།
坛城	དཀྱིལ་འཁོར།
汤东杰布	ཐང་སྟོང་རྒྱལ་པོ།
唐益	ཐང་ཡིག
提肖列赞普	ཐི་ཤོ་ལེགས།
天赤七王	གནམ་གྱི་ཁྲི་བདུན།
天降之王圣神赞普	གནམ་ལྷབ་ཀྱི་བཙན་པོ་འཕྲུལ་གྱི་ལྷ་བཙན་པོ།
天神而为人主圣神赞普	མིའི་རྒྱལ་པོ་ལྷས་མཛད་པ་འཕྲུལ་གྱི་ལྷ་བཙན་པོ།
天赞普	ལྷ་བཙན་པོ།
吐尔卡	ཐུར་ཁ།
土观活佛洛桑却吉尼玛	ཐུའུ་བཀྭན་བློ་བཟང་ཆོས་ཀྱི་ཉི་མ།
土观宗派源流	ཐུའུ་བཀྭན་གྲུབ་མཐའི་བྱུང་ཚུལ།
吞弥桑布扎	ཐུ་མི་སམ་བྷོ་ཊ།
希达	གཞི་བདག
喜金刚	དགྱེས་རྡོར།

喜金刚法会	དགྱེས་རྡོར་སྒྲུབ་མཆོད།
西藏王臣记	བོད་ཀྱི་དེབ་ཐེར་དཔྱིད་ཀྱི་རྒྱལ་མོའི་གླུ་དབྱངས།
西藏王统记（王统世系明鉴、吐蕃政权世系明鉴正法源流史）	རྒྱལ་རབས་གསལ་བའི་མེ་ལོང་།
夏鲁派	ཞ་ལུ།
佛教诸转轮王之产生显扬善说贤者喜宴 （贤者喜宴）	དམ་པའི་ཆོས་ཀྱི་འཁོར་ལོ་བསྒྱུར་བ་རྣམས་ཀྱི་འབྱུང་བ་གསལ་བར་བཤད་པ་མཁས་པའི་དགའ་སྟོན། （མཁས་པའི་དགའ་སྟོན།）
相喇嘛	བླ་མ་ཞང་།
象王	གླང་གི་རྒྱལ།
香雄（象雄）	ཞང་ཞུང་།
肖列赞普	ཤོ་ལེགས་བཙན་པོ།
小昭寺	ར་མོ་ཆེ།
新红史（王统幻化之钥——新红史）	རྒྱལ་རབས་འཕྲུལ་གྱི་ལྡེ་མིག་གམ་དེབ་ཐེར་དམར་པོ་གསར་མ།
雄巴拉曲	གཞོང་པ་ལྷ་ཆུ།
须弥山	རིའི་རྒྱལ་པོ་རི་རབ།
薛沙河	ཤུ་ཤའི་ཆུ།
王妃（赞蒙、赞末）	བཙུན་མོ།
望果节	འོང་སྐོར།
未杰刀热	དབས་རྒྱལ་ཏོ་རེ།
卫藏道场胜迹志	དབུས་གཙང་གི་གནས་ཡིག་དེ་མཚར་ལུང་སྟོན་མེ་ལོང་།
温甫才宫堡	ཨོ་བྲང་དམར་འོམ་ཚལ།
文则拉康	དབེན་རྩ་ལྷ་ཁང་།

翁则（领诵师）	དབུ་མཛད།
沃德	འོད་ལྡེ།
邬坚巴	ཨུ་རྒྱན་པ།
无量宫	གཞལ་ཡས་ཁང་།
五行	འབྱུང་བ་ལྔ།
乌孜大殿	དབུ་རྩེ།
雅邦察吉杰儿保	གཡའ་སྤང་མཚམས་ཀྱི་སྐྱེས་གཅིག་པོ།
雅拉香波	ཡར་ལྷ་ཤམ་པོ།
雅隆	ཡར་ཀླུང་།
雅隆旁塘	ཡར་ལུང་འཕང་ཐང་།
雅隆尊者教法史	ཡར་ལུང་ཆོས་འབྱུང་།
江央却吉·扎西贝丹	འཇམ་དབྱངས་ཆོས་རྗེ་བཀྲ་ཤིས་དཔལ་ལྡན།
阳神南托嘎保	ཕོ་ལྷ་གནམ་ཐེབ་དཀར་པོ།
药王山	ལྕགས་པོ་རི།
叶尔巴	ཡེར་པ།
耶喜旺布	ཡེ་ཤེས་དབང་པོ།
意希（圣智）	ཡེ་ཤེས།
意希坚赞（益西坚赞）	ཚ་ན་ཡེ་ཤེས་རྒྱལ་མཚན།
伊肖列赞普	ཨི་ཤོ་ལེགས།
印度佛教史——如意珠	རྒྱ་གར་ཆོས་འབྱུང་དགོས་འདོད་ཀུན་འབྱུང་།
雍崇	གཡུང་དྲུང་།
裕固	ཡུ་གུར།
域拉（地域神）	ཡུལ་ལྷ།
预试七人	སད་མི་མི་བདུན།
约茹	གཡོ་རུ།

云丹（永丹）	ཡུམ་བརྟན།
载玛保	ཆོས་སྐྱོང་གནོད་སྦྱིན་དམར་པོ། རྩིས་དམར་པོ། རྩེའུ་དམར་པོ། རྩེ་དམར། རྩི་མ་ར། རྩི་དམར་བ།
赞	བཙན།
赞康	བཙན་ཁང་།
赞普	བཙན་པོ།
赞普天子	བཙན་ལྷ་སྲས།
赞神	ལྷ་བཙན།
藏地九把木桶	གཙང་གི་ཁྲུ་ལེ་ལག་དགུ
扎巴・孟兰洛卓	གྲགས་པ་སྨོན་ལམ་བློ་གྲོས།
扎巴氏（扎氏）	གྲགས་པ།
扎觉加嘎林	སྒྲ་བསྒྱུར་རྒྱ་གར་གླིང་།
扎朗豁（扎当宗、扎塘宗、扎唐宗）	གྲ་ཐང་རྫོང་།
札玛噶如	བྲག་དམར་ཀེ་རུ།
札玛格吾仓	བྲག་དམར་ཀེའུ་ཚང་།
札玛止桑	བྲག་དམར་མགྲིན་བཟང་།
扎囊	གྲ་ནང་།
扎期	གྲ་ཕྱི།
扎塘	གྲ་ཐང་།
扎奚宗（扎西宗）	བཀྲ་ཤིས་རྫོང་།
扎西多吉	བཀྲ་ཤིས་རྡོ་རྗེ།
扎央宗	སྒྲགས་ཡང་རྫོང་།
战神	དགྲ་ལྷ།
战神大王乃穷	དགྲ་ལྷའི་བོ་གནས་ཆུང་།
战神（口语）	དམག་ལྷ།

章赛让	བྲམ་ཟེའི་རིགས།
哲蚌寺	འབྲས་སྤུངས་དགོན་པ།
遮末罗洲	རྔ་ཡབ་གླིང་།
智观巴 · 贡却丹巴绕吉	བྲག་དགོན་པ་དཀོན་མཆོག་བསྟན་པ་རབ་རྒྱས།
孜玛热	རྩི་མ་ར།
止贡赞普	གྲི་གུམ་བཙན་པོ།
仲敦巴	འབྲོམ་སྟོན་པ།
仲年代如（仲年德茹）	འབྲོང་གཉན་ལྡེ་རུ།
仲协列赞普	འབྲོང་ཞེར་ལེགས།
珠	འབྲུག
主	རྗེ།
竹巴滚雷	འབྲུག་པ་ཀུན་ལེགས།
朱贝古	སྤྲུལ་པའི་སྐུ།
朱古	སྤྲུལ་སྐུ།
卓玛央宗	སྒྲོལ་མ་དབྱངས་འཛོམས།
卓萨赤杰姆尊	འབྲོ་བཟའ་ཁྲི་རྒྱལ་མོ་བཙུན།
宗喀巴	ཙོང་ཁ་པ།
祖拉康	གཙུག་ལག་ཁང་།
祖神	གཙུག་ལྷ།
坐床	ཁྲི་སྟོན།

图书在版编目（CIP）数据

仪式空间与文明的宇宙观 / 何贝莉著． -- 拉萨 ： 西藏藏文古籍出版社， 2021.12

ISBN 978-7-5700-0606-9

Ⅰ． ①仪… Ⅱ． ①何… Ⅲ． ①民族人类学—应用—喇嘛宗—寺庙—建筑群组合—研究—扎囊县 Ⅳ． ① TU-098.3

中国版本图书馆 CIP 数据核字（2021）第 243307 号

仪式空间与文明的宇宙观

作　　者	何贝莉
责任编辑	次　巴　郭晓斐
装帧设计	伊大伟　李国琛
出　　版	西藏藏文古籍出版社 邮政编码：850000 打击盗版：0891-6930339
印　　刷	北京盛通印刷股份有限公司
经　　销	全国新华书店
开　　本	16 开（710mm×1 000mm）
印　　张	26.5
字　　数	330 千字
印　　数	01—3,000 册
版　　次	2022 年 3 月第 1 版
印　　次	2022 年 3 月第 1 次印刷
标准书号	ISBN 978-7-5700-0606-9
定　　价	78.00 元